EINSTEIN Y LOS ESPAÑOLES

CIENCIA Y SOCIEDAD
EN LA ESPAÑA DE ENTREGUERRAS

ESTUDIOS SOBRE LA CIENCIA: 37

THOMAS F. GLICK

EINSTEIN Y LOS ESPAÑOLES

CIENCIA Y SOCIEDAD EN LA ESPAÑA DE ENTREGUERRAS

Versión española de Víctor Navarro Brotóns

CONSEJO SUPERIOR DE INVESTIGACIONES CIENTÍFICAS
MADRID, 2005

MINISTERIO
DE EDUCACIÓN
Y CIENCIA

CSIC

CONSEJO SUPERIOR
DE INVESTIGACIONES
CIENTÍFICAS

Título original:
The Spaniards and Einstein.
Science and Society in Interwar Spain

NIPO: 653-05-083-4
ISBN: 84-00-08358-X
Depósito legal: M. 48.196-2005
Producción editorial: Servicios Integrales de Edición Távara, S.L.

ÍNDICE

PREFACIO

Este libro es una contribución a la historia del discurso civil en materias científicas en una sociedad ideológicamente polarizada: la España de los primeros veinticinco años de esta centuria. Por discurso civil entiendo el proceso por el cual una elite dividida pacta poner en suspenso, de mutuo acuerdo y en determinadas áreas, el hábito de hacer que todas las ideas sirvan para fines ideológicos. En la España de alrededor del cambio de siglo, tales condiciones llegaron a prevalecer en las áreas de la ciencia y la tecnología, en el propósito de modernizar el país, puesto que su retraso científico fue identificado por todos los sectores políticos como una de las principales razones de la derrota de España en 1898. En este contexto el discurso civil es considerado como el mecanismo central, mediante el cual se creó una amplia base de apoyo a la ciencia pura y se configuró un clima de opinión que valoraba positivamente a la ciencia.

El viaje de Einstein a España en 1923 sirvió para resaltar la imagen de la ciencia para en España, y el examen de las repercusiones de su visita nos dice mucho acerca de la naturaleza de la empresa científica en la sociedad española. Una ojeada al índice de este libro pone de relieve, además, que Einstein llegó hasta una parte significativa de la inteletualidad española de los años veinte: Araquistain, Baroja, Fernández Flórez, Gaziel, Gómez de la Serna, Machado, Maeztu, Ors, Ortega y Gasset, Pérez de Ayala, Saldevila, Sagarra, Unamuno, es decir, el núcleo vital en torno al cual fluía el discurso civil, más incluso que entre los mismos científicos. Dentro de la comunidad científica había personas similares a esas con las que se relacionaban cotidianamente, a saber, los protagonistas del presente libro: Cabrera, Carracido, De Buen, Marañón, De Rafael, Plans, Terradas. La interpretación de los científicos con los intelectuales explica el vasto alcance de la presente investigación que puede caracterizarse como un estudio de la popularización científica, en su sentido amplio. Es decir, me propongo mostrar la discusión e impacto a muchos niveles de un conjunto específico de ideas y explorar relaciones entre varios niveles o dominios de discurso, en orden a iluminar el proceso del discurso civil en España y en la ciencia española. Me ocupo aquí más de la apropiación social de las ideas científicas que de las propias ideas. Soy un historiador social, no un físico, y este estudio complementa mis trabajos paralelos acerca de la recepción del darwinismo y de la psicología freudiana en España.

Muchas instituciones e individuos me han ayudado en este proyecto desde su comienzo. La Fundación Joan March, el Aula de Cultura de la Caja de Ahorros de Alicante y Murcia, la Universidad Autónoma y la Universidad Politécnica de Barcelona y el Departamento de Economía de la Generalitat de Cataluña, todas estas instituciones patrocinaron conferencias basadas en este material. Joan Badal, de la última entidad mencionada, no escatimó esfuerzos. Muchas personas me han proporcionado información específica: Michael Biezunski, Antonio de Castro, José A. García de Diego, Lester Glick, Judith Goodstein, John Stachel y Dirk Struik. El aliento y la ayuda de mis colegas de la Universidad de Valencia, J. M López Piñero, Víctor Navarro y Francesc Bujosa han sido básicos en la empresa. El manuscrito fue leído total o parcialmente por Antoni Roca, J. M. Sánchez Ron y Víctor Navarro, cuya ayuda en la evaluación y explicación de numerosos aspectos de física más allá de mi comprensión han hecho, finalmente, posible este libro. El permiso para consultar y reproducir materiales contenidos en los Archivos Einstein, entonces en Princeton y ahora en la Universidad Hebrea, me fue amablemente concedido por el doctor Otto Natham.

PRÓLOGO A LA SEGUNDA EDICIÓN

Debo mi interés en Einstein y su estancia en España a un conjunto de contingencias improbables. Soy en primer lugar historiador de las «ciencias de la vida», habiendo dedicado gran parte de mis esfuerzos a la recepción del darwinismo en el mundo íbero[1]. Luego, empezaba interesarme en la recepción de Freud en los mismos paises[2]. Era mi idea escribir un libro sobre la suerte de la psicología freudiana en la España de entre-guerras. Pensando en tal objetivo, dediqué los veranos de 1975 y 1976 revisando las páginas de *El Sol* entre 1918 y 1932 en microfilm en la biblioteca de Harvard University, en busca de referencias a Freud. Tal esfuerzo me dejó al final con una esquema cronológico bastante detallado de la ciencia española de la época (ya que sacaba notas sobre toda actividad científica). Tal esquema me servía muy bien en los años siguientes; transformándose en una armadura secuencial sobre la cual podría ubicar los distintos eventos cien-

---

[1] *Darwin en España* (Barcelona, Ediciones Península, 1982); *Darwin y el darwinismo en el Uruguay y América Latina* (Montevideo, Universidad de la República, 1989); *El darwinismo en España e Iberoamérica* (Madrid, Doce Calles, 1999, con Rosaura Ruiz y Miguel Angel Puig-Samper); *A recepção do Darwinismo no Brasil* (Rio de Janeiro, Fiocruz, 2003, con Heloisa Domingues y Magali Romero Sá), y muchos artículos.

[2] Véase mis artículos «Psicoanálisis, reforma sexual y política en la España de entreguerras», *Estudios de Historia Social*, 16-17 (1981), 7-25; «El impacto del psicoanálisis en la psiquiatría española de entreguerras», en J. M. Sánchez Ron, ed., *Ciencia y sociedad en España: De la Ilustración a la Guerra Civil* (Madrid, CSIC, 1988), pp. 205-221; «Precursores del psicoanálisis en la América Latina», *Episteme: Filosofia e História das Ciências em Revista* (Porto Alegre), nº 8 (Jan.-Jun. 1999), pp. 139-150.

tíficos en más o menos todas las ciencias que entonces se cultivaba, si no en todo el país, a lo menos en Madrid.[3]

Con esa armadura ya formada (y registrada en fichas), llegué a Valencia para disfrutar de un año sabático en 1979-1980, que pensaba dedicar al libro sobre Freud. Mi amigo y mentor, J. M. López Piñero me concedió un despacho en su departamento –un departamento de historia de las ciencias– a pesar de su ubicación en la Facultad de Medicina. Un día a primeros de octubre, se me acercó López Piñero y me preguntó: «¿Sabes algo de la presencia de Einstein en España, por casualidad?». Le contesté que sí, pues tenía ya disponibles un montón de notas sacadas de mi exploración de *El Sol*. Me explicó que la Fundación March proyectaba una serie de conferencias para marcar el centenario del nacimiento del gran físico, en 1879.

En este momento dejé el libro sobre Freud y pasé unas semanas de estudio intensivo, tanto de la relatividad y su recepción por la comunidad científica española en su marco disciplinario, como de la imagen de Einstein y sus ideas que llegaban, en una forma o otra, al gran público. En sendas estancias cortas a Barcelona, el amigo y colega Antoni Roca y yo proseguimos juntos la exploración de las actividades de Einstein en esa ciudad, realizando dicha tarea con mucho brío y gozo, como si fuera una campaña arqueólogica en algún yacimiento clásico. Forzosamente, para completar los datos provinientes de *El Sol*, tenía que visitar Madrid también, sobre todo su hemeroteca, una mina de pormenores fascinantes que daban más luz sobre el impacto del ciéntifico-mago en la Corte. También aproveché la oportunidad de entrevistarme con las pocas figuras sobrevivientes que habían intervenido personalmente en la visita de Einstein. Haber oído de sus propios labios, las reflexiones de Tomás Rodríguez Bachiller, cuyo papel en los eventos einsteinianos se delinea ampliamente en el presente libro, me facilitó un lazo vivo con aquella época cada vez más remota.

[3] Tal manera de trabajar continuó sirviéndome más tarde cuando empecé a estudiar la recepción de las ideas científicas en distintas capitales latinoamericanas y que ya había bautizado como «el método de los diarios». Explico el método en «Sexual Reform, Psychoanalysis, and the Politics of Divorce in Spain in the 1920s and 1930s», *Journal of the History of Sexuality*, 12 (2003), pp. 68-97 y pp. 96-97 («Appendix 2: The Newspaper Method»).

Don Tomás murió unos meses después de la entrevista. En el curso de preparación de la conferencia había recogido materiales más que suficientes para la confección de este libro.

La conferencia tuvo lugar en Madrid, en la sede la Fundación March el 6 de noviembre de 1979 y era una adumbración del libro presente. Además, en vista de la proyección pública que tal foro proporcionaba, esta conferencia realmente marcaba el principio de mi carrera pública de historiador de la ciencia española.[4]

En una recepción después de la conferencia, se me presentó un señor diciendo que era el nieto de Emilio Herrera y que guardaba un ejemplar de sus memorias inéditas. Había venido a la conferencia porque, por casualidad, había leído un resumen de la misma, publicada ese mismo día en el diario *Ya*, que yo había escrito a instancia de la redacción. En ese resumen mencioné a Herrera y su importancia en el mundo científico de Madrid en los años 1920. Se llamaba Juan Aguilera y nuestro encuentro me condujo por otra pista totalmente improvista –la edición de las memorias de Herrera–. Relativista, aviador pionero, y destacado ingeniero, Herrera se mantuvo leal a la II República, y fue nombrado general en la Guerra Civil. Me quedé fascinado con esa figura heroica y, por aquellos días, olvidada. Redacté sus memorias primero en inglés, y luego en castellano en colaboración con José Manuel Sánchez Ron[5]. La amplia participación de Herrera en el debate relativista se documenta en este libro. Más tarde, en los años 1990, participaba entusiásticamente en una campaña para la restauración de su memoria.[6]

[4] Los reportajes más interesantes aparecieron en *El Norte de Castilla* (1 de noviembre, artículo de Marisa Ciriza); *ABC* (7 de noviembre); y *Diario de Barcelona* (8 de noviembre). Repetí la conferencia en Aula de Cultura de Alicante, 22 de enero de 1980 (reportaje en *Información*, 23 de enero de 1980). El texto de publico como «Einstein y los españoles: Aspectos de la recepción de la relatividad», *Llull: Boletín de la Sociedad Española de Historia de las Ciencias*, 2.4 (dic. 1979), pp. 3-22.

[5] Emilio Herrera, *Flying: The Memoirs of a Spanish Aeronaut* (Albuquerque, University of New Mexico Press, 1984); version castellana: *Memorias* (Madrid, Ediciones de la Universidad Autónoma, 1988).

[6] La campaña, en cuanto pública, quizás empezó con un artículo mío, publicado en la página 3 de *ABC*: «Emilio Herrera», 4 de enero de 1994.

El presente «año Einstein» de 2005 sigue al de 1979. Coinciden en ello el 50 aniversario de la muerte de Einstein, y el centenario de su «annus mirabilis» de 1905, cuando publicaba cinco artículos de primera importancia. Mientras que en 1979, las actividades en torno a Einstein –alrededor el mundo– versaba casi totalmente sobre la relatividad, ahora la perspectiva se ha ampliado bastante. Dado que la relatividad ya no es tan controversial, los historiadores han puesto más en relieve que antes las contribuciones de Einstein a la teoría cuántica, un fenómeno que no carece de cierta ironía debido a la notoria agresividad que, años más tarde, Einstein mostraría hacía la mecánica cuántica y la probabilización de la causalidad en la física –pues los historiadores habían menosvalorado su contribución a la primera cuántica–, la llamada «cuanta de acción» de Planck.[7] De hecho, en un famoso trabajo publicado en marzo de 1905, dos meses antes del nacimiento de la teoría especial de la relatividad, resolvió el llamado «efecto fotoeléctrico». Cuando la luz incide sobre un metal, electrones pueden ser emitidos de su superficie. Dado que la pequeña porción de una onda de luz en contacto con el electrón no tendría bastante energía para desalojarlo, la luz tiene que ser corpuscular. Einstein llamó cuanta de luz a tales corpúsculos ; son los que ahora llamamos fotones. Einstein había resuelto el vetusto problema de la dualidad onda/partícula de la luz. Fue por el efecto fotoeléctrico que Einstein ganó el premio Nobel en 1921, ya que la relatividad todavía se consideraba demasiado controvesial. El enfoque en el efecto fotoeléctrico ocultaba su contenido cuántico, el cual lo ubica más específicamente en la coyuntura física del día.

Einstein fue reconocido como físico importante un poco después de 1905; pero su primera fama de físico no se debió a la relatividad ni a los fotones (idea tolerada, como el propuesto original de Planck,

[7] Son representantes del nuevo enfoque los libros recientes de John Stachel, *Einstein's Miraculous Year: Five Papers that Changed the Face of Physics* (Princeton: Princeton University Press, 1998), y John S. Rigden, *Einstein 1905: The Standard of Greatness* (Cambridge, Mass.: Harvard University Press, 1905). Para la oposición que, más tarde, Einstein ofreció a los teóricos de la mecánica cuántica, véase Andrew Whitaker. *Einstein, Bohr and the Quantum Dilemma* (Cambridge, Cambridge University Press, 1995).

pero no tomada muy en serio). Fue el artículo de Einstein sobre cuántica de 1907, titulado «La teoría de la radiación de Planck y la teoría del calor específico», el que no sólo hizo famoso a Einstein entre los físicos alemanes sino que también estableció la teoría cuántica como objectivo central de la física. En este trabajo, aplicó el principio cuántico a los sólidos cristalinos y explicó los bajos calores específicos de estos sólidos a temperaturas bajas. La verificación por experimentalistas de la fórmula de Einstein fue lo que impulsó a muchos físicos a la cuántica.[8]

El mismo Planck, en su discurso Nobel de 1920 subrayó, en términos muy claros, la contribución de Einstein:

> El primer impacto en este campo fue realizado por A. Einstein quien, de una mano, señaló que la introducción de los cuanta de energía, determinados por el cuanta de acción, parecía adecuado para obtener una explicación simple de una serie de destacadas observaciones durante la acción de la luz, tales como la Ley de Stokes, la emisión de electrones, y la ionización de los gases... el resultado fue la emergencia, en todas las direcciones, de una serie de problemas cuyo desarrollo más preciso conducía sobre el curso del tiempo a una masa de trabajo valioso.

Es decir, el mismo Planck reconoció que su teoría original de 1900 no tenía salida experimental. Fue la contribución de Einstein de haber sugerido, en su trabajo de 1907, nuevas pistas de experimentación, lo que hizo que su practicabilidad fuese pronto apreciada por los físicos.

Así se creó su fama entre los físicos. Luego su abierto rehuso de apoyar los objetivos de Alemania en la Primera Guerra Mundial, marcó su emergencia como figura pública, un imagen que se multiplicó sobremanera con los resultados de las observaciones del eclipse de 1919. Ahora se presentó como ídolo de las masas –el primer científico así calificado–. Cuando Einstein llegó a España en 1923 era ya una figura mítica, el símbolo de la ciencia misma.

Boston
Julio de 2005

[8] John Stachel, «1905 and all that», *Nature*, 20 January 2005, pp. 3-5, on p. 5.

Capítulo 1

LA CIENCIA ESPAÑOLA EN 1923

Las ciencias exactas en España

En algún momento alrededor del cambio de siglo, como consecuencia de la guerra de 1898, la elite conservadora que había gobernado España desde la restauración borbónica en 1872 comenzó a permitir e incluso a estimular la discusión abierta de las ideas científicas con el fin de fomentar la modernización de la nación. Anteriormente, el criterio oficial había sido que la ciencia y la religión deben progresar armónicamente una con otra y que los elementos discordantes, tales como el darwinismo, como ejemplo principal, tenían que combatirse. El resultado fue una polarización de la comunidad intelectual en líneas políticas de modo que la discusión de las ideas científicas estuvo dominada por la ideología.

Pero desde alrededor de 1900 hasta el comienzo de la guerra civil en 1936 el clima para la ciencia en España fue expansivo antes que restrictivo, y se caracterizó por un alto grado de discurso civil entre personas de todos los sectores ideológicos, excepto la derecha clerical irredentista. Por primera vez desde el final del siglo XVIII los científicos españoles estaban en contacto regular y normal con las corrientes principales de la ciencia europea. En los años 1920 los investigadores de algunas disciplinas –incluyendo las matemáticas, la física y la astronomía, o sea, las ciencias más relacionadas con la teoría de la relatividad– estaban trabajando a la par con sus equivalentes no españoles, habiéndose configurado un clima propicio para la recepción de Einstein.

Las matemáticas

Si bien en España existían desde por lo menos 1.860 facultades independientes de ciencias, éstas sólo empezaron a funcionar de manera efectiva cuando se reestructuraron en secciones en 1900. En algunas universidades como Zaragoza, la Facultad de Ciencias servía tan sólo como una escuela preparatoria para la Facultad de Medicina. Sólo alcanzó allí existencia independiente en 1893, tras un infructuoso intento de la Facultad de Medicina de suprimirla completamente. Tales facultades estaban pobremente equipadas; la de Barcelona, por ejemplo, sólo tenía un laboratorio[1]. Los mejores matemáticos ocupaban habitualmente cátedras en escuelas de ingeniería.

Según Julio Rey Pastor, las matemáticas de la Europa del siglo XIX no se introdujeron en España hasta 1895, cuando José de Echegaray (1832-1916), que enseñaba matemáticas en la Escuela de Caminos de Madrid, publicó dos volúmenes sobre geometría plana y analítica. Anteriormente, la formación matemática se basaba totalmente en compendios de las matemáticas del siglo XVIII, textos obsoletos después de que el análisis hubiera sido renovado totalmente por Gauss, Abel y Cauchy y después de que Riemann hubiera creado la teoría de funciones moderna.

Los matemáticos españoles anteriores y contemporáneos de Echegaray creían que el campo había sido desarrollado totalmente y que no quedaba nada por resolver, excepto unos pocos problemas intratables, tales como la cuadratura del círculo y la trisección del ángulo. Echegaray acabó con los cuadradores del círculo en 1886 al divulgar las investigaciones de Carl Lindemann de 1882 sobre la trascendencia del *pi*, que demostraban la imposibilidad de la cuadratura. Después, acabó también con los triseccionadores. Introdujo en la Escuela de Caminos la geometría superior de Michel Chasles e inició una renovación profunda de las matemáticas españolas, centrada en las escuelas de ingeniería, que dio como resultado la asimilación de las matemáticas europeas de la primera mitad de la centuria (por ejemplo, Cauchy y Von Staudt) alrededor de 1890. En esta tarea le ayudaron otras pocas figuras, tales como Eduardo Torroja (1847-1918; sucesor de Echegaray en la Escuela de Caminos cuando éste

[1] José María Albareda, *Creación de facultades universitarias y producción científica en el pasado siglo* (Granada, Universidad, 1950), pp. 46-47.

aceptó la cátedra de física matemática de la Universidad de Madrid en 1878), que introdujo la geometría proyectiva de Christian von Staudt; Ventura Reyes Prósper (1863-1922) y Joseph M. Bartrina y Capella, dos de los escasos matemáticos españoles interesados en la geometría no-euclidiana, y Zoel García de Galdeano (1846-1924). Notable contribución de Torroja fue la iniciación de la investigación original en matemáticas; su mejor trabajo fue el estudio sintético de la curvatura de superficies[2]. Reyes Prósper, significativamente, fue incapaz de ganar una cátedra universitaria y enseñó siempre en escuelas secundarias. Sus intereses se extendieron a la lógica matemática e introdujo la obra de lógicos como Charles Sanders Peirce y Christine Ladd-Franklin en España. De todos los matemáticos españoles de su generación, Galdeano fue el que estuvo más en contacto con colegas europeos, particularmente alemanes, y fue participante habitual de congresos europeos de matemáticas. Pedagogo ante todo, introdujo la obra de Cauchy sobre las funciones de variable compleja[3].

Así es como estaban las cosas –exactamente como en los comienzos del siglo XIX– cuando Rey Pastor esbozó la historia reciente de las matemáticas españolas en 1915.

> Las ideas matemáticas», escribió como resumen, llegan (a nuestra patria) cuando han dado de sí todo lo que podían dar, cuando ya es casi imposible continuar la explotación de la cantera, es decir, cuando han cristalizado en un libro. La historia de nuestra cultura matemática no es la historia de las ideas, ni siquiera la historia de los matemáticos, es la historia de los manuales[4].

---

[2] Ver discusión por José M. Plans, «Las matemáticas en España en los últimos cincuenta años», *Ibérica*, 25 (1926), 172.

[3] Ver *Ibid.*, p. 172, y Gino Loria, «Le matematiche in Spagna ieri ed oggi: I matematici moderni», *Scientia*, 25 (1919), pp. 443-444.

[4] Julio Rey Pastor, «El progreso de España en las Ciencias y el progreso de las Ciencias en España», en Ernesto y Enrique García Camarero, dirs., *La polémica de la ciencia española* (Madrid, Alianza, 1970), pp. 458-478; Santiago Garma Pons, «José Echegaray y Eizaguirre», «Ventura Reyes Prósper», y «Eduardo Torroja Caballé», *Diccionario de la ciencia moderna en España* (Barcelona, Ediciones Península, 1983).

Tanto los libros de texto como los planes de estudio de los matemáticos españoles en torno al cambio de siglo se basaban en modelos franceses anticuados; los textos seguían a los manuales franceses anteriores a 1850 tanto en formato como en contenido.

La siguiente fase de la historia de la matemática española, dirigida por el propio Rey Pastor (1888-1962), pone de manifiesto la asimilación de la investigación contemporánea. En 1915, a requerimiento de Rey Pastor, la Junta para Ampliación de Estudios creó el Seminario y Laboratorio Matemático (probablemente según el modelo del seminario de Vito Volterra, en Roma) donde Rey Pastor instruyó a la primera generación de matemáticos españoles modernos cuyo trabajo fue totalmente contemporáneo al de los matemáticos de vanguardia. Las propias investigaciones de Rey Pastor abarcaron gran parte de los aspectos fundamentales de la matemática contemporánea: funciones de variable real y compleja, teoría de grupos y de representación conforme, así como una serie de problemas de geometría proyectiva. Rey Pastor seleccionó cuidadosamente temas de investigación para sus discípulos con el propósito de superar el carácter derivado de la actividad española anterior en el campo:

> La elección de tema de investigación adecuado a los conocimientos de cada uno, de dificultad no excesiva para evitar el desaliento, de novedad previamente comprobada para que sea fructífera y útil la labor, representa, sin duda, el trabajo máximo del profesor[5].

La investigación tenía que ser *nueva* para asegurar que los esfuerzos de los estudiantes no se desperdiciaban y para contribuir al progreso de la disciplina en su conjunto.

Hacia el final de la década de la guerra, Rey Pastor había creado,

> un núcleo valioso de matemáticos... Pedro Pineda, Olegario Fernández Baños, Pere Puig Adam, José M. Lorente Pérez –éste, sobre todo, el mejor–, Roberto Araujo, José María Orts, etc., y entre los más

[5] Citado en Sixto Ríos *et al.*, *Julio Rey Pastor, matemático* (Madrid, Instituto de España, 1979), p. 31.

jóvenes, Tomás Rodríguez Bachiller, Fernando Lorente de No, Teófilo Martín Escobar... Todos ellos discípulos míos[6].

Estos jóvenes trabajaron en temas de plena actualidad para la época: Lorente de No y Puig Adam en relatividad; Fernández Baños en espacios complejos de *n* dimensiones; Pineda en representación conforme; Orts en el problema de Dirichlet, etc.

Prácticamente todos estos hombres había estudiado en el extranjero, la mayoría de ellos en Italia, lo que era poco menos que un requisito obligatorio para ser asignados a problemas originales y de actualidad. En 1917, Pedro Pineda recibió una beca de Junta para Ampliación de Estudios para estudiar las teorías de funciones y grupos con Hermann Weyl en Zurich[7]. El año siguiente, Araujo fue a Suiza a estudiar geometría superior, y Fernández Baños, con otra beca de la Junta, viajó a Suiza e Italia. Lorente de No empezó a estudiar curvas armónicas (aquellas cuya función satisface la educación de Laplace) en el Seminario Matemático en 1918, pero el año siguiente estuvo en Italia estudiando relatividad con Tullio Levi-Civita. En una reunión de la Sociedad Matemática de Madrid celebrada en ese mismo año, José María Plans leyó un extracto enviado por Lorente

> acerca de «La segunda aproximación en el movimiento de un punto en un campo einsteniano», que es un avance de un trabajo llevado a cabo en Roma, bajo la dirección del profesor Levi-Civita, y que en cuanto esté ultimado se publicará en los *Rendiconti* de la Reale Accademia dei Lincei[8].

Las cartas de Plans a Levi-Civita de la década siguiente mencionan frecuentemente a Lorente. «Con él» subrayaba Plans en 1922, «hablamos frecuentemente con el debido elogio de los matemáticos italianos». En otra carta, Plans observa que Vito Volterra ha sido «muy amable» con Lorente cuando este último estaba estudiando en

[6] Ramiro Ledesma Ramos «El matemático Rey Pastor», *La Gaceta Literaria*, II, 30 (15 de marzo de 1928), p. 1. He proporcionado los nombres dados.

[7] Junta para Ampliación de Estudios, *Memorias, 1916-1917* (Madrid, 1918), pp. 42, 53.

[8] *Ibid.*, p. 187, *Revista Matemática Hispano-Americana*, 1 (1919), 224. No he podido localizar el trabajo de Lorente.

Roma con Levi-Civita. Efectivamente, cuando Volterra visitó Madrid en 1932, la prensa señaló que Lorente había seguido sus clases en Roma en 1919, y que «a él se deben igualmente las primicias sobre las originales teorías de Volterra, que se dieron a conocer a la vuelta de Roma, continuando después su correspondencia con los dos grandes maestros»[9]. Otros discípulos de Rey Pastor siguieron la misma ruta, como lo expresaba Plans en una carta a Levi-Civita de 9 de marzo de 1926: «Varias veces esos jóvenes que tienen la dicha de estar entre ustedes (T. Martín Escobar, [Ángel] Saldaña, etc.) me hablan de usted en sus cartas». Plans había enviado también a José María Orts con Levi-Civita en 1924, pero al parecer sólo para que éste le recomendara a algún colega italiano que dirigiera los estudios del español sobre la teoría de la probabilidad. Otros miembros del grupo de Rey Pastor estuvieron indirectamente en contacto con los italianos: a través de cartas, Puig Adam le consultó a Levi-Civita acerca de su tesis sobre la teoría de la relatividad y, siguiendo el consejo de Plans, Fernando Peña envió copias de sus artículos[10]. Publicar en Italia era una señal de distinción. De los protagonistas de este libro, por ejemplo, Cabrera, Comas Solà, Plans, Rey Pastor y Terradas publicaron todos ellos en la influyente revista *Scientia*, entre 1917 y 1936.

En el recibimiento a Federigo Enriques en Buenos Aires en 1927, Rey Pastor proporcionó, de paso, una clave de su comprensión del valor de la conexión italiana para los matemáticos españoles. Enriques señaló:

> Ha sabido además tender sobre sus oyentes las redes de su simpatía, captando amistades de las que puede esperarse quizás una mayor eficacia pedagógica ulterior que la muy efímera de las conferencias. Sería muy de desear que la juventud argentina estudiosa, para la cual Europa es París, compartiese sus preferencias con las universidades italianas, donde el más íntimo contacto con los maestros hace más fecunda la labor.

---

[9] Plans a Levi-Civita, 23 de octubre de 1921, 20 de abril de 1922, y 2 de mayo de 1925. Estas cartas y las siguientes se citan según copias depositadas en los California Institute of Technology Archives (Archivos del Instituto de Tecnología de California) por la Academia dei Lincei.

[10] Plans a Levi-Civita, 23 de octubre de 1921, 3 de enero y 9 de septiembre de 1924.

> Refiriéndose a las ciencias exactas, es difícil encontrar reunidas en una sola universidad europea figuras de la talla de Levi-Civita, Volterra, Enriques, Severi, Bompiani, Fermi, Amoroso, Gini, Amaldi, Vacca... bajo cuya dirección no solamente se puede conocer el estado actual de cualquier teoría y contribuir a su progreso, sino también adquirir aquella superior visión sintética de la ciencia, que solamente se logra a la luz de los espíritus filosóficos y sin la cual la sabiduría científica no pasa de ser erudición, sin llegar a conocimiento orgánico[11].

Este revelador pasaje sugiere varias observaciones. Hay, primero la referencia despectiva a París, símbolo de la cultura y de la ciencia francesa, contra cuyo anterior dominio sobre la ciencia española Rey Pastor reacciona. Segundo, se resalta el estilo pedagógico muy personalizado de los profesores italianos y su capacidad para crear vínculos afectivos con sus discípulos. Creo que hay aquí una comparación implícita con la pedagogía alemana, caracterizada por la distancia entre estudiante y profesor. Dada la falta de una tradición científica fuerte en España, Rey Pastor deseaba que sus propios estudiantes se aprovecharan de una relación con el profesorado más personal y nutritiva.

El grupo de Rey Pastor fue el núcleo de la recepción de la teoría de la relatividad en España. Los físicos y astrónomos que participaron en el proceso lo hicieron antes como individuos que como miembros de una red disciplinaria articulada de discusión. El principal foco institucional de recepción, además del Seminario Matemático, fue la Sociedad Matemática de Madrid (fundada en 1911) cuyas discusiones pueden seguirse en la *Revista Matemática Hispano-Americana*, fundada por Rey Pastor en 1919. La revista pionera de García de Galdeano *El Progreso Matemático* se había malogrado en los años 1890 debido a la carencia de material de calidad disponible para su consideración. La *Revista* de la Sociedad Matemática (predecesora

[11] Julio Rey Pastor, «Federico Enriques», recorte de *La Nación*, 1927. La conexión de los matemáticos españoles con Italia la discuto más ampliamente en «Einstein, Rey Pastor y la promoción de la ciencia en España», *Actas del Simposio sobre Julio Rey Pastor* (Logroño, en prensa). En el mismo volumen, Giorgio Israel señala que había también importantes afinidades cognoscitivas entre las dos escuelas.

de la revista de Rey Pastor) sufrió el mismo destino. El ataque de Rey Pastor en 1915 a los colegas de mayor edad y su llamada a la europeización de las matemáticas españolas tuvo el efecto de hacer a muchos matemáticos españoles, ostensiblemente los de la vieja escuela, reacios a publicar nada. El editor de la *Revista*, Cecilio Jiménez Rueda, se lamentaba ese mismo año en un editorial:

> Cuando a todo trabajo matemático español se le echa el sambenito de descubrir cosas descubiertas, y se habla de semioscuridad, como los murciélagos, en que un grupo de matemáticos españoles tiene su cómoda posición, cuando se pretende que la Sociedad Matemática Española ha vivido ya bastante, y a latigazos se nos quiere incorporar al movimiento científico europeo, comprendemos el miedo que muchas personas de valor nos han manifestado al pedirles trabajos para la *Revista*.[12]

La sucesora de la *Revista* –que aún pervive– fue totalmente dominada por el grupo «europeo» del Seminario Matemático.

Este grupo, a pesar de su dinamismo en los años 1920, no produjo una investigación continuada de carácter altamente original. Muchos de estos matemáticos, después de realizar con competencia tesis, terminaban como profesores de escuelas secundarias y como autores de libros de texto (Puig Adam, que escribió su tesis sobre relatividad, es un buen ejemplo). Pero el papel que estos libros de texto desempeñaron en la revitalización de las matemáticas españolas (su excelente carácter como herramientas didácticas es resaltado hoy por los actuales matemáticos y físicos españoles que aprendieron con ellos) no debe infravalorarse

El protagonista de la novela de Francisco Vera *El hombre bicuadrado*, un matemático que trabajaba como burócrata en una oficina de Madrid, estaba acostumbrado, cuando sufría insomnio, a calmar sus nervios leyendo la *Introducción a la matemática superior* de Rey Pastor. Su elección de material de lectura no fue accidental. El libro de Rey Pastor, que explicaba las matemáticas contemporáneas descomponiéndolas en tres familias principales de ideas –conjuntos,

---

[12] *Revista de la Sociedad Matemática Española*, 5 (1915), p. 4.

funciones y grupos–, obtuvo en la época el reconocimiento de haber contribuido notablemente a inculcar el interés por las matemáticas modernas entre los estudiantes españoles. Vera, que había sido alumno de Rey Pastor, explicaba, a través de su ficticio *alter ego*, esas matemáticas: «Todo orden y método es el mejor remedio contra los nervios excitados, el mejor antídoto contra las ideas oscuras». *Oscuridad* era una palabra clave que Rey Pastor invocaba para caracterizar los libros de texto rutinarios de matemáticas de la anterior generación, así como su retrógrada apelación a los «valores tradicionales» para oponerlos a la ciencia moderna –una excusa, en opinión de Rey Pastor, para su incapacidad a adaptarse o con la ciencia o con la sociedad moderna[13].

¿Qué éxito tuvo, entonces, el movimiento de institucionalización centrado en torno al Seminario Matemático y la Sociedad Matemática? Retrospectivamente, y en el contexto del presente libro, la alta cualidad de la formación de sus miembros, sus conexiones internacionales y su fuerte cohesión interna hacen inteligible la rápida y casi unánime aceptación de la relatividad por parte de la comunidad científica española. Pero los dirigentes estaban inseguros de su propio éxito. Para Terradas el interés existente por las matemáticas superiores entre los futuros estudiantes era insuficiente para permitir el lanzamiento de la disciplina, a pesar de todos sus esfuerzos. Como le explicaba a Levi-Civita en 1922:

> Comme il est dommage que chez nous l'íntérêt pour les mathématiques soit si peu developpé! Je fais tout ce que je puis pour l'éveiller, non pas que je ne reconnaisse l'insuffissance de mon cerveau, mais pareil à celui qui se ferai un devoir, parmi des gens peu donnés pour le musique, de leur faire entendre les merveilles raffinnés d'un Brahms, je m'efforce de jeter la semence pour qu'un avernir pas trop lointain se paie de la floraison[14].

[13] Plans, «Las matemáticas en España», p. 174; Francisco Vera, *El hombre bicuadrado* (Madrid, Páez, 1926), pp. 88-89; Rey Pastor, «El progreso de España en las Ciencias», p. 459.

[14] Terradas a Levi-Civita, 22 de marzo de 1922.

Los científicos participaban totalmente, desde luego, en el mito de que el suelo español era infértil para el cultivo de la ciencia. Plans, más optimista, llegaba a similares conclusiones, si bien su análisis era sociológico no cultural. Resumiendo el progreso español en el campo desde 1880 escribía:

> ... las matemáticas en España han dado un gran salto; casi se ha suprimido la diferencia de fase respecto a otros países. Lo que falta es aumentar la investigación que aún está en mantillas y circunscrita a unos cuantos, muy pocos cerebros privilegiados. Se ha logrado que aquí se lean las revistas extranjeras, pero en ellas aún se nota la ausencia de nombres españoles ¿Cómo remediar esto? Es principalmente cuestión de número. No puede haber abundancia de trabajos de investigación mientras no haya un regular número de personas que a ello se dediquen[15].

La visita de Einstein, junto con la de Levi-Civita, Jacques Hadamard y figuras europeas de similar estatura, contribuyó a la cristalización de la disciplina, al menos en lo que se refiere a su autoimagen. Pero es notable que estas visitas tuvieron lugar cuando no había transcurrido ni siquiera una década completa después de la conferencia de Rey Pastor de 1915, en una época en la que el núcleo vital de la disciplina, lo componían en gran parte hombres en sus veinte o en el comienzo de sus treinta años, pocos de los cuales tenían –o tendrían– cátedras en las principales universidades. Esta discrepancia entre las promesas y las perspectivas era lo que mostraba que las innegables realizaciones del Seminario Matemático que apoyaban aún en arenas movedizas.

La física

En física (y astronomía) se repitió el modelo de desarrollo histórico descrito: un nivel rutinario en la instrucción a finales del siglo XIX, con facilidades materiales muy pobres, seguido de un salto hacia adelante en la primera década del siglo XX. La física moderna en Espa-

[15] Plans, «Las matemáticas en España», p. 174.

ña comienza prácticamente en 1910, cuando la Junta para Ampliación de Estudios creó el Laboratorio de Investigaciones Físicas en el antiguo hipódromo de Madrid, con Blas Cabrera como director. Cabrera (1878-1945) se doctoró en Madrid en 1901, continuando sus investigaciones, principalmente sobre las propiedades de los electrólitos. Hacia 1910 ya se había situado como el principal físico experimental del país. El subsiguiente desarrollo de la física española está inextricablemente vinculado al Instituto de Cabrera.

En un evocativo artículo escrito diez años después de la fundación del Instituto, Manuel Moreno-Caracciolo señalaba que los que, como él, habían pasado por la Facultad de Ciencias de la Universidad de Madrid en los últimos años del siglo XIX, con sus «clases orales de física y de química, con sus indigestas lecciones repetidas de memoria», apenas podían creer que el Instituto fuese un centro oficial de instrucción[16]. Desde luego, en realidad no era un centro oficial porque no dependía de la Universidad, sino más bien de la Junta, que proporcionaba subvención (40.000 pesetas en 1919). Cabrera tenía control financiero total, y Caracciolo acentuaba la conexión entre la independencia presupuestaria, la independencia del trabajo desarrollado en el Instituto y, en una perspectiva más amplia, la consiguiente revigorización de la física española y el hundimiento de la instrucción rutinaria. La independencia de la investigación era crucial. Como ejemplo, Santiago Piña de Rubiés, que había estudiado en Ginebra y había ocupado una ayudantía en el departamento de física de esta ciudad, recibió 300 pesetas mensuales de ayuda a su investigación en espectroscopia. Sin embargo, Piña no tenía título académico español, por lo que Caracciolo comentaba irónicamente que «sólo podría ingresar como bedel en un centro oficial de enseñanza». La independencia del Instituto atrajo a los mejores investigadores, ya que éstos podían trabajar en él sin tener que consumir tiempo tratando de ascender por la tortuosa escalera académica española.

[16] La sección siguiente se basa en M (anuel) Moreno-Caracciolo, «El Laboratorio de Investigaciones Físicas», *El Sol*, 10 de septiembre de 1920.

Aquilatando las realizaciones prácticas de la primera década del Instituto, Moreno Caracciolo señalaba que éste había educado a toda una generación, primero, de profesores universitarios (Jerónimo Vecino, en Zaragoza, era la figura más destacada) y, en segundo lugar, de profesores de la segunda enseñanza (Vicente García Rodeja, en Oviedo, y José de la Puente, en Barcelona, entre otros)[17]. Además de estas considerables realizaciones, sus investigaciones

> han rectificado teorías científicas universalmente admitidas como ciertas y han puesto de manifiesto errores cometidos por sabios extranjeros que habían dado lugar a la deducción de falsas consecuencias.

Después comentaré el contenido de estas investigaciones; aquí quiero resaltar la naturaleza aparentemente ingenua, o más bien modesta, del criterio de Caracciolo para la excelencia científica. Para un científico español –quiere decir– la capacidad para criticar inteligentemente las principales corrientes científicas es bastante como objetivo. De hecho, la capacidad de criticar está íntimamente vinculada a la efectividad de la comunicación científica y es un complemento necesario de la capacidad para la investigación independiente.

Alrededor de 1920, casi toda la investigación científica española en física experimental estaba concentrada en el Instituto. En él, Cabrera, el químico Enric Moles y sus discípulos, trabajaban en magnetismo; Moles, en pesos atómicos; Miguel Catalán y Piña, en espectrografía, etc. Por otra parte, los laboratorios del Instituto atraían a inteligentes investigadores de campos aplicados, que también realizaban experimentos allí. Entre estos investigadores figura el ingeniero industrial Vicente Burgaleta, que investigaba la magnetostricción, el capitán de artillería José María Fernández Ladreda y el ingeniero agrónomo Manuel Blasco.

Esta concentración de energía produjo asombrosos resultados: de todos los artículos de física publicados en los *Anales de la Sociedad*

---

[17] Tanto Vecino como De la Puente participaron en la recepción difusión de la relatividad. Sobre el papel de Vecino véase el capítulo 5. De la Puente fue el traductor del libro de P. Kirchenberger *Qué puede comprenderse sin matemáticas de la Teoría de la Relatividad* (Barcelona, Juan Ruiz Romero, 1923).

Española de Física y Química desde la fundación del Instituto en 1911 hasta 1937, el 40,9 por 100 de todos los autores y no menos del 72,3 por 100 de todos los artículos procedían de este centro (y del sucesor Instituto Nacional de Física y Química, establecido en 1931)[18].

Astronomía

Al contrario que sus colegas en matemáticas y física, los astrónomos españoles nacidos en las décadas centrales del siglo XIX produjeron investigaciones originales que merecieron la aprobación de los científicos extranjeros, José Joaquín Landerer (1841-1922) realizó una valiosa serie de observaciones de los satélites de Júpiter. Además, basándose en sus estudios de la polarización de la luz solar reflejada en la superficie de la luna, llegó a la conclusión de que nuestro satélite no tenía atmósfera. Joseph Comas i Solà (1868-1937) publicó en los años 1890 notables trabajos sobre la topografía de Marte que Camille Flammarion incorporó en su obra sobre este planeta; en particular, Comas i Solà demostró que los «canales» marcianos eran más aparentes que reales [19].

A pesar de la alta calidad de las investigaciones individuales las facilidades disponibles y, en particular, los observatorios nacionales estaban empobrecidos. En este sentido, fue notoria la visita ministerial de inspección de Juan de la Cierva al Observatorio de Madrid hacia 1900:

> En mi visita... encontré: Que la ecuatorial más importante no funcionaba porque había que arreglar los carriles para hacerla circular, y el dinero se había empleado en arreglar las habitaciones de los astrónomos en el mismo edificio. Que a otras dos magníficas ecuatoriales adquiridas con motivo del último eclipse de Sol visible en España les faltaba la instalación eléctrica interior, de muy escaso coste... Quisieron hacerme ver

[18] Manuel Valera Candel, *La producción española en física a través* de los *Anales de la Sociedad Española de Física y Química*, 1903-1937, tesis doctoral, Universidad de Murcia, 1981.

[19] Eugenio Portela Marco, «José Joaquín Landerer y Climent», y Víctor Navarro Brotóns, «Joseph Comas i Solà», *Diccionario Histórico de la Ciencia Moderna en España.*

> con esos telescopios unas estrellas y, ¡claro!, no vi ninguna. Entonces salió lo de la bombilla eléctrica que faltaba. De suerte que no había en el Observatorio posibilidad de utilizar las tres ecuatoriales mencionadas. Que me enseñaron como curiosidad unas magníficas lentes de telescopio que Godoy... había regalado en su tiempo. Lo curioso era que los cajones que contenían las lentes estaban cerrados y precintados, sin que nadie los hubiera abierto[20].

El Observatorio de San Fernando, en Cádiz, estaba en mejores condiciones y, tras el cambio de siglo, había dos nuevas fundaciones privadas de gran importancia, ambas en Cataluña: el Observatorio Fabra, en Barcelona, fundado en 1904, y el Observatorio del Ebro, establecido en Tortosa el año siguiente. El primero, bajo la dirección de Comas, estaba provisto de excelentes instrumentos que incluían un círculo meridiano que permitía medidas precisas del tiempo sidéreo, así como de la ascensión recta de las estrellas, y un gran ecuatorial con el que se realizaron estudios fotográficos del cometa Delevan y de otros cometas[21].

Como en las disciplinas hermanas comentadas anteriormente, la calidad de la astronomía española mejoró rápidamente después de 1900. Símbolo del avance fue el gran esfuerzo desplegado para observar los eclipses de Sol visibles desde España en 1900, 1905 y 1912. Estas observaciones fueron significativas no sólo porque implicaban la coordinación de una gran parte de la comunidad astronómica, sino también porque se llevaron a cabo conjuntamente con astrónomos extranjeros, un importante número de los cuales, especialmente en 1905, acudieron al país. Landerer contempló el eclipse de 1905, cuya trayectoria había predicho con gran precisión, desde Alcosebre; Comas, desde Vinaroz, y los ingleses y otros científicos visitantes (incluidos no menos de doce grupos de sólo astrónomos *jesuitas*) se dispersaron por toda la península: John Buchanan en Torreblanca, John Evershed en Pineda de la Sierra, Alfred Fowler y Hugh Callen-

---

[20] Juan de la Cierva, *Notas de mi vida* (Madrid, 1955), pp. 65-66, citado por Juan Vernet, *Historia de la ciencia española* (Madrid, Instituto de España, 1975), p. 223.

[21] Diputació de Barcelona, *Guía de les institucions científiques i d'ensenyança* (Barcelona, Consell de Pedagogia, 1916), p. 55.

dar en Castellón de la Plana. De modo coordinado, el eclipse fue observado por el personal español y extranjero desde globos de hidrógeno del Servicio Aerostático del Ejército, dirigido por Pere Vives Vich (1868-1938). Vives había presentado primero sus planes para el eclipse en septiembre de 1904, en la cuarta reunión de la Comisión Internacional para la Aerostación Científica de San Petersburgo. Las observaciones se realizarían desde un globo sujeto y dos libres para obtener lecturas de la difracción solar, observar la corona y reunir datos meteorológicos. En San Petersburgo consultó con especialistas extranjeros en meteorología aerostática, particularmente A. Laurence Rotch, del Observatorio de Boston Blue Hills, y Arthur Berson, del Observatorio Meteorológico Prusiano. Los planes definitivos fueron trazados por Vives y Augusto T. Arcimis (1844-1910), director del Instituto central Meteorológico de Madrid y durante mucho tiempo profesor de astronomía en la Institución Libre de Enseñanza. Varias observaciones se realizaron desde globos que se elevaron desde Burgos. En uno de ellos Emilio Herrera dibujó la corona solar, desde otro Armicis tomó fotografías y en el tercero Vives y Berson obtuvieron datos meteorológicos[22].

La Exposición de Estudios Lunares realizada en Barcelona en mayo y junio de 1912, fue no menos que una celebración de la astronomía española (y de la meteorología). Puestos de observatorios y de fabricantes de instrumentos europeos y americanos junto a los de los expositores españoles daban una fuerte impresión de madurez de la astronomía española y de la capacidad de los astrónomos españoles

[22] Sobre la importancia científica de los cuatro eclipses solares «españoles», empezando con el de 1860, véase M. López Arroyo, «La espectroscopia en el Observatorio Astronómico de Madrid», *Boletín Astronómico del Observatorio de Madrid*, 8, núm. 2 (1972), especialmente pp. 4-7. Sobre el eclipse de 1905, véase Pedro Vives y Vich, «Emploi des ballons pour l'observation de l'éclipse totale de soleil 30 aout 1905», en Quatrième Conférence de la Commission Internationale pour l'Aérostation Scientifique, *Procès-verbaux des Séances et Mémoires* (St. Pétersbourg, Académie Impériale des Sciences, 1905), pp. 74-75; sobre los datos científicos producidos en los diferentes puntos de observación véase Vives, *Avance de los resultados obtenidos en las observaciones del eclipse total de sol de 30 de agosto de 1905* (Madrid, Parque Aerostático de Ingenieros, 1906). El episodio se trata en mi introducción a Emilio Herrera, *Flying: Memoirs of a Spanish Aeronaut* (Alburquerque, University of New Mexico Press, 1984), pp. 176-177.

para ocupar un lugar en la vanguardia de la investigación, particularmente en el área de la fotografía.[23]

Como en otros campos, los astrónomos de la generación más joven tendían a estar más a la altura de lo progresos contemporáneos que sus colegas de mayor edad. La serie de conferencias impartidas en el Ateneo de Madrid en 1915 sobre el estado actual de la ciencia, incluían dos disertaciones a cargo de astrónomos del Observatorio de Madrid. La primera, una revisión de los problemas de la astronomía, por Antonio Vela (1865-1927), estuvo ampliamente dedicada a la historia de la astronomía con sólo unas observaciones de pasada, hacia el final, sobre el análisis espectral. La segunda, a cargo de Pedro Carrasco (1883-1966), trató de la teoría de la relatividad [24].

Laboratorios e instrumentación

El indigente estado de los laboratorios españoles fue un *leitmotiv* de la literatura científica del siglo XIX. La cátedra de bioquímica de Madrid, que atendía a las Facultades de Medicina, Farmacia y Ciencia, no tuvo ningún presupuesto para laboratorios desde su establecimiento en 1887 hasta 1901. Como resultado de ellos, según José R. Carracido, el tema se enseñaba «como si fuese metafísica». Finalmente se asignó la suma de 6.000 pesetas, aproximadamente el coste de un espectrofotómetro, a un laboratorio. El presupuesto total de los laboratorios paras las cinco facultades universitarias era también de 6.000 pesetas anuales, o 38,25 pesetas por cátedra por trimestre, según los cálculos de Carracido[25].

El resultado de un tal empobrecimiento tanto en física como en química fue no sólo un retraso práctico, sino también un retraso teórico.

---

[23] Sociedad Astronómica de Barcelona, *Exposición General de Estudios Lunares, Catálogo* (Barcelona, 1912).

[24] Ateneo de Madrid, *Estado actual, métodos y problemas de las ciencias* (Madrid, 1916), caps. II y IV.

[25] José R. Carracido, *Estudios histórico-críticos de la ciencia española*, 2ª ed. (Madrid, Imp. Alrededor del Mundo, 1917), pp. 388-390.

Sin laboratorios era imposible demostrar los progresos teóricos recientes. Como se lamentaba José M. Madariaga en 1902:

> ¿En qué gabinete de Física se ha podido observar el fenómeno de Zeeman? ¿En cuántos es similar la constante de Verdete, en la polarización rotatoria magnética? ¿Dónde ha podido hacerse una determinación segura de la longitud de las ondas de Hertz?[26]

Moreno Caracciolo recordaba

> la pintoresca cátedra de Física superior de la Universidad Central (en los años 1890), desde la que aconsejaba su titular no concediésemos crédito a lo que se decía de los rayos X, por tratarse, según él, de supercherías fotográficas.

La temprana apreciación de la naturaleza de los rayos X, descubiertos por Roentgen en 1896, dependió de la disposición del equipo de instrumentos adecuados. En contraste con la situación en Madrid, Eduard Fontseré y Eduard Lozano dieron una demostración pública de la obtención de rayos X mediante un tubo de rayos catódicos en la Academia de Ciencias de Barcelona en 1896, y el año siguiente Bernabé Dorronsoro, profesor de Farmacia en Granada, mostró en su propio curso fotografías tomadas en mayo de 1897 con un aparato que había adquirido en París con sus propios fondos.[27]

La renovación comenzó después del cambio de siglo, apareciendo nuevos laboratorios en los años inmediatamente anteriores a la Primera Guerra Mundial –particularmente, nuevos laboratorios de química, ya que éstos estaban directamente vinculados a los intereses de las principales industrias–. Así el laboratorio estándar de la Mancomunitat de Catalunya (Laboratori General d'Assaigs) se estableció en 1908; el Laboratorio de Química General de la Residencia de Estudiantes de Madrid, en 1912. Hacia principios de los años 1920

[26] José M. Madariaga, «Exposición de algunas consideraciones sobre la explicación de ciertos fenómenos y de sus relaciones con los de luz (1902)», citado por Antonio Lafuente, «La relatividad y Einstein en España», *Mundo científico*, núm. 15 (junio de 1982), p. 585.

[27] Moreno-Caracciolo, «El Laboratorio de Investigaciones Físicas»; Albareda, *Creación de Facultades Universitarias,* pp. 47-48.

había una red bien establecida de laboratorios industrialmente orientados, alojados en empresas industriales privadas, en escuelas de ingeniería o bajo los auspicios de diversas entidades públicas.[28]

Las exposiciones de instrumental de laboratorio fueron un importante aspecto de los congresos de la Asociación Española para el Progreso de las Ciencias (fundada en 1908) y la guerra proporcionó un estímulo directo para la producción local de instrumental de laboratorio. Al interrumpirse el suministro de los productos de Zeiss y de otros abastecedores de objetos de vidrio, el ejército español así como los laboratorios de química y de medicina oficiales y privados tuvieron que reemplazar el equipo localmente. Hacia 1919, tanto el equipo óptico como el instrumental de vidrio de laboratorio lo producían compañías españolas[29].

Los avances más notables en instrumentación, sin embargo, se centraron en una única institución, el Laboratorio de Automática, fundado en 1906 en el Palacio de la Industria del antiguo hipódromo de Madrid y ampliado en 1914. Allí, el director, Leonardo Torres Quevedo (1852-1936), más conocido por sus inventos espectaculares, tales como el jugador de ajedrez automático y el tranvía aéreo de las cataratas de Niágara, construyó toda una serie de instrumentos científicos solicitados (y frecuentemente diseñados) por varios científicos españoles para satisfacer sus propias necesidades en sus investigaciones. Así, construyó microtomos para el grupo de neurohistología de Cajal; cardiógrafos para el fisiólogo José Gómez Ocaña; un aparato para determinar la acción constrictora o dilatadora de diferentes sustancias que pasan por los vasos sanguíneos para el sucesor de Gómez Ocaña, Juan Negrín; un sismógrafo para Eduardo Mier y Mirva; un

[28] Véase, por ejemplo, *Guia de les institucions cientifiques i d'enseyança*, p. 58 (Laboratori General d'Investigacions i Assaigs), pp. 156-157 (Laboratori de Química de l'Escola de Teneria), pp. 159-160 (Laboratori d'Estudis Superiors de Química); anon., «Los laboratorios de la Residencia (de Estudiantes)» *Residencia*, V, núm. 1 (1934), pp. 26-30; *Ibérica*, 11 (1919) p. 101 (Laboratorio Químico Industrial de la Escuela de Minas); *ibid.*, 18 (1922), pp. 146-147 (Zaragoza), etc. *Ibérica* incluía frecuentemente artículos sobre laboratorios, particularmente laboratorios industriales.

[29] Diego de Imaz, «Los vidrios científicos. Nueva industria española», *Ibérica*, 11 (1919), pp. 221-223.

espectrógrafo y otros muchos aparatos para mediciones magnetoquímicas para Blas Cabrera; un interferómetro del tipo Michelson para Manuel Martínez Risco, etc.[30].

Hacia los años 1920 los laboratorios españoles eran, al menos, capaces de mantener experimentación en una limitada serie de subdisciplinas contando con el particular ingenio de los investigadores y con un genio de la mecánica como Torres Quevedo. Pero fuera de organizaciones bien establecidas, tales como el Instituto de Física de Cabrera y los diversos laboratorios, principalmente de medicina, de la Residencia de Estudiantes, la infraestructura particularmente en las universidades, era débil. El estudio en el extranjero seguía siendo un requisito básico por la investigación avanzada, la cual, en las ciencias experimentales, no podía emprenderse sobre la base de las limitadas facilidades disponibles en España. Los problemas de la instrucción universitaria eran críticos. Todavía en 1927 Enric Moles amenazaba con abandonar su cátedra de química de la Universidad de Madrid debido a los problemas de los laboratorios:

> Lo de la instalación de laboratorios es indispensable. Hasta tal punto, que yo he dicho al director general: Si no consigo que los monten durante el curso próximo, me consideraré fracasado y abandonaré la cátedra. No hay en esto, créame, soberbia. Se trata sólo del convencimiento de que sin ellos todo esfuerzo es estéril. La enseñanza de la Química en España ha vendo siendo una pura broma. Se ha explicado, poco más o menos, como Gramática, en pizarras. Todo eso es vano, y en cualquier país de Europa, no digo que resultaría risible, sino inconcebible[31].

El cambio más importante posiblemente fue el de valores. En el siglo XIX, según Carracido, no había habido «concepto público»

[30] Sobre el Laboratorio de Automática, véase José García Santesmases, *Obra e inventos de Torres Quevedo* (Madrid, Instituto de España, 1980), pp. 301-306. Hay una lista de aparatos fabricados especialmente para determinados científicos en el catálogo de la exposición *Leonardo Torres Quevedo* (Madrid, Colegio de Ingenieros de Caminos, Canales y Puertos, 1978), pp. 121-122. Sobre instrumentos para Negrín, véase Gonzalo R. Lafora, «El Congreso Internacional de Fisiología en París», *El Sol*, 10 de Agosto de 1920. Sobre Cabrera, véase Moreno Caracciolo, «El Laboratorio de Investigaciones Físicas»

[31] «Una conversación con el químico señor Moles», *El Sol*, 20 de junio de 1927.

relativo a las necesidades de laboratorios de los químicos u otros científicos. Hacia los años 1920 la imagen había cambiado claramente. El protagonista de la novela de ciencia-ficción de Ramón Gómez de la Serna *El dueño del átomo* (1926) es un físico que trabaja en un laboratorio de Madrid posiblemente inspirado en el de Blas Cabrera: «un recóndito instituto perdido en las afueras de la ciudad» . Por otra parte, es un experimentador que «fue haciéndose un laboratorio importante con aparatos nuevos, relojes extraordinarios, máquinas de pesar lo imponderable y mucho vidrio en rosillas, espirales, retortas y toda esta teratología de pequeños monstruos transparentes que complican los laboratorios»[32]. Allí, tras paciente experimentación, rompe el átomo.

Los propios científicos y los que, con una formación científica, popularizaron su vocación fueron los responsables del cambio de la imagen pública del científico. Para Luis Urbano, un filósofo dominico que había estudiado física en Madrid con Plans y había pasado largas horas de investigación en el Instituto de Cabrera, lo que investigaban en laboratorios eran dignos de ser admirados: «Son obreros solitarios del taller de la ciencia que trabajan por vocación y sin prejuicios filosóficos»[33].

España y Europa

Ciencia y lenguaje

En los años 1920 era patentemente claro que el contacto con las principales corrientes de la ciencia dependía de la competencia lingüística de los científicos españoles. La cuestión se suscitó constantemente, con frecuencia en un contexto defensivo, ya que las dudas acerca de la capacidad para una comunicación efectiva advertían a la comunidad científica de su tenue posición en la periferia de la cien-

[32] Ramón Gómez de la Serna, *El dueño del átomo* (Buenos Aires, Losada, 1945), p. 11.

[33] Luis Urbano, *Einstein y Santo Tomás: Estudio crítico de las teorías relativistas* (Madrid-Valencia, La ciencia Tomista; 1926), pp. XXV-XXVI.

cia europea. La generación precedente había sido autodidacta en idioma. José Gómez Ocaña señalaba que

> la necesidad, que carece de ley, la impone, y a mí me impuso el autodidactismo. Cuando necesité leer obras francesas, me eché adelante por sus páginas sin otra ayuda que la de un diccionario, ni tampoco tuve maestro de inglés, pues no cuento como tal a un amigo que me enseñó a pronunciar unas cuantas frases.[34]

En 1920, en el curso de una polémica sobre la reforma del currículum de la Facultad de Medicina de Madrid, el psiquiatra Gonzalo R. Lafora sugirió la creación de una cátedra de pedagogía médica cuya misión sería aumentar la aptitud general de los futuros profesores de medicna, porque muchos de los actuales, alegaba Lafora, ni siquiera sabían francés. El decano de la Facultad de Medicina, Sebastià Recasens, replicó que:

> Uno de los orgullos de la Facultad es que sus profesores, en su inmensa mayoría, son políglotas. Hablan el alemán y lo traducen bien Cajal, Gustavo Pittaluga, Teófilo Hernando, Bernardino Landete, León Cardenal, Recasens, Manuel Márquez, Antonio Simonena, Manuel Valera, Florestán Aguilar y algunos otros. En el claustro de 23 profesores, 10 por lo menos saben el francés y el alemán; ocho traducen el inglés; algunos hablan seis lenguas. No sé si hay alguno que no sepa francés. El señor Leonardo de la Peña habla el francés como un propio parisiense. Amalio Gimeno habla el francés y el inglés correctamente; dudo que haya solo catedrático que no se sepa traducir francés.[35]

Aunque se había hecho mucho, y si bien el programa de pensiones para el extranjero de la Junta para la Ampliación de Estudios presuponía el dominio de un idioma extranjero, la competencia lingüística de los científicos era aún, en los años 1920, un tema delicado y ello explica la actitud defensiva de Recasens. La falta de conocimientos lingüísticos implicaba que la persona o facultad acusada de ello

---

[34] Alberto Ruiz de Galarreta, «El doctor José Gómez Ocaña; Su vida y su obra», *Archivos Iberoamericanos de la Historia de la Medicina,* 10 (1958), p. 401.

[35] Sebastián Recasens, «En defensa de la Facultad de Medicina», *El Sol*, 3 de febrero de 1920. He proporcionado los nombres dados.

era incapaz de mantenerse a la altura de la investigación contemporánea.

En las ciencias físicas, Francia llegó a ser cada vez menos importante. En este sentido es significativo que Echegaray no participara en las primeras discusiones sobre la relatividad de cuyo significado no era muy consciente porque sólo estaba suscrito a revistas francesas y estaba escasamente informado de los progresos en otros lugares. Los primeros españoles que discutieron la teoría de Einstein conocían bien el alemán. Esteve Terradas asistió a la escuela elemental en Alemania y su dominio de este idioma era legendario. Cabrera, Rafael y Campalans y otros científicos fueron capaces de comunicarse con Einstein en alemán durante su visita.

Al discutir las competencias lingüísticas necesarias para el estudio de la química, Enric Moles, que había estudiado en Ginebra y en Zurich, ni siquiera mencionó el francés:

> Hoy en día, para aprender Química, si se conoce el inglés no se está del todo desarmado. Sin embargo, para el alto estudio, de gran rigor y seriedad, el idioma alemán es instrumento ineludible, Yo quiero que mis alumnos lo adquieran. Demasiado sé que la ley les da derecho a elegir entre el inglés y el alemán. Que el profesor no puede, formalmente, imponer uno u otro. Con todo, no juzgo demasiado difícil acatar la ley y al propio tiempo enseñar como debe enseñarse[36].

En física, el cambio desde el francés fue notable. En un estudio de las referencias bibliográficas en artículos publicados en los *Anales de la Sociedad Española de Física y Química* dividido en tres períodos, Manuel Valera Candel ha documentado el cambio del foco lingüístico de la física española, en el primer tercio del siglo. En el primer período (1903-1915), 32,5 por 100 de todas las referencias corresponden a materiales en francés, el 30 por 100 en alemán, el 25 por 100 en inglés y el resto en español. En el segundo período (1916-1930), las referencias francesas bajan al tercer lugar (16,4 por 100 de las referencias), después del alemán (37,2 por 100) y del inglés (30,3 por 100).

[36] «Una conversación con el químico señor Moles».

Las referencias españolas (15,5 por 100) ocupan el cuarto lugar. En el último período (1931-1937), las referencias inglesas ascienden a 39,8 por 100, seguidas por las alemanas, (34,2 por 100) y españolas (15 por 100); el francés ocupa ahora el último lugar, con menos del 10 por 100 de todas las referencias[37]. Naturalmente, un cambio similar podría documentarse en otras literaturas nacionales del mismo período. Lo que hace el caso español interesante es que la infraestructura educacional requerida para educar científicos en alemán y en inglés era muy débil, por lo que debemos de suponer, incluso en los años 1930, una alta incidencia de autodidactismo. Muy probablemente, la mayoría de los que disfrutaron becas en el extranjero aprendieron el idioma requerido o perfeccionaron sustancialmente su conocimiento de él en el lugar correspondiente y no en España.

Españoles en el extranjero

En el corazón de la renovación de la ciencia española a comienzos del siglo XX se encuentra el programa de ayudas de la Junta para Ampliación de Estudios (fundada en 1907). Bajo la égida de la Junta, la mayoría de los líderes de las matemáticas, física y astronomía españolas estudiaron en el extranjero entre 1910 y 1920. Estas personas no sólo estudiaron en el extranjero, sino que en la mayoría de los casos regresaron con programas de investigación que continuaron en España, con frecuencia conjuntamente con el centro extranjero. Entre las primeras becas en matemáticas figuran las concedidas a Julio Rey Pastor, que estudió análisis y geometría superior en Berlín en 1910-1911; al ingeniero Rafael Campalans, que estudió cálculo diferencial e integral en la Sorbona en 1911, y a Pedro Pineda Gutiérrez, que estudió la teoría de grupos con Hermann Weyl en Zurich en 1916-1917. En física, Blas Cabrera estudió magnetoquímica con Pierre Weiss, también en Zurich, desde 1910 hasta 1912, desarrollando las líneas de investigación que le ocuparían el resto de su carrera. Prácticamente, toda su investigación experimental de la década siguiente

[37] Valera Candel, *Producción española en Física.*

citaba la teoría del magnetón de Weiss. Manuel Martínez Risco estudió óptica física en el laboratorio de Zeeman en Holanda, en 1911. En el mismo año, Pedro Carrasco recibió una beca para estudiar astrofísica en el Laboratorio de Astrofísica de South Kensington, así como con Alfred Fowler el en Colegio Imperial de Londres, con Hugh Newall en Cambridge y con Frank Dyson en Greenwich. Julio Palacios trabajó en física de bajas temperaturas en Holanda y Alemania, en 1918. Hacia 1919, Olegario Fernández Baños, que estudiaba matemáticas con una beca de la Junta en Italia, podía aludir a la fundación de la Junta como un acontecimiento que había señalado «la hora de la renovación» de la ciencia española[38].

En 1920-1921, el químico-físico Miguel Catalán obtuvo una pensión de la Junta para estudiar espectroscopia atómica en el laboratorio de Fowler, lo que le llevó a su famoso descubrimiento de los multipletes del espectro del manganeso. Arnold Sommerfeld conoció las investigaciones de Catalán durante un viaje a Madrid, en abril de 1922, y de ello resultó una beca Rockefeller (International Education Board), que condujo a Catalán al laboratorio de Sommerfeld en Munich, en 1923-1925; cuando Catalán regresó a Madrid le acompañó a Karl Bechert, también con una beca del IEB, para prosegur las investigaciones en espectroscopia teórica[39].

Las experiencias de estos españoles que estudiaron o investigaron en el extranjero, sugieren una serie de conclusiones. Primero, hay una alta correlación entre el estudio en el extranjero y la elevada productividad científica. El 75 por 100 de los físicos españoles que estudiaron fuera de nuestras fronteras entre 1911 y 1937 han sido clasificados por Valera dentro de la categoría más elevada de productividad[40]. Esta estadística contradice, al perecer, la afirmación de José Aubin de

---

[38] (Olegario) Fernández Bagnos (Baños), «Lo spirito scientifico in Spagna», *Intensa intelletuale*, 2 (1919), p. 155.

[39] Junta para Ampliación de Estudios, *Memorias, 1910-11* (Madrid, 1912), pp. 43, 59, 85; *Memorias, 1916-17* (Madrid 1918), p. 42; Valera, *Producción Española en Física*, p. 1.253; Varadaraja Raman, «Miguel Angel Catalán», *Dictionary of Scientific Biography*, III, pp. 124-125.

[40] Valera, *Producción española en física*, p. 1.218.

que los investigadores que volvían de los laboratorios alemanes se sentían desilusionados al volver a casa. La opinión de Aubin se expresó en el contexto de la propaganda aliadófila, en el que este autor trataba de demostrar la superioridad de la ciencia francesa sobre la alemana. No obstante, su exposición merece un examen. Según Aubin, era tan grande la reputación de la medicina alemana (si bien podría haber dicho lo mismo de las ciencias físicas) que los estudiantes españoles de medicina, en su totalidad, se sentían presas del deseo de perfeccionar sus estudios en Alemania. Sin embargo, al regresar a España, dichos estudiantes expresaban desilusión:

> Ahí disponen de unos laboratorios magníficos y de un instrumental soberbio; pero los hombres no pasan de ser simples mortales, falibles e imperfectos como todos los demás... ¡Cuántos errores he visto cometer! ¡Cuántos disparates he oído decir!... Tenemos en España algunos maestros con los que podrían aprender muchos de por ahí.[41]

Según Aubin, los estudiantes españoles de ciencias se sentían oprimidos y desconcertados en Alemania, mientras que en Francia se sentían como en casa.

El ejemplar retorno de Aubin expresaba una realidad, pero quizá no la que Aubin quería dar a entender. En primer lugar, los españoles se sentían culturalmente más confortables en Francia que en Alemania. En segundo lugar, la disparidad entre los laboratorios españoles y alemanes era un hecho que nadie podía ocultar. Si había desilusión, debía de ser el mismo tipo que la experimentada por los científicos sudamericanos que regresan hoy a casa después de varios años de estudios superiores en los Estados Unidos. Hay una sensación de que, faltando los medios materiales de que disponían en el extranjero, sería difícil llevar a cabo investigaciones en casa, al menos al mismo nivel. Que éste fue de hecho el caso de España, está claro; la continuidad en las investigaciones de Catalán y Cabrera fue excepcional. Los perfiles de investigación de otros científicos españoles muestran profundas discontinuidades, ya que muchos de ellos fueron

[41] José Aubin Rieu-Vernet, *¿La inferioridad de la ciencia francesa?* (Madrid, La Razón, 1918), pp. 166-169.

incapaces de continuar los proyectos iniciados fuera, al carecer en España del equipo necesario. Ejemplos son Martínez Risco, cuyo trabajo en óptica física fue desarrollado casi en su totalidad en el extranjero –con Zeeman en 1911, de nuevo, en 1928, y finalmente en Francia, donde estaba exiliado en los años 1940[42]–, y Julio Palacios, cuyas investigaciones sobre física de bajas temperaturas en Holanda con Heike Kamerlingh Onnes durante la Primera Guerra Mundial se interrumpieron a su regreso a Madrid debido a que carecía de equipo necesario para continuar la misma clase de experimentos sobre los que fue instruido en Leiden[43].

La elevada productividad de los regresados, empero, reflejaba su capacidad para practicar en la vanguardia científica gracias a la continuidad de sus relaciones con los centros extranjeros. De nuevo, Catalán proporciona el ejemplo prototipo. En la investigación española en espectroscopia, un elevado número de estudios fueron escritos, según Valera, o bien en el extranjero o conjuntamente con algún centro extranjero: el Instituto de Física Teórica de Sommerfeld de Munich o el Laboratorio de Astrofísica de South Kensington[44]. La estrecha relación del Seminario Matemático con los matemáticos italianos es otro ejemplo. Este proceso que la Junta hizo posible de insertar a los científicos españoles en las redes disciplinarias o subdisciplinarias es una manera característica de hacer posible investigación básica de alta calidad en un país pequeño. Como lo entendió Rey Pastor:

> Para formar hombres (de ciencia), hacen falta centros de estudio y para fundar centros se necesitan los hombres capaces. Este es el círculo vicioso en que se vio encerrada España y, para salir de él, no vio otra solución que buscar la comunión espiritual en otros pueblos de brillante cultura científica y perfecta organización, enviar jóvenes a convivir con los grandes maestros, en las fuentes mismas donde la ciencia nace.

---

[42] Cf. Yajaira Freites, «¿Es la sociedad venezolana un ambiente favorable a la investigación?», texto mecanografiado, marzo de 1982.

[43] Valera, *Producción española en física*, p. 1.243; Blas Cabrera en: Academia de Ciencias Exactas, *Discurso leído en el acto de su recepción, por don Julio Palacios Martínez* (Toledo, 1932), p. 68.

[44] Valera, *Producción española física*, p. 1.243.

Tales hombres, a los que llamó «modernos argonautas», regresaron a España no sólo con nuevos métodos y teorías, sino con algo más importante: «un espíritu nuevo de investigación»[45].

Fenómenos subsidiarios, pero relacionados, fueron las extendidas visitas a centros de investigación extranjero y la asistencia de españoles a los congresos científicos internacionales –lo primero, con el objetivo de explorar modelos para el establecimiento de nuevas instituciones científicas y técnicas o facilidades para la mejora de las inadecuadas existentes; lo segundo, con propósitos de establecer o mantener líneas de comunicación, así como para presentar los resultados de las investigaciones.

Los viajes técnicos al extranjero fueron populares a fines del siglo XIX y hacia el XX habían dado lugar a un género específico de literatura científica. Casimir Lana Serrate, que disfrutó de una pensión de la Junta antes de la guerra para estudiar química y física en Berlín, hizo prolongados viajes técnicos en el período postbélico, cuando era profesor de metalurgia de la Escola Industrial de Barcelona. Su primer informe fue sobre la educación técnica (la Escola Industrial se había fundado en 1904 para formar ingenieros industriales para la industria textil; como tal, tenía un importante laboratorio de química). En 1918, después de haber visitado instituciones técnicas en ocho países, Lana visitó Cambridge (Massachussets) e informó acerca de la educación técnica en el Massachussets Institute of Technology (donde, observó con tristeza, ni un solo español estaba inscrito)[46]. La década siguiente, cuando Lana era director del laboratorio metalúrgico Hispano-Suiza, sus intereses, en lo relativo a los viajes, se orientaron hacia las industrias de acero y los laboratorios que las servían[47].

---

[45] Julio Rey Pastor, «Aspecto social de la vocación científica», *La Nación*, 4 de noviembre de 1923.

[46] Véanse los reportajes de Lana en *Ibérica*, 10 (1918), pp. 201, 252-255.

[47] Véase, por ejemplo, «La significación de los laboratorios en las modernas industrias siderúrgicas y de construcción de máquinas», *Ingeniería y Construcción*, agosto de 1923, pp. 366-369, y «La pista de pruebas en la nueva fábrica de automóviles "Fiat" en Turín», *Ibérica*, 11, 1ª parte (1924), pp. 217-219.

La excursiones técnicas fueron análogas a las visitas realizadas por médicos a los hospitales, en las que se ponía el énfasis en las facilidades clínicas y laboratorios antes que en la propia investigación. Un ejemplo es el informe de Luis Calandre de 1921 sobre los hospitales de París, Bruselas y Berlín, visita esta última que le hizo reflexionar sobre «nuestro fatal aislamiento transpirenaico»[48]. Alemania, al parecer, aumentaba siempre el sentimiento de los científicos españoles de inferioridad científica, técnica y material. Un viaje semejante fue el de Ricardo Lozano a Suiza y Munich el año siguiente para ver los últimos avances en radioterapia y en el instrumental de rayos X. De este viaje resultó un intercambio científico, ya que Lozano invitó a un colega de Munich a visitar España para impartir un cursillo sobre tuberculosis pulmonar[49].

Otro infatigable viajero del mismo período fue el astrónomo jesuita Lluis Rodés Campdera (1881-1939). Rodés estudió física en la Universidad de Barcelona y aprendió astronomía en el observatorio de Valkenburg, en Holanda, con Theodor Wulf. En 1914 se encontraba en Suecia para observar el eclipse solar del 21 de agosto y en 1916 viajó a los Estados Unidos para continuar su formación astronómica en varios observatorios americanos. En 1918 escribió reportajes de divulgación de las investigaciones en curso en los observatorios de Yerkes y Harvard. Sobre el primero, señaló la investigación sobre el efecto Doppler-Fizeau y sobre el segundo le impresionó el archivo de observaciones visuales y fotografías, pensando, sin duda, en la relevancia de semejante colección para el Observatorio del Ebro, su propia institución [50]. Otro astrónomo peripatético fue José Tinoco, del Observatorio de Madrid, que en 1924 se encontraba en París investigando procedimientos para estudiar señales radiotelegráficas[51].

[48] Luis Calandre, «Por clínicas y laboratorios de Europa», *El Sol*, 19 de julio, 5 y 12 de agosto de 1921.

[49] Ricardo Lozano, «Impresión de un viaje científico», *Ibérica*, 17 (1922), pp. 90-93; *ibid.*, 20 (1923), pp. 162-163.

[50] Luis Rodés, «Una visita al Observatorio de Yerkes», *Ibérica*, 10 (1918), pp. 232-236, 296-300; «El Observatorio de Harvard College», *ibid.*, pp. 377-381. Rodés llegó a director del Observatorio del Ebro en 1920.

[51] *Ibérica*, 11 (1924), p. 211.

Debido a la Primera Guerra Mundial y a sus consecuencias, la participación española en los congresos no se hizo visible hasta los años 1920. Enrique de Rafael fue delegado al congreso matemáticos de Estocolmo de 1920. Eduard Fontseré asistió a los congresos meteorológicos internacionales celebrados a lo largo de la década. Rodés asistió al congreso de Roma de Astronomía y geofísica de mayo de 1922 y leyó una comunicación sobre la acción del Sol en los imanes en el congreso de Los Ángeles de 1923 de la American Association of the Advancement of Science[52]. El ritmo de la participación española en los congresos internacionales se aceleró considerablemente hacia la mitad de la década. José G. Álvarez Ude y Antoni Torroja Miret representaron a España en el Congreso Internacional de Matemáticos de Toronto, en agosto de 1924, y Obdulio Fernández y Enric Moles fueron delegados del Congreso Internacional de Química celebrado en Bucarest en junio de 1925[53]. En 1926, no menos de ocho fisiólogos españoles asistieron al Congreso Internacional de Fisiología de Estocolmo, mientras que al de París de 1920 sólo habían asistido dos[54].

La reunión de Bolonia del Congreso Internacional de Matemáticos, en septiembre de 1928, proporcionó a los matemáticos españoles una oportunidad para estrechar y, en muchos casos, renovar los contactos con sus colegas italianos. La delegación española de catorce miembros incluía no sólo a Plans y Terradas, sino también a media docena de figuras que pueden identificarse como habiendo desempeñado papeles en la recepción de la relatividad en España: Álvarez Ude, Tomás Martín Escobar, Pedro González Quijano, Carlos Mataix Aracil, José Antonio Pérez del Pulgar y Rey Pastor[55].

---

[52] *Ibérica*, 17 (1922), pp. 382-383; 20 (1923), p. 261.

[53] *Ibérica*, 11, 2ª parte (1924), pp. 85; 12, 1ª parte (1925), p. 371. Enric de Rafael fue el delegado del Congreso Matemático de Estocolmo de 1920.

[54] *Ibérica*, 26 (1926), pp. 198-199.

[55] *Atti dello Congresso Internazionale dei Matematici* (Bologna, Nicola Zanichelli, 1928), vol. I. En la p. 32 se relacionan los delegados oficiales de las instituciones españolas, la mayoría de la cuales enviaron relativistas: Ministerio de Instrucción Pública (Terradas), Academia de Ciencias Exactas (Plans, Alvarez Ude, Terradas), Escuela Central de Ingenieros

Europeos en España

El movimiento en sentido opuesto, relativo a la actividad investigadora o docente desarrollada por científicos europeos en España, dependió en gran medida de los contactos previos realizados por los científicos españoles en el extranjero. En los últimos años de la década 1910-1920, España se benefició del trastorno de la guerra, atrayendo a una serie de científicos extranjeros, particularmente físicos, a sus laboratorios. Jakob Laub, antiguo colaborador de Einstein que había iniciado la década en la Universidad de la Plata en Argentina, trabajó en el laboratorio de Blas Cabrera en 1915. Oro centroeuropeo, B. Szilard, colaboró en el Instituto de Radiactividad de Madrid en 1918-1919. El tema de investigación favorito de Szilard fue la determinación de la cantidad de radio y torio en minerales que los contenían, para lo que construyó una serie de aparatos de medida. En 1918 construyó uno nuevo, en el laboratorio de Torres Quevedo, que describió en una publicación del Instituto[56].

Un fenómeno más general fue el constante flujo, que comenzó en 1921, de científicos extranjeros –incluyendo las principales figuras la discusión de la relatividad– que fueron a enseñar a España. El primero de la serie fue el curso de Tullio Levi-Civita sobre mecánica clásica y relativista impartido en Barcelona y Madrid en enero-febrero de 1921; el significado de esta visita que tuvo importantes repercusiones en la comunidad española de matemáticos y físicos se trata en el capítulo 6. En la época en la que llegó a España, Levi-Civita ya había instruido a una serie de jóvenes matemáticos enviados con él por Rey Pastor. En marzo-abril de 1922, Weyl, Sommerfeld, Otto Honigschmid

---

Industriales, Madrid (Mataix Aracil), Escuela de Ingenieros de Caminos (González Quijano). La Confederación Sindical Hidrográfica de Zaragoza estuvo representada por Manuel Lorenzo Pardo, que destacó en la recepción de Einstein en esa ciudad en 1923.

[56] Lewis Pyenson, *The Young Einstein* (Bristol, Adam Hilger, 1985), pp. 231-234; Jakob Laub, *Neue Deustsche Biographie*, 13 (1982), pp. 688-689: Laub estuvo de nuevo en Madrid en 1920 (véase cap. 3). B. Szilard, *Nuevo electrómetro para la medida de la radiactividad* (Madrid, Instituto de Radiactividad, 1928); véase *Ibérica*, 11 (1919), p. 35. Szilard trabajaba en abonos radiactivos, entre otros temas. El Instituto estaba localizado en la calle Amaniel, nº 2, junto a la Facultad de Ciencias y lo dirigía José Muñoz del Castillo.

y Kasimir Fajans impartieron lecciones en Madrid y Barcelona. Weyl habló principalmente de geometría no-euclidiana, con una conferencia dedicada a la concepción relativista del espacio[57]. Mientras estaba en Madrid, Weyl asistió a una reunión de la Sociedad Matemática, donde expuso sus «atinadas observaciones» sobre los comentarios de Pérez del Pulgar sobre la velocidad uniforme y los de Emilio Herrera sobre una «dificultad» suscitada por la teoría de la relatividad[58]. Sommerfeld impartió lecciones acerca del espectro de los rayos X y sobre las investigaciones de Bohr acerca del espectro del hidrógeno, aunque incorporada a sus comentarios había una nota filosófica vinculando el derrocamiento por parte de la mecánica cuántica de las nociones clásicas de causalidad con la teoría de la relatividad. Refiriéndose a la cuantificación de la energía y a su aplicación a la relatividad especial, Sommerfeld observó que «la mecánica racional o clásica, es la menos racional de todas». Era precisamente este tipo de paradojas lo que deleitaba al lector popular que seguía los desarrollos de la nueva física. Honigschmid y Fajans, ambos colegas de Sommerfeld en Munich, cerraron el ciclo con conferencias sobre pesos atómicos y radiactividad, respectivamente[59].

El año siguiente, Cabrera correspondió con un corto curso en Munich sobre la estructura de la materia y sus propiedades magnéticas. Sommerfeld, Fajans, Max Wien y Karl Herzfeld participaron en la discusión. La reputación internacional de Cabrera había ascendido rápidamente. En el verano de 1925 disertó sobre magnetismo y la estructura del átomo en la Société de Physique (Sociedad de Física de París). Después, cuando estaba en Bruselas como delegado español del congreso del International Research Council (Consejo Inter-

---

[57] Esta serie de conferencias fue publicada en alemán como *Mathematische Analysis des Raumproblems* (1923) y estaba dedicada a Esteban Terradas. Sobre la visita de Weyl véase *Revista Matemática Hispano-Americana*, 4 (1922), pp. 50-54, 59. Plans informó a Terradas de la apropiación de los fondos para las visitas de Weyl y Sommerfeld por la Facultad de Madrid en una carta fechada el 15 de enero de 1922 (Biblioteca Esteve Terradas, Institut d'Estudis Catalans, Barcelona).

[58] *Revista Matemática Hispano-Americana*, 4 (1922), p. 101 (congreso de 1 de abril de 1922). La «dificultad» de Herrera se trata en el cap. 7.

[59] *Ibérica*, 17 (1922), pp. 340-341.

nacional de Investigación) en octubre de ese año, fue invitado a Berlín para hablar de magnetoquímica. Según un informe, estos intercambios científicos habían empezado con la visita a Madrid de los cuatro alemanes, correspondida con las lecciones de Cabrera, Lozano, Antonio de Gregorio Rocasolano (que había hablado en Gotinga sobre química catalítica en junio de 1924) y Moles en Alemania[60]. Con la excepción de Cabrera parece que no hubo conexión directa entre la visita de los alemanes y las lecciones de los españoles en Alemania; pero la perfección de una vivificación del intercambio fue, no obstante, certera.

El siguiente visitante fue Einstein en febrero-marzo de 1923, seguido de Henrick Lorentz en 1925. Lorentz fue presentado al público no sólo como el «creador de de la teoría de los electrones», sino también como «el principal precursor de Einstein». Blas Cabrera, al presentar al visitante, señaló que Einstein había llamado a Lorentz «el padre de los físicos». Lorentz dio los conferencias, una sobre la teoría del magnetismo y otra sobre la teoría de Bohr, acerca de la estructura del átomo. Se le otorgó la medalla Echegaray de la Academia de Ciencias, mientras que Josep María Plans aludía de nuevo a la invención por Lorentz de «los jalones para el desarrollo de las teorías de Einstein, con su famosa transformación de las ecuaciones electromagnéticas y la noción del tiempo local»[61].

Por todo lo expuesto, hacia mediados de los años 1920 la comunidad científica española se había acostumbrado al encuentro relativamente frecuente con científicos extranjeros del calibre más elevado, particularmente alemanes e italianos. Las subsiguientes disertaciones de Wolfgang Ostwald (1925), sin Arthur Eddington y Vito Volterra (ambos en 1932) y Francesco Severi (1928 y 1935) se sumaron simplemente a la recientemente adquirida pátina de respetabilidad científica internacional, por medio de la cual Madrid y Barcelona se habían convertido en paradas del circuito internacional de conferencias. Según Fernández Baños, el que los científicos europeros ya en 1919

[60] *Ibérica*, 11 (1924), p. 66; 12 (1925), p. 290.

[61] *Revista Matemática Hispano-Americana*, 7 (1925), p. 168.

pasaran por España «colaborando directamente con los hombres del nuevo renacimiento científico español» era un signo evidente de «una nueva vida científica»[62]. La visita de Einstein, sin embargo, fue el episocio crucial que convirtió el prestigio científico en una extendida conciencia pupular y apoyo a la ciencia pura.

INVESTIGACIÓN BÁSICA EN UN PAÍS PEQUEÑO

Hacia 1923 las matemáticas, física y astronomía españolas estaban representadas en la comunidad científica internacional por un pequeños número de investigadores que eran capaces de participar en problemas de investigación definidos como significativos por esa comunidad. Para llevar a cabo esta participación los científicos periféricos deben adoptar el idioma del centro; deben visitar, estudiar o realizar investigaciones en las instituciones centrales y deben mantener correspondencia con los científicos de estas instituciones. Las investigaciones pueden entonces continuarse en las instituciones locales, tales como el Instituto de Cabrera o el Seminario Matemático, modelado de acuerdo a las del centro. Debido a la parvedad del colectivo de científicos nacionales, la investigación de primera fila está restringida a un número reducido de subdisciplinas, con uno o dos profesores y sus discípulos inmediatos trabajando en problemas definidos originalmente por figuras «centrales» y desarrollada esa investigación en condiciones de estrecha comunicación con ellos[63].

Un punto de referencia crítico de la madurez científica es la capacidad para contribuir a la investigación de vanguardia, aunque sólo sea, como mínimo, habiendo adquirido la capacidad de ofrecer críticas constructivas. Una de las limitaciones que impone la pequeñez sobre una comunidad científica es que la carencia de un gran número de trabajadores cualificados hace difícil que surja un fundamental

[62] Fernández Baños, «Spirito scientifico in Spagna», p. 158.

[63] Véase Thomas Schott, «Fundamental Research in a Small Country: Mathematics in Denmark, 1928-1977», *Minerva*, 18 (1980), pp. 243-283, especialmente pp. 246-247, 280-281.

consenso sobre cuestiones teóricas, como se produciría en una comunidad científica en la que los trabajadores en un determinado campo se cuentan por docenas o cientos, en lugar de por unidades. Gregorio Marañón señaló este problema en 1922 al analizar el modo como se había alcanzado el consenso (en este caso, impuesto) en la emergente subdisciplina de la endocrinología:

> En las razas que científicamente nos superan estas estridencias polémicas, en uno y otro sentido, se agitan al margen de un núcleo de densidad positiva, constituido por el caudal de hechos escrupulosamente recogidos, verdadero «centro de gravedad» de la doctrina, que constantemente tiende a equilibrar los vaivenes que la imprimen los propugnadores y los adversarios. Pero entre nosotros falta ese núcleo de experimentación propia, falta o es muy débil ese centro de gravedad[64].

Dado que los grupos disciplinarios o subdisciplinarios eran tan pequeños, había poca o no había ninguna competencia entre sus miembros por los puestos de prestigio y los líderes de los grupos de investigación pudieron imponer sus propias perspectivas teóricas sin riesgo de críticas. En el caso particular de la recepción de la relatividad el control de las instituciones y grupos clave de física y de matemáticas por personas favorables a Einstein predeterminó la amplitud, profundidad y grado de recepción no sólo en esos campos, sino en toda la comunidad científica. En este proceso las redes de comunicación fueron de total importacia. El patrón de la recepción habría sido profundamente diferente si los matemáticos españoles no hubieran estado en estrecho contacto con sus colegas italianos, que habían hecho una contribución directa a la teoría de la relatividad, o si en lugar de ello hubieran establecido lazos con algún otro grupo nacional de matemáticos menos interesado o desinteresado en el problema.

[64] Gregorio Marañón, *Problemas actuales de la doctrina de las secreciones internas,* (Madrid, Ruiz, 1922), p. 9.

Capítulo 2
EL FENÓMENO EINSTEIN

La fabricación del mito

El salto a la fama de Einstein comenzó el 6 de noviembre de 1919 cuando los astrónomos ingleses anunciaron a una reunión extraordinaria conjunta de la Royal Astronomical Society y la Royal Society que las observaciones del eclipse total del Sol del 9 de mayo habían confirmado la predicción de Einstein en la teoría general de la relatividad, que los rayos de luz al pasar cerca de una gran masa serían desviados por la fuerza de su gravedad. La noticia fue rápidamente recogida por la prensa inglesa, particularmente por el *London Times*, que el mismo día siguiente proclamó que se había producido una revolución científica y que Newton había sido derrocado. En la Cámara de los Comunes, el físico Joseph Larmor, representante de la Universidad de Cambridge, «dijo que había sido acosado por preguntas acerca de si Newton había sido derribado y Cambridge «derrotado»[1].

Claramente, el *Times* estaba en estrecho contacto con los medios científicos ingleses oficiales que estaban conmovidos por las noticias, habiéndolas recibido con mayor intensidad que si las observaciones las hubieran realizado científicos no ingleses. En primer lugar, el que un equipo inglés hubiera corroborado la teoría de un científico alemán forzosamente suscitó intensos sentimientos por las consecuencias de la guerra, tanto en respuesta a la renovación del internacionalismo científico como a las preocupaciones de los patriotas sobre que la ciencia alemana había empañado la imagen de Newton y, por tanto, de Inglaterra. En segundo lugar, los físicos ingleses que estaban habituados a un modelo mecánico del éter y que, por tanto, habían tenido

[1] *London Times*, 8 y 9 de noviembre de 1919, citado por Donald Franklin Moyer, «Revolution in Science: The 1919 Eclipse Test of General Relativity», en Arnold Perlmutter y Linda F. Scott, drs., *On the Path of Albert Einstein* (Nueva York, Plenum, 1979), pp. 55, 80.

grandes dificultades para aceptar la teoría especial de la relatividad, uno de cuyos postulados, el de relatividad, requiere que no hay sistemas de referencia privilegiados (lo que implica que el éter es superfluo), se disponían ahora a librar otra batalla para salvar los principios newtonianos. Aunque sir Oliver Lodge, el principal defensor del concepto de éter, anunció por adelantado su disposición a aceptar la teoría general si la desviación observada resultaba ser de 1,75" (como Einstein predijo), advirtió que a pesar de todo no estaba preparado para abandonar el éter y ofreció además una serie de explicaciones alternativas para dar cuenta de los resultados del eclipse con principios newtonianos modificados[2].

Por todo esto, la situación en Inglaterra, científica y política, era peculiarmente apta para intensificar la naturaleza dramática de los resultados del eclipse, y el vigoroso debate público subsiguiente a la notificación de éstos también impulsó el mito Einstein. La publicidad que Einstein recibió en los primeros meses inmediatamente posteriores a la notificación inglesa dieron el tono de muchas de las discusiones populares características sobre la relatividad de la década siguiente. Quizá de modo muy significativo, tanto la teoría especial, cuya popularización había sido retrasada por la guerra, como la general se discutieron al mismo tiempo.

El público fue ganado para la causa de Einstein por las pruebas observacionales de la teoría general (el movimiento anómalo del perihelio de Mercurio y la deflexión de los rayos de luz por la gravedad) y se preocupó poco por la teoría subyacente. Algunos de los resultados paradójicos de la teoría especial se mezclaron en esta época con popularizaciones de la relatividad, en orden a despertar aún más el interés del público. Ya en diciembre de 1919, sir Arthur Eddington, el astrónomo que había dirigido la expedición de observación a la isla de Príncipe, se dedicaba a estimular la imaginación del público señalando que si pudiera moverse verticalmente a 161.000 millas por se-

---

[2] Sobre la oposición de Lodge a la relatividad véase *ibid.*, pp. 71, 85, y Stanley Goldberg, «In Defense of Ether: The British Response to Einstein's Special Theory of Relativity, 1905-1911», *Historical Studies in the Physical Sciences*, 2 (1970), pp. 102-104.

[3] Philipp Frank, *Einstein, His Life and Times* (Nueva York, Alfred A. Knopf, 1947), p. 61.

gundo se contraería en altura de seis a tres pies. Eddington, que disfrutaba resaltando la naturaleza paradójica de la relatividad, estableció una forma estándar para su popularización. La confusión en la prensa entre las teorías especial y general condujo a la extendida creencia de que los resultados del eclipse habían confirmado no sólo la teoría general, sino también los efectos paradójicos de la relatividad especial tales como la retardación del tiempo[4].

Hacia comienzos de 1920, Einstein había alcanzado un alto grado de notoriedad (el 2 de febrero tomó nota del «torrente de artículos periodísticos» que ya habían aparecido), aunque el patrón geográfico de su fama no era enteramente uniforme. Los periódicos franceses, por ejemplo, raramente mencionaban a Einstein a finales de 1919 y tampoco lo hacían los españoles[5]. En la época en la que Einstein disertaba sobre relatividad en Praga y Viena a principios de 1921 su fama le había precedido, y cuando recorrió los Estados Unidos con Chaim Weizmann en abril y mayo de ese año ya se había convertido en una celebridad internacional.

Michel Biezunski ha identificado tres elementos del mito Einstein tal y como se manifestó en Francia en los años 1920. Primero, Einstein era un genio porque era alemán. Segundo, su personalidad le hacía la encarnación ideal del mensaje del que era portaestandarte. Tercero, era incomprensible[6]. El primer elemento tenía que ver desde luego con la presencia dominante de la ciencia alemana en la comunidad científica internacional. Particularmente en Francia, la imagen de la ciencia alemana estaba muy teñida de los antagonismos políticos que

---

[4] Ronald Clark, *Einstein, the Life and Times* (Nueva York, World, 1971), p. 242. Sobre la confusión popular y periodística entre las teorías general y especial, véase Jeffrey Grelinsten, «Physicists Receive Relativity: Revolution and Reaction», *Physics Teacher*, 18 (1928), p. 190.

[5] *Ibid.*, p. 246; Michel Biezunski, «Einstein à París», *La Recherche*, 13, nº 132 (abril de 1982), p. 503. Es importante determinar la cronología del ascenso a la fama de Einstein porque, aunque el mito Einstein tuvo la misma o similares dimensiones en una amplia variedad de ambientes hacia mediados de los años 1920, el estallido inicial de la popularización fue impulsado por estímulos diferentes en diversos países. Tales problemas pueden resolverse por investigación comparada de material periodístico, que puede usarse también para evaluar los límites sociales y geográficos de la difusión del mito.

[6] Biezunski, *La diffusion de la theorie de la relativité en France*, tesis de doctorado, Universidad de París, 1981, p. 114.

salieron ampliamente a la luz durante la visita de Einstein a París en 1922. No obstante, una opinión rutinariamente mantenida entre los científicos europeos de principios del siglo XX era que «las doctrinas físico-químicas contemporáneas llevan la marca del país en el que han nacido»[7]. Los científicos españoles en general suscribían la opinión francesa de la ciencia alemana, extendiéndola incluso para aplicar a la ciencia de los países desarrollados en general.

La personalidad de Einstein, o más bien su persona, parecía connotar si no inescrutabilidad al menos incongruencia. La prensa resaltó minuciosas descripciones de su físico y semblante contrastando, por ejemplo, la sensualidad de su boca con la frialdad de sus ojos, cuyo frecuente parpadeo sólo servía para confundir más a sus observadores. Su famoso cabello despeinado se convirtió en una especie de indicio visual de sus audaces ideas, que al parecer habían aportado un elemento de desorden en el sistema newtoniano. Se dijo que había sido inepto para las matemáticas (al menos como estudiante) y el omnipresente violín que llevaba debajo de su brazo meramente subraya que Einstein era más el modelo del artista que del científico. El hecho de que Einstein no se ajustaba al estereotipo del hombre de ciencia «explicaba» por qué sus ideas no se ajustaban a las de una teoría científica. Como señala Biezunski, Einstein fue alemán sin ser alemán (se había naturalizado suizo), judío sin ser judío (un sionista no creyente), sabio sin los aires del sabio y famoso sin desear serlo[8]. Además, se resaltó constantemente el contraste entre la simplicidad de su personalidad y la complejidad de sus ideas. Tales paradojas hicieron de Einstein una figura incomprensible.

Los diferentes elementos que dieron lugar al mito Einstein tuvieron diferentes orígenes y diferentes funciones. Algunos fueron creados o al menos estimulados por Einstein por motivos personales. Su

---

[7] Harry W. Paul, *The Sorcerer's Apprentice: The French Scientist's Image of German Science, 1840-1919* (Gainesville, University of Florida Press, 1972), p. 13.

[8] Biezunski, *La diffusion de la relativité*, pp. 137-138. Para Biezunski, Einstein presentó una imagen familiar pública que era *casi* incomprensible, al mismo tiempo que presentaba paradojas intelectuales que desafiaban la capacidad de comprensión. Esta contradicción o tensión insuperable se sitúa en el núcleo del mito Einstein.

inclinación a llevar vestidos viejos, por ejemplo, contribuyó a crear una imagen no convencional que mantuvo a la gente a la distancia personal deseada de él[9]. En conjunto, su personalidad pública fue bien construida con el propósito de satisfacer la curiosidad del público, sin revelar mucho de su vida privada. Consecuentemente, en sus viajes era experto en decir a una amplia variedad de interlocutores exactamente lo que deseaban oír y siempre se mostraba dispuesto a hacer publicables y sustanciosas (aunque frecuentemente no muy originales) declaraciones sobre cualquier tema, desde la política hasta los bailes populares. Su esposa, Elsa, tenía la correspondiente habilidad para responder a cuestiones acerca del lado íntimo de la vida de Einstein sin por ello revelar nada íntimo. Incluso otro elemento del mito tal como el de haber sido un mal estudiante de matemáticas tenía tanto una función personal (para realzar la opinión de Einstein de sí mismo como un hombre sencillo con ideas sencillas) como social (para derrotar a aquellos opositores a la relatividad que pretendían que Einstein había hecho los problemas físicos irrazonablemente abstractos ocultándolos con fórmulas matemáticas complejas). Un ejemplo de Einstein alimentando su propia mitología es una anécdota relatada por el humorista y cineasta español Tono (Antonio de Lara Gavilán), que se encontró con Einstein en una fiesta en California a principios de los años 1930. Tono, cuyo inglés era notoriamente malo, mantuvo al parecer una amplia conversación con el físico tras la cual sus asombrados amigos le preguntaron:

—«¿Qué te contaba?»

—«Cosas de la vida. Hemos llegado a la conclusión de que, en ella, todo es relativo»[10].

Otros elementos, a saber, aquellos que tienen que ver específicamente con la teoría de la relatividad, se originaron entre los científicos, tanto entre los que estaban a favor como entre los que estaban en contra de

[9] Fernando Vizcaíno Casas, *Personajes de entonces* (Barcelona, Planeta, 1984), pp. 235-236.

[10] Boris Schwarz, «Musical and Personal Reminiscences of Albert Einstein», en Gerald Holton y Yehuda Elkana, drs., *Albert Einstein: Historical and Cultural Perspectives* (Princeton, Princeton University Press, 1982), p. 410.

ella. Este aspecto del mito tiene que ver principalmente con la supuesta incomprensibilidad de la teoría y tuvo diferentes funciones según el grupo implicado. Si bien tanto los científicos como los intelectuales decían cosas similares acerca de las teorías de Einstein, tenían frecuentemente diferentes motivos para ello.

La dificultad inherente para distinguir los elementos subjetivos y objetivos del mito Einstein, así como para determinar los orígenes de tales elementos, puede ilustrarse con la cuestión de si Einstein, al interpretar música, podía o no podía «contar». Según Boris Schwarz, «hay una historia apócrifa sobre que Einstein, tocando con Arthur Schnabel, perdió el ritmo de la múscia, después de lo cual Schnabel dijo burlonamente: ¡Profesor, ¿no puede usted contar?!». Schwartz, que tocaba a menudo con Einstein, sugiere que esta anécdota es «pura ficción»; cuando Einstein tocó con él nunca contó mal[11]. La anécdota, sin embargo, es más que probablemente verdadera, ya que los muchos músicos que escucharon a Schnabel y a Einstein tocando juntos en las sinagogas de Berlín después del advenimiento de Hitler observaron tales incidentes, que Einstein reconoció. En una ocasión, a finales de los años 1930, el Cuarteto Stradivarius visitó a Einstein en Princeton para una velada de música de cámara. El violinista Marcel Dick evocaba:

> No recuerdo el repertorio que tocamos, pero en un cuarteto de Haydn (él tocaba el primer violín, desde luego), tras una pausa de tres compases se equivocó en la reentrada. Paramos y con una sonrisa angelical inolvidable dijo: «Nunca he sabido cómo contar».[12]

Evidentemente, contar las pausas no mantuvo la atención de Einstein, y los músicos, de hecho, le reprendieron. También es cierto que Einstein participó en la broma, lo que sugiere que este elemento del mito fue, al menos en parte, autogenerado. La historia demuestra

---

[11] Marcel Dick, comunicación personal, Cleveland, 27 de junio de 1982. Dick, que fue después primer viola de la Orquesta de Cleveland, oyó hablar de las actuaciones en la sinagoga de Einstein a Victor y Vitya Babin.

[12] Cf. Clark, *Einstein*, p. 250, para anécdotas en las que Einstein subraya su falta de educación, incapacidad para «contar», etc.

también la interrelación entre diferentes elementos del mito. Que Einstein «no podía contar» no hubiera sido digno de mención si no fuera por la difundida idea de que tuvo dificultades con las matemáticas, especialmente con las matemáticas sencillas. En este sentido se trata de un artefacto del mito Einstein; los músicos no habrían reprendido a Einstein si el asunto no se hubiera acomodado con otros elementos del mito[13].

La idea de que la relatividad era incomprensible se originó entre los científicos opuestos a la teoría. Como Einstein cuestionaba las bases de la física clásica, declarar que su teoría era incomprensible era un modo de evitar tener que habérselas con sus implicaciones. Entre los no científicos, sin embargo, la incomprensibilidad desempeñó un papel diferente. Una postura característica de los intelectuales fue la de expresar un no disimulado resentimiento a verse forzados a admitir su incapacidad para comprender una idea científica revolucionaria. En la mayoría de los países europeos la intelectualidad literaria adoptó una postura ambivalente. Por otra parte, había una corriente subterránea de resentimiento contra los científicos por haber desplazado a los árbitros tradicionales de la cultura. De esta guisa era corriente encontrar reiteradas declaraciones de científicos antirrelativistas sobre que sólo un puñado de personas podían comprender la relatividad. Por otra parte, muchos de los mismos comentadores trataron de adquirir al menos una pátina de familiaridad con la teoría y, faltándoles formación científica, adoptaron un tipo de discurso caracterizado por lo que Biezunski llama «deslizamiento semántico»[14]. Al discutir la relatividad, los no científicos usaron la terminología de la teoría para formular interpretaciones acordes con significados ya conocidos: usar «relatividad» para expresar el sentido de «relativismo», por ejemplo. De este modo, los intelectuales generaron un diálogo en el que ostensiblemente se discutía el significado

[13] *Glissements semantiques*: Biezunski, *La diffusion de la relativité*, p. 129.

[14] M. W. Thistle, «Popularizing Science», *Science*, 27 (1958), pp. 951-955, y discusión por Solange Puntel Mostafa, «Vulgarização científica: Mistificação da ciencia ou educação permanente?», *Ciencia e cultura*, 33 (1981), p. 843.

filosófico de la teoría de Einstein, pero que de hecho estaba vacío de contenido físico.

La legitimación y justificación intelectual constituyen poderosas motivaciones que informan las actitudes de grupos específicos hacia ideas específicas. Más adelante mostraré que la naturaleza abstracta de la teoría y su lenguaje matemático fue percibido por algunos intelectuales como quitando legitimidad a su papel como árbitros públicos de las ideas (capítulo 8). También haré notar el proceso opuesto: que los matemáticos españoles trataron de desmitificar la relatividad porque si verdaderamente fuera incomprensible su dedicación a ella arrojaría dudas sobre la legitimidad de su disciplina (capítulo 6).

POPULARIZACIÓN Y EL PROCESO DE DIFUSIÓN

El asunto trae a colación cuanta información científica se puede esperar razonablemente que sea transmitida. Una serie de comentadores recientes han tratado de defender la imposibilidad estructural de transmitir otra cosa que una mínima fracción del conocimiento científico a los no científicos. Según una opinión, sólo un 1 por 100 de lo que un científico sabe puede ser comunicado, y de ese 1 por 100, después de descuentos debidos a ocultamientos formales y no formales de varias clases y a las inevitables distorsiones causadas por la «traducción» de conceptos científicos en un lenguaje no científico, sólo el *1 por 100 de ello* es realmente asimilado[15]. Incluso si sólo una tenue fracción del conocimiento científico es asimilable por los no científicos, ¿desean realmente estos últimos aprender? Según Beaudouin Jurdant *no* existe demanda para la divulgación entre el público en general. Si tal demanda existe no tiene nada que ver con la búsqueda de conocimiento científico; simplemente refleja la oferta[16].

---

[15] Jurdant, según la exposición de Biezunski, *La diffusion de la relativité*, p. 124.

[16] Los tres conjuntos de números son de desigual valor y la gráfica sólo pretende ilustrar el patrón general de la recepción. Los números para el psicoanálisis son más precisos y proceden de Francisco Carles Egea, «La introducción del psicoanálisis en España (1893-1922)», tesis doctoral, Universidad de Murcia, 1983, e Isabel Muñoz González, «Evolución de los conceptos psicoanalíticos en España (1923-1936)», tesis de licenciatura, Universidad

La cuestión de la demanda de divulgación saca a colación la naturaleza de la difusión de las ideas científicas. Con respecto a los problemas relacionados de la recepción de la relatividad y de la difusión del mito Einstein, parecerían estar implicados dos procesos separados. La información sobre la relatividad se difundió de manera jerárquica, de arriba hacia abajo, a través de las jerarquías urbanas y educativas (desde las ciudades y centros educativos de mayor rango a los de menor rango; desde las publicaciones de alto nivel a las de bajo nivel). Como la información se filtra a través de la jerarquía, el efecto barrera o pantalla causado por la falta de preparación en matemáticas y/o en física se hace cada vez más grande.

La difusión del mito Einstein muestra también, superficialmente al menos, características jerárquicas en cuanto que parece que se difundió, a través de los medios de comunicación de masas, desde los grandes centros a los pequeños (o, en el caso español, a partir de las tres ciudades visitadas por Einstein). Pero al nivel local, dentro de cada ciudad, tal información de gran interés popular (periodística) se extendió por simple contagio o de boca en boca. Dado que la relatividad es difícil de entender, es difícil distinguir entre una situación en la que algún conocimiento de ella le había llegado a una persona, de forma degradada, a través de la jerarquía educativa, como en una *tertulia*, donde un físico «explica» la relatividad a un torero, o por simple comunicación oral el torero oye en el bar de la vecindad que el inventor de la relatividad está en la ciudad. En los niveles más bajos la jerarquía se desintegra prácticamente (si bien en el capítulo 7 proporcionamos muestras de una percepción de la relatividad a un nivel muy bajo, difundido claramente a través de la jerarquía educativa). Cuando en el proceso de difusión jerárquica la información sobre la relati-

---

de Murcia, 1983. Adopto el período de 1906-1910 como el primero en el que el psicoanálisis se discutió, aunque se habían publicado dos traducciones de «Preliminary Communication on Hysteria» (Comunicación preliminar sobre la histeria), de Freud y Breuer en los años 1908, sin repercusión. Las cifras sobre la relatividad proceden de los títulos mencionados en el presente libro, con omisión de artículos de periódico. Las cifras del darwinismo son probablemente las menos exhaustivas; las he obtenido de la «Bibliografía hispánica sobre Darwin y el darwinismo», *Antropos*, 16-17 (octubre de 1982), pp. 15-54, en donde los criterios para la selección de títulos no son siempre evidentes.

vidad se reduce a unos pocos estereotipos (por ejemplo, «la luz tiene peso»), ya no podemos discernir un patrón estructurado de flujo.

Una comparación estadística de la recepción del darwinismo, la relatividad y el psicoanálisis en España revela un patrón común. La figura 2-1 indica la producción de artículos y libros a través de seis períodos de cinco años, empezando con el período de la primera cita (1861-1865 para el darwinismo; 1906-1910 para la relatividad y el psicoanálisis)[17]. El proceso de recepción, en cada caso, comienza con un dilatado período de gestación o incubación de diez años de duración (períodos 1 y 2) en el que el nivel de producción es bajo. Las razones para el largo período de incubación son complejas y pueden incluir factores políticos y sociales, así como cognitivos y lingüísticos. En cada caso la discusión en los dos períodos iniciales estuvo confinada principalmente a los que leían el idioma extranjero requerido, y en la recepción de la relatividad, a los que tenían la preparación matemática necesaria. El período de gestación conduce a un tercer período en el que los pequeños grupos iniciales dedicados al tema han difundido la idea de modo suficientemente amplio como para crear una demanda secundaria de traducción de textos primarios y producción de tratados de divulgación de «alto nivel». Esto dio como resultado, en el caso de Darwin, a la traducción del *Descent of Man* (1870) y del *The Origin of Species* (1877); en el de Freud, de las *Obras completas* (iniciada en 1922, pero contratada durante la Primera Guerra Mundial), y en el de Einstein, a la traducción de las primeras síntesis de la relatividad iniciada en 1920. El cuatro período está marcado por el crecimiento logarítmico de los títulos, alcanzando el punto máximo después de dos o tres años, cuando se produce la fase de genuina divulgación con todos los atributos asociados con las modas intelec-

---

[17] El trabajo de Biezunski, desarrollado mediante la concepción cínica de la divulgación de Jurdant, aunque estimulante, sufre, no obstante, de una dicotomía excesivamente brutal de la sociedad entre científicos y el *gran publique*. Más abajo argumentaré que la divulgación de la relatividad en España no fue una función de la oferta, sino de la demanda de los ingenieros para adquirir información específica relativa a la nueva física. Al siguiente nivel más abajo estoy dispuesto a admitir que la divulgación a cargo de los ingenieros fue en parte función de la oferta, porque la adquisición de prestigio era una razón suficiente para los ingenieros para promover la popularización de la relatividad.

tuales (conferencias públicas, artículos periodísticos, etc.). Los dos últimos períodos (5 y 6) están marcados por el descenso (en el caso de la relatividad y el darwinismo) o aplanamiento (psicoanálisis), cuando el interés popular decae y la comunidad científica asimila las ideas. Este período tiene consecuencias interesantes, ya que en él puede señalarse el final del período de difusión primaria cuando Darwin, alrededor de 1881, se discutía en pequeñas ciudades; Freud lo era alrededor de 1931. Subsiguientemente hay ondas de difusión secundaria, más compleja y difícil de describir, cuando las ideas son reinterpretadas y reelaboradas, frecuentemente (a niveles populares) sin atribución de autor (muy palmario, en el caso de la psicología freudiana). Este proceso se contempla de manera global, abarcando las *dos* recepciones, científica y no científica, percibidas como un continuo cuyos patrones específicos de crecimiento y difusión llevan consigo interacciones entre varios niveles y dominios de discurso.

Esta curva predice bien los sucesos acerca de la difusión de la relatividad y de la divulgación de la imagen de Einstein en España. Al final del período de gestación, que se extendió desde 1905 hasta 1915, los científicos habían oído hablar de la relatividad; e información sobre ella había llegado hasta un importante número de ingenieros. Así, la demanda de divulgación de alto nivel y de traducciones se produjo al final de este período. La invitación ofrecida a Einstein en 1920 a visitar España se ajusta también a la lógica de la curva, ya que semejante viaje sólo tenía sentido con un mercado suficientemente amplio para su aparición. Pero cuando Einstein llegó efectivamente a España el proceso de aceleró, debido a una explosión informativa en los medios de comunicación, lo que indica una permutación de la curva produciéndose la fase explosiva de difusión según una pendiente más inclinada que si no hubiera habido visita. La visita causó también perturbaciones secundarias, por cuanto que se concentró menos atención en Einstein fuera del ámbito de las tres ciudades que visitó. Las últimas invitaciones de Valencia y Bilbao, dos ciudades que visitó. Las últimas invitaciones de Valencia y Bilbao, dos ciudades inferiores en la jerarquía urbana a Madrid y Barcelona, y por debajo de Zaragoza en la jerarquía educativa, siguieron un modelo de decrecimiento progresivo.

Volviendo a Jurdant y a la demanda de divulgación, ninguno de los procesos descritos requieren demanda. Representan simplemente el flujo automático y predecible de información, teniendo en cuenta la pantalla cognoscitiva estipulada. Es evidente, no obstante, que esta clase de formulación es insuficiente para explicar la interacción entre grupos específicos en el curso del proceso de difusión, no la clase, carácter o foco de la popularización.

La divulgación de alto nivel fue realizada principalmente por matemáticos y físicos a petición y para atender las solicitudes de los ingenieros. Por ello, a este nivel hubo una considerable transmisión de ideas físicas (y matemáticas). A su vez, la mayoría de los textos «populares» sobre relatividad fueron producidos en España por ingenieros, un grupo profesional que tenía mucho que ganar asociándose con una teoría científica prestigiosa. Los divulgadores con éxito de la relatividad ganaron el prestigio concedido a los que poseyeron el poder mágico de ser capaces de hacer inteligible lo incomprensible. El material presentado en el capítulo 7 muestra que hubo una auténtica demanda de divulgación: al más alto nivel, a los científicos por los ingenieros; en segundo término, a los ingenieros por ciertos sectores del público general[18].

En el corazón de la dificultad para popularizar la relatividad estaba el vínculo inextricable en la conceptualización de Einstein entre los fenómenos físicos tratados en las teorías especial y general (fenómenos electromagnéticos de cuerpos en movimiento, gravitación) y los problemas de observación y medida inherentes a su descripción. Es evidente por qué esto tenía que ser así, ya que el núcleo de la crítica de Eintein a la física newtoniana era que no había observadores privilegiados. Einstein reiteró este punto en sus charlas de Madrid, pero los comentadores populares no captaron el asunto de manera consistente. A un nivel elemental, el concepto de que no había sistemas de referencia privilegiados fue, al parecer, percibido de forma intuitiva (viajando en un tren en movimiento junto a otro estacionario) y por ello no fue realmente cuestionado. La prensa popular no

[18] Niguel Calder, *Einstein's Universe* (Nueva York, Viking, Press, 1979), p. 2.

distinguió si esta experiencia corriente era una intuición einsteniana o simplemente una reafirmación de la relatividad galileana.

Se dijo que la teoría especial había sido inteligible a los que sabían álgebra universitaria, y la teoría general, totalmente ininteligible sin cálculo tensorial. Sin embargo, al nivel de la recepción popular había con mucho mayores problemas para explicar la teoría especial, con todas sus paradojas, que con la general, y un modelo típico era pasar por encima de la teoría especial, dejando las dudas en suspenso, y aceptar la general después del eclipse de 1919. La confusión popular entre ambas teorías proporcionó el contexto ideal para un tal modelo. Los problemas con la teoría especial tenían que ver, primero, con la incapacidad para abandonar el éter y, en segundo lugar, con los problemas filosóficos causados por la necesidad de aceptar la velocidad de la luz como el límite de las velocidades y, más aún, por la incapacidad para comprender el sentido cinemático (opuesto en cuanto a mecánico) de la relatividad especial.

La aceptación de la teoría especial se complicó además por los ejemplos que Einstein usó para ilustrarla, a saber: los distintos problemas basados en la distinción entre un tren moviéndose a una velocidad muy elevada y otro sistema (una estación, un terraplén) en reposo. Tales ejemplos podían ser captados por personas sin ningún conocimiento de las matemáticas superiores o, al menos, por personas con una información o comprensión intuitiva de la geometría descriptiva. Muchos lectores, sin embargo, incluyendo algunos matemáticamente dotados, carecían completamente de este talento. La simultaneidad creó confusión acerca de si los sucesos así descritos eran reales o simplemente artefactos de observación. Sumándose a la confusión estaba la contracción de Lorentz, también un fenómeno observacional crucial en la elaboración de la teoría especial y que aparecía implausible al lector general, nunca totalmente seguro sobre si era un fenómeno «real» o no. La vía férrea, la estación y el terraplén constituyeron lo que Nigel Calder llama «la fronda de la relatividad especial»[19]. La divulgación

[19] Una apreciación diferente la hace Marshall Missner, quien detecta diferencias socialmente basadas en las actitudes de los judíos y no-judíos hacia Einstein; véase «Why Einstein Became Famous in America», *Social Studies of Science* (en prensa).

actual es más efectiva porque se concentra más en los fenómenos físicos, particularmente los astronómicos (en la relatividad general, y en la especial, en las propiedades de las partículas elementales), y menos en las paradojas de la medición. Sin embargo, todo el mundo era capaz de captar las pruebas experimentales de la teoría general, y el espectador medio de la relatividad las aceptaba de buen grado como demostrativas de la corrección de la teoría aún sin ser capaz de entender toda o parte de la teoría.

El científico como héroe

El viaje de Einstein a España constituyó la repetición de un modelo ya establecido en sus anteriores estancias en los Estados Unidos, Francia y Japón y que se repetiría en 1925 en su viaje a Argentina, Uruguay y Brasil. Si bien el elemento judío no se dio en España (ni en Japón), el carácter típico del viaje a España es notable. La recepción de Einstein en España en 1923 se ajusta tan estrechamente al patrón general que debe concluirse que la presencia o ausencia de una comunidad judía, o su tamaño relativo o influencia, tiene poco que ver con el fenómeno Einstein[20].

Cuando Einstein llegó a los Estados Unidos en abril de 1921 el mito estaba totalmente desarrollado. Recibido como el no convencional portador de una teoría incomprensible, Einstein ocasionó algunas respuestas con una coloración fuertemente americana. Su no convencionalidad parece que le granjeó respeto y admiración en una sociedad que daba un alto valor a la individualidad. Por otra parte, el que sólo unos pocos pudieran comprender su mensaje chocaba con los ideales democráticos. Como decía un editorial del *New York Times*, «La misma Declaración de Independencia es ultrajada por la afirmación de que hay alguna cosa en la Tierra o en el espacio interestelar que sólo puede ser comprendida por los pocos elegidos». Ese documento había adoptado verdades consideradas autoevidentes y el

---

[20] Paul A. Carter, *Another Part of the Twenties* (Nueva York, Columbia University Press, 1977), p. 68.

periódico sobreentendía que el mismo estándar debería aplicarse a las científicas. Paul Carter, comentando este pasaje, señala que «en una edad democrática el sentido común fue considerado propiedad del hombre común»[21]. En los Estados Unidos la divulgación de la ciencia fue juzgada como socialmente meritoria y la ciencia presentada como la clave para la mejora social. Consecuentemente, si la ciencia no era inteligible al público general, era socialmente inválida[22].

Einstein arrastró grandes muchedumbres a sus conferencias sobre relatividad, primero en la Universidad de Columbia y en el City College en abril, y después, en Princeton, en mayo. Después, él y Chaim Weizmann, que le acompañó en un recorrido de recolección de fondos para el sionismo, visitaron Chicago, donde Einstein se encontró con Robert Millikan, y Cleveland. Las experiencias de Einstein en esta última ciudad fueron reveladoras. Aunque era, con mucho, la ciudad más provinciana que había visitado como figura pública, había atraído tal notoriedad que las muchedumbres aparecidas que le esperaban en la estación de tren le pusieron en peligro de daño físico:

> Un pequeño hombre con un sombrero de fieltro negro de ancha ala y alta copa, con típico aspecto de músico, apareció en el andén trasero y sonrió al comité de recepción... Cuando emergió del apeadero en la Estación Unión el gentío se aglomeró tras él, hacinándose, ya que la gente empujaba a la vez en la escalera. Gritaban histéricamente y se abalanzaban para verle siguiendo sus pasos.
>
> Los ex combatientes (acompañando al grupo de Einstein) empezaron a empujar a la gente a derecha e izquierda, apremiándolos hasta que tocaban el pavimento... En este instante la integridad física del científico pareció amenazada por un momento por la vehemencia de la multitud por ver al visitante. Con la ayuda de policías de tráfico y hombres montados que paseaban arriba y abajo tratando de deshacer el embotellamiento, los veteranos se las ingeniaron para empujar al profesor Einstein dentro del automóvil, con el profesor Weizmann y el comité de recepción de Cleveland.

---

[21] Peter Morris Dixon, *Pupular Criticisms of Relativity around 1920*, Honors thesis, Harvard College, 1982, p. 6.

[22] *Cleveland Plain Dealer*, 26 de mayo de 1921.

> La multitud se amontonó alrededor del coche. Los que estaban detrás empujaban hacia adelante, pero el automóvil tocó la bocina amenzadoramente hasta abrir camino. La gente trató de pegarse a los coches de la línea de escolta y mantuvo ocupados a los policías apartándolos. (La caravana avanzó hacia el Ayuntamiento perseguida por gente a pie).
>
> La escena se repitió, aunque menos violentamente, desde el Ayuntamiento hasta el Hollenden (hotel).
>
> —«¿Quién es?», –preguntó un hombre que corría a toda velocidad desde la estación tras la línea de automóviles.
>
> —«El profesor Einstein; inventó la teoría de la relatividad», –fue la respuesta.
>
> —«¿Qué es eso?»
>
> —«No lo sé».[23]

Un modo como se despertó el interés por la teoría de la relatividad, como atestigua esta increíble escena, fue a través de las reacciones multitudinarias, por medio de las cuales los transeúntes fueron iniciados en este arcano mundo por aquellos cuya curiosidad ya había sido excitada. Pero Einstein, según la cabecera del *Plain Dealer*, estaba «dispuesto a mostrar que la teoría es así de sencilla». La teoría de la relatividad puede traducirse en un «lenguaje simple y breve», aseguró a un periodista a través de un intérprete, «pero para hacer que sea inteligible es necesario que la persona interesada dedique varias semanas de estudio a los principios subyacentes en los que se basa». No especificó los principios en cuestión, pero cuando el periodista preguntó si la teoría había acabado «con la vieja idea filosófica y científica de un espacio y un tiempo infinitos», Einstein replicó que

> El tiempo y el espacio hasta entonces habían sido considerados como algo separado y aparte de la Tierra, como absolutos e ilimitados. Pero por la teoría de la relatividad el tiempo y el espacio se consideran entrelazados con todas las otras leyes, de modo que no pueden ser separados.

---

[23] *Cleveland Plain Dealer*, 27 de mayo de 1921. Sobre el desconocmiento público de la física newtoniana, véase Biezunski, «Einstein à Paris», p. 507.

Es interesante observar que Einstein, que ofrecía frecuentemente expresivas declaraciones vulgarizadoras de esta naturaleza, no sacó a relucir el tema de la finitud *versus* el infinito que había sido la cuestión cosmológica que más había llamado la atención del público. Su respuesta resultó un tanto evasiva, si no críptica. Después, se hizo habitual en la prensa popular eliminar completamente los modificadores (tales como «absoluto») y afirmar que Einstein había suprimido el espacio y el tiempo. El público general era tan ignorante de los conceptos newtonianos del espacio y del tiempo como incapaz de comprender los de Einstein o la naturaleza de la revolución producida en la física. Einstein concluyó abruptamente la entrevista sin contestar a la cuestión concerniente a la cuarta dimensión[24].

En Cleveland, Einstein encontró tiempo para visitar a Dayton Miller, el físico del Case Institute, cuyos reiterados esfuerzos por probar la existencia del éter y, consiguientemente, refutar la teoría especial de la relatividad habían despertado las esperanzas de los opositores de Einstein a lo largo de los años 1920. Que el *Plain Dealer* no comentara esta visita era simplemente sintomático del hecho de que la gran mayoría de los medios de comunicación daban por supuesto que la relatividad estaba probada: hasta tal punto aparecieron como incontrovertibles las observaciones del eclipse de 1919.

Los «Archivos de Curiosidades» en los Archivos Einstein conservan, en la forma de correspondencia no solicitada recibida por Einstein del gran público, una abundante evidencia relativa a la difusión social del mito en la década posterior a su visita a América. Hay una carta de 1925 procedente de un profesor universitario de química que explica que «los americanos estamos empezando a ver algunas pocas cosas que no veíamos hace once años» –posiblemente sea una referencia a la propia introducción del escritor, en sus días de estudiante, a la relatividad especial, no muy apreciada en los Estados Unidos antes de la guerra–. Hacia 1930 la imagen de Einstein, el fabricante de maravillas, se introdujo en la cultura popular. Al llegar a Nueva York, el físico recibió una tarjeta postal anónima

---

[24] David W. Rial a Einstein, 23 de noviembre de 1925, Einstein Papers, Princeton.

enviada a su barco que decía: «¡Bien venido a nuestra ciudad! ¡Señor del espacio!»[25].

En marzo y abril de 1922, Einstein efectuó una famosa aparición en París. Allí la comunidad científica reflejaba con precisión el clima de opinión pública todavía notablemente hostil a Alemania y a los alemanes, a pesar de que la guerra había terminado hacía tres años. Los franceses, por ello, asociaron a Einstein con Alemania más que en otros países aliados. En los Estados Unidos, Einstein no había atraído prácticamente ningún sentimiento antialemán, aunque en Nueva York el concejal antisemita Bruce Falconer sugirió que Einstein debería ser considerado como un enemigo extranjero. Ningún científico americano criticó la ciencia de Einstein como alemana. En cambio, un considerable grupo de científicos franceses se opuso abiertamente a Einstein y a sus teorías por razones manifiestamente políticas. La Sociedad Francesa de Física, cuyos miembros incluían un amplio número de ingenieros ferozmente nacionalistas, no tomó parte de la recepción de Einstein y treinta miembros de la Academia Francesa de Ciencias anunciaron que no asistirían a una sesión planeada en honor de Einstein. Los antirrelativistas viscerales fueron capaces de rechazarlo simplemente sobre la base de que se trataba de un *boche*[26]. Este no fue el caso de otros lugares. En otros países, personas de parecida opinión que no eran ni antialemanes ni antisemitas argumentaron contra la relatividad sin hacer referencia a la nacionalidad de Einstein.

La culminación de la gira parisina de Einstein fue su conferencia en el colegio de Francia el 31 de marzo, preparada por su principal partidario francés Paul Langevin, seguida de tres sesiones especiales para permitir a los físicos plantear dificultades o discutir aspectos polémicos de la teoría de la relatividad (días 3, 5 y 7 de abril) y una presentación –realmente un debate– el 6 de abril en la Sociedad Francesa de Filosofía. En la conferencia del 31 de marzo, Einstein

[25] Biezunski, *La diffusion de la relativité,* pp. 60, 61, 152.

[26] Raymond Lulle, en *Oeuvre* (París), 4 de abril de 1922, citado por Biezunski, *La diffusion de la relativité*, p. 43.

resumió los hallazgos de la relatividad especial y general configurados a partir de la contradicción entre la constancia de la velocidad de la luz para todos los observadores y las leyes newtonianas de la mecánica, concluyendo con una descripción del universo cuatridimensional. Habló en francés (en los Estados Unidos había usado el alemán). «La langage est très clair; la gaucherie même du vocabulaire fait image», señaló un observador. Langevin estaba sentado tras él para suministrar las palabras difíciles, y Einstein completó la palabra con gestos, como los de un escultor «dont la main caresse des formes présentes, quoique irréelles»[27]. La dinámica de las sesiones de discusión, en las que antirrelativistas impenitentes como Georges Sagnac, cuyos experimentos con un interferómetro le habían llevado a persistir en su creencia en un viento de éter, interrumpieron la discusión para exponer sus propias teorías, estuvieron determinadas por la «conversión» de Paul Painlevé a la relatividad. Painlevé, la figura más destacada entre los matemáticos franceses, había sido escéptico respecto de la relatividad e interrogó a Einstein acerca de lo conocido como «paradoja de Langevin», que se refería a un tren muy rápido que transporta un reloj inicialmente sincronizado con el de la estación de partida. Los observadores en reposo verán que el reloj del tren moviéndose con menos rapidez que el de la estación. Si el mismo tren vuelve a su punto de partida a una velocidad igualmente elevada, su reloj estará retrasado con relación al de la estación. A Painlevé esta formulación le parecía que violaba las leyes de la simetría, pero en una conversación en privado entre la primera sesión y la segunda, Einstein fue capaz de satisfacer la duda de Painlevé explicándole que había implicados dos sistemas de referencia y no uno sólo[28]. La segunda sesión empezó con una explicación a cargo de Langevin de cómo Einstein había resuelto la duda de Painlevé.

---

[27] Biezunski, «Einstein à París», p. 508. El ejemplo más habitual de la paradoja de Langevin era el viajero del espacio.

[28] Einstein, *Bulletin de la Société Française de Philosophie*, sesión del 6 de abril de 1922, p. 107, en Jean Langevin y Michel Paty, drs., *Le sejour d'Einstein en France en 1922* (Estrasburgo, Université Louis Pasteur, 1979) (*Cahiers Fundamenta Scientiae*, núm. 23).

En la sesión del 6 de abril de la Société de Philosophie, Einstein intercambió puntos de vista con Henri Bergson, Emile Meyerson y otros filósofos, si bien también participaron Langevin y los matemáticos Hadamand, Painlevé y Elie Cartan. El intercambio crucial de ideas se produjo entre Einstein y Bergson acerca de la distinción entre el tiempo filosófico y el físico. Para Einstein sólo había un tiempo psicológico subjetivo y un tiempo físico. La simultaneidad había sido percibida según el primero de forma no contradictoria debido a la enorme velocidad de la luz. Pero la simultaneidad es una construcción mental sin realidad física[29].

Los españoles fueron bien informados de las presentaciones de Einstein en París. Corpus Barga, el hombre de *El Sol* en París, dio un informe completo de las conferencias en el Colegio de Francia y en la Sociedad de Filosofía, dejando claro que Einstein había sido capaz de vencer al purismo matemático de Painlevé haciendo intervenir algún realismo físico[30]. El mismo periódico había señalado su indignación editorial sobre la exclusión de las mujeres de las sesiones del Colegio de Francia. El propio Painlevé se había situado en la puerta, comentaba *El Sol*, con una «falta de galantería, inexplicable en un francés». Para el diario madrileño la única explicación posible era un deseo de no popularizar la teoría de Einstein; el motivo parecía claro a la luz del papel histórico desempeñado por las mujeres francesas en la difusión de las «ideas generales»[31].

La prensa francesa dio amplio énfasis a la incomprensibilidad de la relatividad y a su papel social. En este sentido, el esnobismo fue un tema muy discutido. La asistencia a las conferencias de Einstein se convirtió en una nota de distinción para los elementos de la clase literaria que deseaban preservar su título de líderes intelectuales asociándose con la relatividad. El esnobismo, según un comentarista francés, consistió en adoptar y promover ideas incomprensibles para el hombre

---

[29] Corpus Barga, «El "colloquium" de Einstein con los sabios franceses», *El Sol*, 14 de abril de 1922.

[30] «Einstein y las damas», *El Sol*, 11 de abril de 1922.

[31] G. De la Fouchardière, en *Oeuvre*, 2 de abril de 1922, citado por Biezunski, *La diffusion de la relativité*, p. 101.

corriente: simbolismo en literatura, cubismo en arte, relatividad en ciencia[32]. Sin embargo, la mayor parte de los comentarios de prensa franceses sobre la visita de Einstein fueron favorables al hombre y a su causa y prácticamente todos los científicos pro Einstein (incluyendo a Langevin, Charles Nordman y al propio Painlevé) escribieron también en la prensa popular. Einstein convenció al público francés durante su visita, pero no a la mayoría de los científicos, que fueron incapaces de romper su vinculación con la física clásica[33].

En noviembre de 1922, Einstein emprendió un largo viaje que lo mantuvo alejado de Alemania durante cuatro meses. Desde el asesinato del ministro de Asuntos Exteriores judío Walther Rathenau en junio, Einstein se había sentido cada vez más incómodo en el clima reinante de abierto antisemitismo. Entonces se aprovechó de una serie de atractivas invitaciones del extranjero para ausentarse de Alemania en un momento difícil. Después de breves paradas en Ceilán y China, Einstein llegó a Japón a mitad de noviembre para iniciar una gira de conferencias patrocinadas por la editorial Kaizosha. Los científicos japoneses conocían desde hacía bastante tiempo la relatividad: Ayao Kuwaki había escrito acerca de la teoría especial (a la que consideraba como una modificación de la teoría del electrón) ya en 1907 y Jun Ishiwara (1881-1947), que había estudiado con Einstein en Zurich en 1913, escribió ampliamente tanto sobre la teoría especial como sobre la general a lo largo de la década precedente al viaje de Einstein. Ishiwara acompañó a Einstein en su gira de conferencias, sirviéndole como intérprete. Entre las disertaciones de Einstein hay una intitulada «Cómo creer la teoría de la relatividad», pronunciada en la Universidad de Kyoto. Esta conferencia proporciona un ejemplo interesante de la mina de información generada por los viajes de Einstein al extranjero que ha permanecido casi totalmente sin descubrir por los historiadores de la física. En esta conferencia, de la que sólo se conserva una traducción japonesa del original alemán, Einstein afirma

---

[32] Biezunski, «Einstein à París», p. 510.

[33] Sigeko Nisio, «The Transmission of Einstein's Work to Japan», *Japanese Studies in the History of Science*, 18 (1979), pp. 1-8; Tsuyoshi Ogawa, «Japanese Evidence for Einstein's Knowledge of the Michelson-Morley Experiment», *ibid.*, pp. 73-81.

muy claramente que oyó hablar del experimento de Michelson-Morley cuando era estudiante y que fue estimulado por él a cuestionar las habituales explicaciones del movimiento de la Tierra relativo al éter. Este fue el punto de vista más generalizado de los años 1920, que la historiografía revisionista reciente ha tratado de desacreditar[34].

Más allá de los límites de la comunidad científica japonesa, la situación fue similar a la producida en otros países que habían recibido la visita de Einstein. No estaba claro si de las muchas personas que oían sus conferencias sobre relatividad comprendían algo más allá de un número reducido de ellas, a pesar de los enormes esfuerzos de traducción de Ishiwara, que prolongaron la duración de su primera conferencia a seis horas (con una interrupción a las tres horas). Como en los Estados Unidos, los políticos disputaron acerca de si la teoría era o no comprensible. En un exhaustivo debate de gabinete, los ministros se dividieron sobre el tema: el ministro de Educación declaró que la gente ordinaria podía comprender la teoría; el de Agricultura dijo que la comprendían sólo «vagamente», y el ministro de Justicia, que había sido vencido por las matemáticas de la teoría, «insistió en que no podía haber un camino intermedio entre comprender y no comprender. Si comprenden, comprenden con claridad. Si no comprenden, no comprenden en absoluto»[35].

El informe del embajador alemán al Ministro de Asuntos Exteriores proporciona una viva indicación de la naturaleza de la recepción pública de Einstein:

> El profesor Einstein llegó a Japón el 17 de noviembre y partió el 29 de diciembre. Su viaje por Japón parecía una procesión triunfal. Mientras que las visitas del Príncipe de Gales y Field Marshall Joffre fueron acompañadas de ceremonias reales y militares, planificación detallada previa y adulaciones oficiosas en la prensa, nada de esto sucedió durante la recepción de Einstein; en lugar de ello la participación de todo el pueblo japonés se hizo evidente, desde el más alto dignatario hasta el más humilde peón; ¡espontánea, sin preparación ni decorados! Cuando Eins-

[34] *Japan Weekly Chronicle*, citado por Clark, *Einstein*, p. 300.

[35] Christa Kirsten y Hans-Jurgen Treder, drs., *Albert Einstein in Berlin, 1913-1933*, 2 vols. (Berlín, Akademie-Verlag, 1979), I, pp. 230-231.

tein llegó a Tokio había tal muchedumbre en la estación que la policía no podía hacer nada por controlar esa amenazadora aglomeración de gente. La recepción de Tokio se repitió una y otra vez en las otras ciudades en las que Einstein impartió conferencias o simplemente se recuperaba de la tensión de su viaje mientras contemplaba el país y su gente. Como no hay motivos para suponer que los miles y miles de japoneses que afluyeron a las conferencias de Einstein –a 3 yen por cabeza– tuvieran ningún interés en la teoría de la relatividad (incomprensible para el profano) muchos alemanes ven todo esto como un intento de realizar una especie de igualdad de trato después de las visitas desde Inglaterra (Príncipe de Gales), América (Denby) y Francia (Joffre), ¡sólo se trataba de corresponder a Alemania! Sin embargo, esta interpretación de los acontecimientos es incorrecta, aunque sólo sea porque la editorial que había invitado a Einstein planificó y llevó a cabo todo el viaje como un asunto de negocios y, puedo añadir, un asunto muy provechoso. Juzgando por algunas disposiciones del contrato que se han filtrado, todo el negocio debe haber sido algo humillante para Einstein. Por ejemplo, ¡no se permitió dar más disertaciones en público que las siete conferencias estipuladas en el contrato! Sus sabias palabras se tradujeron en yens que afluían a los bolsillos de Mr. Yamamoto, editor de *Kaiza*, un periódico de divulgación científica de un cierto carácter radical. Mis relaciones personales con Einstein se han desarrollado de la forma más amistosa. A pesar de los exagerados honores que se le han tributado en todas partes, se mantuvo modesto, amable y sin pretensiones. ¡El clímax de las distinciones concedidas a este hombre famoso fue el Festival del Crisantemo de este año! No fue la emperatriz, ni el príncipe regente de la hija real que ofreció recepciones en su casa, fue Einstein alrededor de quien todo giró de manera aparentemente inconsciente e involuntaria. El personal de la Embajada que había participado en el festival... me describió cómo los aproximadamente 3.000 participantes de este festival tradicional de unión entre la familia real y el pueblo habían olvidado el significado del día, estando cautivados por la presencia de Einstein. Todos los ojos estaban fijados en Einstein; todo el mundo trataba al menos de estrechar la mano del hombre más famoso de la actualidad. Un almirante todo uniformado se abrió camino entre las filas de gente, se dirigió directamente a Einstein y dijo: «Lo admiro», y, dicho esto, se marchó.

Los periódicos se llenaron de historias acerca de Einstein –verdaderas y falsas–. Tímidamente, uno u otro individuo se atrevían incluso a defender a Newton o a Galileo. Un profesor hasta tuvo el coraje de discutir la naturaleza de lo absoluto con Einstein, pero, finalmente, tuvo que admitir, para regocijo de la audiencia, que había estado cegado por

> el error. También hubo caricaturas de Einstein en las que su corta pipa y su pelo espeso y resistente al peine desempeñaron el papel principal; esas caricaturas también aludían al hecho de que los vestidos que Einstein seleccionaba no eran siempre apropiados a la ocasión[36].

El embajador estaba indudablemente en lo cierto al suponer que Einstein había sido invitado para capitalizar su popularidad y no como representante de Alemania. A pesar de la profunda fosa que separaba la cultura japonesa de la europea, los principales elementos del mito Einstein estuvieron presentes durante su gira japonesa.

Partiendo de Japón, los Einstein continuaron alrededor del mundo por barco y llegaron a Palestina desde Port Said el 2 de febrero de 1923. En Palestina, como en los Estados Unidos y Japón, fue perseguido por grandes muchedumbres que se agrupaban estrechamente en torno a él. Además de su apoyo público al sionismo, Einstein había estado vivamente interesado en el desarrollo de la capacidad científica del asentamiento judío, habiendo expresado previamente la opinión de que en la Universidad Hebrea deberían establecerse institutos científicos relacionados con los problemas prácticos de asentamiento: en su opinión los de agricultura, química y microbiología deberían ser los primeros. Einstein impartió la lección inaugural de la Universidad Hebrea, visitó el Technion y la estación agrícola, donde se detuvo para examinar algunas plantas más de cerca, y continuó para promover el desarrollo científico, aunque el principal objetivo de su gira era político. En una recepción en Jerusalén el 6 de febrero, tras una caravana por las calles bordeada de alegres niños, Einstein, obviamente conmovido, dijo: «Considero este el día más grande de mi vida». En Palestina, Einstein parecía identificarse totalmente con el renacimiento de una cultura nacional judía e inspirar a los pobladores con su entusiasmo y apoyo. La profundidad de sentimientos por ambas partes tuvo una cualidad eléctrica. ¿Le quedó al físico alguna emoción por experimentar en su viaje por el mundo? El 23 de febrero, Einstein desembarcaba en Barcelona.

---

[36] Véase el catálogo de la exposición *Einstein, 1879-1979* (Jerusalén, Jewis National and University Library, 1979), especialmente, pp. 38 y 41. Clark, *Einstein*, p. 393.

Capítulo 3

BARCELONA: EINSTEIN Y EL NACIONALISMO CATALÁN

Los primeros contactos de Einstein con los científicos españoles son difíciles de documentar con precisión. Antes de la Primera Guerra Mundial, cuando era profesor de física teórica en Zurich, entró en contacto con varios españoles que estudiaban o investigaban allí, entre ellos Manuel Lucini y Blas Cabrera[1]. Otros contactos datan al parecer del período inmediatamente posterior a la guerra, después de que Einstein se trasladara a Berlín. El químico Casimir Lana Serrate, que en 1923 afirmó que conocía a Einstein «de fa anys» debió de encontrarse con el físico en Berlín donde había estudiado química inorgánica con una beca de la Junta para Ampliación de Estudios[2]. Aunque Lana participó en las etapas finales de preparación de la visita de Einstein, su papel se limitó a actuar como intermediario en nombre de Esteve Terradas, profesor de acústica y óptica de la Universidad de Barcelona, que fue la figura que dominó la estancia de Einstein en Barcelona.

Preparación de la visita (1920-1922)

Terradas viajaba frecuentemente a Alemania y debió encontrarse con Einstein allí en alguna ocasión entre 1918 y 1920. La invitación a Einstein se produjo al parecer en la primavera de 1920; en abril los planes estaban bastante avanzados. El día 22, Julio Rey Pastor, entonces en Leipzig, le escribió a Einstein aludiendo a su reciente visita y

[1] Cabrera se encontró con Einstein en Zurich en 1912, cuando estudiaba con Pierre Weiss (*El Liberal*, 16 de marzo de 1923). Lucini alude al encuentro con Einstein en «El profesor Einstein», *Madrid Científico*, 30 (1923), p. 65; éste debió de tener lugar entre la llegada de Weyl a Zurich en 1913 y la partida de Einstein el año siguiente.

[2] *La Veu de Catalunya*, 24 de febrero de 1923. La pensión de Lana era para estudiar química inorgánica en Berlín; Mariano Tomeo Lacrué, *Biografía científica de la Universidad de Zaragoza* (Zaragoza, 1967), p. 141.

reiterándole una invitación conjunta del Institut d'Estudis Catalans y de la Junta para Ampliación de Estudios para una gira de conferencias a Barcelona y a Madrid en otoño. Rey Pastor acababa de recibir un cable de la Diputació que había reservado 3.000 pesetas para los gastos de Einstein. (Semejantes disposiciones sólo podían ser obra de Terradas o, posiblemente, Lana). En cuanto a la parte del viaje relativa a Madrid se le aseguraba a Einstein que «el propio ministro (de Instrucción Pública) se estaba ocupando del asunto con el mayor interés... Su visita», concluía Rey Pastor, «merecerá la duradera gratitud de la cultura española». En una detallada posdata, el matemático añade que estaban en marcha planes para popularizar la relatividad en España. La Sociedad Matemática había planeado «desde hacía algún tiempo traducir su maravilloso libro de divulgación de las teorías especial y general de la relatividad al español para hacer su teoría accesible a sus miembros», y Jakob Laub había sido comisionado para escribir una biografía de Einstein para la *Revista Matemática*[3].

A esto siguió un intercambio de tarjetas. Einstein, en una tarjeta que puede que se conserve todavía en Madrid, aludía a su «fobia a los idiomas», a lo que Rey Pastor replicó que ello no planteaba problemas para los españoles. «Nuestro francés es más bien deficiente», explicaba, «y usted puede cometer faltas sin temor». Si era necesario la audiencia podría limitarse a los que hablaban alemán[4]. Antes de regresar a España Rey Pastor, escribiendo desde Francfort, presionó a Einstein para obtener un compromiso añadiendo que la Junta había reservado 2.000 pesetas, una suma que podría ser aumentada si Einstein

> deseaba permanecer en Madrid más de un mes... Es nuestro deseo que permanezca usted en Madrid tanto tiempo como sea posible para

[3] Rey Pastor, a Einstein, Leipzig, 22 de abril de 1920. Archivos Einstein, Princeton. A pesar del papel de Rey Pastor en las negociaciones, era bien sabido que la invitación había sido propuesta primero por Terradas en una de sus frecuentes visitas a Alemania (Francisco Vera, «El doctorado 'honoris causa' y otras grandes menudencias», *El Liberal*, 16 de marzo de 1923). Los honorarios reales de Einstein fueron de 3.500 pesetas (*El Correo Catalán*, 25 de febrero de 1923).

[4] Rey Pastor, a Einstein, 28 de abril de 1920. Archivos Einstein, Princeton.

que podamos obtener el mayor beneficio posible de sus valiosas enseñanzas[5].

La respuesta de Einstein fue corta, y en ella planteó de nuevo el tema del idioma:

> Aceptaré su invitación con la condición de que limite mis conferencias al área de la ciencia y de que me pueda valer de dibujos y fórmulas matemáticas. Dada mi total incapacidad para hablar español y mi deficiente conocimiento del francés, sería incapaz de presentar mis conferencias si sólo tuviera que valerme de palabras. El alemán es el único idioma en el que puedo hablar inteligiblemente acerca de mi teoría.
>
> Le comunico que espero con placer verlo a usted de nuevo y conocer por mí mismo su hermoso país[6].

Es interesante señalar que Einstein, a principios de su ascenso a la fama internacional, no había desarrollado todavía el método de divulgación que perfeccionaría después, primero en París y luego en España, de conferenciar en francés con el uso de pizarras para las explicaciones complementarias.

A principios de julio, Santiago Ramón y Cajal le escribió a Einstein para confirmarle la propuesta de Rey Pastor e invitarle, en nombre del ministro de Instrucción Pública, a impartir «una corta serie de lecciones a un pequeño grupo de especialistas de Madrid» sobre la teoría de la relatividad. Pero ahora, Einstein tenía nuevas intenciones y le escribió a Rey Pastor explicándole que el agotamiento y las obligaciones de su cargo en Berlín le hacían imposible planificar un viaje a España ese otoño. En su explicación hay también susurros políticos: «Además, hay aquí algunos individuos que han tomado a mal el que yo no haya aplicado últimamente mucha energía aquí a mis obligaciones». Espera visitar España «y encontrarse con su comunidad científica» algún otro año. Una semana después, Einstein escribió en el mismo sentido a Cajal. En agosto, Rey Pastor escribió para expresarle su pesar y reiterarle el propósito de la Sociedad Matemática de

[5] Rey Pastor, a Einstein, Francfort, 11 de mayo de 1920. Archivos Einstein, Princeton.

[6] Einstein, a Rey Pastor, Berlín, 3 de junio de 1920. Archivos Einstein, Princeton.

publicar el libro de divulgación de Einstein[7]. De hecho, el rechazo de Einstein a viajar a España en el otoño de 1920 se debía indudablemente a su aceptación de una cátedra extraordinaria en Leiden, donde comenzó en octubre.

Hasta julio de 1921, cuando Terradas escribió para reiterar la invitación, no hubo más negociaciones relativas al viaje a España. Einstein contestó que le era imposible abandonar Berlín ese verano, pero que esperaba poder hacerlo durante el año académico 1921-1922[8]. Es difícil decir si para entonces Einstein estaba realmente planeando un viaje a España o si simplemente estaba mostrándose cordial con sus colegas españoles. El periodista Ricardo Baeza en una entrevista mantenida en Londres en junio de 1921 le preguntó a Einstein si visitaría España. Einstein contestó que lo haría «cuando lo invitaran» y añadió: «¿Cree usted que, realmente, se interesarán por la teoría de la relatividad?»[9]. La visita, desde luego, fue aplazada de nuevo, pero en mayo de 1922 los planes estaban ya muy avanzados para el año siguiente, como quiera que la Facultad de Ciencias de la Universidad de Zaragoza estaba discutiendo su propia invitación a Einstein. Los arreglos finales los hizo en Alemania ese verano Lana Serrate que informó a Terradas, a su llegada a Alemania, acerca de la aceptación definitiva de Einstein[10].

Lana había planeado estar en Berlín hacia el final de junio, como sabemos por una carta a Einstein fechada el 4 de mayo. Lana alude a una tarjeta postal que él y Sommerfeld la habían enviado conjuntamente a Einstein y añade que, como ha olvidado su dirección, le

[7] Cajal, a Einstein, 6 de julio de 1920; Einstein, a Rey Pastor, 14 de julio; Einstein, a Santiago Ramón y Cajal, 21 de julio; Rey Pastor, a Einstein, Madrid, 5 de agosto. Archivos Einstein, Princeton.

[8] Terradas, a Einstein, 1 de julio de 1921, preguntándole si puede venir a España el invierno o primavera siguiente y añadiendo que Weyl vendrá en invierno y Sommerfeld y Fayans en abril. Einstein, a Terradas, 16 de julio de 1921. Archivos Einstein, Princeton; el original de la segunda carta se conserva en la Colección Terradas, Institut d'Estudis Catalans, Barcelona (reproducido en *Ciència*, núm. 20, octubre de 1982, p. 43.

[9] Ricardo Baeza, «Delante del profesor Einstein», *El Sol*, 3 de julio de 1921.

[10] Tomeo Lacrué, *Biografía científica de la Universidad de Zaragoza*, p. 142, núm. 393; *La veu de Catalunya*, 24 de febrero de 1923.

remite la presente carta a través de Lina Kocherthaler, una prima hermana de Elsa Einstein que vivía en Madrid. Lana también estaba interesado en promover la divulgación de la teoría de la relatividad en España y pregunta si hay

> un libro alemán corto que podría traducirse al español para hacer su teoría de la relatividad accesible a los no matemáticos. Se ha hecho usted tan popular que todo el mundo quiere conocerle a usted y a su teoría. Yo mismo traduciría el libro y añadiría con gusto un bosquejo biográfico de su vida como prólogo de la traducción. Si no existe un tal compendio, le ruego me informe si han aparecido textos de *divulgación* sobre su teoría en la prensa diaria[11].

Deseaba disponer de una traducción cuando Einstein llegara a España. Lana no debía de conocer los planes de Rey Pastor de traducción del propio libro «popular» de Einstein, entonces en la imprenta, y debió de abandonar sus propios planes al enterarse. En noviembre, Einstein recibió una carta de Guillermo de Benavent, en representación del Colegio de Doctores Matriculados de Cataluña, rogándole a Einstein «nos conceda el mismo honor otorgado a los doctores parisienses permitiéndonos oír de sus labios una o dos conferencias que traten de sus teorías»[12]. Presumiblemente, la próxima visita de Einstein era bien conocida en Barcelona en esta época.

La llegada

A pesar de que tenemos menos información relativa a la estancia de Einstein en Barcelona que a la de Madrid, y a que mucho de lo que Einstein hizo en Barcelona quedó sin registrar, algunos detalles que parecen tener poca importancia se convirtieron en parte de la mitología catalana. Quizá la historia más extraña contada sobre la visita de Einstein a España fue acerca de su llegada a Barcelona.

[11] Lana Serrate, a Einstein, 4 de mayo de 1922, Archivos Einstein, Princeton.

[12] Guillermo de Benavent, a Einstein, 27 de noviembre de 1922, Archivos Einstein, Princeton.

Según *La Veu de Catalunya* llegó por tren desde Toulouse y antes de dirigirse al hotel Colón «es presentà a casa del senyor Terradas»[13]. La mayoría de los otros reportajes, sin embargo, afirman que él y su esposa llegaron sin encontrarse con nadie y que se dirigieron a una «humilde pensión» en una calle cerca de la rambla de San Mónica (la «Cuatro Naciones», según la tradición local). Cuando el propietario conoció, por los periódicos, la identidad de su huésped fue a la habitación de Einstein y halló al físico sentado en la cama tocando el violín. El hotelero insistió en que Einstein fuera al Colón, como había sido planeado para él.[14]

Por improbable o increíble que pueda parecer la historia no hay duda sobre su verdad, puesto que el propio Einstein informó a Joaquím María Nadal, quien como presidente de la Comissió Municipal de Cultura acompañó al científico en la visita al Ayuntamiento. Según Nadal, la municipalidad había reservado una habitación para los Einstein en el Ritz (donde, de hecho, finalmente estuvieron), pero Einstein había buscado alojamiento por su cuenta. «Jo soc un ciutadà modest», le explicó a Nadal, «i he pres la cambra que correspon a la meva categoria». La historia se repitió en la prensa cuando Einstein murió y en su centenario –1979– como un ejemplo de su gran humildad[15].

Einstein sabía realmente que se había reservado para él una habitación de hotel, pero no se preocupó de averiguar cuál antes de su llegada. La familia Terradas conserva una nota que Einstein escribió en francés en un trozo de papel cuadriculado, arrancado de una agenda, que dice: «¡Excúseme! No he tenido tiempo de anunciarme por telegrama. Por ello, le saludo y le pido me indique a qué hotel debo ir».

---

[13] *La Veu de Catalunya*, 24 de febrero de 1923.

[14] Véase, por ejemplo, *El Debate*, 25 de febrero de 1923.

[15] Joaquim Maria de Nadal, introducción a Ramón Montanyola, *Vida i Barraquer cardenal de la Pau*, nueva edición (Barcelona, Montserrat, 1976), p. 14. Nadal acompañó a Einstein a las Casas Consistoriales a las 12,30 p. m. el 27 de febrero (*Las Noticias*, 28 de febrero de 1923). Joaquín Edwards Bello, «Einstein en Barcelona», *La Vanguardia*, 29 de abril de 1955. A. Coll Gilabert, «Einstein: El desconocido era un gran genio», *Diario de Barcelona*, 11 de marzo de 1979.

LAS CONFERENCIAS

Los métodos de divulgación de Einstein variaban de un lugar a otro y con el paso del tiempo, ya que se esforzaba por refinar sus presentaciones y por adaptarlas a la audiencia específica. En Madrid y Barcelona usó el mismo *modus operandi*. Primero dio una serie de tres conferencias sobre relatividad (teoría especial, teoría general e investigaciones recientes). En Barcelona, estas conferencias fueron impartidas en la Diputació, con el patrocinio de la Mancomunitat. Después, en otro lugar de Barcelona, la Academia de Ciencias), disertó ante una audiencia menos especializada acerca de las consecuencias filosóficas de la relatividad, concluyendo con observaciones acerca de las implicaciones cosmológicas de un universo finito. A pesar de que la admisión a las tres primeras conferencias estaba restringida, por invitación, a los que tenían formación científica («pressuposen coneixements de física i matemàtica»), no había bastante espacio en el vestíbulo para acomodar a todos los que deseaban oírle:

> Se agolpaban en las puertas, ansiosos... de escuchar la palabra mágica que al ser atendida reformaría viejos sistemas y conceptos, abriendo nuevos horizontes a la ciencia por medio de la cuarta dimensión: el tiempo[16].

Es evidente que había numerosos no científicos asistiendo a las sesiones científicas. Algunos estaban en representación de entidades oficiales. Carles Pi Sunyer, por ejemplo, asistía como director de la escuela de agricultura de la Escola Industrial[17]. Además de los periodistas y otros escritores a los que se les había permitido asistir a la primera sesión, la prensa notó la presencia de «dos primeras filas de señores graves, predominando las barbas blancas y las calvas», así como «els matemàtics, carregats d'ulleres»[18]. Einstein habló despacio.

---

[16] *La Veu de Catalunya*, 20 de febrero de 1923 (según este reportaje las tres primeras conferencias estaban organizadas como un curso que costaba 25 pesetas); *La Vanguardia*, 28 de febrero.

[17] Oriol Pi-Sunyer, comunicación personal, 26 de julio de 1982.

[18] J(oaquín) Arrarás, «Una lección de Einstein», *El Debate*, 2 de marzo de 1923; *L'Esquella de la Torratxa*, 46 (1923), p. 139 (3 de marzo).

> Observa ante sí los rostros de los oyentes con el ceño arrugado, cada vez más fruncido por la tortura de la incomprensión y por la dificultad de seguirle en su vuelo desconcertante.

Un hombre gordo duerme. Einstein coge un trozo de yeso y escribe, explicando: «Esto es fácil de ver». La atmósfera era tensa, en parte porque Josep Comas Solà era una figura dominante y su oposición a la relatividad era notoria:

> Desde el otro extremo el astrónomo señor Comas Solà le acecha, más bien que observa, con un gesto de asombro y de sugestión, propio de uno de aquellos pastores caldeos que estudiaban la malla maravillosa de las constelaciones[19].

Verdaderamente, todo lo que se le permitió a Comas durante estas sesiones fueron gestos; él, puntualmente, se lamentó en *La Vanguardia* de que no se había permitido discusión pública[20].

Los reportajes de la prensa se dividieron acerca del grado de comprensión alcanzado por la audiencia. El matemático Ferran Tallada (1881-1937) y el dramaturgo Josep María Sagarra, que escribieron en *La Vanguardia* y en *La Publicitat*, respectivamente, fueron los dos de la opinión que muy pocos habían entendido las conferencias. Por otra parte, el filósofo Joaquím Xirau, que preparó breves resúmenes para *La Publicitat*, habló de la «meravellosa claredat» y «senzillesa» de la exposición de Einstein[21]. Evidentemente, Xirau estaba interesado sobre todo en la conferencia final impartida en la Academia de Ciencias sobre las consecuencias filosóficas, donde Einstein contrastó la relatividad con las nociones kantianas de la experiencia. Según Kant, dijo Einstein, todo el conocimiento tiene una base *a priori*. La

[19] Arraras, «Una lección de Einstein».

[20] José Comas i Solà. «Las conferencias del profesor Einstein», *La Vanguardia*, 14 de marzo de 1923. En el mismo artículo, Comas afirmaba que era capaz, durante la visita de Einstein, de enfrentarse a él directamente.

[21] Fernando Tallada, «Einstein en Barcelona, I», *La Vanguardia*, 4 de marzo de 1923; Josep Maria de Sagarra, «Einstein», *La Publicitat*, 4 de marzo; y J. X. P. (que yo supongo se trata de Joaquim Palau), «Les conferencies del profesor Einstein», *La Publicitat*, 4 de marzo.

relatividad no es contraria a esta línea de pensamiento, pero impone algunas rectificaciones en ella. Como consecuencia de ellos la simultaneidad pierde su caracterización *a priori* y, con la teoría general, el espacio geométrico *a priori* pierde también su *status*. No puede haber geometría aparte de la física.

La reacción de la prensa

La reacción de la prensa catalana a la relatividad, desde las posturas más frívolas a las más serias, fue similar a la de otros países donde Einstein habló. El principal problema con el que se enfrentaron los editores fue el de a quién enviar para cubrir el reportaje de las conferencias. *El Noticiero* explicó que era difícil para «un chico de la prensa» tomar notas inteligibles; por ello, este periódico sólo dio cortos resúmenes de las conferencias[22]. La mayoría de los reportajes fueron realizados o por «chicos» o por columnistas-intelectuales como Sagarra o Carles Soldevila sin formación científica. Xirau fue una excepción. Como consecuencia, lo mejor que se podía esperar era una elegante evocación de la atmósfera general del acontecimiento, como el texto de Sagarra comentado abajo. Los comentarios de Soldevila fueron más típicos de un acercamiento literario, repitiendo un cliché que persiguió a Einstein allá a donde fue: «Einstein es célebre», escribió en *La Publicitat*, «perque uns pocs centenars de matemàtics han cregut que es digne d'esser-ho»[23]. El resto de nosotros debe aceptar la validez de la relatividad como un acto de fe. Verdaderamente, algunos de entre los propios científicos dudaron sobre la capacidad de la mayoría del público para comprender el problema. Comas afirmó que los asistentes se sentían defraudados debido a que fueron incapaces de experimentar las revelaciones a las que habían esperado asistir[24]. Tallada, en una serie de divulgación escrita para *La Vanguardia*, también se refirió a «los ánimos en sus-

[22] «El doctor Einstein en Barcelona», *El Noticiero Universal*, 28 de febrero de 1923.

[23] Carles Soldevila, «La popularitat d'Einstein», *La Publicitat*, 25 de febrero de 1923.

[24] Comas, «Las Conferencias del profesor Einstein» (núm. 31).

penso y llenos de turbación y desaliento»[25]. Aquí señaló sólo que tales percepciones fueron generales y probablemente psicológicamente precisas acerca de en qué medida había un difundido sentimiento de frustración después de las conferencias. Las razones de este hecho forman parte de nuestra discusión de la recepción de Einstein por la intelectualidad (capítulo 8).

Las revistas catalanas de humor disfrutaron con Einstein. *L'Esquella de la Torratxa* publicó una parodia del razonamiento relativista, repleta de fórmulas sin sentido, imitando las de la física-matemática y *En Patufet* presentó un poema satírico sobre la relatividad del tiempo. La *Campana de Gracia* contendió con una reflexión filosófica: «Sempre haviem cregut que val mes declarar-se ignorant davant d'un savi que savi davant d'un ignorant»[26].

Uno de los periodistas que se ocupó de la visita de Einstein, Miguel-Emilio Durán, se encontró al lado del compositor Jaume Pahissa i Jo (1880-1969) en una recepción en el Ayuntamiento. Pahissa había escrito un texto de divulgación de la relatividad titulado *Idea de la teoría de la relatividad de Einstein*[27]. Durán, que no tenía formación científica, estaba contento de estar con Pahissa en los actos oficiales escuchando su explicación profana de la teoría de Einstein. Pahissa, una figura típica de la «clase media científica», había estudiado ciencias exactas en la Universidad de Barcelona. Le dio a Durán (se supone que *sotto voce*) un breve y muy eficaz resumen de la teoría, subrayando la importancia de los métodos matemáticos en la física relativista y enumerando aquellos fenómenos físicos, como el progreso anómalo del perihelio de Mercurio, que en la teoría explica. Para Pahissa carecía de importancia si el público general podía o no entender cómo se había deducido la teoría. Era suficien-

---

[25] Tallada, «Einstein en Barcelona» (núm. 32)

[26] «Relativitzant», *L'Esquella de la Torratxa*, 46 (1923), p. 176 (16 de marzo); «Pel.licula de la setmana», *En Patufet* (1923), p. 192; «Einstein a casa», *La Campana de Gracia*, vol. 53, 3 de marzo de 1923.

[27] Barcelona, *La Publicitat*, 1921. Sobre Pahissa, véase *Gran Enciclopedia Catalana*, XI, 69.

[28] Miguel-Emilio Durán, «Einstein, en Barcelona: La teoría de la relatividad y la música», *Las provincias*, 6 de marzo de 1923.

te dirigir su atención a las observaciones que la confirmaban[28]. Efectivamente, uno de los rasgos distintivos de la recepción catalana de la relatividad fue el hacer hincapié en las confirmaciones experimentales de la teoría de Einstein. Si bien la desorientación y la incomprensión (y las consiguientes reacciones defensivas) también estuvieron presentes en Cataluña, la opinión popular puso un mayor acento que en Madrid o en Zaragoza en la evidencia concreta y fácil de captar de la esquiva teoría. Pahissa señaló como conclusión que Einstein tocaba el violín mejor que muchos profesionales, y que si el físico podía invadir su terreno él tenía derecho a comentar «esa maravillosa teoría de la relatividad».

Einstein y los anarcosindicalistas

Otro episodio sacado del libro de la mitología einsteniana, el relativo a las palabras de aliento que dirigió a los anarquistas del Sindicato de Distribución, enfrenta al historiador con un problema intratable, dada la divergencia existente entre los informes de la prensa sobre el episodio. Einstein se había convertido en un auténtico héroe de la clase trabajadora, no sólo debido a su pacifismo, sino también debido a su rechazo a firmar el infamante «Manifiesto de los 93». En las publicaciones anarquistas este aspecto de su personalidad pública se puso de relieve con tanta frecuencia como sus realizaciones científicas. Por ejemplo, el *Noticiari de l'Ateneu Enciclopèdic Popular*, cuyos lectores eran principalmente anarcosindicalistas, apuntó que «Einstein ha combatut i lluitat per la llibertat, la justicia i l'acord entre els individus i les nacions»[29].

Según los reportajes de la prensa, el martes 27 de febrero una delegación sindicalista requirió a Einstein en el Ritz y le acompañó a la sede de la Confederación en la Baixa de Sant Pere (los miembros de la delegación no están enumerados, pero incluían, al menos, a Angel Pestaña, el líder más destacado de la confederación anarcosindicalista, la

[29] *Noticiari de l'Ateneu Popular*, IV, núm. 35 (marzo de 1923), pp. 17-18.

CNT, y a Joaquín Maurín)[30]. En cuanto a lo que acaeció seguidamente todos los relatos coinciden en una serie de puntos: que Pestaña presentó a Einstein; que éste estaba sorprendido por la enorme extensión del analfabetismo en España (mencionada por Pestaña); que contestó a la alusión de Pestaña a la represión opinando que se debía más a la estupidez que a la maldad, y que animó a los trabajadores a leer a Spinoza, «fuente de muchas cosas buenas y muy oportunos consejos».

La mayoría de los reportajes, incluidos los de agencias de prensa, añadieron que Einstein le señaló a Pestaña:

> Yo también soy revolucionario, pero en el terreno científico. Con los científicos, me preocupan también las cuestiones sociales, por estimar que constituyen uno de los aspectos más interesantes para la humanidad[31].

Estas palabras atribuidas a Einstein circularon a través de España, no sólo en la prensa diaria, sino también en las publicaciones anarquistas. Por ejemplo, *Redención*, un semanario anarquista publicado en Alcoy, acompañó la última de una serie de tres partes de Charles Nordmann de divulgación de la relatividad con un artículo de Francisco Pellicer titulado: «Revolución científica y revolución económica». Señalando la autoidentificación de Einstein como revolucionario de Barcelona, Pellicer añadió que los anarquistas podían replicar muy bien que: Nosotros también somos revolucionarios, «si bien económicos». A modo de explicación, continuó:

> La ley de la relatividad física es indudablemente la avanzada de la ley de la relatividad moral, en la cual como anarquistas, nos apoyamos para

---

[30] Joaquín Maurin (1896-1973) le escribió a Einstein desde Nueva York (9 de mayo de 1950): «¿puedo... evocar el nombre de un conocido común, Rafael Campalans? Yo era un antiguo amigo suyo, y un miembro del grupo que le invitó a usted a dirigir la palabra al Sindicato de Trabajadores de Barcelona. Usted fue tan amable que vino y, aunque no dio ninguna conferencia, habló con nosotros. Aún recuerdo una recomendación que usted dio: lean la *Etica*, de Espinosa». Una copia de la carta en los Archivos de la Hoover Institution, Stanford, California, me la mostró John Stachel. Maurin había incluido una lista de cuestiones filosóficas que deseaba que contestara. No se conserva ninguna respuesta. Según el cónsul alemán (véase Apéndice 2), Einstein aceptó la invitación del sindicalista a requerimiento de Campalans.

[31] *El Diluvio* y *El Noticiero Universal*, 28 de febrero de 1923.

> derrocar a los que, como muy bien ha especificado Einstein, tienen más de estúpidos... Creen que contra una institución no hay que proceder, porque... la creen inmutable y no relativa como la clasificamos nosotros, en la interpretación económica de la historia, como Einstein en la interpretación científica de las leyes naturales.

Pellicer concluye identificando a Einstein como uno de los que habían repudiado el manifiesto de los noventa y tres «sabios-lacayos del Imperio Alemán»[32].

La historia la reprodujo también el *London Times*[33]. Einstein, sin embargo, negó firmemente haber pronunciado la controvertida frase. En el tren que lo llevaba desde Barcelona a Madrid el 1 de marzo le dijo a Andrés Révészc, periodista de *ABC*, que él no era un revolucionario ni siquiera en la ciencia y que no creía en una sociedad socialista, «ni en el programa de producción de los comunistas»[34]. El aspecto más notable de la denegación de Einstein es que las palabras que se le atribuyeron no eran características suyas, no sólo porque no representan sus opiniones políticas socialdemócratas, sino también porque en su viaje por España presentó la relatividad no como una revolución sino como una extensión o culminación («traducción» fue otra expresión que usó) de la física de Galileo y Newton. Consiguientemente le explicó a Révészc que no era un revolucionario, ni siquiera en la ciencia, ya que trataba de conservar lo que podía ser salvado de la física clásica y eliminar sólo lo que obstaculizaba el progreso de la ciencia[35].

La explicación más probable de esta comprensión errónea (si realmente la hubo: Einstein tenía facilidad para decir a los oyentes lo que

---

[32] Francisco Pellicer, «Revolución científica y revolución económica», *Redención*, 22 de marzo de 1923.

[33] *Times*, de Londres, 2 de marzo de 1923: El sindicalista le «descargó sus quejas» a Einstein, que replicó: «Yo también soy un revolucionario, aunque sólo científico».

[34] *ABC*, 2 de marzo de 1923; citado también en *La Vanguardia*, 3 de marzo.

[35] Cf. Martín J. Klein, «Einstein on Scientific Revoluctions», en Arthur Beer y K. A. Strand, ed., *Copernicus Yesterday and Today* (Oxford, Pergamon, 1975), pp. 113-120. Einstein se refirió a su teoría como una «traducción de Newton y Galileo» en una de sus conferencias en Madrid, según cuenta Joan Burgada, «Einstein en España», *Diario de Barcelona*, 10 de marzo de 1923.

justamente deseaban oír) es que los periodistas, que no entendían bien el francés, no pudieron seguir la conversación entre Einstein y Pestaña, atribuyéndole al primero las palabras del último. En un reportaje de la conversación publicado en Madrid, Pestaña señala en francés que, «así como el sabio alemán, con sus teorías, ha revolucionado la ciencia, los obreros, por medio de la unión, aspiran a revolucionar el orden económico existente». En esta versión, al parecer única entre los reportajes publicados en la prensa española, Einstein «contestó modestamente que él no había hecho más que deducir consecuencias de los primeros científicos y aconsejó a los obreros moderación al destruir o renovar porque no todo lo antiguo, dijo es malo»[36].

Los comentarios conservadores de este episodio fueron no sólo hoscos, sino que estuvieron impregnados de la falta de comprensión procedente de la perspectiva de la clase social. Wenceslao Fernández Flórez, por ejemplo, señaló que los sindicalistas adularon a Einstein por su rechazo a firmar el Manifiesto, un acto de minúscula importancia comparado con lo que realmente había realizado que «se escapa a la comprensión de aquellos sindicalistas», ninguno de los cuales tenía suficiente formación. Los sindicalistas deseaban convertir a Einstein en una «cartelera anunciadora de la España inquisitorial». Einstein, en opinión del columnista, *debía* de haber dicho que las muertes en Barcelona eran escasas comparadas con las de Rusia, Hungría o la Italia fascista. De qué importancia es todo esto comparado con el derrocamiento de la teoría euclidiana, concluía Flórez, poniendo la cuestión retórica en boca de Einstein[37]. Ramiro de Maeztu, mientras reprendía a los sindicalistas por su fe ciega en lo que no podían entender, sospechaba que habían invitado a Einstein porque representaba el cambio en que una vez se creyó[38].

Las palabras de Einstein a la CNT llevaron a la creación de otro mito, un mito francamente ahistórico, en este caso. El líder sindica-

[36] *El Liberal*, 28 de febrero de 1923.

[37] Wenceslao Fernández Flórez, «Einstein y los comunistas», *El Diario Español*, 7 de abril de 1923 (fechada el 6 de marzo).

[38] Ramiro de Maeztu, «Fuera de la cultura», *El Sol*, 6 de marzo de 1923.

lista e historiador Diego Abad de Santillán ha escrito recientemente que como consecuencia de sus declaraciones en su comparecencia en la Confederación Einstein fue acusado en la prensa oficial de ser un anarquista revolucionario y que, como resultado de ellos, en lugar de dar sus conferencias en Madrid, fue obligado a partir inmediatamente a París. Esta fantástica distorsión es aún más inexplicable si se considera que Abad de Santillán conoció personalmente a Einstein y que fue recibido por éste en su residencia de Charlottenburg varios años después, cuando Einstein recibió a una delegación anarquista que protestaba por las injustas sentencias de muerte de Sacco y Vanzetti, los inmigrantes italianos anarquistas, en los Estados Unidos[39].

EINSTEIN Y EL NACIONALISMO CATALÁN

El movimiento político que tenía como objetivo la autonomía cultural, administrativa y económica para Cataluña dentro del Estado español había ido aumentando su fuerza desde el cambio de siglo bajo el liderazgo, primero de Enric Prat de la Riba (1870-1917), y después de su sucesor como líder de la conservadora Lliga Regionalista, Francesc Cambó, así como de una serie de grupos liberales, tales como la Esquerra Republicana de Francesc Macià. Un importante paso hacia la realización del programa político catalanista se dio en 1914, con la fundación de la Mancomunitat, una entidad oficial encargada de ejecutar unas limitadas medidas de autonomía cultural y administrativa. Hemos señalado ya que parte del programa cultural catalanista, como lo formuló Prat de la Riba, fue la creación de instituciones para propagar no sólo la ciencia catalana, sino también la ciencia en lengua catalana. Por otra parte, la burguesía industrial que Prat de la Riba representaba había sido incapaz de identificarse totalmente con la ciencia moderna. La física y la química fueron muy apo-

[39] Diego Abad de Santillán, *Alfonso XII, la II República, Francisco Franco* (Madrid, Júcar, 1979), pp. 100-101; *idem Memorias 1897-1936* (Barcelona, Planeta, 1977), p. 114. Sobre el interés de Einstein en el caso Sacco-Vanzetti, véase Otto Natham y Heinz Norden, drs., *Einstein on Peace* (Nueva York: Schocken, 1968), p. 424.

yadas, desde luego, debido a su reconocida contribución a la modernización industrial. Por otra parte, la ideología católica era un poderoso impedimento para otros campos. Un excelente ejemplo era la pronunciada hostilidad de Prat de la Riba hacia el darwinismo; en esto fue fiel a la posición de la ortodoxia católica de finales del siglo XIX que proclamó su apoyo a la *verdadera* ciencia, pero no a las falsedades como la evolución. En particular, Prat de la Riba se opuso a la filosofía educativa de la Escuela Moderna de Francisco Ferrer, que era abierta y explícitamente darwinista y cuya misión pedagógica era la educación de la clase trabajadora que poblaba las factorías de la burguesía catalana[40].

Un lugar común en la recepción popular de la relatividad fue saludar a Einstein como un nuevo Darwin y contrastar la aclamación casi universal concedida al físico con la polarización religiosa y política que había caracterizado la polémica del siglo XIX sobre la evolución[41]. Este fondo histórico proporciona el contexto político inmediato de la visita de Einstein a Barcelona durante la cual los exponentes del nacionalismo catalán trataron de asociar a Einstein con su causa. Su visita les proporcionó una oportunidad a los catalanistas conservadores para asociar su programa con las ideas científicas más modernas e innovadoras sin tener que admitir, al propio tiempo, que los valores tradicionales estaban amenazados. La disposición favorable de la burguesía catalana hacia Einstein fue, en parte, una compensación de su anterior incapacidad de admitir la ciencia moderna en su forma darwiniana.

En la Sala d'Actes de la Diputació, donde Einstein impartió sus tres conferencias sobre relatividad, los símbolos de la causa nacionalista, en particular es escudo distintivo con las barras rojas y amarillas, eran omnipresentes: «Els uixers plens d'escuts barrats. Els candelers, plens de més escuts barrats. El dosser, amb més escuts barrats»[42].

---

[40] Joan Senent-Josa, *Miseria y dependencia científica en España* (Barcelona, Laia, 1977), p. 69.

[41] Para una comparación de Einstein con Darwin, véase, por ejemplo, Mariano Poto, «Einstein y su teoría», *El Liberal*, 1 de marzo de 1923.

Detrás de la mesa presidencial había un gran estandarte catalán con las cuatro barras, un detalle señalado por todos los periódicos. Directamente, frente al estandarte, estaba la pizarra hecha famosa por Josep Maria de Sagarra en un artículo de *La Publicitat*. Mientras que Einstein hablaba, Sagarra, incapaz de comprender una sola palabra, ponderaba el significado cultural e histórico del acontecimiento. Observaba a la gente mirando fijamente a Einstein y lamentaba que las formas dibujadas por el físico en la pizarra dijeran tan poco a su cerebro.

> Pero total l'atenció meva requeia damunt la ma d'aquell home, la seva manera d'escriure i bellugar el braç. Els passets que donava, les vacillacions de paraula, la insinuant dolçor de la seva veu. Aquell ullet fi d'animal rosegador; el nas desproporcionat, lleugerament enrogit a la punta; els cabells, el vestiat i l'aureola invisible.

Todo esto tenía enorme valor simbólico para Sagarra y la mera observación de Einstein hablando satisfizo la curiosidad que le había llevado a la conferencia. Cuando Einstein escribía en la pizarra se le ocurrió que las palabras del gran hombre deberían conservarse siempre:

> Doncs bé:jo quan el professor Einstein esborrava les inscripcions blanques damunt de la tela negra enilustrada (*sic*), el meu cor m'impulsava a dir-li: Faci el favor, no ho esborri, ja li durem una altra pissarra!

No sólo la pizarra, sino también el *estandarte* de detrás de ella, debería preservarse para explicar las teorías de Einstein a los futuros hombres de ciencia *catalanes*[43].

El 27 de febrero, cuando Einstein fue recibido en el Ayuntamiento (fig. 3-1), el alcalde, Enric Maynés (1883-1951), recibió al visitante en catalán. En todos los actos anteriores se había usado el francés y el alemán.

> Si la vostra patria esta orgullosa de tenir-vos, –dijo el alcalde–, aquest orgull, per aquella força de solidaritat de la ciència, el comparteix tothom. Per nosaltres no sou un estranger, que la ciència... té per patria el mon.

[42] *L'Esquella de la Torratxa*, 46 (1923), p. 139.

[43] Sagarra, «Einstein» (núm. 32).

Einstein replicó que deseaba para Barcelona una nueva comunidad humana que superase toda clase de rencor personal y político[44]. Al día siguiente, *La Veu de Catalunya*, órgano de la Lliga, reprodujo las palabras del alcalde y comentó en un editorial que Einstein «ha pogut parlar-hi el llenguatge europeu de la ciència, amb una absoluta identificació cordial entre l'investigador i la urbs, entre el savi i la ciutat»[45]. Si la ciencia era internacional, la lengua catalana también podía serlo. No obstante, la elección de idioma hecha por el alcalde inició una breve polémica. Regina Lamo, que escribía en el periódico lerrouxista, republicano radical, *El Diluvio*, atacó a Maynés por haber hablado en una lengua ininteligible para Einstein. No obstante, el mismo periódico no apoyó a su columnista y atacó en su editorial, por su parte, a los que se oponían al uso del catalán apoyándose en el *status* oficial de otras lenguas. El periódico concluía que Barcelona en lugar de brindar una bienvenida fría y oficial a Einstein se había expresado con el calor de su propia lengua[46].

Denigrando la atmósfera general de la visista de Einstein, *L'Esquella de la Torratxa* señaló retorcidamente: «A Barcelona, la teoria de la relatividad ens servirá per acudits polítics i presentarem a l'Einstein com a un perfecte regionalista, com una mena de Cambó de les matemàtiques». El concepto de relatividad proveyó a los humoristas de un contexto apropiado para un comentario sardónico sobre la situación política contemporánea en Cataluña y sobre la proclividad de la Lliga para comprometer el programa cultural catalanista:

> Doncs que no havia estat la «Lliga» la precursora de la no existencia de la línia recta, i per lo tant, del predomini de la línia curva? No sabeu que les paralel.les –Federació Monárquica, jaumins, regionalistes, mauristes– es troben en un punt electoral? No actuava com si no existissin ni el temps ni l'espai, sense donar més importancia a Mont-

[44] *La Publicitat* y *Diario de Barcelona*, 28 de febrero de 1923.

[45] «La visita de Einstein» (editorial), *La Veu de Catalunya*, 28 de febrero de 1923.

[46] Regina Lamo, «Interpretaciones sentimentales. Einstein el precursor», *El Diluvio*, 2 de marzo de 1923; «Comentarios optimistas». Sobre el discurso de Maynés (editorial), *ibid.*, 3 de marzo.

serrat que a Covadonga?... Catalunya es terra de la relativitat. Els catalans estem per lo relatiu, exceptuats ells d'En Macià que estan pel tot o res.[47]

Como comentaré más abajo, la afirmación que un cierto grupo cultural pudiera caracterizarse como especialmente afín a la perspectiva relativista, como en este caso los catalanes por su capacidad para el compromiso político o por tener alguna comprensión innata de la «relatividad», fue un tema recurrente en su recepción popular.

Sátira política aparte, Einstein influyó directamente en la filosofía política de al menos un político catalán, Rafael Campalans (1887-1933), un ingeniero que en la época de la visita de Einstein era director de la Escola de Treball. En un momento durante la visita, Campalans estaba explicando su filosofía de un socialismo nacionalista cuando Einstein, riendo, respondió: «Das passt nicht zussamen!» (¡Eso no concuerda bien!). Después le dijo a Campalans que, finalmente, había comprendido su aparentemente paradójico concepto, pero que el político haría mejor omitiendo la referencia a la palabra nacionalismo en su programa. Según Einstein, ese término no era aplicable a la lucha de las minorías nacionales oprimidas por conquistar reconocimientos, ya que era imposible evitar la connotación dominante de la palabra: la del nacionalismo conservador e imperialista que había caracterizado a la política alemana. En un discurso en las Cortes de la Segunda República nueve años después, Campalans rememoró que debido a sus discusiones con Einstein y Jacques Hadamard, el matemático francés que había visitado Barcelona en 1921, había decidido omitir esta palabra de su plataforma política porque su habitual connotación en Europa era la que le habían dado León Daudet y, en España, el político conservador estridentemente nacionalista Antonio Royo-Villanova[48].

---

[47] «Einsteniana», *L'Esquella de la Torratxa*, 46 (1923), p. 139.

[48] Santiago Riera i Tuebols, «Rafael Campalans, enginyer i polític», *L'Avenç*, núm. 16 (mayo de 1979), p. 8; Campalans, «Discurs del 27 de juliol de 1923 sobre l'ensenyament a Catalunya», en Albert Balcells, dir., *Ideari de Rafael Campalans* (Barcelona, Pòrtic, 1973), pp. 122-123.

Todavía hay una nota más curiosa de las conexiones de Einstein con el nacionalismo catalán. Poco después de que se acabara su gira por España, Einstein dimitió del Comité de Cooperación Intelectual de la Sociedad de las Naciones. Le indicó a un periódico pacifista alemán que la incapacidad de la Sociedad para oponerse a la voluntad de las grandes potencias le había convencido para dimitir, y le insinuó a Madame Curie que la ocupación francesa del Ruhr fue el incidente que precipitó su dimisión. Otros comentaristas, sin embargo, afirmaron que Einstein dimitió debido a la «cuestión catalana» (*Katalonischen Frage*). La historia aparece por primera vez en la biografía de Einstein de Carl Seelig y desde entonces ha venido repitiéndose sin aportarse pruebas directas de que sucediera así. Sin embargo, hay algún indicio indirecto que bien podría tomarse como una alusión al problema catalán. La carta de dimisión de Einstein contiene las siguientes líneas:

> La comisión ha favorecido una represión de las minorías culturales de los diferentes países al crear en éstos unas «comisiones nacionales» cuya misión era la de puente entre los intelectuales y el Estado correspondiente. Con lo cual renunció a ser soporte moral de esas minorías nacionales que resultan oprimidas[49].

En abril de 1923, en un clima de violencia anarquista y contraterrorismo derechista, Campalans organizó el Comité d'Actuació Civil para protestar contra la situación. Como consecuencia de sus denuncias públicas de la violencia policial fue herido en un atentado. Un año después recordaba el atentado en una carta a Einstein, manisfestando que este «crimen» se debía a que había protestado contra las muertes perpetradas diariamente por la policía en las calles de Barcelona. Campalans prosigue diciendo que toda la obra cultural de la Mancomunitat había sido destruida por la dictadura y acaba con una nota relativa a que a su hijo le ha puesto de nombre Albert. Einstein

[49] Carl Seelig, Albert Einstein: *A Documentary Biography* (Londres, Staples Press, 1956), p. 175: «Su separación definitiva de la Liga se produjo finalmente con motivo de la cuestión catalana». La carta de dimisión aparece reproducida en Einstein, *The World as I See It* (Nueva York, Philosophical Library, 1949), p. 54.

debió estar informado de la cuestión social catalana en la primavera de 1923; Salvador Seguí («El Noi del Sucre»), el líder sindicalista, fue asesinado varios días después de su visita a Barcelona. Pero es difícil ver en esto un pretexto para dimitir del Comité de la Liga, como lo pudo haber ofrecido la supresión de la Mancomunitat después del golpe de septiembre de Primo de Rivera[50].

Einstein, en Cataluña

La referencia en el diario de Einstein a su estancia en Barcelona es decepcionantemente breve. Simplemente se lee:

> Estancia en Barcelona. Mucha fatiga, pero gente amable (Terradas, Campalans, Lana, la hija de Tirpitz), canciones populares, bailes, comida. ¡Ha sido agradable![51]

Un aspecto de interés, desde luego, es la referencia a la hija del almirante Von Tirpitz, en esa época un político nacionalista alemán a quien Einstein aborrecía especialmente[52]. El Refectorium era un restaurante situado en la rambla del Centre muy frecuentado durante los años 1920 por los políticos nacionalistas catalanes. Einstein bebió allí una taza de *café au lait*, probablemente en compañía de Campalans. Hay una evocación sentimental del momento en *La Campana de gracia*, cuyo autor señaló el desprecio de Einstein por la etiqueta formal al aparecer en un «cabaret» no frecuentado por intelectuales. El autor (y otros comensales, como puede suponerse) se levantaron con respeto cuando Einstein pasó por su mesa[53].

Durante su estancia en Cataluña, Einstein hizo dos viajes fuera de Barcelona. El domingo 26 de febrero visitó el monasterio románico

[50] Campalans, a Einstein, 17 de mayo de 1924. Archivos Einstein, Princeton.

[51] Archivos Einstein, Princeton. El texto completo de la parte del diario del viaje en Einstein relativo a España aparece reproducido en el Apéndice 1.

[52] Clark, *Einstein*, p. 186.

[53] «Einstein a casa», *La Campana de Gracia*, 3 de marzo de 1923 (núm. 2.808); sobre la comida y el nacionalismo catalán, véase la caricatura en *L'Esquella de la Torratxa*, 39 (1917), p. 84.

de Poblet acompañado por Bernat Lassaleta, profesor de química de la Escola Industrial. Nada quedó registrado de la visita excepto dos fotografías y la firma de Einstein en el libro de huéspedes del monasterio[54]. El lunes visitó Tarrasa, sede de una famosa basílica romana. En otros momentos de libertad paseó por Barcelona sin atraer la atención de los transeúntes[55]. Prácticamente toda su actividad turística la realizó en compañía de tres amigos germanohablantes: Terradas, Lana y Campalans. Con Lana visitó la Escola del Mar, una escuela experimental al aire libre establecida en 1922 por el municipio para niños minusválidos, y el puerto. Allí se reunieron con el director de obras Josep Ayxela y el vicedirector José M. Jáuregui en una de las canoas de las autoridades del puerto. Durante la visita, Einstein elogió la reconstrucción de la escullera del Este[56].

En una visita oficial al rector de la Universidad, Einstein estuvo acompañado por Terradas[57]. Es evidente que Einstein le tenía en alta estima. Cuando llegó a Buenos Aires el 25 de abril de 1925, Einstein se encontró en el muelle con Rey Pastor e intercambió algunas palabras con él antes de que este último embarcara para España. «He conocido a un hombre extraordinario: Terradas», comentó Einstein, «su cabeza es una de las seis mejores del mundo». Análogamente, en 1930, Einstein le indicó a Antonio Fabara Ribas, socialista catalán y corresponsal alemán de *El Sol*:

[54] Véase la fotografía de Einstein en Poblet, *Mundo Gráfico*, 7 de febrero de 1923, reproducida en *Ciència*, 3 (octubre de 1980), p. 152; Agustí Altisent, *Historia de Poblet* (L'Espluga de Francoli, Abadía de Poblet, 1974), p. 641.

[55] *El Diluvio*, 1 de marzo de 1923: «Einstein ha pasado por Barcelona sin que el pueblo se enterase». Quizá ésta no es una reflexión precisa sobre la realidad, ya que el intento de este comentario editorial era distinguir (espaciosamente, según mi parecer) entre la gente común que no había advertido la presencia de Einstein y los «ciudadanos» que sí lo habían hecho.

[56] *La Vanguardia* y *El Noticiero Universal*, 28 de febrero de 1923: sobre Ayxela, véase *Madrid Científico*, 29 (1919), p. 53. En algún momento de su visita, Einstein también fue homenajeado por la Societat d'Atracció de Forasters, fundada en 1909 para estimular el turismo; véase *La Veu de Catalunya*, 27 de febrero.

[57] *La Vanguardia*, 27 de febrero de 1923.

> Terradas es una gran inteligencia, y sobre todo muy original. He tratado a muchos hombres en el curso de mi vida, y no vacilo en afirmar que el profesor español es uno de los que más me han interesado[58].

A pesar de estas enérgicas palabras apenas sabemos nada de la relación personal de Einstein con Terradas. En una ocasión, durante la estancia de Einstein en Barcelona, fue observado en una larga conversación con Terradas sobre el tema de la relatividad. En un determinado momento, Einstein le interrumpió a Terradas y dijo: «Ja veig, senyor Terradas, que vosté en sap més que jo!»[59].

El miércoles 28 de febrero, último día de estancia de Einstein en Barcelona, Campalans fue su anfitrión. En la Escola Industrial (fig. 3.2) Campalans organizó una interpretación de la sardana, la danza nacional catalana, por una compañía llamada La Penya de la Dansa. Como siempre, Einstein se mostró dispuesto a ofrecer una crítica improvisada: «Es una dansa molt distingida, que demostra ço que es el poble català i que deuria esser coneguda de les demés nacions; es una obra d'art agermanada amb un esport». Einstein fue obsequiado con discos, probablemente de sardanas, que después volvió a escuchar. En mayo de 1934 le escribió a Adolfo Marx a Barcelona (véase capítulo 11): «A menudo disfruto escuchando las agradables canciones populares catalanas que me dieron unos amigos durante una visita, hace ya tiempo, a Barcelona»[60].

Esa misma tarde Campalans ofreció a los Einstein una elegante cena de despedida, a la que asistió Terradas (cuya invitación aparece

---

[58] José Gallego-Díaz, «Alberto Einstein, símbolo de nuestro tiempo», *ABC*, 19 de abril de 1955. A. Fabra Rivas, «Una visita a Einstein», *El Sol*, 27 de marzo de 1930. Cuando estuvo en Madrid, Einstein dijo de Terradas: «C'est une singularité»; Vera, «El doctorado» (núm. 3). Otra versión la da Theodore von Karman, *The Wind and Beyond* (Boston, Little Brown, 1967), p. 340: Albert Einstein dijo en una ocasión de (Terradas): «Estuve en España, observé a la ciencia española y descubrí a Terradas».

[59] Joan Sales, *Cartes a Marius Torres* (Barcelona, Club Editor, 1976), p. 458. Según Sales, esta anécdota era de conocimiento general en Barcelona (comunicación personal, 9 de junio de 1981).

[60] *La Veu de Catalunya*, 1 de marzo de 1923; J. M. G., «Albert Einstein i la Sardana», *La Publicitat*, 28 de febrero; «Albert Einstein», *La Sardana*, 3 (1923), p. 105; Einstein, a Marx, 21 de mayo de 1934; Archivos Einstein, Princeton.

reproducida en la figura 3.3) y el político germanohablante Miquel Vidal i Guardiola, entre otros. Según *La Veu de Catalunya*, «fou servit el sopar conforme a una llista, bellament impresa, en caracter gotic a dues tintes, i escrita en llatí relativista, per conservar caracter, més o menys, amb la teoria de la relativitat»[61].

El jueves por la mañana, 1 de marzo, Einstein tomó el tren para Madrid. Según su diario, Terradas, la hija de Tirpitz y el cónsul alemán fueron a despedirle. (La hija de Tirpitz puede ser una de las mujeres que figuran al lado del señor Ribé, el jefe de protocolo de la municipalidad, en la foto 3.4.).

El 6 de marzo Einstein fue nombrado miembro correspondiente de la sección de ciencias físicas de la Academia de Ciéncies i Art de Barcelona por Lassaleta, Tallada, Ramon Jardí y Tomás Escriche i Mieg. En una votación que tuvo lugar el 22 de mayo, 30 académicos votaron a favor y tres se opusieron[62]. Comas, sin duda, aprovechó la oportunidad para estampar su protesta, aunque sus artículos antirrelativistas continuaron en la década siguiente.

Después de que Einstein hubiera dejado Madrid para trasladarse a Zaragoza, el editor del *Diario de Barcelona*, Joan Burgada i Juliá, señaló el contraste de la recepción otorgada a Einstein en las dos ciudades. En contraste con un «entusiasmo desbordante... y un poco impulsivo» mostrado en Madrid, Einstein había sido recibido efusivamente en Barcelona, «pero con una austeridad opuesta a todo asomo de relumbrón». Los iniciados habían reflexionado en sus palabras «y no pasó más», mientras que en Madrid el rector de la Universidad, según Burgada, declaró «su propósito de emprender una ardorosa campaña por la que todos vengamos a ser relativistas»[63]. Este

[61] *La Veu de Catalunya*, 1 de marzo de 1923.

[62] *Acadèmia de Ciències* de Barcelona, Expediente, 6 de marzo de 1923. Los archivos de la Academia conservan un pliego dedicado a Einstein que contiene el *expediente*, la votación, la notificación de la Academia a Einstein el 5 de junio, la réplica de Einstein el 20 de junio, así como muchos recortes de prensa relativos a la visita de Einstein. La votación está reproducida en *Ciencia*, núm. 3 (octubre de 1980), p. 149. Tomás Escriche (n. en 1844) era físico; véase *Gran Enciclopedia Catalana*, VI, p. 779, donde se da una fecha de muerte errónea (1916). Los otros dos votos negativos podrían corresponder a Eduard Alcobé y Josep Tous i Biaggi.

[63] J. Burgada i Juliá, «Einstein, en España», *Diario de Barcelona*, 10 de marzo de 1923.

interesante comentario combina el respeto por Einstein con la reticencia característica de la burguesía catalana hacia la ciencia moderna, manifestada en el deseo de restringir las implicaciones filosóficas de la nueva teoría a los límites más estrechos posibles, y Burgada cita a Einstein a este respecto.

Burgada estaba en lo cierto. En Madrid el «fenómeno Einstein» se mostró en toda su fuerza, un hecho posibilitado o, al menos, relacionado, con la difusión y aceptación explícita de las ramificaciones filosóficas del universo einsteniano tal y como diferentes grupos, profesionales y profanos, lo entendieron.

Capítulo 4

MADRID: LAS DOS ARISTOCRACIAS

Einstein estuvo diez días en la capital. Fue recibido en la estación por Cabrera, a quien Einstein reconoció «al punto». Seguidamente, Cabrera le presentó a los miembros del comité de recepción: Pedro Carrasco, Francisco Vera (matemático y divulgador científico), Josep María Plans y otros delegados de la Facultad de Ciencias; también el anatomista Julián Calleja, cabeza de una delegación aparte de médicos del Colegio de Médicos. Einstein llevaba en sus manos dos álbumes de fotografías y la traducción de Lorente de Nó de su breve libro sobre la teoría de la relatividad. Einstein pronunció unas palabras «de cortesía» en francés, y después se dirigió a los primos de Elsa Lina y Julio Kocherthaler (que vivían en Madrid) y dijo:

> —«Eh bien!, qu'est-ce qu'il faut faire?».
> —«Sortir!», exclamó don Julio.[1]

Fue acompañado al hotel Palace (los Einstein ocuparon las habitaciones interiores 375-376), donde se hicieron planes para la semana. Allí fue observado rodeado por gente que preparaba sus conferencias, todos hablando en francés:

> Estos hombres son en su mayoría desconocidos al gran público. Unos hombres modestos, callados, recogidos, que realizan en la sombra una labor meritoria. Unos hombres paradójicos en esta tierra de meridionalismo teatral.
>
> Son los compañeros del sabio alemán, los que van a poder penetrar en la enjundia de sus explicaciones. La llegada de Einstein les saca por un instante de su labor oscura y apartada y lanza a la publicidad sus nombres y sus trazas. Se llaman Cabrera, Carrasco, Plans... Son los hombres que mantienen entre nosotros la lamparita de la investigación matemática. Del grupo se destaca Cabrera, efusivo y cordial.[2]

---

[1] *El Debate* y *El Sol*, 2 de marzo de 1923.

[2] *El Heraldo de Madrid*, 3 de marzo de 1923.

Siguiendo su habitual costumbre cuando viajaba, Einstein había establecido que no ofrecería entrevistas. (Sin embargo, el emprendedor periodista germanohablante del *ABC* había subido al tren de Einstein en Guadalajara y había conseguido ya una entrevista bastante amplia. Le negó a Révéscz la subrepticia historia sobre la reunión con los sindicalistas, añadiendo que «le ha sorprendido el adelanto de Cataluña». Sus autores favoritos eran Shakespeare y Cervantes: «Leo a menudo el *Don Quijote* y también las novelas ejemplares»[3].) En el Palace, sin embargo, los periodistas fueron advertidos de mantenerse a distancia. El hombre de *El Heraldo* confesó estar resignado a su destino:

> En el momento en que el reportero se dispone a alejarse un tanto melancólico, uno de aquellos señores se levanta muy serio, saca una cinta, y toma con ella medida del cráneo potente del sabio. ¿Qué extraña liturgia es ésa? ¿Será algún antropólogo que quiere clasificar el cráneo de Einstein? Pero no; es, sencillamente, el secretario de la Universidad, que actúa de sombrerero y le toma medida para la muceta de doctor.[4]

Transcurrido algún tiempo, por la mañana, una amplia delegación de estudiantes de la Facultad de Ciencias acudió al hotel para saludar a Einstein, donde se les comunicó que no estaba allí, pero que volvería el sábado. A las once, los Kocherthaler acompañaron a los Einstein a un paseo en coche por la ciudad, donde fueron reconocidos por «muchos transeúntes»[5]. Einstein empleó el resto del día con Cabrera; al día siguiente apareció en la prensa una fotografía tomada en el laboratorio de este último, en el Instituto de Investigaciones Físicas del hipódromo (fig. 4.1). Por la tarde, Cabrera había planeado asistir a un concierto. Sin embargo, el deseo de Einstein de ver algo más típicamente español fue considerado, y en lugar de al con-

---

[3] *ABC*, 2 de marzo de 1923. El amigo de Einstein Michelangelo Besso se refirió a él en una ocasión como «Don Quixote de la Einstina»; Jeremy Berntein, *Einstein* (Nueva York, Viking, 1973), p. 131.

[4] *El Heraldo de Madrid*, 3 de marzo de 1923.

[5] *La Voz* y *La Vanguardia*, 3 de marzo de 1923.

cierto asistieron a una revista musical llamada *Tierra de Carmen*, en el Apolo.[6]

El sábado por la mañana, Einstein hizo la primera de tres visitas al Prado. Después fue recibido por el alcalde, Joaquín Ruiz-Giménez, y seguidamente comió en la casa de los Kocherthaler, en la calle Lealtad. Después de la comida, el secretario de la Facultad de Ciencias le pagó a Einstein los honorarios por tres conferencias, que subían a 3.500 pesetas[7]. Esta suma, debe señalarse, era el equivalente al salario anual de un profesor universitario español.

Esa tarde, Einstein impartió la primera conferencia en la Universidad sobre la relatividad especial. Entre la audiencia había «hombres de ciencias, matemáticos, físicos y filósofos», y también políticos: el que fue primer ministro Antonio Maura, el ministro de Instrucción Pública Joaquín Salvatella y Amalio Gimeno político y médico, que se había puesto del lado de Darwin en los debates sobre la evolución en los años 1870[8]. Naturalmente, la presencia de científicos era predominante, tal y como resulta evidente de la descripción del evento en *El Liberal*:

> Allí está Plans, gran autoridad en esta materia..., alto, delgado, nervioso, contrasta con la ecuanimidad de Cabrera, gran amigo de Einstein... y (Luis) Octavio de Toledo, digno del pincel del Greco, con sus ojos escrutadores de la matemática, y el comandante (Emilio) Herrera, el audaz piloto e ilustre científico[9].

En una mesa, tomando notas para la publicación de las conferencias, estaban Pedro Carrasco, Julio Palacios, Fernando Lorente de Nó y Tomás Rodríguez Bachiller. Bachiller (1898-1980) en esta época era todavía un estudiante licenciado en matemáticas y se encargaba de la *Revista Matemática Hispano-Americana*, cuyo editor nominal era Rey Pastor, que pasaba la mayor parte del año en Argentina.

[6] *El Debate*, 3 de marzo de 1923.

[7] *ABC*, 4 de marzo de 1923.

[8] Sobre la atmósfera en la primera conferencia véase *El Debate* y *El Liberal*, 4 de marzo de 1923.

[9] *El Liberal*, 4 de marzo de 1923. He proporcionado los nombres dados.

Debido a una sugerencia de Plans, que era un íntimo amigo de Ángel Herrera, editor del diario católico *El Debate*, se le asignó a Bachiller la preparación de amplios resúmenes. Después de cada conferencia éste acudía al café Vinces, cercano a las oficinas de *El Sol* y lugar popular de reunión de los periodistas. Allí elaboraba sus notas para la publicación con la ayuda de otro joven matemático, Teófilo Martín Escobar. Después de que los resúmenes aparecieran publicados, Bachiller le llevaba recortes a Einstein, que le aseguró al joven que «en ningún país del mundo se había hecho tan bien»[10]. Los resúmenes de Bachiller fueron modelos de claridad y los únicos aparecidos en un periódico español con número y fórmulas. También es digno de mención que estos resúmenes se publicaron en un periódico católico, cuyos propios columnistas atacaron la teoría de la relatividad.

En la primera conferencia, Einstein fue presentado por Carrasco. Seguidamente, comenzó a hablar ilustrando sus consideraciones, como en Barcelona, en una pizarra: «Coge la tiza para trazar unas figuras en el encerado, y con una mano en el bolsillo del pantalón, se pasea un instante, los ojos fijos en el techo y el pensamiento reconcentrado»[11]. Inmediatamente después de la conferencia el Colegio de Doctores ofreció un banquete en el Palace, organizado por los doctores Ignacio Bauer y Toribio Zúñiga. (Zúñiga había fundado el Colegio para resaltar el prestigio científico de la comunidad médica). La asistencia constituyó un auténtico «quién es quien» del mundo médico madrileño, incluyendo a Gustavo Pittaluga, Florestán Aguilar, Julián Calleja y muchos otros. A la izquierda de Einstein estaba sentado el químico José Carracido, presidente de la Academia de Cien-

[10] Thomas F. Glick, «Tomás Rodríguez Bachiller (1897-1980): In Memoriam, *Dynamis*, 2 (1982). Los resúmenes aparecieron en *El Debate*, 4, 6 y 8 de marzo de 1923. No obstante, Bachiller le escribió más tarde a Einstein para preguntarle por su opinión sobre dichos resúmenes y para pedirle que si había algún error lo corrigiera para el número especial de la *Revista Matemática*. Sin embargo, los artículos nunca fueron reimpresos. En la misma carta, Bachiller, en nombre de Plans, le pide a Einstein el autógrafo en una fotografía a aparecer en el mismo número, llegando incluso a sugerirle que ¡escriba en alemán! (Bachiller, a Einstein, 26 de julio de 1923. Archivos Einstein, Princeton). La noticia de *Ibérica*, 19 (1923), p. 293, de que Lorente de Nó colaboró con Bachiller en los resúmenes de 1923.

[11] *El Liberal*, 4 de marzo de 1923.

cias, y Ángel Pulido, un doctor famoso por su campaña coronada por el éxito para conseguir el reconocimiento oficial de los derechos de los judíos sefarditas a la ciudadanía española. A la derecha de Einstein estaba el general Valdivia y Amalio Gimeno. Carracido fue un adecuado compañero de mesa de Einstein, de cuya admiración por el químico queda constancia. Pero la perspectiva de Einstein conversando con el pomposo Gimeno, que desde hacía mucho tiempo había abandonado el laboratorio por la arena política, era demasiado para que pudiera soportarlo Wenceslao Fernández Flórez. El humorista presenta a Gimeno discutiendo prolijamente sobre una extrapolación política de la divulgación de Geza Nagel de la relatividad del movimiento. El público, en su necesidad de preservar sus habituales absolutos, toma literalmente a un político –llamémosle «A prima»– que se declara a sí mismo un liberal. Cuando este político asume el poder y no gobierna liberalmente, sus acciones deben interpretarse de modo relativista. Un tal razonamiento es demasiado complicado para el físico:

> —«¿Qué le parece a usted?»
> —«Kein Wort verstehe ich (No entiendo una palabra)» gruñó el sabio.[12]

Después del banquete, Einstein cambió impresiones con un editor de *El Imparcial* sobre el problema de presentar su teoría en los medios de comunicación:

> Es el primero en reconocer que sus teorías encuentran grandes dificultades cuando se intenta llevarlas a la comprensión del gran público; más a pesar de ello, ha encontrado en los periodistas españoles una predisposición admirable a la asimilación de su teoría.
>
> Y sobre todo –añadió– se advierte un anhelo de conocer, en todas las clases sociales, revelador de un estado espiritual del que pueden esperarse resultados muy satisfactorios.[13]

---

[12] Wenceslao Fernández Flórez, «Einstein y Gimeno» (14 de marzo de 1923), *Obras completas*, IX (Madrid, Aguilar, 1964), pp. 30-33.

[13] *El Imparcial*, 4 de marzo de 1923.

El domingo por la mañana los Kocherthaler llevaron a los Einstein a dar otra vuelta por la ciudad, tras la cual, Einstein preparó una respuesta al discurso que Cabrera iba a pronunciar más tarde, ese mismo día, en la Academia de Ciencias. La sesión se abrió con la presidencia del rey Alfonso XIII y, naturalmente, la asistencia de la crema de la sociedad española: el *ABC* señaló la presencia de Leonardo Torres Quevedo, Ignacio Bauer, Nicolás de Ugarte (ingeniero militar), Cecilio Jiménez Rueda y Eduardo Torroja (matemáticos), Eduardo Hernández Pacheco (geólogo), Ignacio Bolívar (zoólogo) y otros[14]. Carracido, como presidente de la Academia, pronunció un breve discurso (que Einstein caracterizó en su diario como maravilloso: *wunderbare*) concerniente a la estructuración de la ciencia en tres niveles: al nivel más bajo, el descubrimiento de los hechos; le sigue ese estadio en el que los hechos se convierten en instrumentos de experimentación (como ejemplo se refirió a la teoría espectral) y, finalmente, el estadio más elevado, en el que manda el cerebro, el dominio de la pura teoría, de ideas más bien que de aparatos. El estadio más alto fue ejemplificado por la teoría de la relatividad.[15]

El principal interes de la sesión académica fue el intercambio de discuros entre Cabrera y Einstein. Cabrera afirmó primero que el postulado de la constancia de la velocidad de la luz que subyace en la teoría especial estaba probado experimentalmente y, al propio tiempo, era lógicamente irrefutable. La vieja física era una letra muerta que el prejuicio de sus defensores no podía salvar. Para Cabrera, el experimentador, no había duda de la veracidad de la teoría especial, porque «la confirmación del cambio de la masa de los electrones con la velocidad, que conduce a la identificación de la materia con la energía, ha consagrado a estas fechas el principio restringido». En el

[14] *ABC, El Sol, El Imparcial*, 6 de marzo de 1923. Einstein había sido miembro honorario de la Sociedad Española de Física y Química desde 1920.

[15] Basado en un reportaje de *El Imparcial*, 6 de marzo de 1923. En la versión publicada oficialmente el modelo de tres niveles no era tan claramente explícito; Real Academia de Ciencias Exactas, Física y Naturales, *Discursos pronunciados en la sesión solemne que se dignó a presidir S. M. el Rey del día 4 de marzo de 1923, celebrada para hacer entrega del diploma de académico corresponsal al profesor Alberto Einstein* (Madrid, 1923), pp. 23-25.

capítulo 6 comentaremos el significado de las confirmaciones experimentales en la aceptación de la relatividad general como consecuencia de las observaciones del eclipse de 1919, pero Cabrera se cuenta entre los pocos que subrayaron la confirmación experimental de la teoría especial. Para Cabrera, la relatividad estaba probada y no necesitaba justificaciones adicionales[16]. Por ello, se dirigió hacia otras contribuciones de Einstein a la ciencia. Después de reseñar sus investigaciones sobre el movimiento browniano y sobre el efecto fotoeléctrico, Cabrera indicó que los «esfuerzos (de Einstein) para encontrar la prueba directa de los *cuantos de luz*, alguno muy reciente, no han logrado el éxito deseado». Concluyó dirigiéndole a Einstein las siguientes palabras, en nombre de los científicos españoles:

> Reconocemos nuestra deuda para con la humanidad y nuestro anhelo es llegar pronto a saldarla. Yo os lo afirmo, en nombre de las generaciones presentes y de un futuro inmediato. Sois aún joven. Espero que al final de vuestra vida, que será también el de mi generación, la España científica, que hoy apenas encontráis en embrión, haya llegado al lugar que tiene el inexcusable deber de ocupar. Así al menos pensamos aquellos para quienes el optimismo es una virtud motora del progreso.[17]

La respuesta de Einstein, traducida por el químico José Casares Gil, comenzó indicando su aprecio de las palabras de Cabrera, «porque demuestran la forma consciente y cariñosa con que ha estudiado usted el trabajo de mi vida». Seguidamente, Einstein se dirigió hacia la debilidad de su acercamiento de entonces al cuanto mencionado por Cabrera:

> Habéis tomado en consideración también el punto débil de la teoría de los cuantos de luz, arduo tema de nuestra generación de físicos. Creo que únicamente podrán allanarse esas dificultades mediante una teoría que no solamente modifique fundamentalmente el principio de energía, sino que quizá amplíe el de la causalidad. (Hugo) Tetrode ha apuntado precisamente hace poco tales posibilidades. Aunque los principios para la solución de este problema fundamental han adquirido hasta ahora poco cuerpo, el nuevo impulso para la recopilación de todas las fuerzas

[16] *Discursos*, p. 9.

[17] *Ibid.*, pp. 14-15.

> de la naturaleza, nacido de la teoría de la relatividad, parece, sin embargo, prometer éxitos satisfactorios. El método empleado en esto es puramente matemático-especulativo y caracterizado con los nombres de Levi-Civita, Weyl (y) Eddington. Realmente se consigue por este camino libertar totalmente al fundamento de la Física del perturbador dualismo condensado en los dos nombres, gravitación y electricidad.[18]

El propio rey le otorgó a Einstein el diploma con el que se le nombraba miembro correspondiente de la Academia (fig. 4.2).

«Después», registra lacónicamente el diario de Einstein, «té en compañía de una aristocrática señorita». Esta supercondensada entrada era una enorme aminoración del hecho, ya que se refería a un «té de honor» ofrecido por los marqueses de Villavieja[19], al que asistieron muchos de los más relevantes miembros de la intelectualidad madrileña. La aversión de Einstein a la «vida social» era un aspecto de su personalidad que siempre puso de manifiesto a los periodistas, quizá como parte de su práctica habitual para mantenerlos alejados. A Andrés Révéscz, por ejemplo, le dijo: «Me molesta la vida social», a lo que su esposa añadió que ahora que ella lo sabía (como si Einstein hubiera estado sosteniendo una bien conocida broma entre ellos), no podrían ser tan activos socialmente[20]. Los invitados a esta recepción incluían a los Kocherthaler, Salvatella, Carracido, Gregorio Marañón, Gonzalo R. Lafora y José M. Sacristán (neurólogos), Teófilo Hernando (internista), Pittaluga, Aguilar, Hugo Obermaier (un paleontólogo alemán vinculado al Museo de Historia Natural de Madrid), Alberto Jiménez Fraud (director de la Residencia de Estudiantes), Manuel B. Cossío (historiador del arte), los filósofos José Ortega y Gasset y Manuel García Morente, y entre los escritores, José María Salaverria, Miguel Asúa y Ramón Gómez de la Serna, que admiraba el «desordenado» cabello de Einstein y fue escuchado caracterizando al físico como «un inspirado violinista

[18] *Ibid.*, pp. 19-20.

[19] Los reportajes periodísticos dicen Villavieja o Torrevieja. El cónsul alemán dice Torrevieja. La dama en cuestión era la que a la sazón poseía el título de marquesa de Villavieja, doña Petronilla de Salamanca y Hurtado de Zaldívar.

[20] *ABC*, 2 de marzo de 1923.

italiano»[21]. Es interesante señalar que muchos de los que estaban presentes escribían o habían escrito ya acerca de Einstein: Cabrera, Ortega, García Morente, Maeztu, Salaverria, Gómez de la Serna...

El objeto de esta «pequeña fiesta» en el palacio de los marqueses, según el cronista de sociedad de *ABC* Gil de Escalante, era establecer una relación entre las dos aristocracias, «la de la sangre y la de la inteligencia». En un tono similar, Salaverria señaló que no había presentes banqueros, industriales o políticos, sino sólo *nobles* (de sangre o de inteligencia). Révéscz ya había descubierto que Einstein no tenía afición por la vida social, comentó su colega malévolamente, pero a pesar de ellos estaba allí riendo «sentado en un amplio sofá, rodeado de cojines y de damas»[22]. Durante la velada, Einstein y el violinista Antonio Fernández Bordas improvisaron «un concierto íntimo»[23]. Este episodio es extremadamente interesante a la luz de la noción de discurso civil entre una elite dividida. No creo que la decisión de entablar un tal diálogo sea necesariamente deliberada. Pero, finalmente, tal decisión llega a hacerse consciente, como sucedió en España en los años 1920. Este particular documento muestra que en 1923 un tal discurso era un objetivo explícito de la derecha política, como resultaba evidente en las páginas de sociedad del periódico monárquico y muy conservador *ABC*.

Las actividades de Einstein el lunes por la mañana del día 5 de marzo no están registradas. Almorzó con Kuno Kocherthaler. La tarde estuvo dedicada a una reunión especial de la Sociedad Matemática. No hay duda de que la Sociedad era el centro del pensamiento relativista en Madrid (junto con el Laboratorio Matemático). En su reunión del 3 de febrero, cuando los miembros escucharon a Enric de Rafael disertar sobre «el movimiento de un sólido alrededor de un eje en la mecánica relativista», Emilio Herrera «señaló la conveniencia de tener cambios de impresiones acerca de la teoría de la relativi-

[21] J. M. Salaverria, «Las originalidades einstenianas», *ABC*, 10 de marzo de 1923.

[22] *ABC*, 6 y 10 de marzo de 1923. Tanto Salaverria como Escalante escribieron en este periódico monárquico.

[23] *El Imparcial*, 6 de marzo de 1923. Fernández Bordás (n. 1870) había interpretado en Alemania; véase *Enciclopedia Universal Ilustrada*, XXIII, p. 769.

dad, antes de la venida del profesor Einstein, a fin de poder hacerle las oportunas preguntas». Los miembros estuvieron de acuerdo, y Cabrera sugirió que se plantearan cuestiones por escrito para la próxima sesión. De hecho hubo dos sesiones especiales totalmente dedicadas a la teoría de la relatividad, ambas «de movida discusión», el 20 y el 22 de febrero. Estuvieron presentes, entre otros no mencionados, Herrera, Cabrera, Plans, Palacios, Manuel Lucini, Vicente Burgaleta, Fernando Peña, Juan López Soler y Pedro M. González Quijano. Parece evidente que el propósito de estas reuniones para los matemáticos madrileños era aclarar sus propias dudas acerca de la relatividad antes de la visita de Einstein, aunque, como recordaría más tarde Tomás Rodríguez Bachiller, un objetivo equivalente era «la preparación del público estudiantil».[24]

Tanto Lucini como Rafael publicaron reseñas de la reunión con Einstein[25]. Según Lucini se discutieron dos puntos principales, uno pertinente a la relatividad especial y el otro a la general. El primero, planteado por Burgaleta, tenía que ver con la imposibilidad de transmitir señales de velocidades mayores que la velocidad de la luz. Burgaleta introdujo una solución esférica a la ecuación de D'Alembert, que sugería que «podría establecerse un sistema de señales cuya velocidad de propagación fuera superior a la de la luz». Era éste un problema de gran interés para Burgaleta, quien había escrito: «A mi juicio es indudable la existencia de velocidades superior a la de la luz, sin que ella sea objeción seria contra la teoría de la relatividad, sino contra ciertas formas de expresión a que los relativistas son muy aficionados, sin duda por la costumbre de asombrar al mundo con sus conclusiones»[26]. Einstein replicó:

[24] *Revista Matemática Hispano-Americana*, 5 (1923), pp. 51, 76; Glick, «Tomás Rodríguez Bachiller».

[25] Manuel Lucini, «El profesor Einstein», *Madrid Científico*, 30 (1923), pp. 65-66; Enric de Rafael, «El profesor Albert Einstein en Madrid», *Anales del Instituto Católico de Artes e Industrias*, 2 (1923), pp. 160-164.

[26] Vicente Burgaleta, «Una paradoja relativista», *Madrid científico*, 30 (1923), p. 68; véase la discusión de esta polémica, que también implicó a Emilio Herrera y a sir Arthur Eddington, en el cap. 7.

> que no puede ser un sistema de señales uno en que no hay intermisiones en la propagación, y aunque el señor Burgaleta insistió con el ejemplo del vector radiante de (John Henry) Poynting, al que se puede referir el gradiente citado, no se dio por convencido el sabio alemán y se terminó la discusión.

El problema relativo a la teoría general fue planteado por Plans y trataba de la aparente imposibilidad de reconciliar una relatividad cinemática para la rotación con la limitación que la velocidad de la luz impone en las posibles velocidades. Qué podría entenderse por el término «rotación absoluta», preguntaba Plans,

> sobre todo conforme a la idea expresada en la quinta edición de la obra de Weyl, *Raum, Zeit, Materie*, en que define el *compás del universo* como conjunto de todas las direcciones normales en un punto a la línea del universo del mismo, y que relativamente a dicho compás y según un transporte infinitesimal paralelo, es posible la definición de una rotación absoluta.

Se trata de una cuestión interesante, porque, como apuntó Lucini, en un movimiento de rotación es difícil prescindir de la noción de espacio absoluto. Admitiendo la *relatividad* cinemática y dinámica de los movimientos de rotación, la fuerza centrífuga se produciría en un cuerpo que gira en relación a masas exteriores, exactamente como si esas masas girasen alrededor del cuerpo (principio de Mach). No hay modo de decir cuál de los dos sistemas, el cuerpo o las masas exteriores, gira y cuál está en reposo.

Einstein contestó que:

> por de pronto, en su teoría, contraria a la de (Willem de) Sitter, en la que admite la finitud y curvatura del espacio, pero no la del tiempo (el universo, por tanto, por la presencia de materia, es curvo, pero no en todas direcciones, sino que en una de ellas, la del tiempo, es rectilíneo, y en conjunto resulta, por tanto, cilíndrico) no hay inconveniente en hablar de una dirección absoluta, la del tiempo y, por tanto, respecto de ella rotaciones absolutas; como que las diferenciales de línea del universo lo son de tiempo propio, se ve la posibilidad de definir, respecto las direcciones normales a la misma, rotaciones que pueden llamarse absolutas.

Enric de Rafael expresó entonces su preocupación acerca de cómo podía plantearse los problemas de la mecánica clásica en la mecánica relativista. Específicamente, se refirió al «movimiento de Poinsot», una representación geométrica del movimiento rotatorio «mediante la rotación del elipsoide de inercia de un cuerpo en un plano fijo»[27]. Einstein replicó que:

> como el concepto de sólido rígido no existe en las teorías relativistas, no pude hacerse dicho planteo a base del mismo; puede decirse que un sólido es un sistema respecto del cual sus puntos tienen líneas de universo rectilíneas, iguales y paralelas entre sí y al eje del tiempo propio; pero que al pasar a otros ejes o sistemas coordenados, no se puede *a priori* establecer, como en cinemática y mecánica clásica, las fórmulas de paso; los sólidos se convierten en cuerpos elásticos y su cinemática y dinámica es la de los medios continuos y elásticos. La experiencia es la única que ha de determinar los coeficientes de tensión, y conforme a ella hay que establecer las ecuaciones de movimiento y deformación respecto a un sistema coordenado cualquiera, del que no se puede tampoco *a priori* fijar la interpretación física de las coordenadas.[28]

Concluida la sesión, Einstein, cansado por el carácter formal de la discusión, halló un adecuado medio de evadirse. Rodríguez Bachiller planteó algunos problemas que tenía para interpretar la teoría de Lorentz de los electrones. Einstein le acompañó a una pequeña habitación, donde, durante una hora, le explicó completamente la teoría al joven matemático «con una claridad extraordinaria». Bachiller conservó este recuerdo el resto de su vida, señalando que el gran hombre parecía preferir la compañía de los estudiantes a la de sus profesores.[29]

A las ocho treinta de la tarde, Einstein fue llevado a ver a Ramón y Cajal a quien, según había dicho a Andrés Révészc, conocía por su

---

[27] René Taton, «Louis Poinsot», *Dictionary of Scientific Biography*, XI, p. 62.

[28] *Anales del Instituto Católico de Artes e Industrias*, 2 (1923), p. 163. De Rafael añade que «Esta ausencia de apriorismo se indica en los libros de Eddington y Plans, en los que estos autores tratan de establecer el tensor básico de (Karl) Schwarzshild para el caso de un campo gravitatorio creado por un solo punto material».

[29] Glick, «Tomás Rodríguez Bachiller».

fama desde hacía veinte años[30]. «Visita a Cajal, maravilloso viejo (*wunderbarer alter Kopf*)» figura en el diario de Einstein.

Debió de ser una corta visita porque seguidamente tuvo lugar la segunda conferencia, sobre la relatividad general. Francisco Vera notó con sorpresa que la mayor parte de los que habían escuchado la primera conferencia estaban también presentes en la siguiente. Otro relato comentaba que: «Un público numeroso –el todo Madrid del profesorado, de la ciencia y de la curiosidad– llena la amplia sala. En el ambiente, cierta ansiedad nueva, religiosa, ante el hombre que viene a revolucionar lo establecido y catalogado en los libros y en las inteligencias, a mostrarnos ignorados horizontes infinitos»[31]. Antes de hablar, Einstein «cruza unas palabras con Carracido... (y) vuelve a sonreír con una sonrisa enigmática». Vera interrumpía constantemente su narración de la conferencia para glosar los «ojos femeninos» que seguían al orador. Tanto en esta conferencia como en la tercera, Einstein tuvo que indagar acerca de las palabras adecuadas, pronunciando primero la palabra alemana y esperando a que alguien de la audiencia proporcionara la traducción francesa: «Alguna vez le falta el término preciso, y entonces, con gesto sonriente, dice, en consulta, la palabra alemana, que dos, tres, diez bocas traducen en seguida... El maestro... conviértese así un instante en discípulo de sus alumnos»[32]. O, sabiendo la palabra francesa, estaba inseguro sobre su pronunciación. En una ocasión la palabra cuya pronunciación se le escapaba era *similitude*. Vera observó: «Varias voces apuntan, felices: *similitude*, y el cronista cree adivinar una pueril vanidad en estos ingenuos oyentes a quienes el hallazgo de una palabra, una sola, ha elevado a la categoría de *colaboradores* de Einstein».[33]

Es interesante señalar que dos observadores diferentes sacaron la misma conclusión respecto del afán del auditorio por asociarse con el intelecto de Einstein. También es significativo, en atención a los

[30] *ABC*, 2 de marzo de 1923.

[31] *El Liberal*, 8 de marzo de 1923; *El Imparcial*, 6 de marzo.

[32] *El Imparcial*, 6 de marzo de 1923.

[33] *El Liberal*, 8 de marzo de 1923.

habituales problemas que la comunidad científica española tenía de comunicarse con las principales corrientes de la ciencia, el alto número de germanohablantes que había en la audiencia y su evidente facilidad para usar el idioma de modo improvisado y en una situación abiertamente pública.

Al final del día, Einstein cenó con un cierto señor Vogel, al que en su diario describió como un «pesimista amable y humorístico».

La actividad del martes consistió en un viaje turístico a Toledo con los hermanos Kocherthaler y sus esposas, Ortega y Cossío (fig. 4.3). Se había informado a los periodistas que el viaje estaba programado para el fin de semana, pero Révéscz averiguó la verdad por el «método inductivo». Descubrió que la policía de Toledo estaba ya advertida de la inminente visita. Entre los lugares históricos y artísticos visitados se encuentra el hospital de Santa Cruz, la plaza de Zocodover (donde Einstein fue reconocido), la catedral, las sinagogas medievales (el Tránsito y Santa María la Blanca) y la iglesia de Santo Tomé, donde el grupo contempló el cuadro de El Greco *El entierro del conde de Orgaz*. La señora Einstein comentó que no había visto a su marido tan entusiasmado desde hacía mucho tiempo[34]. Las anotaciones de Einstein en su diario son elocuentes en su simplicidad.

> Viaje a Toledo camuflado con muchas mentiras. Uno de los días más hermosos de mi vida. Cielo radiante. Toledo es como un cuento de hadas. Nos guía un entusiasta viejo hombre que al parecer ha producido algunos trabajos importantes sobre El Greco. Las calles y la plaza del mercado, vista de la ciudad, el Tajo con algunos puentes de piedra; cuestas de piedra, agradables planicies, catedral, sinagoga. Puesta de sol con replandecientes colores en nuestro regreso. Un pequeño jardín con una vista cerca de la sinagoga. Una magnífica pintura del Greco en una pequeña iglesia (entierro de un noble), entre las cosas más profundas que vi. Un día maravilloso[35].

Ortega después le contaba a Pío Baroja que Einstein no había querido visitar la catedral, sino sólo Santa María la Blanca. El pensa-

---

[34] *ABC*, 7 de marzo de 1923.

[35] Pío Baroja, *Memorias* (Madrid, Minotauro, 1955), p. 739.

miento de sus antecesores practicando allí el culto «le emocionaba. Era la fuerza de la tradición», concluyó sombríamente el antisemita Baroja.

No se sabe prácticamente nada de lo que Einstein habló con Ortega. El propio relato de Ortega, un contrapunto entre la universalidad de Einstein y una descripción *costumbrista* de Toledo, no informa nada. La popularidad de Einstein fue un tema de discusión. Cuando pasaron por el ambiente medieval de la plaza de Zocodover, donde la admirativa muchedumbre se arremolinaba alrededor del físico, Ortega bromeó diciendo que Einstein era «ya muy conocido en el siglo XIII». Einstein rió, pero respondió: «Yo no tengo sensiblidad histórica. Sólo me interesa vivamente lo actual». Seguidamente añadió que la típica concentración de estudios sobre sólo «un pequeño rincón de cuestiones» era un producto característico de la educación especializada en Alemania, la cual en ese país se había convertido en «una verdadera maldición. Humanamente es monstruoso servir mucho para una ciencia, pero no servir más que para ella»[36]. También en Toledo, Ortega, al parecer, dio a conocer al físico la filosofía de Franz Brentano, que había pasado sus últimos días en Zurich prácticamente aislado de la comunidad académica, incluido Einstein. En Madrid los dos estudiosos discutieron sobre la relatividad, y Ortega le comentó a Einstein: «¡Acabará usted haciendo de la física una geometría!», refiriéndose a la tendencia de la mecánica relativista a absorber la dinámica en la cinemática.[37]

---

[36] Ortega, «Con Einstein en Toledo», *La Nación*, 15 de abril de 1923; reimpreso en *El tema de nuestro tiempo*, 18 edición (Madrid, Revista de Occidente, 1976), pp. 195-202.

[37] José Ortega y Gasset, «La metafísica y Leibniz» (1926), *Obras completas*, 11 vol. (Madrid, Revista de Occidente, 1963-1969), III, p. 433, y «Conversión de la física en geometría (1937)», *ibid.*, V, p. 286. Se conservan dos fotografías de la excursión a Toledo. Una de ellas muestra a Cossío explicando algo a Einstein, los Kocherthalers y Ortega. En la segunda figuran Ortega, los Einstein y las señoritas Kocherthaler, con el puente de Alcántara al fondo. Kuno Kocherthaler estaba casado con la historiadora del arte María Luisa Caturla. Las fotografías están publicadas en *José Ortega y Gasset: Imágenes de una vida* (Madrid, Ministerio de Educación y Ciencia, 1983), p. 136. En el despacho de Ortega de la Librería Calpe había una fotografía firmada de Einstein que presidía la famosa *tertulia*. La observación de Ortega sobre la geometrización de la física fue un tema muy repetido, cf. la observación de Eugeni d'Ors citada en el capítulo 7.

El mediodía del miércoles 7 de marzo, Einstein fue recibido en el Palacio Real acompañado de Carracido. Así es como Einstein recogió el evento en su diario: «Audiencia con el rey y la reina madre. Ella revela su conocimiento de la ciencia. Se ve que nadie le dice a ella lo que él está pensando. El rey, sencillo y digno, me produjo admiración». En algún momento durante el día, antes de su conferencia, una delegación de estudiantes de ingeniería visitaron a Einstein y le invitaron a su Asociación de Ingenieros y Arquitectos. Einstein prometió reunirse con ellos el día siguiente para discutir sobre las relaciones entre la relatividad y las ciencias aplicadas.[38]

Al final de la segunda conferencia, Einstein había advertido al auditorio que les resultaría difícil comprender el contenido de la tercera disertación, sobre las recientes investigaciones en relatividad, sin conocimientos del cálculo diferencial albsoluto. Esto le produjo cierta preocupación a Vera quien, aunque tenía formación matemática, llegó inseguro de su capacidad para entender. El vestíbulo estaba lleno una vez más: «Análoga concurrencia y mayor expectación aún, si cabe, que en los días anteriores», informó *El Imparcial*, y ello aunque el número de los «seriamente iniciados», según los cálculos del periodista, no llegarían a un quinto de la audiencia. Vera observó que «los militares, entre los que predominaban los artilleros e ingenieros, se acomodaban en un banco», señalando en particular la llamativa presencia de Herrera y Joaquín de la Llave. El auditorio parece que no comprendió la conferencia, según la prensa –«la misma incomprensión acaso estimula el aplauso»–, y según el propio Einstein, quien apuntó en su diario: «Auditorio atento que seguramente no comprendió casi nada debido a la dificultad de los problemas tratados». La tercera conferencia se dirigió al dualismo creado en la física por «la existencia de magnitudes representables por tensores simétricos (gravitación) y antisimétricos (electromagnetismo), y a la solución propuesta por Weyl a este dualismo, que es una generalización del principio de Einstein (invariancia de la longitud de diferencial de arco de universo)». Einstein propuso su propia solu-

[38] *ABC*, 8 de marzo de 1923.

ción creando un tensor de segundo orden con características simétricas y antisimétricas.[39]

A continuación de la conferencia tuvo lugar una recepción en la Embajada alemana. Como en el banquete en el hotel Palace y en el té de los marqueses, Einstein estuvo de nuevo rodeado de médicos, cuya omnipresencia en tales acontecimientos era un distintivo del perfil social de la ciencia española en los años 1920 y también un símbolo de la legitimación de la ciencia por la elite que he mencionado anteriormente. Allí estaban Sebastiá Recasens, decano de la Facultad de Medicina, y muchos doctores con los que Einstein ya se había encontrado: Pittaluga, Hernando, Calleja, Aguilar. También estaban presentes Carracido, Cabrera, García Morente y María de Maeztu[40]. Einstein no se impresionó: «Embajador y familia, espléndido, gente íntegra. La fiesta, penosa, como de costumbre», escribió en su diario.

A las once del jueves 8 de marzo, por la mañana, se le otorgó a Einstein un grado honorífico en la Universidad de Madrid (fig. 4.4). Plans leyó una biografía del laureado, quien seguidamente leyó un corto discurso subrayando que él pertenecía a un grupo de exponentes radicales de la unificación de las ciencias. «El hecho aislado», afirmó Einstein, «no me interesa más que en relación con el sistema fundamental de las ideas»[41]. A continuación una serie de estudiantes hicieron sus presentaciones. Rodríguez Bachiller leyó una carta de salutación para que Einstein la transmitiera a los estudiantes alemanes[42]. El representante de la Facultad de Derecho José Luis Díez Pastor recordaba:

> A la investidura de Einstein como doctor *honoris causa* de la entonces llamada Universidad Central... asistí como representante de los estudiantes de la Facultad de Derecho, formando parte de una Comisión compuesta de dos estudiantes de cada Facultad. Fui encargado por esta Comisión de pronunciar en la ceremonia una breve alocución en alemán,

[39] *El Liberal, El Imparcial y El Debate*, 8 de marzo de 1923; *Ibérica*, 19 (1923), p. 293.

[40] *ABC*, 8 de marzo de 1923.

[41] *ABC*, 9 de marzo de 1923.

[42] *El Heraldo de Madrid*, 8 de marzo de 1923.

> asumiendo la representación de todos los estudiantes, lo cual me proporcionó el honor de que al terminar la ceremonia Einstein, investido de todos los atributos de un doctorado, abrazara en mi modesta persona a todos los estudiantes españoles, dejándome un recuerdo imborrable.[43]

La retórica, especialmente la de los estudiantes, debió de ser intensa, ya que Einstein anotó en su diario: «Doctor honorífico. Auténticos discursos españoles acompañados de fuego de bengala. El embajador alemán habló sobre el tema de las relaciones hispano-alemanas largo discurso, pero el contenido era bueno, alemán de cabo a cabo, nada retórico».

Después, Einstein acudió a su cita con los estudiantes de ingeniería, llegando a la Asociación de Alumnos de Ingenieros, la asociación de alumnos del Instituto Católico de Artes e Industrias, a las 12,30 horas. Allí, Einstein dio una corta disertación sobre la naturaleza finita del universo en la que ilustró la geometría del espacio tridimensional con una analogía del espacio de dos dimensiones. Si bien Einstein habló en francés, uno de los presentes improvisó una versión castellana, una transcripción de la cual figura abajo en el apéndice III. Destacan algunas de las expresiones características de Einstein en conferencias de divulgación (por ejemplo, «es fácil comprender...», «no es difícil ver...», etc.) y podemos concluir que la mayoría de los estudiantes comprendió la breve disertación.

> El ministro de Fomento estuvo también presente y habló, después de Einstein, con una invocación nacionalista: «Para reconstruir España es preciso el desenvolvimiento natural de la técnica científica, unida a la técnica política, porque sin el arte de gobernar todo esfuerzo resultaría inútil»[44].

Anotación en el diario de Einstein del episodio: «Después una visita a estudiantes de técnica. Hablar y hablar sólo, pero bienintencionado».

---

[43] José Díez Pastor, comunicación personal, 1980.

[44] *ABC* y *El Noticiero*, 9 de marzo de 1923.

Por la tarde tuvo lugar la última conferencia en el Ateneo sobre las consecuencias filosóficas de la relatividad. Presidió el doctor Marañón, y Einstein fue presentado por el biólogo marino Odón de Buen. En su presentación, Buen hizo la más bien sorprendente propuesta de que Einstein encabezara una comisión conjunta hispanomexicana para estudiar el próximo eclipse solar en México en septiembre de 1923. Einstein permanecería durante un año a la cabeza del grupo de investigación, y como consecuencia España podría adquirir prestigio científico. Los científicos españoles, indicó Buen, estaban ahora a punto de vincularse a las principales corrientes científicas: «Bulle, se agita generosa y esperanzada en España una generación de investigadores que tienen alma para emprender las mayores empresas científicas». Semejante empresa, por otra parte, sería una lección de trabajo en equipo y de cooperación internacional que la ciencia española haría bien en adoptar como un *modus operandi*. Porque, advirtió, «Entre los hombres de ciencia no hay aquí la mejor armonía, y los intereses creados en derredor de las instituciones científicas oficiales suelen ser una rémora y, lo que es peor, son un peligro de desprestigio fuera»[45]. La parte española del equipo investigador podría estar formada por astrónomos de los dos observatorios nacionales, el de Madrid y el de San Fernando. Las sugerencias de Buen fueron de hecho comunicadas al Gobierno mexicano (probablemente por el jefe mexicano de la misión, Alfonso Reyes) y surgió una invitación. Pero Einstein declinó ésta el 8 de junio, debido a que, según su mujer, «había estado fuera mucho tiempo y había hecho tantos viajes largos, seis meses a Japón y Palestina».[46]

[45] Odón de Buen, «Una idea, antes de que marche Einstein», *La Voz*, 9 de marzo de 1923; véase también *ABC* del mismo día.

[46] *New York Times*, 9 de junio de 1923. He documentado todo el episodio en «Huellas de Einstein y Freud en México», *Tezcatlipoca: Anuario de Historia de la Ciencia y la Tecnología*, 2 (en prensa). El asunto de una expedición española a México había sido ya planteado en febrero por Rodrigo Gil, «El eclipse de Sol de septiembre próximo», *Ibérica*, 19 (1923), p. 125: «Si el Gobierno desea ayudarle con rapidez y eficacia podría incluso obtener el material necesario para abordar, con buenas posibilidades de éxito, el problema del efecto Einstein, a pesar de las dificultades que la ocasión ofrecerá para desarrollar un amplio programa de investigación que no desmerecerá en absoluto con relación a las

La disertación de Einstein en el Ateneo sobre las consecuencias filosóficas de la relatividad parece que estuvo más orientada a la divulgación que la conferencia análoga de Barcelona. Empezó por definir el movimiento, indicando que todos los movimientos son relativos y «que puede haber infinitos sistemas de referencia, sin que ninguno tenga motivos para ser privilegiado». Todos los fenómenos naturales están regidos por las mismas leyes cuando los respectivos movimientos se refieren a diferentes sistemas. Pero, como ningún sistema de referencia es privilegiado, las cosas deben verse de modo diferente de la manera como las entendieron Galileo y Newton, «para formular conceptos que respondan de un modo amplio a un concepto general». Seguidamente pasó a discutir aspectos de la teoría especial (la simultaneidad, por ejemplo) y la general: la geometría euclidiana no era válida desde el momento en que un campo gravitatorio influye en los cuerpos sólidos. El interés filosófico de esto es el descubrimiento de que no hay una geometría absoluta.[47]

Después de la conferencia el diario de Einstein registra «una velada de música en casa de Kuno. Un artista (director del Conservatorio: Antonio Fernández) Bordás tocó espléndidamente el violín».

La mayor parte del viernes 9 de marzo, estuvo dedicada a una excursión por El Escorial y Manzanares el Real: «Viaje a las montañas y Escorial. Un día maravilloso», apuntó Einstein. A las seis de la tarde fue con Ortega a la Residencia de Estudiantes[48]. Ortega empezó la sesión pública comparando a Einstein con Galileo y Newton (véase discusión en el capítulo 7). La relatividad, le dijo Ortega a la audiencia, constituía un nuevo modo de pensamiento, «el símbolo de toda una edad».

(investigaciones) de las naciones avanzadas». Gil era un ingeniero geógrafo encargado del Servicio de Magnetismo. Cuando los resultados del eclipse australiano de 1922 verificaron el «efecto Einstein», el interés por el eclipse de 1923 disminuyó enormemente.

[47] *El Heraldo de Madrid* y *ABC*, 9 de marzo de 1923.

[48] He seguido el relato de *El Sol*, 10 de marzo de 1923; otra versión, preparada en parte a partir del texto de *El Sol* y en parte a partir del manuscrito original, aparece bajo el título «Mesura a Einstein» en *El tema de nuestro tiempo*, 18 ed. (Madrid, Revista de Occidente, 1976), pp. 189-193. Véase también Alberto Jiménez Fraud, *La Residencia de Estudiantes* (Barcelona, Ariel, 1972), pp. 36-37.

Einstein (hablando en alemán y Ortega traduciendo) contestó diciendo que él era más un tradicionalista que un innovador (un tema que introdujo repetidamente en su gira española). Fue Maxwell quien construyó teorías con el mínimo de hipótesis y abstracciones, que era su propio criterio para la construcción de teorías. La relatividad, dijo no había cambiado nada. Había reconciliado hechos que eran irreconciliables por los métodos habituales.

Los aspectos políticos sobresalientes de la visita de Einstein a la capital fueron sutiles, pero inequívocos. Los científicos como demostraron las consideraciones de Odón de Buen, veían en Einstein la redención de la ciencia española, aunque él declinara a conducirla personalmente. (El mismo tema apareció de nuevo en 1933, cuando se le ofreció a Einstein una cátedra en la Universidad de Madrid; véase capítulo 10). La caracterización de Cabrera de la ciencia española como embrionaria se convirtió inmediatamente en un punto en la batalla de la intelectualidad liberal con el ministro de Instrucción Pública, que ellos habían considerado desde hacía mucho tiempo como un oficio para neófitos políticos e incompetentes en educación. En la investidura en la Academia el entonces ministro Joaquín Salvatella (1881-1932) replicó que Cabrera «aparece demasiado modesto al referirse a la ciencia española». Cuando Salvatella llegó a declarar, oficiosamente, que no podía hacer predicciones concernientes a la futura aceptación de las teorías de Einstein, fue atacado en el editorial de *El Sol*: Ortega (¡el editor del periódico!) había hecho bien en elevar a Einstein al nivel de Galileo y Newton, «porque si en el mundo no se leyera más que la innecesaria declaración del ministro de Instrucción Pública, se diría que no habíamos entendido la teoría»[49]. En el contexto de la «polémica de la ciencia española» los científicos tradujeron las consideraciones de Salvatella como significado: «Tenemos bastante ciencia en España y no necesitamos entender la relatividad (o ser darwinistas, etc.) para ser buenos científicos». De este modo la «incomprensibilidad» de la relatividad se convirtió en un símbolo

[49] Joaquín Salvatella, En *Discursos* (núm. 15), p. 29; «La significación de Einstein» (editorial), *El Sol*, 10 de marzo de 1923.

político que la comunidad científica, en su posición recientemente ganada de liderazgo entre los intelectuales españoles, estaba obligada a combatir.

La visita de Madrid llegaba a su fin. Lo que quedaba era un fin de semana de tiempo no programado que dejó a los Einstein en libertad para visitas familiares y para volver al Prado. El diario de viaje proporciona lo poco que se sabe de estos días:

> 10 de marzo. Prado (contemplación principalmente de obras de Velázquez y Greco). Visitas de despedida. Comida con el embajador alemán. Pasé la tarde con Lima (Kocherthaler) y los Ullmann en una primitiva y diminuta sala de baile. Tarde alegre.
>
> 11 de marzo. Prado (magníficas obras de Goya, Rafael, Fra Angélico).

Capítulo 5

EINSTEIN, EN ZARAGOZA

El *rápido* que condujo a Einstein de Barcelona a Madrid el 1 de marzo pasaba por Zaragoza. En la estación, un grupo de profesores entre los que figuraba el físico Jerónimo Vecino y el matemático José Ríus subieron al tren. Vecino invitó a Einstein a hablar en Zaragoza y éste aceptó.[1]

El lunes 12 de marzo, Vecino estaba de nuevo en la estación para recibir a Einstein, junto con el gobernador civil, el alcalde, el rector de la Universidad Ricardo Royo-Villanova, el cónsul alemán Freudenthal y el químico Antonio de Gregorio Rocasolano. Vecino era sin duda el instigador de la visita; había dado un curso de diez conferencias sobre relatividad en 1921 tituladas *Conferencias sobre materia y energía*[2]. Sin embargo, y por razones que resultarán evidentes, el foco científico de la visita fue el laboratorio de Rocasolano.

Einstein sólo impartió dos conferencias en Zaragoza, sobre la relatividad especial y general respectivamente, el lunes y el martes a las 18,00 horas en la Sala de Actos de la Facultad de Medicina. La primera tarde el vestíbulo «se hallaba completamente lleno de personalidades de toda clase y condición social, también algunas bellas señoritas y damas distinguidas engalanaban el severo salón con su presencia»[3]. Entre los presentes estaban Manuel Lorenzo Pardo (ingeniero hidráulico y secretario de la Academia de Ciencias de Zaragoza), el general Antonio Mayandia, Ricardo Royo-Villanova y el decano de la Facultad de Ciencias Gonzalo Calamita Álvarez. Después de la conferencia,

---

[1] *El Heraldo de Aragón*, 2 de marzo de 1923. Véase *ibid.*, 8 de marzo: Vecino recibió un telegrama que decía: «Llegaré lunes rápido. Alberto Einstein».

[2] Según el anuncio del curso, una copia del cual me la dió José Andreu Tormo. El curso era una introducción bien integrada a la relatividad y a la teoría cuántica, terminando con una lección sobre la física de la discontinuidad y el concepto de Universo en la física moderna.

[3] *El Heraldo de Aragón*, 13 de marzo de 1923. Una nota en *El Noticiero*, 11 de marzo, indicaba: «La admisión será pública, pero las puertas de la sala se cerrarán cuando comience la sesión y no se abrirán hasta que termine».

Rocasolano elogió a Einstein, «resaltando la labor grande no sólo didáctica, sino de investigación, llevada a cabo por la Facultad de Ciencias de Zaragoza y basada en las teorías del profesor Einstein». La tarde concluyó con la concesión a Einstein de un diploma de miembro correspondiente de la Academia de Ciencias.

Rocasolano y el movimiento browniano

Sólo en Zaragoza pudo un científico español dirigirse a un programa de investigación einsteniano, si bien en este caso no pertinente a la relatividad. Desde 1915, Rocasolano realizaba investigaciones sobre el movimiento browniano muy influidas por el trabajo de Einstein de 1905 sobre el tema.

Rocasolano (1873-1941) era un bioquímico que había estudiado microbiología con Emile Duclaux en el Institut Agronomique de París en 1893. La mayor parte de sus investigaciones giraron alrededor del tema de la *cinética* de los coloides. Entre otros aspectos del problema esta interesado en medir las variaciones en el diámetro de las partículas coloidales o micelas que en los coloides orgánicos formaban parte de una serie de propiedades sobre las que construyó una teoría del envejecimiento celular. Entonces se vio atraído al trabajo de Einstein sobre el movimiento browniano, a la comprobación efectuada por Jean Perrin de las teorías de Einstein en los coloides, y particularmente a esa parte de la hipótesis de Einstein que proporcionaba el medio de medir el diámetro de una partícula en el movimiento browniano.

El movimiento browniano se llama así por el botánico inglés Robert Brown (1773-1858) que observó, con el microscopio, el movimiento continuo y aparentemente aleatorio de las partículas en suspensión. En un artículo de 1905 titulado «Sobre el movimiento de pequeñas partículas suspendidas en un líquido estacionario, requerido por la teoría cinético-molecular del calor», Einstein trataba de definir cómo una partícula determinada se movía en un período de tiempo específico. Aunque muchos autores había sospechado que el movimiento de las partículas y moléculas era cuando menos análogo al de los gases, las leyes que gobiernan su movimiento se consideraban intratables debido a que las velocidades medias de las partículas y la dirección del movimiento variaban.

Einstein asumió que la causa del movimiento browniano era la agitación molecular mediante la cual las moléculas en el medio de dispersión empujan a las partículas en direcciones aleatorias. Propuso que el desplazamiento medio de una partícula es proporcional al tiempo de la observación, teniendo en cuenta la temperatura y un factor de resistencia que aumenta con la viscosidad del medio y el tamaño de la partícula. Su formulación fue confirmada experimentalmente por Perrin y sus discípulos en 1908-1909.[4]

Gracias a Rocasolano el movimiento browniano y su relación con la teoría atómica eran temas bien tratados por la prensa popular, que también conocía las contribuciones de Einstein a la teoría. Cuando Perrin (1870-1942) y Richard Zsigmondi (1865-1929) –ambos miembros correspondientes de la Academia de Ciencias de Zaragoza– compartieron el Premio Nobel con Theodor Svedberg en 1926, *El Sol* señaló que los coloides eran particularmente difíciles de estudiar y que muchos químicos prefieren «el mundo geométrico de los cuerpos cristalizables». Zsigmondi, cuyo texto de química coloidal había sido traducido recientemente por Enric Moles al castellano, había contribuido al avance técnico (ultramicroscopio) que hizo posible la confirmación experimental de la teoría de Einstein.[5]

Los experimentos de Perrin habían sido realizados con emulsiones y soluciones en alcohol. Rocasolano deseaba repetir esos experimentos en sistemas coloidales para contrastar la analogía entre la cinética de los gases y los coloides. Primero estudió el movimiento lineal en micelas de albúmina y trató de medir dos clases diferentes

---

[4] Sobre el movimiento browniano, véase A. d'Abro, *The Rise of the New Physics*, 2ª ed., 2 vols. (Nueva York, Dover, 1950), I, pp. 412-415, y Antonio Bastero Beguiristain, «Ideas generales sobre el estado coloidal», *Ibérica*, 22 (1924), pp. 346-349; Stephen G. Brush, «A History of Random Processes, I. Brownian Movement from Brown to Perrin», *Archives of the History of Exact Sciences*, 5 (1968-69), pp. 1-36; Mary Jo Nye, *Molecular Reality: A Perspective on the Scientific Work of Jean Perrin* (Nueva York, American Elsevier, 1972).

[5] «Los premios Nobel» (editorial), *El Sol*, 27 de noviembre de 1926. Zsigmondi había invitado a Rocasolano a dar una conferencia en Gotinga sobre química catalítica en junio de 1924; *Ibérica*, 11 (1924), p. 66.

del movimiento observado que llamó *tranquilo y trepidante* (un modelo que halló era debido a la contraposición de los movimientos lineal y rotatorio). Estos los trazó proyectando una imagen ultramicroscópica en una placa fotográfica durante un minuto y obteniendo así una serie de líneas quebradas e irregulares. Con este método fue capaz de confirmar los hallazgos de Marian Smoluchowski sobre la velocidad del movimiento browniano en distintos períodos de tiempo, y que

> la agitación media del movimiento browniano micelar aumenta con la temperatura, consecuencia de acuerdo con las fórmulas de Einstein, y perfectamente lógica, siempre que la causa del movimiento browniano sea el choque no coordenado de las micelas dispersas, con las moléculas del medio de dispersión, cuya energía cinética se incrementa con la temperatura[6].

Conociendo los otros factores de la fórmula de Einstein podía entonces deducir el radio de la micela. (Es necesario conocer el radio de la micela para calcular la relación de su superficie a su masa, relación que permite la explicación de aspectos diferenciales que distinguen a los distintos coloides en la materia viva).

A continuación, Rocasolano observó coloides en protoplasma vivo, en las células de la levadura del vino (*Saccharomyces ellipsoideus*). Notó que el movimiento browniano en este caso era más lento que en preparaciones dispersas, debido a las condiciones de *confinamiento* dentro de las membranas celulares. (En 1916, Rocasolano realizó un fascinante experimento por medio del cual convirtió un sistema vivo en uno coloidal rompiendo las membranas celulares de paramecios y amebas con amoniaco y liberando así el protoplasma de sus confines[7].) Además, halló que el movimiento browniano se hacía más lento cuan-

[6] Antonio de Gregorio Rocasolano, *Estudios químico-físicos sobre la materia viva* (Zaragoza, 1917; *Anales de la Universidad de Zaragoza*, I), pp. 204-205. Véase una descripción detallada del laboratorio de Rocasolano, con fotografías y planos, en José Albiñana, «Laboratorio de Investigaciones Bioquímicas», *Ibérica*, 16 (1921), pp. 248-251.

[7] Rocasolano, *Estudios sobre la materia viva*, p. 216. Este experimento fue observado por Ricardo Royo-Villanova que escribió artículos de divulgación sobre él.

do la célula envejecía. A partir de este descubrimiento, Rocasolano construyó más tarde una teoría bioquímica en la senectud basada en el fenómeno de «envejecimiento» en los coloides orgánicos.

> Tan íntima es la conexión entre la condición coloidal de los plasmas vivos y la misma vida –concluyó–, que, si por cualquier razón los coloides celulares pierden su estabilidad, la vida cesa. Sacamos esta conclusión de nuestros estudios del movimiento browniano de las células.[8]

EINSTEIN, EN UNA CAPITAL DE PROVINCIAS

El martes por la mañana, Einstein dio una vuelta por la ciudad y visitó la catedral del Pilar y su relicario, la Lonja (comercio medieval de granos) y la Aljafería, originalmente palacio de los reyes musulmanes de Zaragoza. Einstein encontró impresionante la arquitectura. Le había gustado el arte que había visto en Barcelona y Madrid, comentó, «pero que era en Zaragoza donde admirando los monumentos arquitectónicos, había encontrado una expresión más robusta y elocuente de nuestra fisonomía regional»[9]. El almuerzo tuvo lugar en el Casino Mercantil, donde los invitados, principalmente profesores universitarios, habían acudido respondiendo a la invitación de la Academia de Ciencias. Después del banquete el filósofo Domingo Miral dio un corto discurso en alemán elogiando a Einstein y aludiendo a

> el cariñoso cuidado con que Zaragoza se procura aprovechar de la ciencia alemana, y recordando la frase y Fichte de que Alemania ha hecho patentes sus derechos ante Dios y ante la historia, mostró su confianza en la vitalidad del pueblo alemán.

Einstein contestó señalando que «hasta el momento actual, sólo en Zaragoza había percibido las palpitaciones del alma española»[10].

---

[8] *Ibid.*, pp. 215-216 y Rocasolano, «The Ageing of Colloids», en Jerome Alexander, dir., *Colloid Chemistry, Theoretical and Applied*, 3 vols. (Nueva York, 1926-1931), I, p. 104 (escrito en 1926). Cf. «De la vida a la muerte», *Acción Española*, 12 (1935), p. 452.

[9] *El Noticiero*, 14 de marzo de 1923.

[10] *El Heraldo de Aragón* y *El Noticiero*, 14 de marzo de 1923.

No hay anotaciones sobre Zaragoza en el diario de Einstein. Sus comentarios mundanos sobre el ambiente local tenían probablemente la intención de evitar contestar a las alusiones nacionalistas de Miral, que Einstein debió encontrar repugnantes.

En la primera conferencia *El Heraldo de Aragón* señaló: «Sólo una minoría exigua entendió los fundamentos y las deducciones de la teoría de la relatividad, difícilmente llevadera al terreno de la vulgarización»[11]. No es sorprendente, por ello, que aún hubiera menos asistentes en la segunda conferencia. (Todas las conferencias de Einstein en Madrid y Barcelona habían tenido lugar en locales inundados de gente. ¿Había menos interés en Zaragoza o sencillamente los aragoneses eran más honestos al enfrentarse con su capacidad para entender?). El decano Calamita presentó a Einstein, cuyas conferencias calificó de «espléndido regalo científico», a la ciudad. Einstein habló entonces de la teoría general, tras lo cual, Royo-Villanova, que al parecer se había enterado de la evocación de Sagarra de la pizarra en Barcelona, anunció que

> para que quede algo perenne y constante del paso de Einstein por la Universidad... he rogado al sabio profesor que no borre, y avalore con su firma, los dibujos hechos en las pizarras durante la conferencia. Estos serán convenientemente fijados y conservados, a fin de poder mostrarlos a las generaciones venideras, como reliquias de la fecha de hoy[12].

Seguidamente, continuó Royo dirigiéndose a Einstein en términos muy personales (usando la segunda persona del plural, como Cabrera en Madrid):

> Se ha dicho que para entendernos es necesario leeros a vos mismo, pero es mejor escucharos, porque el contorno de vuestra cabeza vestida

---

[11] *El Heraldo de Aragón*, 13 de marzo de 1923. José María Iñiguez Almech que asistió a las conferencias recordaba: «Había un numeroso auditorio, pero, dado que la conferencia se impartió en alemán y sólo doce del público, a lo sumo comprendían algo de mecánica relativista, se trataba meramente de un acto protocolario» (comunicación personal, 23 de junio de 1980). Supongo que Einstein, como en otras ciudades, dio la conferencia en francés.

[12] *El Heraldo de Aragón*, 14 de marzo de 1923. La pizarra no se conserva, en la medida en que he podido averiguarlo.

> de artística cabellera y animada por una mirada de tan luminosa serenidad, ayuda a la comprensión. La Universidad conservará como recuerdo imperecedero esos dibujos que habéis trazado en vuestra exposición. Dejadnos creer que existe un algo infinito y de absoluto en el tiempo y en el espacio para que quepa lo inmenso y lo perenne de nuestra gratitud.[13]

Las emotivas palabras de Royo proporcionan una interesante visión del fenómeno del discurso civil en la ciencia española de los años 1920. Una década después, cuando aumentaron las tensiones políticas y sociales que precedieron a la Guerra Civil, el fuertemente conservador Royo cambió su opinión sobre el valor de la contribución de Einstein (véase capítulo 11, abajo).

Antes de que se levantara la segunda sesión, una delegación de estudiantes le ofreció a Einstein una cantidad de dinero reunida entre los estudiantes como una contribución para aliviar el sufrimiento de los estudiantes alemanes[14]. Después de la reunión, Einstein asistió a una comida en la casa del cónsul alemán, donde tocó el violín acompañado probablemente por el gran pianista Emil von Sauer, que también se encontraba en Zaragoza en esta época[15]. Más tarde, un humorista local comentaba que «Einstein ha dado dos conciertos en Zaragoza. Uno en la Facultad de Ciencias, interpretando "nocturnos de relatividad", y otro, de violín, en casa del cónsul alemán». Después, Einstein, el cónsul alemán y Jerónimo Vecino, todavía acudieron al Teatro Principal a ver un espectáculo musical titulado *La Viejecita*.[16]

---

[13] *El Noticiero*, 14 de marzo de 1923.

[14] *El Heraldo de Aragón*, 14 de marzo de 1923. El donativo se acompañó de una carta a Einstein en alemán que se conserva en los Archivos Einstein. Esta carta está fechada el 13 de marzo y firmada por José Dolset Chumilla, presidente de la Unión de Estudiantes de medicina; Enrique Luno, presidente de la Federación de Estudiantes Católicos; Luis Sanz Hernández, presidente del Ateneo Científico Escolar, y el Presidente de la Asociación Médico Escolar, cuyo nombre no puedo descifrar. Los Archivos conservan también un certificado de pago de los honorarios, sin indicación de la suma, firmado por el secretario de la Facultad de Ciencias, Pedro de Pineda Gutiérrez.

[15] Emil Sauer (1862-1942) era un alumno de Liszt que tocaba frecuentemente en España; véase *Gran Enciclopedia Catalana*, XIII, p. 369.

[16] Marcial del Coso, «Varios ejemplos clarísimos. Todos los aspectos de la vida son lecciones de relatividad», *El Imparcial*, 17 de marzo de 1923 (escrito en Zaragoza); *El Heraldo de Aragón*, 14 de marzo.

La mañana siguiente Einstein, fue a la Universidad a visitar el laboratorio de Rocasolano, donde fue fotografiado por el químico catalán Antoni Ríus (1890-1973)[17]. Almorzó con Sauer en el hotel donde

> a los postres de la comida fueron sorprendidos con el obsequio de la visita de una rondalla. Dos baturricas jóvenes... cantaron y bailaron nuestro bravo y armonioso himno inmortal. Einstein... se emocionó profundamente y, abrazándola, besó en la frente a una de las cantadoras, con un gesto entre admirativo y paternal. Fue un momento interesantísimo, que Einstein quiso perpetuar, retratándose con la pequeña jotera en su regazo.

Después, Einstein partió en tren hacia la frontera francesa, donde, según el informe del cónsul alemán, pasó otro día, «aunque su presencia allí no fue muy notada, no teniendo lugar especiales acontecimientos».[18]

Se registraron evaluaciones muy diferentes de la visita. Para Marcial del Coso (cuyo estilo era el típico de un género de humor cínico, analizado abajo, en el capítulo 8), Einsein recibió todos los honores de la hospitalidad aragonesa, pero nada más:

> Ni sorpresa, ni admiración de asombro ni siquiera curiosidad. Y es que Einstein ha tenido la mala ocurrencia de venir a una tierra en donde sus misteriosas teorías son más conocidas y son más vulgarizadas que el cultivo de la remolacha. Por eso, cuando de Madrid llegaban noticias hablando de entusiasmos «siderales» y de «inertes» estupefacciones, aquí, en Zaragoza, nos reíamos a «relatividad» batiente[19].

Tanto la sustitución implícita de relatividad por relativismo y la noción, ya expresada en Cataluña, de que ciertas culturas están predispuestas de manera innata a la sutil teoría fueron peculiaridades de la recepción «popular» de la relatividad.

Pero para la comunidad científica la visita de Einstein fue realmente significativa. No sólo su presencia honró a la ciencia aragone-

[17] La fotografía fue publicada en *Revista del Centre de Lectura* (Reus), 5 (1923), p. 81.

[18] *El Heraldo de Aragón*, 15 de marzo de 1923. El informe del cónsul alemán de Zaragoza se reproduce en el Apéndice 2.

[19] Marcial del Coso, «Varios ejemplos clarísimos» (nota 13).

sa, sino que, además, el nombre de Zaragoza se vincularía en lo sucesivo a su prestigio. La observación la hizo, retrospectivamente, Lorenzo Pardo en su informe anual a la Academia:

> Haber llegado a merecer la atención de este hombre eminente; haber dado lugar a su visita a Zaragoza, a que repita el nombre de la ciudad en las referencias de sus poco prodigadas salidas de propaganda y divulgación de las nuevas ideas, del nuevo sistema de interpretación del Universo, y a que en todas partes, en los últimos rincones del mundo culto, allí donde haya un espíritu selecto sea oído y citado con respeto, es una de las mayores satisfacciones de la Academia y también uno de los mayores méritos, el mayor quizá que pudiera alegar para alcanzar la general estimación.[20]

Más invitaciones

Según algunas informaciones, Einstein se marchó de Zaragoza no por Barcelona, sino por Bilbao. El 27 de febrero parece efectivamente que la Junta de Cultura Vasca le dirigió una invitación a Einstein y hubo artículos en la prensa vasca que sugirieron lo apropiado del hecho. Eugenio Fojo sugirió que el Ateneo de Bilbao organizara una serie de conferencias sobre relatividad «por el gran número de hombres de ciencia que hay en Vizcaya y por contar con una Escuela de Ingenieros Industriales».[21]

Otra ciudad española, Valencia, dirigió una invitación oficial que fue rechazada por Einstein, quien ya había aceptado la oferta de Zaragoza. La invitación de Valencia es un tanto sorprendente, por cuanto que la relatividad no se enseñó allí hasta 1924, cuando Sixto Cámara, profesor de geometría, incluyó una discusión de las transformaciones de Lorentz como una introducción a la relatividad en un curso de temas matemáticos útiles para el estudio de la física. En 1926, José Andreu Tormo dio una serie de conferencias de divulga-

[20] «Memoria... leída por el secretario... 16 de diciembre de 1923».

[21] «Viaje de Einstein a Bilbao», *El Heraldo de Aragón*, 15 de marzo de 1923; «Albert Einstein y la teoría de la relatividad», *El Noticiero Bilbaíno*, 4 de marzo de 1923.

ción sobre relatividad que incluían una en la Facultad de Ciencias el 18 de abril y dos más en la Escuela de Peritos Industriales. En 1931, el recientemente nombrado profesor de física Fernando Ramón y Ferrando incluyó los fundamentos de la relatividad en sus cursos regulares.[22]

Por todo ello resulta comprensible que el promotor de la invitación de Valencia no fue un académico, sino el inspector municipal de Salud Ricardo Muñoz Carbonero. La invitación vino inicialmente del Ateneo Científico y fue aprobada por el Consejo Municipal en su sesión del 2 de marzo, por lo cual la ciudad prometió pagar los gastos de Einstein[23]. El día siguiente un comité nombrado por el Consejo «para estudiar la manera de llevar a la práctica la iniciativa del Ateneo Científico» respecto a la invitación se reunión en la Unión Sanitaria para formular planes para la visita. El Comité, encabezado por Muñoz Carbonero, estuvo de acuerdo en los principales puntos del programa, que acordaron mantener en secreto hasta que Einstein aceptara. Cuando Einstein declinó hacer el viaje, la municipalidad respondió enviándole un mensaje de admiración.[24]

[22] José Andreu Tormo, comunicación personal, 14 de marzo de 1980. Véase el libro de Andreu, *La relatividad descifrada* (Valencia, 1978).

[23] *La Voz Valenciana*, 3 de marzo de 1923.

[24] *Las Provincias*, 4 de marzo de 1923; *ABC*, 9 de marzo.

Capítulo 6
LOS CIENTÍFICOS

La nueva física en España

Esteve Terradas

Los primeros españoles que captaron el significado de la relatividad y su lugar en la física moderna fueron Esteve Terradas y Blas Cabrera. Terradas había asistido a la escuela elemental en Charlottenburg de resultas de lo cual llegó a ser el mejor germanista entre los físicos españoles. Cuando era estudiante universitario, según su compañero de habitación Enric de Rafael, no leía nunca los textos asignados, sino que se preparaba él mismo con algún libro mejor en alemán. Consiguientemente, para el curso de segundo nivel de análisis, Terradas se preparó para el examen leyendo las *Vorlesungen uber Algebra*[1] de Eugen Netto. Terradas hablaba muy bien el alemán y su dominio del idioma se hizo legendario. Un día, a mitad de los años 1920, el matemático Tomás Rodríguez Bachiller se encontraba en la sección extranjera de la librería Calpe, de Madrid; entonces entró Terradas y empezó a hablar un rápido alemán al encargado del departamento, un joven alemán. Cuando Terradas se marchó, el asombrado Bachiller comentó: «¡Qué bien habla alemán el profesor Terradas!» A lo que contestó el alemán: «Demasiado bien»[2].

Debido a su fácil acceso a la cultura alemana, especialmente a la cultura científica, Terradas fue probablemente el primer español que estuvo al corriente de la relatividad especial. Muy probablemente

---

[1] Enrique de Rafael, «Juventud y formación científica de Terradas», en Real Academia de Ciencias Exactas, *Discursos pronunciados en la sesión necrológica en honor de... Esteban Terradas e Illa* (Madrid, 1951), p. 6; sobre Netto (1848-1919), véase *DSB*, X, p. 24.

[2] Tomás Rodríguez Bachiller, entrevista, Madrid, 10 de abril de 1980.

había leído el artículo de Einstein poco después de su publicación, ya que estaba suscrito a (o poesía muchos números de) los *Annalen der Physik* desde 1903, y en 1905 mantuvo correspondencia con el editor Paul Drude sobre un problema relacionado con su tesis doctoral acerca de la absorción de la luz por los cristales pleocríticos[3]. Terradas recibió su doctorado en física de la Universidad de Madrid en 1905, desempeñando allí el puesto de profesor auxiliar en 1906, habiendo obtenido también otro doctorado en matemáticas para opositar a una cátedra de Mecánica racional de la Universidad de Zaragoza, que ganó en 1906-1907. En abril de 1907 ganó la cátedra de Acústica y Óptica en la Universidad de Barcelona, donde fue también profesor interino de Electricidad y Magnetismo.

La relatividad especial apareció por primera vez en España en los trabajos de Terradas y Cabrera presentados al primer congreso de la Asociación Española para el Progreso de las Ciencias, celebrado en Zaragoza en 1908. Terradas, en exposiciones sobre la radiación del cuerpo negro y las teorías de la emisión de la luz (así como el año siguiente, en su discurso de recepción en la Academia de Ciencias de Barcelona), aludió a la teoría especial sólo como una nueva deducción del «principio descubierto por Lorentz», añadiendo que Einstein y Laub «han hecho modernamente aplicación del mismo para establecer leyes más generales de la electrodinámica»[4].

En la Universidad de Barcelona, el joven Terradas impresionó a sus alumnos con sus métodos innovadores de enseñanza, así como con su dominio de la nueva física. Uno de sus primeros alumnos, Julio Palacios, señaló que el acercamiento habitual a la física con que se encontraban los estudiantes universitarios españoles de la primera década de la centuria era que «la ciencia era ya cosa hecha y cerrada,

---

[3] De Rafael, «Juventud de Terradas», p. 8; sobre Drude, véase *DSB*, IV, pp. 189-193.

[4] Terradas, «Teorías modernas acerca de la emisión de la luz», en *Asociación Española para el Progreso de las Ciencias*, Zaragoza, Congreso, sección segunda, *Ciencias Físico-Químicas* (Zaragoza, 1908), pp. 1-21; «Constitución electrónica de la materia» «Sobre la emisión de radiaciones por cuerpos fijos o en movimiento» (Barcelona, 1909), y discusión por Roca, «Incidència del pensament d'Einstein a Catalunya», en *Centenari de la naixença d'Albert Einstein* (Barcelona, Institut d'Estudis Catalans, 1981), pp. 170-172.

a la que nada quedaba por añadir»[5]. Esta fue una opinión corriente manifestada por muchos físicos destacados antes de 1905, por ejemplo, la afirmación de Albert Michelson (en 1903) de que «las leyes y hechos fundamentales más importantes de la física ya se han descubierto»[6]. En contraste, Terradas dejaba clara a sus alumnos su total receptividad a las nuevas ideas. Palacios recordaba:

> Hacia la mitad de mi carrera, quiso mi buena fortuna que tuviese por profesor a Terradas, y el contraste (con la anterior concepción) no pudo ser más brusco. No tenía método, ni libro, ni siquiera programa, y el primer día nos dejó atónitos al preguntarnos si queríamos aprender la Óptica ondulatoria clásica o preferíamos (¡en 1910!) la teoría de los cuantos de Planck. Para colmo, nos fueron entregados, en días sucesivos, libros y revistas en inglés y alemán, asegurándonos que, con no mucho esfuerzo, lograríamos entenderlos[7].

Por ello, hacia 1910, Terradas había ya incorporado la física cuántica en su enseñanza universitaria, y en 1915 dio un curso de teoría cuántica titulado «Elementos discretos de la materia y de la radiación» en el Institut d'Estudis Catalans. En 1912 publicó una amplia y detallada reseña del libro de Max von Laue sobre la relatividad especial en la que señaló que «El principi de relativitat es admés avuy (*sic*) per quasi tothom. En les càtedres de física s'adopta, generalment, son llenguatge»[8]. Podemos suponer que Terradas tenía en la mente no sólo sus propias orientaciones pedagógicas, sino también información directa procedente de los departamentos de física europeos –muy probablemente alemanes– que atestiguaban sobre la recepción de la nueva física. A la sazón, según Antoni Roca, la relatividad para Terradas era aún totalmente consistente con la teoría del electromag-

---

[5] Julio Palacios, «Terradas físico», en Real Academia de Ciencias Exactas, *Discursos* (nota 1), p. 16.

[6] Citado por Lewis Feuer, *Einstein and the Generations of Science* (Nueva York, Basic Books, 1974), p. 253.

[7] Palacios, «Terradas físico», p. 16.

[8] Víctor Navarro Brotons, «Esteve Terradas e Illa», *Diccionario Histórico de la Ciencia Moderna en España* (Barcelona, Ediciones Península, 1983). Terradas, «Sobre'l principi de relativitat», *Arxius de l'Institut de Ciències*, 1 (1912), p. 94.

netismo y se trataba de un nuevo lenguaje para pensar mejor acerca de la electricidad. No la entendía aún como la base para una nueva mecánica[9].

Hacia la mitad de la década, cuando seguía los desarrollos de la relatividad general, Terradas había abandonado el sistema lorentziano y exponía la relatividad en términos completamente einsteinianos. En el invierno de 1920-1921 dio un curso de 30 sesiones, «La Relativitat i les noves teories del coneixement», impartido bajo los auspicios de la Mancomunitat de Catalunya. El texto del curso no se conserva, pero De Rafael publicó sus notas a partir de una serie de conferencias de Terradas dividida en seis temas: relatividad galileana, el éter, el experimento de Michelson-Morley, algunas generalizaciones concernientes a los experimentos de arrastre del éter, la contracción de Lorentz y el tiempo local[10]. En contraste con muchos comentadores españoles, Terradas fue inequívoco en su aceptación de la relatividad especial: «*El éter no existe*, y con él tampoco el espacio absoluto, ya que no podemos en manera alguna demostrar su existencia por medidas físicas».

Siguiendo en la misma línea, Terradas discutió los experimentos con el interferómetro realizados por Dayton Miller en 1904, 1905 y 1906 para contrastar la hipótesis de arrastre del éter. Según la hipótesis de Albert Michelson, considerando que el éter está en reposo y la Tierra se mueve a través de él, la velocidad de la luz en la superficie de la Tierra debería depender de la dirección según la que se traslada. El interferómetro era un instrumento diseñado por Michelson para yuxtaponer, con espejos, dos haces de luz que viajan en direccio-

---

[9] Roca, «Incidència del pensament d'Einstein», pp. 172-173. Como prueba de ello, Roca señala que la primera mención de Einstein en la *Enciclopedia Universal Ilustrada* aparece en el artículo «Electricidad» que Terradas escribió alrededor de 1914. No hay artículo sobre Eintein. El comentario de 1912 de Terradas sobre Von Laue es «Sobre'l principi de la relativitat».

[10] Enrique de Rafael, «De relatividad (Apuntes con ocasión de las conferencias de E. Terradas en el Institut)», *Ibérica*, 15 (1921), pp. 89-91, 218-221, 376-379. Sobre la temprana consideración de Terradas de la relatividad general, véase «Sesión académica de ciencias, 20 enero 1914», *Boletín de la Real Academia de Ciencias y Artes de Barcelona*, 3 (1909-1916), p. 427.

nes opuestas para comparar sus velocidades. El «arrastre de éter» o efecto del éter en la velocidad de la luz se medía observando cuántas franjas o bandas de oscuridad producidas por difracción eran visibles cuando el interferómetro se giraba noventa grados. En el experimento de Michelson-Morley no se detectó ninguna diferencia en la velocidad de los dos «haces». La función exacta de este experimento en la elaboración de la relatividad especial es un tema polémico, aunque fue ampliamente considerado como una refutación de la existencia del éter. «Las franjas no se corrían porque no tenían que correrse», señalaba con irritación Terradas (o De Rafael). «Lo que se tenían que correr eran algunos conceptos apriorísticos, admitidos en la ciencia sin suficiente examen con excesiva rigidez, y retenidos inútilmente y tercamente por los hombres de ciencia»[11]. La inflexible postura de Terradas en favor de la relatividad era poco usual, dada una tradición científica en la que el eclecticismo era la norma y donde el propio eclecticismo era frecuentemente una pantalla para ocultar la incapacidad para juzgar con precisión cuestiones teóricas. Su defensa de la relatividad alcanzó una audiencia muy amplia después de 1923, cuando su artículo de 50 páginas sobre el tema apareció en la *Enciclopedia Universal Ilustrada* junto con un bosquejo biográfico de Einstein[12].

En los años 1920, Terradas recibió separatas de las publicaciones de Levi-Civita, incluidas las pertinentes a la relatividad. Estas publicaciones forman parte de la colección de Terradas, actualmente conservadas en el Institut d'Estudis Catalans, e incluyen pruebas del artículo de Levi-Civita de 1920 sobre óptica geométrica y relatividad

[11] *Ibid.*, p. 220. Más tarde, en 1921, Terradas dio dos conferencias más sobre relatividad en Madrid; véase *Ibérica*, 16 (1921), p. 67.

[12] «Relatividad», *Enciclopedia Universal Ilustrada*, 50, pp. 455-512. Véase Roca, «Incidència del pensament d'Einstein», pp. 172-173. Las pruebas del artículo «Relatividad», fechado el 5 de mayo de 1923, se conservan en los Archivos Terradas. Es interesante señalar que el artículo, aunque quizá bosquejado por Terradas, es posible que fue más obra de su adjunto Ramon Jardi (1881-1972), según lo que Jardi dijo a sus propios alumnos. Véase Josep M. Vidal i Llenas, «L'Entrada de la relativitat entre nosaltres», en *Centenari de la naixença d'Albert Einstein* (núm. 5, arriba), p. 140. Por otra parte, hay pasajes en este artículo muy similares a otros que figuran en los «Apuntes» de De Rafael de las conferencias de Terradas (núm. 43, arriba).

general. Esta es una notable indicación de la velocidad con la que Terradas recibía la información de la vanguardia de investigación que contradice las percepciones generalizadas del retraso de la información. Terradas también informó a la comunidad matemática española acerca de las investigaciones más recientes de Levi-Civita[13].

Las actividades de Terradas contrastan con los clichés relativos al retraso entre la aparición de conceptos físicos en las principales corrientes científicas y su recepción en España. La percepción mantenida comúnmente por los científicos españoles desde finales del siglo XVII hasta el XX fue que los españoles eran los últimos en recibir las nuevas ideas. Sin embargo, hacia la primera década de este siglo el retraso no era tan grande como parecía. Las nuevas ideas se recibían frecuentemente con rapidez, aunque por un número extremadamente limitado de personas. La razón de que de modo tan general se percibiera un retraso parece ser el resultado de la lentitud de la difusión secundaria de las ideas más allá de los pequeños círculos de especialistas. La noción de percepción de retraso en la información, que fue una pieza clave en el frecuentemente articulado punto de vista defensivo de que los españoles eran incapaces para hacer ciencia, fue desarrollada por científicos y miembros de la «clase media científica» que, como estudiantes, tuvieron que enfrentarse directamente a auténticas barreras institucionales y culturales contra el flujo de las nuevas ideas.

La capacidad de Terradas para mantenerse al corriente de los desarrollos más avanzados en matemáticas y en física es enormemente interesante, en atención a que sus actividades como ingeniero habían venido ocupando una parte cada vez mayor de su tiempo desde 1915, cuando diseñó el plan para la red telefónica catalana. En 1917 organi-

[13] Terradas recibió pruebas del artículo de Levi-Civita «L'Ottica geometrica e la relatività generale di Einstein», publicado en *Rivista d'Ottica e Mecanica di Precisione*, 1 (1920), pp. 187-200. En un congreso de la Sociedad Matemática en Madrid en 1929 presentó informes sobre el seminario de Hamburgo de Levi-Civita sobre invariantes adiabáticos y sobre su conferencia de Bolonia acerca de la aplicación de la teoría de los invariantes integrales a algunos problemas de astronomía; *Revista Matemática Hispano-Americana*, 4 (1929), pp. 61-62.

zó el Institut d'Electricitat i Mecànica Aplicada de Barcelona, una escuela profesional cuyos laboratorios formaban parte del Laboratori General d'Assaigs y que Terradas proveyó de modernos instrumentos. El año siguiente estuvo trabajando en la red de ferrocarriles secundarios de Cataluña. Para llevar a cabo esta tarea se vio obligado a obtener el título de ingeniero de caminos (ya poseía el de ingeniero industrial), consiguiéndolo en cuestión de meses. El año de la visita de Einstein estaba trabajando en el metropolitano transversal de Barcelona.

Blas Cabrera

La asimilación por Cabrera de la relatividad siguió una trayectoria similar. En la reunión de Zaragoza de 1908 presentó un trabajo sobre la teoría de los electrones, explicando concepciones de la luz maxwellianas y hertzianas. En esta exposición la teoría de Einstein se mencionaba también como un refinamiento de la teoría del electrón de Lorentz, y Cabrera presuponía aún la existencia de un éter[14]. No fue hasta 1912 cuando, al ocuparse de la relatividad especial, pudo afirmar que no se podía detectar experimentalmente el éter[15].

En sus conferencias de electricidad impartidas en la Residencia de Estudiantes en enero de 1917, Cabrera presentó una concepción de la teoría especial en la que se mostraba totalmente sabedor de su naturaleza revolucionaria. El fracaso de los intentos por determinar el movimiento absoluto, señalaba, ha creado la necesidad de «reorganizar la ciencia» para librarla de «contradicciones tan palmarias». La confusión que la teoría, con su aparentemente paradójica reinterpretación de la simultaneidad, incita en nosotros es sencillamente el producto de «un hábito mental, de la pretendida independencia del espacio y del tiempo»[16].

---

[14] Cabrera, «La teoría de los electrones y la constitución de la materia», citado por Antoni Roca, «La incidència del pensament d'Einstein», p. 170.

[15] «Principios fundamentales de análisis vectorial en el espacio de tres dimensiones y en el universo de Minkowski», *Revista de la Real Academia de Ciencias Exactas*, 11 (1912-1913), pp. 326-344, y siguientes.

[16] Cabrera, *¿Qué es la electricidad?* (Madrid, Residencia de Estudiantes, 1917), pp. 173-176.

En noviembre de 1921, Cabrera pronunció un importante discurso en la Real Academia de Ciencias sobre el estado actual de la física[17]. Puesto que Cabrera se convirtió, a los ojos del público español, en el portavoz de la relatividad en 1923, sus puntos de vista sobre el estado de la física en aquella época y del papel en él de la relatividad son de gran interés. Para Cabrera, la teoría cuántica y la estructura del átomo eran los temas dominantes en 1921. Cabrera era un físico experimental, y su identificación de la estructura atómica como la cuestión central no es muy sorprendente. Pero, ¿cómo se ajusta la relatividad en el cuadro? Aunque, desde luego, no ignoraba los cambios conceptuales que la relatividad había introducido en la investigación física, Cabrera subrayó en su discurso los concomitantes sociales de la recepción de la relatividad. Refiriéndose a la resistencia a la relatividad en el nombre de «principios inmutables», insistió en la urgente necesidad de crear un ambiente «para dar mayor impulso al adelantamiento de la ciencia nacional», y señala la dificultad de hacerlo «en medio de una sociedad absolutamente indiferente, sin recibir el calor que da la crítica favorable o adversa de quienes inmediatamente nos rodean»[18]. Este sentimiento es muy próximo en expresión a la crítica de Marañón de la estructura interna de la ciencia señalada en el capítulo 1. Pero Cabrera se refiere aquí al papel subdesarrollado de la ciencia en la sociedad española. Del mismo modo como la comunidad científica era demasiado pequeña para proporcionar el clima necesario para una evaluación crítica e informada de las ideas, así también el ambiente social era demasiado subdesarrollado. Es decir, era difícil formular una política científica en un ambiente donde la ciencia era inadecuadamente discutida en la comunidad en general.

[17] *Momento actual de la física* (Madrid, Real Academia de Ciencias Exactas, Físicas y Naturales, 1921).

[18] *Ibid.*, p. 8. En otro contexto (una observación de Odón de Buén sobre el origen del mundo), Cabrera señalaba: «Existe mucho prejuicio, mucho sentimiento, que es necesario destruir para que las nuevas teorías encuentren fácil arraigo» (Mariano Salaverria, «Terminación de la Semana Científica», *El Sol*, 15 de septiembre de 1921).

Volviendo a la física contemporánea, si bien todavía con una reflexión obvia sobre el medio ambiente intelectual que le era familiar, Cabrera observaba que una ciencia basada en postulados, en el sentido de verdades axiomáticas, es falsa. La relatividad ha sido combatida, señala, en nombre de la inmutabilidad de los principios: dos de los que había invalidado eran el principio de conservación de la masa de Lavoisier y el concepto de atracción de Newton. Pero esta afirmación le sirve meramente como introducción a la teoría cuántica, que también «contradice la extrapolación de los principios»[19]. La concepción de la física que Cabrera presentó no fue muy diferente de su exposición similar en enero de 1915 en el Ateneo de Madrid, en la que también subrayó la estructura del átomo en su relación con la teoría cuántica, en particular con el cuanto de acción de Sommerfeld[20]. Es evidente que Cabrera relacionó la discusión sobre la estructura atómica directamente con el trabajo que él y Moles estaban desarrollando sobre los magnetones, que Cabrera consideraba «elementos integrantes del núcleo».

Las opiniones de Cabrera son significativas porque los acontecimientos de 1923 le impulsaron a la posición de principal portavoz español de Einstein, un papel que podría no haber desempeñado si la física española no hubiera estado tan escasamente provista de personal. En ausencia de alguna voz procedente de la física teórica, el experimentalista Cabrera compartió con los matemáticos la defensa de la relatividad.

Entre los científicos españoles que conferenciaron sobre la relatividad en los años 1920, Cabrera fue probablemente el de mayor audiencia, a pesar de que su estilo expositivo se caracterizaba (si bien por un oyente escéptico hacia la relatividad) por una «morosidad difusa»[21]. Su éxito como portavoz de la relatividad se debió a su capacidad para interpretar las teorías de Einstein en varios niveles, con

[19] Cabrera, *Momento actual de la física*, p. 12.

[20] «Estado actual, métodos y problemas de la física», en *Estado actual, métodos y problemas de las ciencias* (Madrid, Ateneo de Madrid, 1916), pp. 109-143.

[21] Ataulfo Huertas, «La relatividad de Einstein», *Revista Calasancia*, 11 (1923), p. 246.

igual comprensibilidad, tanto si hablaba a una audiencia profana como si lo hacía a una científica. Con respecto a sus exposiciones «populares» fue el único relativista español destacado que estaba interesado en las ramificaciones filosóficas de la teoría. En una conferencia impartida en 1921 a filósofos se esforzó por situar la relatividad en el contexto de la teoría del conocimiento. En la investigación de la naturaleza, comentó, sólo hay dos maneras de proceder. O bien recorremos una vía de pensamiento ya desarrollada para hallar una solución o bien no hay camino y debemos proceder «por tanteos inseguros». La física cuántica, caracterizada por una gran cantidad de datos experimentales, pero sin una construcción lógica con la que interpretarlos (debido, en su opinión, a la falta de una adecuada teoría matemática), es un ejemplo de lo último. La relatividad ilustra lo primero: «se ha constituido en bien escaso tiempo como una constitución de lógica intachable, porque los métodos de razones adecuados eran conocidos con anterioridad al planteamiento del problema que le impuso la ciencia». Todo lo que se necesitaba era examinar el origen de las contradicciones en la vieja teoría para eliminar las falsas extrapolaciones de ella[22].

Desde un punto de vista lógico y analítico, continuó Cabrera, la relatividad es fácil de analizar: «Se trata de un simple cambio de variables con la condición de que un cierto número de expresiones analíticas... sean "invariantes" de la transformación». No importa qué invariantes seleccionamos para resolver un problema específico: «En todos los casos, llegamos al mismo grupo de Lorentz». Cuando contemplamos el mundo físico, modificando nuestras concepciones de acuerdo con la transformación de Lorentz, advertimos que el tiempo y el espacio ya no son independientes, sino que se nos presentan «simétricamente combinadas, las tres dimensiones del espacio ordinario y el tiempo, cual si se tratase de las cuatro dimensiones de un hiperespacio». Cabrera señala entonces que una serie de paradojas bien conocidas asociadas con la teoría especial –la contracción de

[22] Blas Cabrera, «Las fronteras del conocimiento en la filosofía natural», *Verbum*, 14, núm. 55; reimpreso en *Revista de Filosofía* (Buenos Aires), 14 (1921), p. 153.

Lorentz, la variabilidad de la masa y su relación con la energía– habían producido resistencias entre los científicos, pero estas objeciones, según su juicio, eran en gran medida de naturaleza sentimental[23].

Volviendo a la relatividad general, observó que Einstein había reemplazado un sistema rígido para describir el universo en términos de las coordenadas heliocéntricas clásicas y un solo reloj determinado por la rotación de la Tierra por un sistema flexible que podía moldearse a las circunstancias de tiempo y espacio –el «molusco de referencia»– de Einstein. Los problemas clásicos de la finitud *versus* la infinitud del universo y de su origen y fin eran simplemente las consecuencias forzosas de un sistema de referencia con ejes rectilíneos indefinidos y un reloj en perpetuo giro. En el molusco de referencia ni el tiempo ni el espacio pueden ser infinitos[24].

En el otoño de 1921, Cabrera dio un corto curso de doce conferencias en la Universidad de Madrid, «con increíble concurso» de la comunidad científica[25]. La exposición de Cabrera desde la perspectiva de un físico experimental, proporciona un iluminador contrapunto a las de Plans, Terradas y otras más acordes con la física matemática. En opinión de Cabrera el físico había perdido de vista la base experimental de la relatividad galileano-newtoniana (convirtiéndola en un postulado) y se había esforzado, después de ello, por hacer la física teórica tan estrechamente conforme como sea posible con los principios de la mecánica racional[26].

Como era de esperar, Cabrera puso mucho énfasis en las pruebas experimentales no sólo de la teoría general, sino también de la especial:

> Pero donde la teoría relativista ha recibido las más brillantes comprobaciones ha sido en el terreno de los fenómenos electromagnéticos;

---

[23] *Ibid.*, pp. 154-155.

[24] *Ibid.*, p. 156.

[25] Enrique de Rafael, «Conferencias de relatividad en la Universidad de Madrid», *Ibérica*, 16 (1921), p. 306. En septiembre de 1921 Cabrera había dado también una conferencia de divulgación sobre la relatividad en la Sociedad de Oceanografía de Guipúzcoa, publicada como *La teoría de la relatividad* (San Sebastián, 1921); véase una reseña en *Ibérica*, 19 (1923), p. 63.

[26] *Ibérica*, 16 (1921), p. 324.

> el sabio conferenciante después de exponer las variaciones que la mecánica relativista especial introducía en la expresión del principio de Hamilton y de las ecuaciones del campo electromagnético, refirió con sentido entusiasmo las previsiones de Bohr y Sommerfeld, sobre todo las que tocan al desdoblamiento de las rayas del hidrógeno, que la experiencia ha comprobado después plenamente. Este hecho es el que coloca las ideas de Einstein y Planck en el terreno de los adelantos científicos ya del todo asegurados[27].

Las investigaciones de Sommerfeld de la anterior década, que propusieron que la estructura fina de las líneas espectrales del hidrógeno revelaban un incremento relativista en la masa del electrón, eran arcanas comparadas con la notoriedad de las observaciones del eclipse, y seguramente Cabrera, junto con algunos pocos colegas del Instituto, y Terradas eran las únicas personas en España que las habían seguido[28]. Cabrera también discutió la evidencia astronómica en apoyo de la relatividad general: el perihelio de Mercurio en la séptima conferencia y los resultados del eclipse en la décima. Como Terradas, fue implacable con los que intentaron explicar de otro modo los resultados:

> Primero se trató de negar la exactitud de las observaciones; pero después se ha querido buscar una explicación *ad hoc*. Esto es sumamente inútil; se puede explicar un fenómeno solo, de muy diversas maneras, pero el conjunto es lo que es más difícil de armonizar. Suponer una atmósfera alrededor del Sol, refractora de los rayos en proporción conveniente para que produzca un efecto observado, no cuesta nada; pero si se tiene en cuenta que éste es un hecho que ha de ser explicado, *con otros muchos que van por delante*, se ve lo inconsistente de tan apriorística manera de concebir[29].

---

[27] *Ibid.*, p. 356.

[28] Sobre las investigaciones de Sommerfeld, véase Paul Forman y Armin Hermann, «Arnold Sommerfeld», *Dictionary of Scientific Biography*, 12, p. 529.

[29] *Ibid.*, p. 388. Es interesante comparar el resumen de De Rafael con el libro posterior de Cabrera, *Principio de relatividad* (Madrid, Residencia de Estudiantes, 1923), pp. 254-259. Aquí, Cabrera concluye que todas las cavilaciones sobre los resultados del eclipse estaban basadas en una inaceptable extrapolación de la hipótesis gravitatoria newtoniana que había adquirido el valor de «una imposición de la Naturaleza».

De Rafael concluye su descripción de la conferencia con su caracterización de la reacción del auditorio:

> El entusiasmo con que el auditorio acogió este día las luminosas declaraciones del sabio conferenciante se retrataba tan vivamente en sus rostros que por un momento parecía que, olvidados todos de la materia y de sus viles exigencias, se habían transportado los espíritus de los allí presentes a las regiones purísimas de la contemplación extática de los más altos ideales científicos.

El entusiasmo del auditorio de Cabrera, compuesto principalmente de científicos e ingenieros (cabe presumir) fue fielmente registrado por Enric de Rafael. Pero esas personas no estaban tanto procurando la contemplación extática de la ciencia pura como celebrando la muerte de una ciencia desacreditada. Es significativo que la reacción más positiva del auditorio se produjo no cuando Cabrera anunció alguna innovación de la nueva física, sino cuando desbancó a la vieja. Tales *ritos de paso* eran característicos de la ciencia española de los años 1920, si no en todas las disciplinas, al menos en las más avanzadas o maduras.

Josep Maria Plans

Plans, que ganó un premio ofrecido en 1919 por la Academia de Ciencias Exactas por un trabajo en el que se explicaban «los nuevos conceptos de tiempo y espacio», fue el tercer destacado portavoz de la relatividad en los años 1920. El experto encargado por la Academia para evaluar su manuscrito fue un ingeniero militar y matemático, Nicolás de Ugarte (m. 1932). Ugarte, aunque era favorable a la relatividad, no tenía profundos conocimientos de ella y su informe se basó en notas que le proporcionó Cabrera[30]. Cabrera hace una serie de

[30] Véase el artículo de Ugarte «Las teorías relativistas», *Madrid científico*, 31 (1924), pp. 178-179, donde señala que la relatividad «es simpática y atractiva por su novedad en conceptos», pero que la destrucción de la mecánica clásica tardará mucho tiempo y que no son necesarias profundas modificaciones de ella. Aunque su entusiasmo por la innovación señala su distancia respecto de los valores tradicionales, la conclusión de Ugarte de que nada es

interesantes observaciones. Primero, que la idea de un premio sobre la relatividad había estado en el aire durante una serie de años antes de 1919, lo que explica por qué el tratado de Plans, más tarde publicado como *Nociones fundamentales de Mecánica relativista*[31], estaba principalmente dedicado a la teoría especial. (Sólo los dos últimos capítulos de los nueve del libro se ocupan de la relatividad general). Pero, señala el informe, la Academia no podía considerar un ensayo sobre la teoría general, «porque en las fechas en que se formuló el tema no tenía aún grandes vuelos la teoría de la Relatividad». Segundo, el premio lo ofreció la sección de ciencias exactas de la Academia, no la de físicas, y esto explica la omisión de detalles relativos a los hechos experimentales. (No obstante, el capítulo 9 es una discusión de la ecuación del movimiento en un campo gravitatorio y su aplicación a la deformación del perihelio de Mercurio y la desviación de los rayos de luz). La cuestión es interesante debido a que tanto la conceptualización del premio como la respuesta de Plans a él debieron de producirse antes de que las observaciones del eclipse hubieran dirigido la atención pública y científica hacia los resultados experimentales. Plans, además, siempre *subrayó* los resultados experimentales en sus subsecuentes popularizaciones de la relatividad. Por ejemplo, en un artículo de 1920 señaló con respecto a la teoría general que no se podía pedir más de una teoría que tener sus predicciones confirmadas por la observación y, con la visión retrospectiva de varios años más, añadió que «el gran éxito de la teoría de Einstein y de su mecánica relativista» era la predicción correcta de la deformación del perihelio de Mercurio[32].

En opinión de Cabrera, Plans sacó su inspiración del resumen de Laue de 1912, pero introdujo una serie de aspectos originales, principalmente en relación con el movimiento de puntos materiales en el

---

absoluto excepto «el Ser Supremo» parece dirigida a alejar el miedo de los católicos conservadores.

[31] Madrid, Real Academia de Ciencias Exactas, 1921.

[32] Plans, «Algunas ideas sobre la relatividad», *Ibérica*, 13 (1920), p. 380, y «Bosquejo histórico y estado actual de la mecánica celeste», *Ibérica*, 23 (1925), p. 111.

universo de Minkowski. El informe del dictaminador también señala que aunque la relatividad modifica algunos conceptos de la mecánica clásica, «no debe cundir el pánico entre los partidarios de ella»[33].

Según Tomás Rodríguez Bachiller, Plans era la única persona en Madrid en los años 1920 que era capaz de enseñar la relatividad a un nivel avanzado, y ello indudablemente debido a su capacidad para introducir interpretaciones o formulaciones originales en su discusión. El propio Plans comentó que, mientras impartía en Madrid un curso de mecánica relativista, se le ocurrió que aplicando la analogía de Paul Apell entre la forma de equilibrio de una cuerda y la trayectoria de un rayo de luz era posible deducir una fórmula para la deflexión de la luz en un campo gravitatorio con una ecuación más sencilla, «más natural y lógica», que la de Einstein: la deflexión era simplemente el ángulo de las asíntotas de la hipérbola formado por el rayo al pasar por el campo[34].

La nota de Plans fue una de las pocas contribuciones originales sobre relatividad producidas en España en los años 1920. Otra de ellas realizada por un matemático fue la tesis de Pere Puig Adam acerca de cuatro problemas de la mecánica de la relatividad especial, realizada en el Laboratorio Matemático bajo la dirección de Plans. Convendría señalar, a la luz de la política de Rey Pastor de identificar problemas significativos de actualización para los candidatos a doctor, que la motivación declarada de Puig Adam para dedicarse a este tema no era para presentar «un trabajo doctrinal de mérito científico», sino sólo para «manejar... las ecuaciones fundamentales de esta mecánica, haciendo aplicación a los problemas citados para ver las dificultades de cálculo que éstos aportan y haciendo la consiguiente comparación con las dificultades que aparecen y resultados que se

[33] Nicolás de Ugarte, «Informe de la Real Academia de Ciencias Exactas sobre la memoria presentada en el concurso de premios del año 1919...», *Revista de la Real Academia de Ciencias Exactas*, 2ª serie, 19 (1920-1921), pp. 234-243.

[34] Plans, «Nota sobre la forma de los rayos luminosos en el campo de un centro gravitatorio según la teoría de Einstein», *Anales de la Sociedad Española de Física y Química*, 18 (1920), 1ª parte, pp. 367-373. El curso se dio en 1919-1920; véase *Revista Matemática Hispano-Americana*, 1 (1919), pp. 226-227.

obtienen para los mismos problemas en la mecánica clásica»[35]. El interés de los matemáticos españoles en la relatividad estaba más orientado hacia la representación formal de aspectos específicos de la teoría que hacia los problemas físicos. El único físico experimental activo en España en los años 1920 que mantuvo intereses por la investigación en el ámbito de la relatividad fue Manuel Martínez Risco (1888-1954), que desempeñaba la cátedra de Óptica en Madrid. Martínez Risco realizó experimentos con el interferómetro en los años 1920, pero, al parecer, no publicó ningún resultado sobre óptica relativista hasta finales de los años 1940, cuando se encontraba exiliado en Francia[36].

Plans era conocido por su exagerada religiosidad. Educado por los jesuitas antes de ingresar en la Universidad de Barcelona, adquirió, según uno de sus discípulos, una «afición por todo lo jesuita»[37]. Para Terradas, que era apenas menos ferviente en su devoción, Plans, «armado con las divinas excelencias de los paladines elegidos de la fe católica», asumió el porte de un apóstol[38]. No obstante, salvo un notable lapso, evitó las cuestiones polémicas sobre el conflicto entre la religión y la ciencia. La excepción tiene que ver con su traducción del volumen de Eddington *Espacio, tiempo, gravitación*, cada capítulo del cual iba precedido de una cita literaria. La cita que encabezaba el capítulo I era de Descartes, y afirmaba: «Para investigar la verdad es necesario, una vez en la vida, ponerlo todo en duda». Plans, que la halló contraria a sus firmes convicciones religiosas, consultó a Enric de Rafael, quien le aseguró que Descartes «exceptuaba las

---

[35] Pedro Puig Adam, «Resolución de algunos problemas elementales en Mecánica relativista restringida», *Revista de la Real Academia de Ciencias Exactas*, 20 (1922), pp. 161-216. Los cuatro casos estaban relacionados con el movimiento de un punto por una línea o una superficie en diversas circunstancias.

[36] Por ejemplo, «Concept interférenciel des images optiques dans la theorie de la relativité», *Comptes rendus de l'Académie des Sciences*, 228 (1949), pp. 2014-2016, y otros publicados en el *Journal de Physique*. Véase Martínez Risco, *Oeuvres scientifiques* (París, Presses Universitaires de France, 1976).

[37] Tomás Rodríguez Bachiller, entrevista, Madrid, 10 de abril de 1980.

[38] Terradas, en *La Veu de Catalunya*, 22 de marzo de 1934, citado por F. Navarro Borrás, «Don José María Plans y Freyre», *Anales de la Universidad de Madrid, Ciencias*, 3 (1934), p. 231.

ideas religiosas», aunque los lectores pueden muy bien ignorar este hecho. No satisfecho con la aclaración, Plans añadió una nota a pie de página señalando su desacuerdo con Descartes: «Innecesario es decir que el traductor no se hace solidario de este principio». E informó a Terradas de su decisión pidiéndole que le advirtiera si pensaba que la nota no era una buena idea. Terradas debió de estar de acuerdo con Plans, ya que la nota apareció impresa, después de lo cual Plans fue puntualmente atacado en *El Sol* por haber añadido una desaprobación gratuita[39].

A pesar de la prudencia de Plans para evitar aspectos socialmente polémicos de la recepción de la ciencia moderna, cabe pensar que su elección del libro de Eddington, considerado en el mundo de habla inglesa como una obra que había llevado al público el confortable mensaje que los valores y normas absolutas permanecían aún intactos y que la ciencia y la religión eran reconciliables, pudo muy bien figurar en alguna oculta agenda para que desempeñara el mismo papel en España[40].

LEVI-CIVITA Y EL CÁLCULO DIFERENCIAL ABSOLUTO

En 1912, Terradas asistió en Cambridge (Inglaterra) al Congreso Internacional de Matemáticos, donde presentó un trabajo sobre la oscilación de un hilo y se encontró con Levi-Civita. Durante la guerra, Terradas perdió el contaco con Levi-Civita, pero en septiembre de 1920 le escribió de nuevo invitándole a impartir una serie de con-

[39] Arthur Eddington, *Espacio, tiempo, gravitación* (Madrid). Plans, a Terradas, 1 de enero de 1922, Terradas, Archivos, Institut d'Estudis Catalans, Barcelona: «Cuartilla 48. Pensament de Descartes al començament del cap. I. M'ha semblat que realment es molt fort, com vaig dir ab tu, per més que en Rafael me va dir que en Descartes exceptuaba la(s) ideas relligiosas, pero la gent generalment no ho sab. M'ha semblat que's pot pensar la *nota del Traductor* que veuras. Si no't semblés be, diga'm-ho». *El Sol*, 1 de agosto de 1922. La excelencia de las traducciones literarias de Plans fue señalada por Navarro Borrás, «José María Plans», p. 243.

[40] Sobre el mensaje de Eddington, véase Loren R. Graham, «The Reception of Einstein's Ideas: Two Examples from Contrasting Political Cultures», en Gerald Holton y Yehuda Elkana, drs., *Albert Einstein, Historical and Cultural Perspectives* (Princeton, Princeton University Press, 1982), p. 119.

ferencias en Barcelona y Madrid en enero-febrero de 1921 con el título «Cuestiones de Mecánica Clásica y Relativista»[41].

Levi-Civita era, en esta época, una figura destacada en la investigación sobre la relatividad general, habiéndose puesto en contacto con Einstein debido a la adopción por éste del cálculo diferencial absoluto en la formulación de la teoría. El cálculo diferencial absoluto, que modificaba el cálculo diferencial en el sentido de que sus operaciones y resultados se expresaban siempre de la misma forma cualquiera que fuese el sistema de coordenadas usado, había sido inventado por Gregorio Ricci-Curbastro (1853-1925) entre 1884 y 1894. En los años 1890 Levi-Civita (1873-1941) extendió el alcance del método de Ricci desde sus aplicaciones originales a la geometría diferencial a una amplia variedad de problemas matemáticos y físicos, incluyendo espacios no euclidianos. Cuando Einstein trabajaba en la formulación de la teoría general, en Praga, el matemático George Pick llamó su atención sobre la obra de Ricci y Levi-Civita y, en 1915, Einstein y este último iniciaron una breve, aunque intensa, correspondencia acerca de cómo construir ecuaciones covariantes del campo gravitatorio que pudieran concordar con las exigencias físicas de la teoría general. Levi-Civita publicó su principal contribución a la relatividad sobre el paralelismo en espacios curvos en 1917[42]. Las últimas dos conferencias del curso impartido en España (en Madrid éstas tuvieron lugar el 1 y el 2 de febrero) trataron sobre relatividad general[43].

La visita a España de Levi-Civita proporcionó una oportunidad para consolidar los contactos entre los matemáticos españoles e italianos.

El carácter íntimo de este vínculo apareció mostrado por el extraordinario interés que los estudiantes manifestaron en su curso, particularmente en las partes que se ocupaban de la relatividad. En Barcelona se añadió una cuarta sesión fuera de programa «debida a

[41] Véase *La Veu de Catalunya*, 20 de enero de 1921.

[42] Sobre Levi-Civita y Einstein, véase Judith R. Goddtsein, «Levi-Civita, Albert Einstein and Relativity in Italy», en *Tullio Levi-Civita* (Convegno Internazionale Celebrativo del Centenario della Nascita) (Roma, Accademia Nazionale dei Lincei, 1975), pp. 43-51.

[43] *Questions de Mecànica clàssica i relativista* (Barcelona, Institut d'Estudis Catalans, 1922).

las instancias de los oyentes... Constituyó, por esta causa, una sesión íntima, en la que se establecía aquel contacto entre profesor y alumnos que crea el diálogo». En su disertación adicional clarificó algunas cuestiones suscitadas en la primera conferencia sobre la estabilidad del movimiento[44].

Esta conferencia tuvo lugar precisamente cuando la relatividad comenzaba a despertar el interés de la comunidad científica española más allá de los pocos especialistas, como Cabrera y Terradas, que estaban al corriente de la teoría desde antes de la guerra. Por esto su visita fue la ocasión para el surgimiento de un círculo bien definido de científicos que difundirían la relatividad en España. La tabla 6-1 es una lista de los invitados a una comida ofrecida al matemático italiano que tuvo lugar en Madrid el 1 de febrero de 1921. De los dieciséis participantes, nueve eran matemáticos e incluían a la práctica totalidad de los dirigentes de las matemáticas españolas, todos ellos favorables a la relatividad.

Como ya se ha señalado anteriormente, Levi-Civita ya había recibido en Roma a una serie de discípulos de Rey Pastor, incluido uno –Fernando Lorente de Nó (1896-1955)– que deseaba investigar en relatividad. La amplia representación de matemáticos en la comida, explica una serie de peculiaridades de la recepción de la relatividad en España. En primer lugar, las matemáticas constituían la disciplina más fuerte y amplia de las ciencias físicas o exactas de esta época; la identificación con la relatividad acrecentó su prestigio. En segundo lugar, sus miembros tenían estrechas conexiones con los matemáticos italianos, también relativistas, lo que explica su interés por la teoría general. En tercer lugar, los físicos y todos aquellos interesados en comprender las nuevas ideas necesitaban de los matemáticos para que les explicaran el lenguaje específico –el cálculo diferencial absoluto– en el que venían expresadas. En consonancia, los matemáticos subrayaron, en sus declaraciones públicas, los servicios prestados por su disciplina a la teoría de Einstein. En cuarto lugar, y como conse-

---

[44] «Curso Levi-Civita», *Ibérica*, 15 (1921), pp. 98-99.

Tabla 6-1
Invitados a una comida en honor de Levi-Civita (Madrid-1921)

Disciplinas primarias	*Clase media científica*
(Matemáticos)	*(Ingenieros)*
Julio Rey Pastor	Emilio Herrera
José María Plans	Mariano Moreno-Carraciolo
Luis Octavio de Toledo	Gregorio Uriarte
José Sánchez Pérez	Joaquín de la Llave
Cecilio Jiménez Rueda	
Sixto Cámara	
José Gabril Álvarez Ude	
Ignacio Suárez Somonte	
Ruperto Fontanilla	
(Físicos)	
Blas Cabrera	
Julio Palacios	
(Astrónomos)	
Pedro Carrasco	

FUENTE: *El Sol*, 2 de febrero de 1921.

cuencia, el interés científico por la relatividad lo fue preponderantemente por la teoría general, en parte debido al período en el que se experimentó el mayor impacto de la relatividad (1921-1924) y en parte porque el predominio de matemáticos en su recepción aseguró un foco en el que se estaba de acuerdo en que ése era el aspecto matemáticamente más interesante de la teoría.

Josep M. Plans subrayó exactamente este aspecto un tiempo después de ese mismo año, en el Congreso de Oporto de la Asociación Española, en su conferencia inaugural de la sesión de matemáticas titulada: «Proceso histórico del cálculo diferencial absoluto y su importancia actual»[45]. En la historia de la interpenetración de las cien-

[45] Asociación Española para el Progreso de las Ciencias, Congreso de Oporto (1920) (Madrid, 1921), I, pp. 23-43.

cias matemáticas y físicas, comenzó diciendo Plans, ha habido dos diferentes clases de casos. En la primera, un problema físico estimula una abstracción útil: las cuerdas vibrantes y las propiedades del calor dieron lugar a las series de Fourier. En la segunda clase, lo opuesto es cierto. Aquí una abstracción lleva ella misma, algún tiempo después de su conceptualización inicial, a la explicación de algún problema físico. Los ejemplos usados por Plans son la geometría no euclidiana de Lobatchevsky y Bolyai en la relatividad especial y la de Riemann y el cálculo diferencial absoluto en la relatividad general. La relatividad, afirmó Plans, era «el acontecimiento científico de mayor trascendencia en la actualidad» y subrayó

> los grandes servicios que a la teoría de la relatividad y de la gravitación de Einstein ha prestado, en manos de la Escuela italiana de Ricci y Levi-Civita, el cálculo diferencial absoluto, el cual, como dice muy acertadamente nuestro compañero señor Terradas, viene a ser el lenguaje adecuado al estudio del espacio-tiempo riemanniano de cuatro dimensiones, como el cálculo vectorial ordinario sirve para el espacio eiclidiano de tres dimensiones[46].

Es interesante contrastar esta declaración programática de Plans con la de Cabrera de ese mismo año citada en la primera sección de este capítulo. Para el físico experimental la relatividad era epistemológicamente importante, pero la estructura del átomo era un tema de mayor importancia actual. Para el matemático, la relatividad general era el tema científico central debido al notable papel de las matemáticas en su conceptualización. En 1924, Plans escribió un manual de cálculo diferencial absoluto, diseñado obviamente para hacer accesible a los físicos e ingenieros la relatividad general. Como su libro anterior sobre mecánica relativista, este libro se originó por un premio ofrecido por la Academia de Ciencias Exactas, «deseando un libro donde pudieran adquirirse las ideas primordiales de este poderoso recurso matemático elaborado hace años por la Escuela mate-

[46] *Ibid.*, pp. 24, 41.

mática de la Universidad de Padua»[47]. Los dos últimos capítulos del libro se ocupan de las ecuaciones gravitatorias de Einstein y de las teorías de campo de Weyl y Eddington, respectivamente[48].

La intención y el valor del libro de Plans no fueron baldíos en la comunidad matemática española. El premio, que Plans ganó, fue ofrecido en anticipación de la visita de Einstein y no había duda sobre su propósito:

> La razón de ser del concurso y del libro (de Plans) hay que buscarla en el rápido desarrollo que adquirió en España la afición a la teoría de la relatividad de Einstein; dicha afición tropezó no sólo con las dificultades conceptuales, nuevas y profundas, sino con otras de carácter formal derivadas del empleo que todos los tratadistas, a partir de (Marcel) Grossmann (primer colaborador de Einstein), hacían del cálculo diferencial absoluto, creación del profesor Ricci, de la Universidad de Padua, y luego desarrollado y enriquecido con nuevos algoritmos por su discípulo y compañero el profesor Levi-Civita, cuya labor personal en la teoría relativista es bien conocida hoy y fue decisiva para la misma en sus principios [49].

Esta reseña, escrita por Fernando Lorente de Nó, apareció en la *Revista Matemática Hispano-Americana* y sirvió, además para subrayar que los matemáticos habían proporcionado los medios para resolver los problemas conceptuales de la relatividad general. Al mismo tiempo, el libro de Plans tuvo un impacto adicional que trascendió el propósito original de satisfacer las ansias del público por aprender algo acerca de la relatividad. José María Orts lo expresó bien:

> Pasados los primeros momentos en que, a raíz de la rápida expansión de las ideas de Einstein, todo el mundo (incluso aquellos que careciendo de la cultura matemática necesaria no podían pasar de los lindes del terreno en que se asentaba la nueva teoría) se permitía discutir sobre el

---

[47] *Nociones de cálculo diferencial absoluto y sus aplicaciones* (Madrid, Real Academia de Ciencias Exactas, 1924), p. 5.

[48] En el último capítulo, en particular, Plans fue ayudado por Fernando Peña; véase el artículo de Peña en la *Revista Matemática Hispano-Americana*, 6.

[49] Fernando Lorente de Nó, reseña del libro de Plans *Nociones del cálculo diferencial absoluto* (núm. 4, arriba), *Revista Matemática Hispano-americana*, 7 (1925), p. 206.

> tema; cuando cesó el aluvión de conferencias y folletos de vulgarización más o menos documentados; transcurrida esta primera época que podía denominarse de *fiebre relativista*, se produjo el enfriamiento en la masa general de *pseudo-sabios* y las nuevas doctrinas fueron condensándose en torno de un reducido ambiente constituido por aquellos pocos que estaban en condiciones de manejar los elementos necesarios para penetrar a fondo en ellas. Y de este pequeño núcleo de *relativistas conscientes*, en el que encontraron eco los trabajos de Ricci, Levi-Civita, Einstein, Weyl, Edington, Laue, etc., puede decirse, aún a sabiendas de herir su ingénita modestia, que el más entusiasta, el que buceó a mayor profundidad en la teoría, el que más ha contribuido con pruebas tangibles al estudio de la Relatividad en España, es el autor de la obra que nos ocupa[50].

Es evidente que para Orts, un matemático que había estudiado en Italia, los *relativistas conscientes* eran matemáticos, tanto si la relatividad era su principal ocupación como si no lo era (la especialidad del propio Orts era la teoría de la probabilidad).

No puede haber ninguna duda sobre el papel desempeñado por el libro de Plans en la educación científica española. Según uno de sus discípulos, el manual de Plans había puesto, hacia 1934, el cálculo diferencial absoluto «al alcance de personas de cultura científica media... Hasta la más joven promoción de nuestros licenciados aprendió en este libro el manejo de este potente instrumento de cálculo, que hace dos años incluí como disciplina auxiliar en mi programa de Mecánica»[51].

Cuando hablaban de relatividad los matemáticos españoles subrayaban continuamente los servicios prestados por su disciplina a ella y a la ciencia en general. Considérese la respuesta de Rey Pastor (en 1928) a la cuestión planteada por Ramiro Ledesma de si era verdad que los problemas de Einstein para formular una teoría unificada del campo procedían de su falta de pericia matemática. La dependencia de Einstein de Ricci y Levi-Civita se citó frecuentemente en la prensa popular para apoyar uno de los elementos constituyentes del mito

---

[50] José María Orts, reseña del libro de Plans *Nociones del cálculo diferencial absoluto*, *Ibérica*, 24 (1925), p. 335.

[51] Navarro Borrás, «José María Plans» (núm. 38, arriba), p. 242.

Einstein: que Einstein era una matemático mediocre. (La función de este elemento del mito era evidentemente provocar la duda acerca de la validez de formular teorías físicas en un lenguaje abstracto, insinuar que la matematización era la culpable de la incomprensibilidad de la teoría o si no sugerir que el lenguaje abstracto se usaba para ocultar la indefensibilidad de la teoría en términos físicos). Al parecer, Eddington disfrutaba fomentando la idea de que sólo unas pocas personas podían comprender la teoría general.

Eddington posiblemente tenía razones para promover la relatividad como un pasatiempo de elites, pero los matemáticos españoles adoptaron la actitud opuesta de intentar desinchar este elemento del mito haciendo algunas consideraciones concretas e incluso mundanas concernientes al papel de las matemáticas en la elaboración de la teoría. Las matemáticas del siglo XIX, consideradas hasta recientemente como abstractas o inútiles –explicaba Rey Pastor– eran la base de la teoría de Einstein, del mismo modo como los físicos italianos del Renacimiento basaron sus conceptos en las matemáticas griegas antiguas. Lo mismo podía decirse de Copérnico y los pitagóricos. Newton tuvo que crearse su propio instrumento matemático (el cálculo infinitesimal), pero Einstein tuvo la fortuna de encontrar el suyo ya realizado. «No es, pues, la falta de conocimientos matemáticos lo que impide llegar a las claridades deseadas en la teoría de la relatividad», afirmaba Rey Pastor. «Lo que ocurre es que se trata de cálculos complicadísimos»[52]. El intento de desmitificar la relatividad era complementario al programa de Rey Pastor de presentar las matemáticas al público español (la intelectualidad, en este caso) como las presentó a las escuelas de ingeniería (véase capítulo 7): como un instrumento práctico para el desarrollo del conocimiento práctico, incluyendo la teoría de la relatividad.

El poderoso apoyo que los matemáticos españoles le concedieron a la relatividad confirma un presupuesto central de este libro: que por la sobrecargada naturaleza de su recepción, la relatividad obligó

[52] Ramiro Ledesma Ramos, «El matemático Rey Pastor», *La Gaceta Literaria*, 2, núm. 30 (15 de marzo de 1928), p. 1.

a los científicos a una confrontación entre ellos y con sus disciplinas. Como observa Jeffrey Crelinsten:

> En una gran medida, la aparición de la teoría de la relatividad de Einstein cristalizó muchas facetas del carácter nacional de la empresa científica y concentró la atención de los dirigentes disciplinarios en la solidez y debilidad de su comunidad profesional[53].

Lo que era verdad para los astrónomos americanos estudiados por Crelinsten era verdad para los matemáticos españoles. Plans y Rey Pastor, con referencia específica a la relatividad, se concentraron en la solidez de las matemáticas españolas, mientras que Terradas se ocupó quizá más de su debilidad. En uno y otro caso, la relatividad fue una piedra de toque mediante la cual podía evaluarse el programa de la disciplina.

Pedro Carrasco y el eclipse de 1919

Las observaciones del eclipse de 1919 fueron interpretadas para la comunidad científica española por el astrónomo Pedro Carrasco Garrorena (1883-1966). Como era el sucesor de Echegaray en la cátedra de Física matemática de Madrid, resulta lógico que fuera elegido para disertar sobre relatividad en las conferencias del Ateneo de 1915 sobre el estado actual de las ciencias[54]. Esta exposición, limitada a una discusión de la relatividad especial, estaba en parte incluida por el artículo de Cabrera de 1912 y revela un acercamiento escéptico y cauteloso[55]. La relatividad cambia la manera como concebimos el universo, señalaba al principio, incluso aunque la ciencia clásica aún persista.

---

[53] Jeffrey Crelinsten, «William Wallace Campbell and the «Einstein Problem: An Observational Astronomer Confronts the Theory of Relativity», *Historical Studies in the Physical Sciences*, 14 (1983), p. 88.

[54] Carrasco no fue la primera elección del Ateneo, sino un sustituto de última hora, probablemente de Cabrera que había dado las dos anteriores conferencias de física sin mencionar la relatividad; «Teoría de la relatividad», en Ateneo de Madrid, *Estado actual, métodos y problemas de las ciencias* (Madrid, 1916), p. 148.

[55] *Ibid.*, pp. 149-150.

Más bien que derribar la ciencia clásica, la relatividad la ensancha, a pesar de la larga lista de conceptos clásicos –que incluye la longitud, la masa, la acción a distancia (según él pensaba), el tiempo absoluto y el movimiento– que han sido subvertidos. Con todo es una teoría simple, básicamente un problema de la transformación de coordenadas. Carrasco, sin discutir la cuestión, conserva el concepto de éter y señala que tomar la velocidad de la luz como un límite «repugna un poco a la razón». La relatividad no está cerca de su fin, ni está totalmente probada; se reclama crítica desinteresada.

Aunque Carrasco desempeñaba una cátedra de física matemática, no tenía mucho de teórico. Su obra original era de naturaleza experimental. Por ejemplo, diseñó una serie de nuevos modos para medir la velocidad de la luz[56]. Por ello, su interés hacia la relatividad se situaba más bien en el lado práctico. Según su parecer, la relatividad había hecho posibles grandes avances en el estudio cinemático de los sistemas eléctricos, así como en el establecimiento de relaciones entre los sistemas materiales y eléctricos (como él lo entendía, «enlaza la física de la materia con la física del éter, y hace presumible una explicación común para ambas. De aquí que se diga que la relatividad robustece las teorías eléctricas de la materia»)[57]. Para Carrasco el aspecto más interesante de la relatividad era que abría nuevos caminos para la investigación en física.

Carrasco siguió con estrecha atención las manifestaciones experimentales de la teoría general, en particular el eclipse de 1919. En realidad, él mismo podría muy bien haber participado en algunas de las observaciones, si no hubiera sido porque

[56] Véase Carrasco, «Método para determinar la velocidad de la luz», *Anales de la Sociedad Española de Física y Química*, 17 (1919), pp. 296-306, 316-330, que describe varios modos de medir la velocidad de la luz con un diapasón, y «Nuevo método para medir la velocidad de la luz. Determinación de algunas constantes físicas, que dependen de la medida de pequeños intervalos de tiempo», *Revista de la Real Academia de Ciencias Exactas*, 17 (1918-1919), pp. 201-216, 340-357, que discute el problema de medir pequeños intervalos de tiempo en películas fotográficas.

[57] «Teoría de la relatividad» (núm. 54, arriba), p. 163.

> por carecer de medios adecuados, se perdió durante los primeros años de la guerra europea la ocasión de que los astrónomos de Madrid hubiesen podido intervenir en la resolución de problemas científicos muy interesantes suscitados por las teorías de Einstein[58].

Evaluando los resultados experimentales suscitados por la teoría general, Carrasco llegó al siguiente balance en 1920:

> *Afirmativo*, para el movimiento de Mercurio.
>
> *Probablemente afirmativo*, para la desviación de las imágenes estelares próximas a la del Sol.
>
> *Negativo*, para las rayas del espectro solar; y aún pudiéramos agregar, recogiendo un trabajo de (John) Evershed sobre el espectro de Venus.
>
> *Probablemente negativo*, para la desviación de las líneas del espectro de Venus[59].

Carrasco advirtió con claridad la naturaleza ambigua de los resultados ingleses que, tomados conjuntamente, arrojaban un valor para la deflexión situado entre el de Einstein y el obtenido en la teoría de Newton, donde se asume que los rayos de luz están sometidos a la atracción gravitatoria. Los resultados se recibieron como una confirmación de la teoría general, en gran medida debido al prestigio de Eddington y Dyson, cuyas lecturas de los valores contradictorios del instrumento de cuatro pulgadas de Sobral (que dio un valor más alto que el de Einstein) y los astrógrafos de Sobral y Príncipe (que dieron valores más bajos) fueron ponderadas en favor de Einstein[60]. Carrasco, que había trabajado con Dyson, debió de ser influido por la interpretación de este último favorable a la relativi-

---

[58] «Conferencia de don Pedro Carrasco. Lo que es y debiera ser el Observatorio Astronómico de Madrid», *El Sol*, 19 de abril de 1924.

[59] «Estado presente de la teoría de la relatividad», *Anales de la Sociedad Española de Física y Química*, 18 (1920), 2ª parte, p. 94.

[60] Véase John Earman y Clark Glymour, «Relativity and Eclipses: The British Eclipse Expeditions of 1919 and their Predecessors», *Historical Studies in the Physical Sciences*, 11 (1980), p. 76, que indican que Dyson simplemente omitió cualquier mención de los resultados de Príncipe, los menos favorables a Einstein, en su informe para la Royal Astronomical Society.

dad y consiguientemente presentó los resultados, si bien no de manera definitiva, como «un triunfo brillantísimo de las comisiones inglesas».

El cambio gravitacional hacia el rojo del Sol no se detectó hasta 1962. Desde la perspectiva de Carrasco, los diversos resultados de las observaciones iniciales, subsiguientes al trabajo de Einstein de 1911 hasta 1920, sugerían que había una contradicción interna en la teoría general, «lo mismo que antes la ciencia clásica se encontró con la contradicción entre la experiencia de Michelson y el fenómeno de la aberración de la luz». Es posible que Righi y otros descubrieran inconsistencias en el modo como había sido interpretado el experimento de Michelson-Morley. Más probablemente había problemas en la interpretación de los resultados de la deflexión de los rayos de luz por el Sol. Es naturalmente repugnante para un astrónomo, señalaba, considerar el Sol como «una entidad geométrica recortada», cuando de hecho es un cuerpo caracterizado por una extremada complejidad físico-química. «Pero inmediatamente el astrónomo y el físico han de ver una complicación mayor en el fenómeno, puesto que para ellos el rayo luminoso es una abstracción y la realidad física es la onda electromagnética que cruza un medio complejísimo, envolviendo el campo electromagnético del Sol». Para Carrasco, tanto la solución einsteniana como la de sus opositores que pensaban que la deflexión se debía a la simple refracción, eran simplistas. «Es el contraste entre un mecanismo físico y un simbolismo matemático, cuyo valor y cuyas bellezas son innegables, pero que como significado real de nuestro mundo físico tropezará con dificultades enormes». Los físicos, observaba, prefieren tratar con entidades concretas, aunque sean hipotéticas, más bien que con abstractas. En esta actitud, Carrasco parece muy cercano en espíritu a la postura de aquellos físicos ingleses que eran incapaces de prescindir de los modelos electromagnéticos. Con todo, mantenía una mente abierta:

> Si se confirmasen plenamente los resultados astronómicos de la teoría relativista, y en conexión con ellos tuviéramos un grupo de fenómenos físicos no gravitatorios que tuvieran igualmente su explicación relativista, habría de pensarse en una revisión de la Física teórica con un

cierto criterio relativista, y se habría dado un paso gigantesco hacia la anhelada unidad de la ciencia.[61]

En 1928, Carrasco publicó un pequeño libro titulado *Filosofía de la Mecánica* en el que su resistencia o bien a abandonar el éter o a admitir la velocidad de la luz como límite de velocidades aparece conjuntamente con la aceptación de otros elementos de la teoría. Por ejemplo, aceptó la equivalencia entre el movimiento acelerado y la gravedad, usando el famoso ejemplo de Einstein del ascensor[62]. En otras declaraciones, sin embargo, parece incapaz de abandonar opiniones pre-einstenianas típicamente sostenidas por los físicos británicos antirrelativistas. Es evidente que veía con considerable ambivalencia la geometrización de la mecánica y de la física, por la cual «la máquina complicada la reducimos a un diagrama». Hay, señala, dos modos de conceptualizar un punto en el espacio. El primero «es dar a nuestro espacio físico una estructura variable con el tiempo; lo segundo es sustituir tal espacio por otra entidad, el espacio-tiempo; y estructurarla de un modo rígido, invariable»[63]. El primero corresponde al modo como percibimos el espacio de la realidad sensible, es tridimensional y describible mediante la geometría euclidiana, si bien en algunos fenómenos hay discrepancias de segundo orden explicables con una métrica no-euclidiana. Carrasco parece estar atrapado entre la vieja física y la nueva. La ambivalencia es clara en su discusión del límite de las velocidades. Una velocidad infinita, conviene, carece de sentido físico; debe de haber un límite, pero ¿es necesariamente el mismo –la velocidad de la luz– para todos los cuerpos o sistemas materiales? ¿No podría el límite de las velocidades ser una función de la masa? Puesto que ninguna masa tiene una ilimitada cantidad de energía, debe haber una límite para la velocidad, pero diferentes masas tienen diferentes niveles de energía. Lo esencial de esta larga discusión, en la que parece inclinado a salvar la mecánica newtoniana, era

[61] Carrasco, «Teoría de la relatividad», pp. 96-97, 99.
[62] *Filosofía de la mecánica* (Madrid, 1928), pp. 115 y siguientes.
[63] *Ibid.*, p. 27.

> señalar el carácter hipotético de la constancia de la masa inerte fijando un límite de velocidades, y hemos ido más lejos, mostrando que el fijar un límite único posible para todos los cuerpos es también otra hipótesis, aunque más amplia que suponer *m* constante[64].

En su exposición de 1915, Carrasco había señalado que una vez que se ha abandonado la velocidad infinita, la acción a distancia instantánea queda desechada. Aquí, Carrasco estaba repitiendo una concepción errónea comúnmente sostenida. Puesto que la relatividad especial es una teoría cinemática, no una dinámica, no desecha la posibilidad de una acción a distancia. Como Carrasco estaba confundido en este punto, no podía ponerse en situación de romper completamente con la necesidad de un éter: «la sustancia más necesaria en Física..., a pesar de su carácter hipotético»[65].

Carrasco, a pesar de sus dificultades conceptuales con la relatividad especial, era prácticamente el único astrónomo español que podía enfrentarse con la teoría. En general, aquellos astrónomos que sabían física matemática (Carrasco desempeñaba la cátedra en Madrid) eran capaces de seguir la teoría. En particular, la mayoría de los astrónomos británicos con los que Carrasco había trabajado, pasaron como estudiantes por el plan de estudios de matemáticas de Cambridge y eran capaces de interpretar la relatividad en el contexto de una continuada discusión en la física británica sobre un posible vínculo entre electromagnetismo y gravitación. La asociación de Carrasco con esta tradición le equipó adecuadamente para discutir las ramificaciones teóricas de los resultados de observación de la relatividad general. Los astrónomos que carecían de una correspondiente formación matemática y que estaban principalmente orientados a la observación (la mayoría de los astrónomos americanos, así como Comas Solà) eran incapaces de seguir la teoría de la relatividad[66].

---

[64] *Ibid.*, pp. 160-161.

[65] «Teoría de la relatividad», p. 163; *Filosofía de la mecánica*, p. 164. Sobre la confusión acerca de la acción a distancia, véase la discusión exhaustiva de J. M. Sánchez Ron, *Studies of Relativistic Action-at-a-Distance Theories*, tesis no publicada, Universidad de Londres, 1978 y «Einstein y Lorentz: Significado de la relatividad especial y la inconmensurabilidad entre paradigmas», *Pensamiento*, 38 (1982), pp. 425-440.

[66] Crelinsten, «William Wallace Campbell», p. 2.

Josep Comas Solà y su teoría «emisivo-ondulatoria» de la energía radiante

Comas era el más destacado antirrelativista de los escalones altos de la ciencia española y el único que propuso una teoría alternativa. Estaba en la línea de los que, como Walter Ritz, trataban de resolver las contradicciones entre la teoría clásica de la relatividad del movimiento y la electrodinámica de Maxwell y Lorentz de un modo diametralmente opuesto a como lo había hecho Einstein. En lugar de usar las transformaciones de Lorentz para alinear la cinemática con las ecuaciones de campo de Maxwell, Ritz creía que la electrodinámica y la óptica necesitaban ser perfeccionadas. Deseaba descartar el éter, pero creía que el principio clásico de relatividad se satisfacía afirmando que el movimiento de la luz también es relativo[67].

Comas era partidario de resucitar la teoría de la emisión de Newton que, declaraba, había sido abandonada prematuramente:

> La introducción de un elemento intermediario de propagación de las radiaciones (el éter) hizo perder el principio fundamental de simetría que Newton quería mantener con su teoría de emisión, teoría que fue abandonada con excesiva precipitación, a mediados del siglo pasado, cuando (Jean) Foucault demostró que la velocidad de la luz, dentro de un medio refringente, es menor que en el vacío. La teoría emisiva, relativista en toda la extensión de la palabra, pudo entonces salvarse, pero quedó ahogada, a pesar de los obstáculos insuperables que ofrecía la admisión del éter, por la naturaleza ondulatoria que se comprobaba en innumerables experiencias de óptica y, posteriormente, en las electromagnéticas.
>
> La clásica experiencia de Michelson y Morley, demostrando la independencia de la velocidad de la luz en un foco terrestre respecto al movimiento de traslación de la Tierra o del sistema solar, fue un golpe mortal para la teoría del éter. Para explicar aquel resultado sorprendente, no quedaba otro recurso, arrinconada y descalificada como estaba la teoría emisiva, que instituir el postulado y la constancia de la velocidad de la luz y de las radiaciones en general, cualquiera que fuese el movimiento

[67] Paul Forman, «Walter Ritz», *Dictionary of Scientific Biography*, 11, pp. 479-480.

> del foco respecto al observador. Esto es lo que hizo Einstein, dando origen a la llamada teoría de la relatividad restringida. A base de dicho principio... se prescinde de toda explicación material de los fenómenos, entrando la teoría en un terreno puramente matemático a costa de retorcer el concepto intuitivo de las velocidades relativas y del tiempo[68].

En lugar de la teoría del éter, Comas propuso su hipótesis «emisivo-ondulatoria»,

> Siempre admitiendo que los elementos luminosos sigan el movimiento del cuerpo emisor, los efectos físicos, tanto por lo que se refiere al movimiento radial como al lateral, serán los mismos que en la hipótesis del éter; la velocidad de la luz será, en todas direcciones, siempre la misma respecto al cuerpo emisor; pero, para un punto cualquiera del espacio, *la velocidad de la luz variará con el movimiento del cuerpo emisor*[69].

Astronómicamente, continúa Comas, es imposible probar la existencia de un éter, y experimentos en la superficie de la Tierra han demostrado que no existe. Las únicas soluciones son la completa supresión del éter, como en la relatividad especial, o admitir que la energía física es emisiva, sin cesar de ser ondulatoria. Las partículas emitidas (a las que llamó electrones) son imponderables y sin masa sensible, pero obedecen a la ley de la inercia, del mismo modo como la materia[70]. Por ello, la luz, aunque no tenga masa, está todavía sometida a las leyes de Newton de la atracción, una ley universal, que es una propiedad intrínseca de la materia.

Comas creía que las pruebas experimentales de sus puntos de vista se producirían cuando la velocidad de la luz originada en las estrellas y nebulosas de gran velocidad radial pudiera medirse directamente. Finalmente, como otros muchos comentaristas españoles de la relatividad, Comas consideraba que era una teoría antiintuitiva:

---

[68] José Comas i Solà, «Consideraciones sobre la relatividad», *Revista de la Sociedad Astronómica de España y América*, 15 (1925), p. 87.

[69] «Consideraciones sobre la aberración de la luz», *Boletín del Observatorio Fabra*, 1 (1919-1927), p. 31. El artículo lleva fecha de 18 de abril de 1919.

[70] *Ibid.*, p. 32.

> Sólo prevalecen en las ciencias los conceptos que tengan por base la observación de los hechos naturales y estén conformes con la intuición que constituye norma fundamental de nuestros pensamientos[71].

Aunque Comas era propenso a abandonar el éter, conocía bien los escritos de Oliver Lodge, el principal antirrelativista inglés que persistió en su actitud hasta el final de su vida. Ambos científicos estaban interesados en el espiritismo que, para Lodge, era una extensión de la teoría del éter. Las propias aplicaciones de Comas del concepto de éter al espiritismo eran ambivalentes. Por una parte se oponía a una teoría puramente física de las vibraciones etéreas; por otra parte, parece que aceptaba una teoría mecánica de los fantasmas, según la cual las moléculas vibrantes transmitían imágenes a través del éter a la retina[72].

Comas, que afirmaba haber formulado su teoría a fines de 1914, la defendía repetidamente en foros públicos, en particular en la Academia de Ciencias. En la sesión del 16 de febrero de 1922, Comas describió un procedimiento astronómico para determinar el movimiento absoluto del sistema solar, «en el caso de existir este movimiento absoluto». El método sugerido era usar el primer satélite de Júpiter como un reloj celestial para contrastar la existencia del movimiento absoluto, «a base de las variaciones de la velocidad relativa de la luz». Le contestó Ramón Jardí, quien notó «contradicciones de concepto (en la teoría emisivo-ondulatoria de Comas) y opinando que las consecuencias inmediatas de tales hipótesis pugnan con los principios de la Mecánica». La sesión terminó con un «elogio» de las teorías de Einstein a cargo de Terradas[73].

Aunque el contenido de la refutación de Jardí y Terradas no está registrado, debe haber sido similar a la crítica que Terradas, en sus

---

[71] «Las conferencias del profesor Einstein», *Revista de la Sociedad Astronómica*, 13 (1923), p. 21; este artículo se publicó originalmente en *La Vanguardia*, 14 de marzo de 1923.

[72] *El espiritismo ante la ciencia* (Barcelona, Atlante, 1907), pp. 24, 30, 87. En la p. 40, Comas identifica a Lodge como el «principal instigador de la teoría del electrón».

[73] *Boletín de la Real Academia de Ciencias y Artes de Barcelona*, 4 (1916-1923), pp. 515-516.

conferencias de 1921, dirigió a Walter Ritz. Al igual que Comas, Ritz sostenía que la velocidad de la luz dependía de la de su fuente, una hipóteis que, señalaba Terradas, «está bastante en contradicción con todos los resultados de la investigación teórica y práctica». De Sitter, específicamente, había probado lo contrario en 1913. Demasiados fenómenos observados ópticos y electromagnéticos (tales como el efecto Doppler y la aberración de la luz) quedaban inexplicados con la hipótesis de Ritz. El fracaso de las teorías de Ritz es importante, seguía Terradas,

> porque sugiere una idea, que es muy importante también para la recta comprensión de la teoría de la relatividad, o sea, el hecho de que todos los fenómenos *observados* están siempre ligados a la materia. El *campo en el éter* es una ficción excogitada para describir lo más sencillamente posible las dependencias espaciales y temporales de los fenómenos de los cuerpos[74].

El 13 de marzo, Comas respondió al ataque de Jardí, afirmando que sus objeciones a la lógica de la relatividad se basaban en la experimentación[75].

Cuando Einstein disertó en Barcelona, Comas le informó de su «entera convicción» de que la constancia de la velocidad de la luz era una interpretación errónea del experimento de Michelson-Morley, que si la luz parece tener siempre la misma velocidad se debe a que el observador «marcha con la luz» y que la luz, como toda la energía radiante, era ponderable y estaba sometida a la gravitación y a la inercia[76].

En sesiones de la Academia celebradas el 27 de febrero y el 27 de abril de 1926, Comas propuso un «simple experiment» para demostrar la velocidad de un observador relativa al éter, «en el cas que aquest tingui existència real». Consistía en reflejar dos rayos de luz, del mismo o de diferentes orígenes, y hacerlos converger en el mismo

[74] «De relatividad» (núm. 10, arriba), pp. 376-377.

[75] *Boletín de la Real Academia de Ciencias y Artes de Barcelona*, 4 (1916-1923), p. 517.

[76] «Las conferencias del profesor Einstein» (núm. 71, arriba).

electroscopio. Si el éter se mueve con respecto al observador o viceversa habrá un desdoblamiento de las líneas espectrales. Este procedimiento es mucho más simple que el de Michelson, «ja que per ferla n'hi ha prou amb un electroscopi de regular dispersió». En el caso de que las líneas espectrales no se desdoblen, la teoría emisivo-ondulatoria de Comas quedaría confirmada[77].

A través de los años 1920, Comas atacó la relatividad con amargura y declaró que su propia teoría había sido injustamente relegada. También insistió en que él se había anticipado a Einstein en la conceptualización de las partículas de luz, y cuando Luis de Broglie ganó el Premio Nobel por la teoría ondulatoria de los electrones en 1929, Comas dijo que su prioridad en este descubrimiento había sido ignorada, tanto en España como en el extranjero, y que De Broglie, que había publicado un artículo sobre su teoría en *Scientia* en septiembre de 1926, no se había preocupado de citar la explicación de Comas de su propia teoría aparecida en la misma revista algunos meses antes[78]. Comas, cuya teoría se basaba tanto en sus propias percepciones como astrónomo y en los conceptos físicos habituales a finales del siglo XIX, y cuyos conocimientos de matemáticas eran limitados, no fue nunca capaz de comprender por qué su teoría fue ignorada por la elite científica.

Su artículo en *Scientia* atrajo algún comentario, particularmente en Francia. Tanto el artículo de Comas como el reciente trabajo de De Broglie fueron considerados por Santiago Fernández Giménez, un ingeniero español que vivió prácticamente toda su vida en Francia. Fernández Giménez (1875-1958) se graduó en la Universidad de Liège en 1895 con títulos en ingeniería eléctrica y de minas. Como muchos españoles de su generación estudió también matemáticas en Italia con Levi-Civita. Persona de muy variados conocimientos, con amplios intereses científicos y técnicos, realizó los análisis de materia-

[77] *Ciéncia*, 1 (1926), pp. 91, 186.

[78] Comas, «Teoría corpuscular-ondulatoria de la radiación», *Boletín del Observatorio Fabra*, 2 (1931), p. 25, y «Nueva teoría emisiva de la luz y de la energía radiante en general», *Scientia*, 36 (1924), pp. 375-382.

les y cálculos de tensiones de la batisfera de Auguste Piccard. Sus intereses en física fueron una consecuencia de su formación en ingeniería eléctrica y sus escritos revelan el punto de vista inculcado por la instrucción recibida en las teorías electromagnéticas de fines del siglo XIX. Por ello fue incapaz de abandonar la teoría ondulatoria de la luz y desarrolló su propia teoría, según la cual el éter no era un océano infinito o inmóvil, sino simplemente la estela de un proyectil, originada con cada onda de luz en el punto de propagación y desapareciendo con ella. Creyó ver su teoría confirmada tanto por De Broglie como por Comas[79].

Sin embargo, otros comentaristas franceses desaprobaron la teoría de Comas. Por ejemplo, Albert Vilar citó su artículo de *Scientia* como un ejemplo del recrudecimiento de las teorías emisivas (o semiemisivas), al parecer motivado por el deseo de rescatar la ciencia intuitiva del supuesto sofisma de la geometría no-euclidiana, esto último un particular «mépris insultant» ofrecido por Comas. Para Vilar, el dogmatismo de Comas impedía totalmente cualquier discusión del hiperespacio y era producto de esa estrechez mental que Poincaré había atribuido a la incapacidad de escapar del hábito de conceptualización sólo en tres dimensiones[80].

Comas, Plans y los experimentos de arrastre del éter de los años 1920

Blas Cabrera señaló que los antirrelativistas usaban dos clases diferentes de argumentos: o bien se concentraban en los posibles errores en la interpretación de los resultados experimentales de la teoría general, o bien proponían teorías alternativas, «semieinsteniana(s)», que conducían a los mismos resultados sin incurrir en una

[79] S. Fernández Giménez, «Prodomes d'une nouvelle théorie de l'ether lumineux», *Bulletin de la Societé des Sciences, Lettres, Arts et d'Etudes Régionales de Bayonne* (Extrait) (Bayona, 1924).

[80] Albert Vilar, *Hyperspace, métapsychique, relativité* (París, Jouve, 1923), pp. 90-91.

ruptura con la física clásica. La perspectiva experimentalista le dio a Cabrera respuestas a ambos argumentos. El razonamiento de los que señalaban posibles errores en los cálculos del perihelio de Mercurio, la deflexión de la luz o el desplazamiento hacia el rojo tendrían fuerza «si no se tratase de tres fenómenos absolutamente independientes, y además los únicos que han podido preveerse». (Los pro-einstenianos, continuaba, siempre esperaban el próximo eclipse para aportar una prueba decisiva; «pero lo más probable es que la opinión científica continúe su evolución en el sentido de las nuevas ideas»). Como un ejemplo de un argumento semieinsteniano Cabrera cita a Paul Painlevé, que deseaba preservar el tiempo absoluto, y por ello

> se prescinde de las modificaciones que en la Mecánica introdujo la relatividad restringida; pero es el caso que esta última cuenta ya en su haber con el apoyo de resultados experimentales de tal importancia que ningún físico puede dudar de su exactitud[81].

Los ingenieros españoles como Pérez del Pulgar y Herrera (véase capítulo 7) se mostraron muy inclinados a los argumentos semieinstenianos que trataban de preservar este o aquel aspecto de la física newtoniana o de la ciencia «intuitiva» (en el caso de esas dos figuras, una formulación que diera los resultados de Einstein sin tener que admitir la velocidad de la luz como límite de velocidades).

Comas, en adición a su contrateoría, también popularizó los resultados de los experimentos de arrastre del éter que intentaban refinar, mejorar o explicar el experimento de Michelson-Morley para confirmar la existencia del éter y derrocar la relatividad especial. Fue ésta una estrategia típica de muchos antieinstenianos que, en lugar de atacar directamente la teoría, desarrollaban observaciones. Los resultados del eclipse australiano de 1922 convencieron a la mayoría de los dubitativos por razones no ideológicas. Subsiguientemente, los experimentos de arrastre del éter se convirtieron en el principal recurso de los antirrelativistas intransigentes. Comas, sin embargo, no estaba interesado en salvar el éter; él creía, por el contrario, que los experi-

[81] Cabrera, *Principio de relatividad* (núm. 25, arriba), pp. 13-14.

mentos de arrastre tendrían el doble valor de probar que la teoría de Einstein era errónea y su teoría emisivo-ondulatria correcta. Estaba de acuerdo en que el experimento de Michelson-Morley había constituido «un golpe mortal para la teoría del éter. Para explicar aquel resultado sorprendente», continuaba Comas,

> no quedaba otro recurso, arrinconada y descalificada como estaba la teoría emisiva, que instituir el postulado de constancia de la velocidad de la luz y de las radiaciones en general, cualquiera que fuese el movimiento del foco respecto al observador.

Esto es lo que Einstein hizo en la teoría especial. Comas, desde luego, deseaba resucitar la teoría emisiva. Los recientes experimentos de Michelson probaban su afirmación, aseveraba, como lo hicieron los realizados en 1913 por Georges Sagnac. Este último, siguiendo una sugerencia de Michelson, había medido en un interferómetro giratorio el cambio de posición de las franjas de interferencia de un haz de luz dividido que atravesaba un recorrido poligonal en direcciones opuestas, siendo entonces recombinado y proyectado en una placa fotográfica. Sagnac creía que el cambio observado en las franjas probaba la existencia del éter, pero Paul Langevin mostró que los resultados de Sagnac también los predecía la teoría de la relatividad[82]. El otro experimento mencionado por Comas era el llevado a cabo por Michelson y H. H. Gale para contrastar el efecto de la rotación de la Tierra en la velocidad de la luz, diseñado para comprobar el principio de Einstein de la equivalencia entre las masas inercial y gravitatoria[83].

---

[82] José Comas i Solà, «Consideraciones sobre la relatividad», *Revista de la Sociedad Astronómica Hispano-Americana*, 15 (1925), pp. 87-88. Sobre los experimentos de Sagnac véase Loyd Swenson, Jr., *The Ethereal Aether: A History of the Michelson-Morley-Miller Aether-Drift Experiments, 1880-1930* (Austin, University of Texas Press, 1972), pp. 181-182.

[83] Comas, «Una experiencia notable», *Revista de la Sociedad Astronómica Hispano-Americana*, 15 (1925), pp. 56-58. El experimento de Michelson-Gale se diseñó como un test del «principio de equivalencia» de Einstein (de las masas inercial y gravitatoria); Swenson, *Ethereal Aether*, pp. 207-208.

Desde el campo relativista, Plans ofreció en 1927 un comentario de los experimentos de Dayton Miller con el interferómetro. Plans suponía que el experimento de Michelson-Morley era «sobradamente conocido de los lectores» de *Ibérica*, en la medida en que constituía «una de las piedras angulares de la obra de Einstein». Reseñó los experimentos de Miller y Morley de 1905 realizados en Cleveland y los llevados a cabo por Miller sólo entre 1921 y 1925, en el observatorio de Monte Wilson, de California, el último ejecutado a 1.850 metros de altura para evitar registrar un efecto de arrastre supuestamente causado por la superficie de la Tierra. Ambos experimentos produjeron resultados que apoyaban un arrastre parcial del éter por la Tierra, cuyo efecto disminuía con la altitud. Aunque «los contradictores de la teoría (de la relatividad) estén batiendo palmas», a propósito de los resultados de Miller, no había razón para ello, según Plans. Aunque Miller estuviera en lo cierto dichos resultados no afectarían a la teoría general que tiene «una contextura tan lógica y firme, que probablemente resistiría los embates». Con respecto a la teoría especial no vio los resultados de Miller como definitivos, particularmente porque los experimentos diseñados de manera similar de F. T. Trouton y H. R. Noble, realizados con cargas eléctricas en lugar de rayos de luz, también habían producido un resultado nulo y eran, «por tanto, favorables a la teoría de la relatividad»[84]. En un artículo ulterior, Plans subrayó que «un examen sereno de dichas experiencias acusa la influencia probable de la temperatura como causa perturbadora», lo que fue confirmado después por Robert Shankland y colaboradores[85].

Enric de Rafael fue aún más categórico que Plans en su apreciación de estos nuevos experimentos con el interferómetro. En el Congreso de Oporto de la Asociación Española, en 1921, Rafael presentó un análisis de la interpretación de Augusto Righi del experimento de

[84] José M. Plans, «El experimento de Miller y la teoría de la relatividad», *Ibérica*, 27 (1927), pp. 169-171.

[85] «Nuevas repeticiones del experimento de Michelson», *Ibérica*, 28 (1927), pp. 94-95; véase Swenson, *Ethereal Aether*, p. 244.

Michelson-Morley. Rafael señaló que las consideraciones de Righi habían atraído escasos comentarios,

> no sabemos si por tratarse de un objeto ya perfectamente analizado, cuyas consecuencias no se creen modificables por las consideraciones de un *dilettante* en Física teórica..., ya porque estaban comprobadas por tan diversos caminos las bases experimentales que dieron origen a las admirables teorías relativistas.

Según De Rafael los problemas de Righi surgían de su aversión a considerar efectos de rotación relativa suplementarios a los del movimiento lineal de los dos rayos[86]. Es muy improbable, observó De Rafael el año siguiente, que la relatividad sea derrocada por experimentos de este tipo, porque «la hipótesis del éter fijo (que, como muy bien dijo Einstein, equivale a dar propiedades física al espacio absoluto) ha perdido toda autoridad»[87].

La recepción comparada de la relatividad

En un estudio reciente de la recepción de la relatividad en dos culturas con un gran contraste político entre ellas (Inglaterra y la Unión Soviética), Loren Graham señala que las interpretaciones de la relatividad pueden ser acordes con actitudes extracientíficas de sectores de la sociedad en cuestión. Así, Graham concluye que sir Arthur Eddington, un cuáquero, intentaba reconciliar la ciencia con la religión (para lo que había una amplia tradición en el pensamiento inglés) y tranquilizar al público sobre que la teoría de Einstein no llevaba consigo el abandono de los valores y normas absolutos. En la Unión Soviética, el físico V. A. Fock deseaba hacer de la relatividad una defensa del materialismo[88].

---

[86] Enrique de Rafael, «La teoría del experimento de Michelson», Asociación Española para el Progreso de las Ciencias, Congreso de Oporto, Tomo V: *Ciencias Físico-Químicas* (Madrid, 1922), pp. 87, 105 («Righi o no leyó, o no comprendió o no quiso comprender esta observación»).

[87] Enrique de Rafael, «Nociones de Mecánica clásica y relativista», *Anales de la Asociación de Ingenieros del Instituto Católico de Artes e Industrias* (en adelante, citado como *Anales ICAI*), 1 (1922), pp. 185-186 núm. 1.

[88] Graham, «The Reception of Einstein's Ideas» (núm. 40, arriba), pp. 107-136.

En cada caso el ambiente cultural le proporcionó al científico un contexto para una peculiar lectura de la teoría de Einstein.

Mirando más allá de la recepción de la relatividad por científicos individuales, también pueden detectarse patrones de recepción determinados en gran parte por los perfiles específicos de las comunidades científicas nacionales. En un examen de la recepción comparada de la relatividad especial hasta alrededor de 1911, Stanley Goldber trazó patrones específicos en Francia, Alemania, Estados Unidos e Inglaterra. En Francia no hubo prácticamente reacción a Einstein antes de 1910, en gran medida debido a la influencia de Henri Poincaré que creía que la obra de Einstein constituía una parte pequeña y no muy significativa de una teoría más amplia desarrollada por Lorentz y por él mismo. Como consecuencia, hubo escasas discusiones de la teoría especial hasta después de la muerte de Poincaré en 1911. (Incluso entonces, como ha observado Michel Biezunski, la mayoría de los físicos franceses evitaron enfrentarse con el significado físico de la relatividad hasta después de la Segunda Guerra Mundial).

En Alemania, en contraste, hubo una intensa discusión desde el principio. Aunque muchos físicos alemanes se opusieron a Einstein, sólo fue en Alemania donde sus opositores comprendieron la teoría. El que los antirrelativistas tomasen en serio a Einstein aseguró el concienzudo examen, crítica y, finalmente, aceptación de la relatividad. En los Estados Unidos no sólo no se tomó en serio la relatividad, sino que hubo pocos que captaron su significado. Había una tendencia a ridiculizarla como no práctica y absurda. La apelación a la practicabilidad significa que se subrayó la incomprensibilidad de la teoría y W. F. Magie declaró en un importante discurso dirigido a los físicos americanos que una teoría ininteligible para el hombre corriente no podía ser cierta. La primera discusión sería realizada por G. N. Lewis, y R. C. Tolman, en 1909, trató de mostrar que la teoría era realmente práctica y estaba basada en evidencia experimental. La reacción británica fue no tanto una discusión de los méritos de la relatividad como una reacción contra su ataque al éter, que los físicos británicos (siguiendo a lord Kelvin y a Oliver Lodge) consideraban como un objeto mecánico absolutamente necesario para la correcta explicación de los fenómenos electromagnéticos[89].

Al considerar la recepción española de la relatividad de modo comparado debemos preguntarnos primero qué había en la experiencia común de tantos hombres de la derecha católica (Terradas, Plans, De Rafael, Luis Urbano) que hacía la relatividad tan atractiva para ellos. Primero, había un factor social: aceptar la relatividad era un modo de abrazar la ciencia moderna sin mostrarse opuesto a los valores católicos tradicionales (lo que no había sido posible en el caso del darwinismo). Segundo, parece que hubo un factor contextual relacionado con la educación católica de tales personas. La tradición neoescolástica se había opuesto a las nociones kantianas de espacio y tiempo en cuanto que Kant –descrito por De Rafael como el patriarca de la filosofía modernista– había identificado el espacio y el tiempo como categorías *a priori* del intelecto humano. Los críticos católicos ingenuos de la relatividad, confundiendo espacio y tiempo *absoluto* con *real*, suponían que la postura de Einstein apoyaba la de Kant. «Nada más falso», declaró De Rafael:

> Nada hay de común entre las ideas del patriarca de la filosofía modernista y las de Einstein, si no es la imposibilidad de percibir *inmediatamente* el espacio y tiempo absolutos en sí, imposibilidad que no es contra la filosofía escolástica, pues ésta, contra Newton, sostiene que el espacio y el tiempo, tal como los concebimos, no son entidades necesarias, eternas, inmutables e independientes de Dios, cual si fuesen su inmensidad (*sensorium*) y su eternidad (como pretendía Leibniz), sino simples entes de razón o ideales, con el fundamento real de la existencia de seres extensos, permanentes y sucesivos. Esto no solamente no está en contradicción con las modernas teorías, *en cuanto éstas son fruto claro de la experiencia y representan un verdadero adelanto*, sino bastante más conforme con ellas que lo que hasta ahora se había venido admitiendo[90].

---

[89] Stanley Goldberg, «In Defense of Ether: The British Response to Einstein's Special Theory of Relativity, 1905-1911», *Historical Studies in the Physical Sciences*, 2 (1970), pp. 89-125, y «The Assimilation of Scientific Revolutions: The Case of Special Relativity in America», manuscrito (citado con autorización del autor); Michel Biezunski, *La diffusion de la théorie de la relativité en France*, p. 292.

[90] Enrique de Rafael, «De relatividad», *Ibérica*, 15 (1921), p. 91 núm. 1. El énfasis es de De Rafael. En sus notas de curso, sin embargo, indica que tanto Einstein como Weyl

Einstein, en otras palabras, había demostrado la relación correcta entre la mente y la realidad.

Aunque De Rafael era un jesuita y Esteve Terradas un seglar, este último era un creyente igualmente ávido, según la nota necrológica de De Rafael[91]. Terradas tenía una más bien cuidadosamente trabajada justificación de la relatividad general, subrayando que sus ramificaciones filosóficas procedían directamente del cálculo diferencial absoluto, cuyo «alcance filosófico era imprevisto de todo punto». Si el espacio y el tiempo no son entidades reales, sino sólo ficticias «con el fundamento real de la existencia de cuerpos extensos y mudables», como muchos filósofos tomistas (por ejemplo, Suárez) habían sostenido, entonces no hay ninguna objeción metafísica para admitir que las propiedades reales de ambos dependen de esos cuerpos. Si se admite, además, que hay tanto tiempos verdaderos como movimientos reales, entonces «desaparecen como por encanto todas las dificultades que en el orden filosófico pueden levantarse contra la aplicación del cálculo diferencial absoluto al estudio de los movimientos». Esas ideas, afirma, son características de los filósofos objetivistas, en especial los escolásticos que siguen a Santo Tomás y Suárez:

> Los subjetivistas, ya porque coloquen, como Descartes, la esencia de los cuerpos en su extensión, ya porque nieguen la realidad absoluta de los entes extensos, como Berkeley, Hume y Kant, tienen dos dificultades que allanar para admitir la aplicación del cálculo diferencial absoluto: 1. La explicación de la causa de la variedad en el espacio tiempo; 2. La no-arbitrariedad de los resultados previstos[92].

Dirigiéndose a la cronología, Terradas compara la noción de Einstein del espacio como finito y cerrado –«pero el tiempo es infinito y el universo cilíndrico»– con la concepción de De Sitter, en la que no sólo el espacio sino también el tiempo es finito. Concluye: «Eviden-

---

habían vinculado sus teorías con las formas kantianas subjetivas *a priori*; *Anales ICAI*, 1 (1922), 187.

[91] Enrique de Rafael, «Juventud de Terradas» (núm. 1, arriba), donde se describe rezando el rosario con Terradas.

[92] «Relatividad» (núm. 12, arriba), pp. 458-459.

temente que la solución de Einstein es más conforme (tal vez sin él sospecharlo) a la idea de la eternidad de la filosofía católica»[93].

Abrazando la relatividad, por consiguiente, los científicos católicos conservadores podían distanciarse de los absolutos newtonianos asociándolos con las categorías *a priori* kantianas y oponerse al mismo tiempo a la filosofía modernista. Los relativistas conservadores, y De Rafael en particular, se tomaron constantes molestias para tranquilizar al público católico sobre la no existencia de conflicto entre sus valores y las teorías de Einstein. Pero él no se extendió sobre el tema, probablemente debido a la incapacidad de los antirrelativistas para entender la materia.

Finalmente, hay dos generalizaciones que se aplican a todos los relativistas españoles y no sólo a los católicos conservadores. Primero, en España no había una tradición maxwelliana que impidiera la recepción de la relatividad basándose en un dogmatismo físico. Verdaderamente, como ha observado Antonio Lafuente, «en España, todo el conjunto de preocupación de la Física prerrelativista fue ignorado»[94]. Podemos ampliar el argumento señalando que los científicos conservadores de finales del siglo XIX se habían opuesto, como una cuestión de creencias, a cualquier clase de concepción mecanicista del mundo, oposición al mecanicismo que había sido un aspecto fundamental del rechazo católico de la selección natural. Dos subaspectos, ambos identificados por Lafuente, están relacionados con esto: primero, no hubo auténtico debate sobre la relatividad entre los científicos españoles, y segundo, los newtonianos dogmáticos en general no se manifestaron, sino que permanecieron silenciosos[95]. Subyaciendo a la falta de debate había factores generacionales; la generación más joven de científicos estaba mejor educada, era más capaz de con-

[93] *Ibid.*, p. 459.

[94] Lafuente, «La relatividad y Einstein, en España», p. 588.

[95] *Ibid.*, p. 589. Félix Apraiz, un ingeniero eléctrico que escribió un folleto antirrelativista en 1921 (véase Bibliografía), fue uno de los pocos abiertos proponentes de la teoría mecánica del éter en la España de esta época. Véase su artículo «La interpretación mecánica de los fenómenos eléctricos y magnéticos», Asociación Española para el Progreso de las Ciencias, Congreso de Oporto, tomo V, *Ciencias Fisico-Químicas* (Madrid, 1922), pp. 73-108.

frontar las nuevas ideas y, lo que es tan importante como esto, controlaba las principales instituciones. Como no había un grupo de físicos firmemente enraizados para someter la teoría a debate crítico, tampoco había roca firme de resistencia atrincherada.

En tales situaciones, como hemos señalado, los factores de prestigio asumen gran importancia y, en el mundo de la física y las matemáticas españolas, los relativistas tenían un monopolio del prestigio.

Finalmente, la conexión con los matemáticos italianos coloreó fuertemente la recepción española de la relatividad. Ello explica por qué hubo un mínimo de censura sobre la sofisticación matemática de la teoría general y por qué la relatividad general fue presentada no sólo como un triunfo experimental sino como una validación de las matemáticas superiores y de su valor para la ciencia.

«Las cosas no llegan ahora con retraso»

En los años 1920 los científicos españoles de una serie de disciplinas comenzaron a sentir que eran partícipes activos del progreso científico. Del mismo modo como el aislamiento y el retraso habían sido *leit motiv* del estancamiento científico, la comunicación activa con la vanguardia científica era la señal más clara del nuevo estado de la ciencia española. La comunicación efectiva no fue sólo un hecho; rápidamente se convirtió en un símbolo, un sello de éxito, una corroboración del salto a la madurez y a la relevancia científicas. Para J. M. Plans, el cierre de la brecha de la comunicación era la mejor prueba de la madurez científica de España y, a su vez, la recepción de la relatividad fue la prueba de que la brecha se había cerrado realmente. La relatividad había irrumpido en el mundo de la escena científica en el preciso momento en que la ciencia española estaba alcanzando la madurez y su recepción se convirtió en una potente legitimación de esa madurez.

Plans lo señaló repetidamente. En su discurso de 1924 de ingreso en la Academia de Ciencias indicó que:

> Precisamente en la teoría de la relatividad y estudios con ella relacionados contamos con un buen número de ilustrados cultivadores

> españoles; y puede afirmarse que los sucesivos adelantos de la obra de Einstein y sus colaboradores han llegado a nosotros sin retardo[96].

Durante la visita de Einstein, Francisco Vera aclamó a Plans como una refutación viviente de los que pensaban que «en España se reciben las noticias científicas con lamentable retraso»[97]. Plans hizo la misma consideración en su nota de 1926 sobre la historia reciente de las matemáticas españolas. Atribuyó el que «las cosas no llegan ahora con retraso» en particular a los esfuerzos de Esteve Terradas, que había desempeñado el papel principal de la organización de los cursos de Weyl, Levi-Civita, Einstein y otros. «Merced a Terradas estamos en relación con los grandes sabios extranjeros y puede decirse que nos enteramos al día de la ciencia mundial, en lo referente a las expresadas disciplinas»[98]. La recepción científica de la relatividad no puede separarse de la red de información que la configuró y que aseguró que en el contexto español hubiera una precoz asimilación de una nueva y difícil serie de ideas.

[96] J. M. Plans, *Algunas consideraciones sobre los espacios de Weyl y Eddington y los últimos trabajs de Einstein* (Madrid, Real Academia de Ciencias Exactas, 1924), p. 42.

[97] Vera, «El doctorado «honoris causa» y otras grandes menudencias», *El Liberal*, 16 de marzo de 1923.

[98] Plans, «Las matemáticas en España en los últimos cincuenta años», p. 173. De las cartas de Plans a Levi-Civita resulta evidente que, debido a su mala salud, dependía de Terradas en lo que se refiere a la asistencia a congresos en el extranjero y para mantener contactos allí.

CAPÍTULO 7

LA CLASE MEDIA CIENTÍFICA

SOCIOLOGÍA DE LA CIENCIA ESPAÑOLA

Si los relativistas españoles efectuaron poca o ninguna investigación en matemáticas o física relativista y limitaron su participación a síntesis de alto nivel, cabría preguntarse a qué audiencia se dirigían esos trabajos. Las síntesis producidas por Cabrera, Plans y Terradas estaban orientadas a la integración de la teoría de la relatividad en el *corpus* de física matemática disponible para los lectores españoles. Pero ¿a qué nivel? Esos trabajos, incluido el artículo de Terradas para la popular enciclopedia Espasa-Calpe, no eran para el consumo «popular». Estaban dirigidos a personas con formación científica. Pero los científicos investigadores o aquellos que desempeñaban cátedras de matemáticas o física difícilmente podían constituir un auditorio bastante amplio para merecer tal inversión de energía. Estas síntesis estaban dirigidas más bien a una audiencia específica que tenía formación matemática y había mostrado un interés consistente por la relatividad: la comunidad de ingenieros.

Tales personas, que contribuyeron a la recepción de la relatividad en España, formaban un grupo diferenciado y bien definido de «consumidores» de ciencia, un grupo al que yo llamo la «clase media científica». Este grupo se componía de personas con formación científica que podían estar interesadas por la investigación científica, pero que, en general, no la desarrollaron ellos mismos. Los sectores más destacados de la clase en la España de finales del siglo XIX y principios del siglo XX eran los médicos, ingenieros, farmacéuticos y profesores de segunda enseñanza. Grupos menos numerosos de componentes los constituían los clérigos con formación científica, los escritores de ciencia y técnicos de una u otra clase. La clase media científica era la que nutría las filas de miembros de todas las sociedades científicas españolas, constituía la masa de lectores de revistas

Tabla 7-1
Sociedad española de Física y Química

I. (a) Disciplinas primarias	
Astrónomo del Observatorio	5
Profesor, Facultad de Ciencias	51
Profesor, Facultad de Farmacia	17
Profesor, Facultad de Medicina	2 (75)
(b) Doctorados	
Doctor en Ciencias	25
Doctor en Farmacia	17
Doctor en Medicina	3 (45)
	Total 120
II. «Clase media científica»	
Profesor o director de un Instituto	27
Profesor, Escuela Industrial	11
Profesor, Escuela de Comercio	1
Profesor, Escuela Normal	3
Farmacéutico, químico, etc.	34
Ingeniero	
Minas	14
Civil	8
Industrial	5
Otros	12
Oficial de Telégrafos	1
Encargado de fábrica	2
Clérigo	11
Licenciado en Ciencias	38
Licenciado en Farmacia	3
	Total 170
III. Sin indicación de profesión	56
Resumen	
Disciplinas primarias	120
«Clase media científica»	170
Sin indicación de profesión	56

FUENTE: *Anales de la Sociedad Española de Física y Química*, 18 (1920), pp. 277-291

Tabla 7-2.
Clase media científica
(Sociedades científicas españolas seleccionadas)

	Sociedad Española Progreso Ciencias 1920		*Sociedad Española Física y Química (Ajustada)* 1920		*Sociedad Española Progreso Ciencias* 1912	
I	120	41,4%	75	25,9%	239	42,7%
II	170	58,6%	215	74,1%	321	57,3%
Total	290	100%	290	100%	560	100%

FUENTE: Tabla 7-1 (arriba) y «Lista de los miembros que componen la Asociación Española para el Progreso de las Ciencias en 31 de julio de 1912».

científicas y formaba el principal electorado político para la ciencia en España. Con otras palabras, dada la pequeñez de la institucionalización de la investigación científica, la ciencia como una empresa no podría haber funcionado en absoluto sin la participación de este grupo.

Las listas de miembros de las sociedades científicas españolas en los años 1910 y 1920 revelan una distribución estándar entre los científicos y los miembros de la clase media científica del orden del 40 por 100 y 60 por 100, respectivamente. Esto vale tanto para pequeñas sociedades, como la Sociedad Española de Física y Química (con 346 miembros en 1920), así como para grandes sociedades como la Asociación Española para el Progreso de las Ciencias (770 miembros en 1912). La tabla 7-1 distribuye los miembros de la primera en 1920 por categorías. El grupo I incluye a los identificados con catedráticos en facultades de ciencias, farmacia o medicina, astrónomos con puestos de titular en observatorios y los catalogados por ellos mismos como doctores en ciencias, farmacia o medicina. El grupo II incluye profesores de escuelas técnicas o de enseñanza secundaria, técnicos aplicados, ingenieros, oficiales de telégrafos, directores de fábrica, clérigos y los registrados como poseedores de una licenciatura en ciencias.

Además, 56 individuos aparecían catalogados sin título y no están incluidos en la distribución de porcentajes.

Al clasificar de este modo a los miembros de la Sociedad se encuentran dificultades obvias. Hay catedráticos que no investigaban y profesores de ciencias de segunda enseñanza que lo hacían. Pero, en conjunto, tales anomalías se cancelan unas con otras. He incluido a personas catalogadas por ellas mismas como doctores en la categoría I porque un cierto número de ellas son identificables como futuros catedráticos o investigadores. Si se transfiriese este grupo a la categoría II (tabla 7-2, números ajustados), la «clase media» superaría en número a los científicos según la relación 75 por 100-25 por 100, y este número puede proporcionar bastante bien una indicación más precisa del estado de la ciencia en España en esta época. Los miembros de la Asociación Española para el Progreso de las Ciencias en 1912 se distribuyen de manera similar (tabla 7-2). Esta lista de miembros proporciona menos información, lo que ha hecho más difícil la clasificación. Pero la aplicación del mismo criterio arrojó cifras parecidas.

En síntesis, en cualquiera de las sociedades científicas españolas alrededor de un cuarto de los miembros desempeñaban posiciones destacadas en la ciencia académica y puede presumirse razonablemente que se mantenían al corriente de los desarrollos contemporáneos en sus respectivos campos y que mantenían un nivel respetable de actividad investigadora. Los otros tres cuartos se dedicaban a ocupaciones prácticas, generalmente sin relación con la investigación pura.

La clase media científica desempeñó un papel prominente en la recepción de las nuevas ideas científicas a finales del siglo XIX y principios del XX. Quizá el 90 por 100 de la literatura española sobre darwinismo del período 1868-1900 fue producida por miembros de esta clase. Verdaderamente, ellos guiaron a los investigadores en este ejemplo (estimulando la demanda de investigación orientada a la evolución, insistiendo en que se discutiera el tema públicamente), porque en muchos casos los que desempeñaban cátedras de historia natural temían arriesgar su posición mostrándose abiertamente favorables a Darwin. Las guerras darwinianas fueron llevadas a cabo por profesores de escuelas secundarias, médicos y científicos sociales, no por biólogos[1].

Lo mismo fue verdad en gran medida de la recepción de la relatividad. La tropa de los «consumidores» de las teorías de Einstein en la España de los años 1920 fueron ingenieros. Ellos eran los lectores de los trabajos de Plans, Cabrera y Terradas; predominaban en sus conferencias, así como en las de Einstein, y fueron responsables de una gran parte de la literatura de divulgación sobre el tema.

Para los objetivos de la presente discusión he ampliado mi definición básica de la «clase media científica» para que incluya a los investigadores de disciplinas diferentes a las tres cuya recepción se estudia. Así, por ejemplo, el nivel de discusión de la relatividad por parte de los químicos españoles tenía más en común con la discusión por parte de los ingenieros que con el nivel en matemáticas o en física.

Las matemáticas y la formación de los ingenieros

La inclusión de las escuelas de ingeniería en las matemáticas superiores no debe sorprender. En primer lugar, había una larga tradición muy anterior al siglo XIX, que unía a las carreras de matemático y de ingeniero militar. La figura más destacada de las matemáticas españolas del siglo XIX, José de Echegaray, fue un ingeniero de caminos y, desde 1855, profesor de matemáticas en la Escuela Especial de Ingenieros de Caminos. Más tarde se convirtió en profesor de física matemática en la Universidad de Madrid. Los matemáticos de principios del siglo XX seguían el mismo patrón. Había muy pocos empleos para matemáticos superiores. Como la mayoría de las cátedras disponibles estaban en las escuelas de ingeniería, los que querían opositar a ellas tenían que hacerse ingenieros, ya que no se podía, según la legislación vigente, enseñar en una escuela de ingeniería sin ser un miembro del cuerpo en cuestión. Esta normativa actuaba de dos modos. O bien obligaba a buenos matemáticos, como Rodríguez Bachiller, a obtener el título de ingeniero para aumentar sus perspectivas profesionales como matemático, o bien significaba que los cur-

[1] Thomas F. Glick, *Darwin, en España* (Barcelona, Península, 1982).

sos terminarían siendo impartidos no por un profesor, sino por un simple «encargado de curso», con un puesto inestable[2].

Inmediatamente antes de la Primera Guerra Mundial hubo un amplio debate entre los ingenieros europeos sobre el papel de las matemáticas en la formación de los ingenieros. El grito «Basta de matemáticas» fue proferido por destacados pedagogos de ingeniería en Alemania e Inglaterra, y el asunto se debatió exhaustivamente en el Congreso de Londres de Educación en Ingeniería, en junio de 1911. Un español que se ocupó de esta polémica antes de la guerra fue Enrique Jiménez, jesuita y profesor de cálculo en el Instituto Católico de Artes e Industrias[3]. Jiménez estaba de acuerdo en líneas generales con los críticos de la enseñanza de demasiadas matemáticas abstractas a los estudiantes de ingeniería: ¿Qué necesidad tenía un ingeniero de ser capaz de exponer los embrollos del espacio riemanniano? (ésta es una alusión interesante, porque José A. Pérez del Pulgar, director del Instituto Católico, había estudiado geometría no-euclidiana en Alemania y había escrito extensamente sobre el tema). Por otra parte, señalaba Jiménez, Charles Steinmetz había dedicado un capítulo completo de su libro sobre corrientes alternas a un estudio de las cantidades imaginarias, «haciendo notar que sin el auxilio de dicha teoría es imposible el cálculo numérico de las máquinas eléctricas». Jiménez concluyó que se necesitaban matemáticas puras para la enseñanza de los cursos básicos, incluyendo la geometría analítica y el cálculo infinitesimal. El ICAI, con su propio libro de texto, enseñaba cálculo, a su juicio, al nivel adecuado, equivalente al de Alemania y Francia. También observó que la enseñanza secundaria española en matemáticas iba muy por detrás del estándar inglés: «Con dificultad, uno, entre 100 de nuestros jóvenes, resolvería satisfactoriamente los problemas que se proponen a los que estudian las matemáticas en las llamadas *secondary schols*». Es interesante señalar que

[2] Véase anotación, «La enseñanza de la ingeniería», *Madrid Científico*, 33 (1926), pp. 95-97. Rodríguez Bachiller se graduó en ingeniería en la Escuela de Caminos.

[3] Enrique Jiménez, «Las matemáticas y la ingeniería», *Electricidad y Mecánica* (Valencia), 10, nº 4 (abril 1914), pp. 4-10 (reimpreso de *Ibérica*).

España era el único país de Europa (y lo seguía siendo en los años 1930) en el que los candidatos para ingresar en las escuelas de ingeniería tenían que estudiar matemáticas privadamente para poder reunir los requisitos de admisión exigidos, de tan pobre como era la calidad de la enseñanza secundaria[4].

La polémica «Basta de matemáticas» no se desarrolló plenamente entre los españoles hasta los años 1920. Una disertación con este título la impartió en 1920 Vicente Machimbarrena, profesor de la Escuela de Caminos, siendo contestado por Mariano Moreno-Caracciolo. Machimbarrena argumentaba que la instrucción matemática era demasiado abstracta y desviaba energías de actividades más prácticas. Deseaba, dijo Caracciolo, podar el árbol del conocimiento matemático. Pero en ello había un peligro: «La disminución de la cultura matemática en las futuras generaciones de ingenieros podría ser una causa de atraso para la técnica española». Caracciolo planteaba la cuestión considerando que determinados conocimientos matemáticos eran básicos y otros no, el uso de las matemáticas como un obstáculo a superar más bien que como una preparación para resolver tipos específicos de problemas y la pobreza de libros de texto en particular, traducciones deficientes de textos usados en el Politécnico francés. Aconsejó: «Más que un anatema contra todas las disciplinas del cálculo y de la medida, precisa una selección de conocimientos que no se detengan ante la absurda separación entre elementales y superiores, pues son, a veces, más abstrusos e indigestos algunos capítulos de la aritmética o de la trigonometría que ciertas ideas y conceptos generales del cálculo diferencial o de la geometría analítica»[5].

Caracciolo era un divulgador de la relatividad y un miembro de la Sociedad Matemática, así como del Hyper-Club de Emilio Herrera, un grupo de ingenieros aeronáuticos que se deleitaban discutiendo problemas cosmológicos abstractos. Como Herrera,

---

[4] Paulino Castells, «La preparación matemática en la carrera de ingeniero», *Memorias de la Academia de Ciencias y Artes de Barcelona*, 22 (1932), p. 475.

[5] Manuel Moreno-Caracciolo, «Las matemáticas del ingeniero», *Madrid Científico,* 27 (1920), pp. 237-238.

creía que las matemáticas puras eran de valor fundamental para la ingeniería[6].

En los años 1920, Julio Rey Pastor fue el principal defensor entre los matemáticos españoles de la inclusión de las matemáticas superiores en el plan de estudios de los ingenieros. A mediados de la década polemizó con Pedro González Quijano (un relativista también), que deseaba más práctica y menos teoría en la formación de los ingenieros. Rey Pastor argüía que el programa «Basta de matemáticas» había resultado un fracaso y que las matemáticas modernas, abstractas, pero apropiadas a los fines de la formación de los ingenieros, deberían enseñarse en las escuelas de ingeniería, «y deben enseñarla quienes la conozcan bien, sean o no ingenieros»[7]. Intentó distinguir entre ingenieros «teóricos» y «profesionales», sosteniendo que los primeros requerían una formación matemática más especializada. Pero los que en las escuelas de ingeniería favorecían amplia formación matemática lo hacían considerando a todos los estudiantes[8]. De hecho, Rey Pastor tenía que proteger el empleo de sus discípulos; los matemáticos puros ganaron la batalla y continuaron obteniendo nombramientos para cátedras de las escuelas de ingeniería (los físicos lograron también un resultado similar).

Así, los estudiantes de la Escuela de Caminos bajo el rótulo de cálculo infinitesimal estudiaban: cálculo integral, aplicaciones geométricas y mecánicas, ecuaciones diferenciales, nomografía y curvatura de líneas y planos. Además se exigía geometría descriptiva y mecánica racional. En las escuelas de ingeniería industrial el primer año los estudiantes daban análisis algebraico, comprendida la teoría general de ecuaciones, cálculo diferencial, geometría analítica y nomografía, junto con geometría descriptiva y sus aplicaciones. En segundo año se requería cálculo integral y mecánica racional[9]. Como consecuencia

[6] Sobre el «Hyper-Club» véase Thomas F. Glick, «Emilio Herrera and Spanish Technology», en Emilio Herrera, *Flying: Memoirs of a Spanish Aeronaut* (Albuquerque, University of New Mexico Press, 1984), pp. 191-194.

[7] Julio Rey Pastor, «Sobre enseñanza técnica y espíritu de cuerpo», *Madrid Científico*, 32 (1925), pp. 337-340.

[8] Castells, «Preparación matemática» (núm. 4, arriba), p. 469.

[9] *Ibid.*, p. 17.

se esperaba que los alumnos de los cursos superiores de ingeniería sabrían bastantes matemáticas para comprender los conceptos básicos de la mecánica de la relatividad especial.

Cursos y libros de texto de ingeniería

La presencia de la relatividad en los planes de estudio de las escuelas de ingeniería explica tanto el gran interés que los ingenieros graduados entre 1918 y 1925 tenían por el tema como su capacidad para discutir sobre él. El curso mejor documentado es el titulado «Nociones de mecánica clásica y relativista», que impartió Enric de Rafael en el Instituto Católico de Artes e Industrias el año académico de 1921-1922[10]. De Rafael observó que la «primera asignatura» consistía en un conjunto estándar de cursos en todas las escuelas de ingeniería, pero que los cursos de niveles superiores eran electivos. Al decidir sobre si ofrecer un curso optativo sobre algún problema clásico o sobre algún tema de actualidad escogió esto último porque «la ciencia viva es mucho más agradable y hasta, en cierta manera, más instructiva que la muerta». En cualquier caso, para enseñar la ciencia moderna había que revisar también las bases de la clásica. Para De Rafael, un matemático, la decisión de enseñar relatividad fue incluso más grave, debido a la deficiente formación física de sus alumnos: «... como mis oyentes no conocían la mecánica clásica, tenía que comenzar por explicarles lo más esencial de ella». De Rafael, desde luego, traiciona sus predilecciones personales identificando a la ciencia no moderna como «muerta». No obstante, en vista de la falta de preparación de sus alumnos, el primer tercio del curso estuvo dedicado a la discusión de las tres leyes de Newton y a su exposición analítica junto con una «ligera discusión filosófica acerca de las mismas». El segundo trimestre se dedicaría a la teoría especial, y el tercero, a la general.

[10] Enrique de Rafael, «Nociones de Mecánica clásica y relativista», *Anales de la Asociación de Ingenieros del Instituto Católico de Artes e Industrias*, en lo sucesivo citados como *Anales ICAI*, 1 (1922), p. 20.

Las lecturas recomendadas para el curso incluían la síntesis de Born *Die Relativitätstheorie Einsteins*; el *Traité de physique* de Chwolson; el volumen antológico *Die Relativitätsprinzip* de Lorentz, Einstein y Minkowski, y las *Nociones fundamentales de la mecánica relativista* de Plans. Para la teoría general, De Rafael recomendaba el *Report on the Relativity Theory of Gravitation* de Eddington; *Raum, Zeit, Materie* de Weyl y conferencias recientes de Terradas, Cabrera y Levi-Civita (véase capítulo 6), tan pronto como fueran publicadas[11]. También se recomendaron a los estudiantes cuatro libros de divulgación: la traducción de Lorente de Nó de Einstein; la traducción de Plans del libro de Erwin Freundlich *The Foundations of Einstein's Theory of Gravitation* y la traducción de García Morente del libro de Schlick y Born.

De Rafael creía que, dadas las implicaciones filosóficas de la relatividad, eran necesarios algunos conocimientos de filosofía de la ciencia, especialmente para los católicos. Aquí detectó un problema de interpretación:

> La filosofía científica es sumamente dificultosa, porque los filósofos de oficio suelen hallarse no solamente ignorantes, sino también incapaces de salir de su ignorancia en materias científicas, por su falta de base y sus preocupaciones de escuela; en cambio, los científicos yerran fácilmente en materias filosóficas, de las que desconocen no sólo la terminología, sino muy a menudo el alcance formal y concatenación analítica (si bien la ciencia del siglo XX, así en matemáticas como en física, se ha desarrollado con mucha fuerza y bastante acierto en este sentido), no fáciles de advertir por los no habituados a las disputas filosóficas[12].

Para una base filosófica general recomendó las obras del filósofo español del siglo XIX Jaime Balmes, y para la filosofía de la ciencia, *La Théorie physique* y tres volúmenes de Henri Poincaré: *La science et l'hypothése*, *Le valeur de la science* y *Science et métode*.

---

[11] De Rafael añade que él había asistido a muchas de esas conferencias. Cf. su postdata a Levi-Civita, 12 de mayo de 1921, en la que afirma: «quanto mi sia stato gradito l'avere presso parte alle sue sceltissime lezzione» (Tullio Levi-Civita Papers, Duplicate Archive, Robert A. Millikan Memorial Library, California Institute of Technology).

[12] De Rafael, «Nociones de Mecánica clásica y relativista», *Anales ICAI*, 1 (1922), p. 21.

El curso comenzó con una discusión de las tres leyes newtonianas de la inercia, la aceleración y la igualdad de la acción y la reacción, y prosiguió con un examen de la teoría especial, incluyendo las fórmulas de transformación de Lorentz-Einstein, la electrodinámica relativista, el movimiento de un punto material y la variación de la masa con la velocidad. Las partes del curso que trataban de la relatividad general no se publicaron.

El curso optativo de De Rafael dedicado enteramente a la relatividad fue atípico. Más corrientes eran cursos cortos (*cursillos*), tales como el dado en la Escuela de Caminos en la primavera de 1923 por Pedro Lucia Ordóñez de la promoción de 1918. Las ocho lecciones abarcaban lo principal de la relatividad en la física clásica, la teoría general, nociones de álgebra tensorial, mecánica relativista, la teoría general, nociones de análisis tensorial y, finalmente, la teoría de la gravitación de Einstein y sus consecuencias. Al curso asistió «un nutrido grupo de ingenieros de Caminos y de alumnos y profesores de la Escuela, que salieron altamente complacidos de ellas»[13]. En la misma línea, hubo conferencias individuales de relatividad, tales como la dada por Cantos Abad en la Escuela Central de Ingenieros Industriales de Madrid el 27 de abril de 1922, de la que se dijo que se había ceñido a los hechos y que fue favorable a Einstein[14].

La relatividad se difundió en las escuelas de ingeniería menos a través de cursos monográficos que mediante su inclusión en el plan de estudios normal, en particular en los cursos de mecánica racional. En la Escola d'Enginyers Industrials de Barcelona, Ferrán Tallada enseñaba la mecánica racional desde una perspectiva relativista, e igualmente lo hacía su equivalente en Madrid, Carlos Mataix Aracil. Mataix escribió un libro de texto, *Mecánica racional*, cuya primera edición no trataba de la relatividad. En 1923 publicó un suplemento de 23 páginas sobre el nuevo tema introduciendo a los estudiantes en la relatividad en la mecánica clásica, la teoría especial, el problema de la simultanei-

[13] *Revista de Obras Públicas*, 71 (1923), 32; *Anuario de la Escuela Especial de Ingenieros de Caminos*, *Curso de 1922-1923* (Madrid, 1924), p. 60.

[14] *Madrid Científico*, 30 (1923), p. 151.

dad, el universo de Minkowski, las transformaciones de Lorentz, el tiempo local, la contracción de longitudes, masa y energía y la relatividad general (en ese orden). El suplemento termina con cinco cuestiones o problemas sobre la relatividad especial (en particular, los pertinentes a sus resultados, tales como la contracción de la longitud y la dilatación del tiempo, que no aparece en la mecánica clásica y cuya respuesta exige, a lo sumo, un conocimiento elemental del cálculo)[15].

Análogamente, el profesor de óptica aplicada de la Escola d'Enginyers J. Mañas y Bonví incluyó una amplia discusión de la relatividad en un suplemento a su libro de texto *Óptica aplicada*, un libro elaborado a partir del curso de Mañas «Aplicaciones de la luz», dado por primera vez en 1910. Al preparar las notas de su curso para la publicación estuvo en estrecha comunicación con Terradas, quien leyó el manuscrito y le proporcionó a Mañas «cuantas noticias creyó de interés para la índole del libro». Es interesante que cuando la primera edición estaba lista para la publicación en noviembre de 1913, Terradas no consideró que la relatividad merecía ser discutida. La segunda edición, de 1915, contenía una serie de suplementos, incluido uno sobre relatividad, y, al parecer, reflejaba la convicción de Terradas de que la relatividad especial se había convertido en hermana de gran parte de la física contemporánea. El suplemento de Mañas es una discusión completamente adecuada de la teoría especial, puesta en el contexto de la historia de la teoría del éter, con la afirmación de que Einstein había negado la existencia del éter «como un medio necesario para la transmisión de las acciones electromagnéticas»[16].

En Madrid, los matemáticos relativistas formados en el Seminario de Rey Pastor se dispersaron por las escuelas técnicas: Puig Adam se fue al Instituto Católico; Fernando Peña, a la Escuela Especial de Ingenieros de Montes y, al final de la década, Rodríguez Bachiller a la Escuela Superior de Aerotécnica de Emilio Herrera[17]. Todos con-

---

[15] Carlos Mataix Aracil, *Primeras nociones de mecánica relativista* (Madrid, Koehler, 1923).

[16] J. Mañas y Bonví, *Optica aplicada* (Barcelona, 1915), «Suplemento a la p. 427», p. VIII.

[17] *Revista Matemática Hispanoamericana*, 2 serie, 7 (1932), pp. 150-151; Peña, «Bosquejo de la teoría de la Relatividad», en William Watson, *Curso de Física* (Barcelona, Labor, 1925), pp. 867-886.

servaron su anterior interés por la relatividad y cabe presumir que se lo comunicaron a sus alumnos a lo largo de la década. En 1932, Peña volvió al Laboratorio Matemático para impartir un corto curso sobre relatividad. Peña, por otra parte, fue autor de un capítulo en el que se estudia la relatividad especial y la general incluido en la traducción española del *Curso de Física* de William Watson, un libro de texto popular en los años 1920.

La aerodinámica, sin duda por la influencia de Herrera, siempre incluía perspectivas relativistas cuando se enseñaba en Madrid en los años 1920. Según las notas de clase del curso de Herrera para pilotos de aviación militar en 1920 tomadas por un estudiante anónimo, Herrera señalaba:

> De la gravedad... no sabemos nada, ni hemos tenido una hipótesis que explique satisfactoriamente sus fenómenos. La moderna teoría de la relatividad la deja al margen de sus estudios, y sólo la geometría de cuatro dimensiones permite, por analogía, deducir algunas explicaciones aceptables[18].

Herrera, como veremos más abajo, promovió su propia teoría del hiperespacio, basada en los vórtices cartesianos, como una alternativa o complemento a la relatividad general. El corto curso de aviación de Alberto Laffon, dado en la Escuela de Caminos en 1923-1924, incluía una lección sobre la «Teoría gravitatoria en el hiperespacio de cuatro dimensiones, considerando el origen de la gravedad en las deformaciones de un medio elástico producidas por la fuerza centrífuga de rotación», lo que suena más a Herrera que a Einstein, aunque debió de aludir a la teoría general[19].

En la Escuela Militar Naval, la relatividad parece que estuvo presente en los cursos de matemáticas hacia 1920, aunque en 1922 críticas al programa de matemáticas de la Escuela se lamentaban de que la enseñanza actual era inadecuada para «entender las nuevas y ya

[18] «Divulgaciones aerodinámicas», *Madrid Científico*, 27 (1920), p. 393.

[19] *Anuario de la Escuela Especial de Ingenieros de Caminos*, Curso de 1923-1924 (Madrid, 1925), pp. 56-59.

vulgarizadas doctrinas de Einstein por no formarse clara idea de las cuatro dimensiones de espacio-tiempo»[20].

La relatividad era, por tanto, no sólo un tema de discusión vivo entre los profesores de ingeniería y sus alumnos a comienzos de los años 1920, sino que se insinuaba en la trama de la formación de los ingenieros de modos muy diversos, relacionados, a mi juicio, con la ambivalencia imperante respecto del nivel adecuado de instrucción matemática. Entre otras cosas, el conocimiento de la relatividad confería prestigio. Tomás Rodríguez Bachiller recordaba que en una ocasión fue incapaz de completar en el tiempo adecuado una tarea para el curso de puentes de la Escuela de Caminos, cuyo profesor era Santos María De la Puente. De la Puente le excusó mientras, al mismo tiempo, se negaba a repetir el favor a otro estudiante en una situación similar. Cuando este último solicitó una explicación por la injusta decisión del profesor, De la Puente replicó: «¡Porque el señor Bachiller sabe la relatividad y usted no!»[21]. En la batalla entre las «dos culturas», los ingenieros con considerable justicia se consideraban a sí mismos como los adecuados intermediarios para explicar la ciencia pura al público general. Un autor se quejaba de los escritores locuaces de la prensa popular que hablaban del cálculo diferencial absoluto y de la relatividad con mayor seguridad que Levi-Civita o Einstein. Rey Pastor, según parece, había acusado a los intelectuales españoles a cultivar la forma en lugar de la sustancia y había planteado así el polémico tema de la línea divisoria entre las personas instruidas y la comunidad científica «*inteligentes y técnicos*»[22].

El encuentro de los ingenieros españoles con la relatividad parece comparable en líneas generales al de sus compatriotas ingleses y

---

[20] A. Azarola, «El estudio de las Matemáticas en la Escuela Naval Militar», *Revista General de Marina*, 86 (1920), pp. 441-453; L. de Saralegui, «Nueva orientación de los estudios en las carreras de la Armada», *ibid.*, 90 (1922), pp. 357-362. Véase comentario por J. J. Tato Puigcerver, «Una nota sobre la *Revista General de Marina* y la recepción de la relatividad en España», *Llull: Boletín de la Sociedad Española de Historia de las Ciencias*, 3.1 (octubre, 1980), pp. 137-138.

[21] Tomás Rodríguez Bachiller, entrevista, Madrid, 10 de abril de 1980.

[22] Federico de la Fuente, «La ciencia aplicada y la ciencia pura», *Madrid Científico*, 32 (1925), pp. 321-322.

LÁMINA I

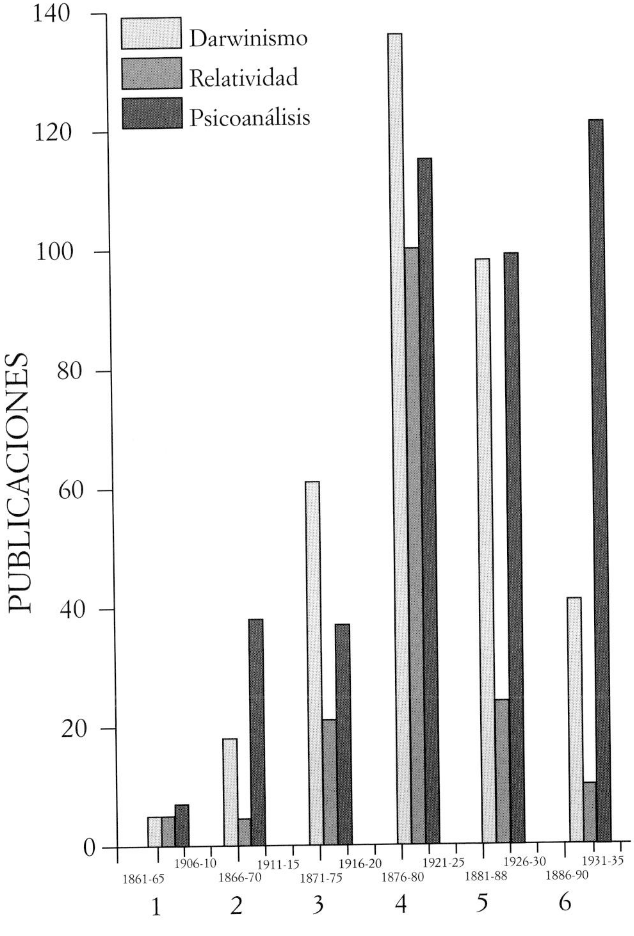

Recepción del darwinismo, la relatividad y el psicoanálisis en España

LÁMINA II

De izquierda a derecha, en la primera fila, Manuel Ribé, Casimiro Lana Sarrate y Albert Einstein en el salón de actos de la Escuela Industrial de Barcelona, 28 de febrero de 1923

Albert y Elsa Einstein visitando el Monasterio de Poblet, Tarragona, 25 de febrero de 1923. Les acompañan, entre otros, Bernat Lassaleta y el poeta Ventura Gassol. Fotografía de Casimiro Lana. *Ministerio de Cultura, Archivo General de la Administración*, Alcalá de Henares, Madrid

Albert Einstein con el presidente de la Mancomunitat, el arquitecto Josep Puig i Cadafalch (a la derecha), en Terrasa, 26 de febrero de 1923. Fotografía de Casimiro Lana. *Ministerio de Cultura, Archivo General de la Administración,* Alcalá de Henares, Madrid

Albert y Elsa Einstein durante el homenaje que les ofrecieron en el Ayuntamiento de Barcelona, 27 de febrero de 1923. Fotografía publicada en *El Diario Gráfico* al día siguiente. *Archivo fotográfico del Institut Municipal d'Història de la Ciutat*, Barcelona

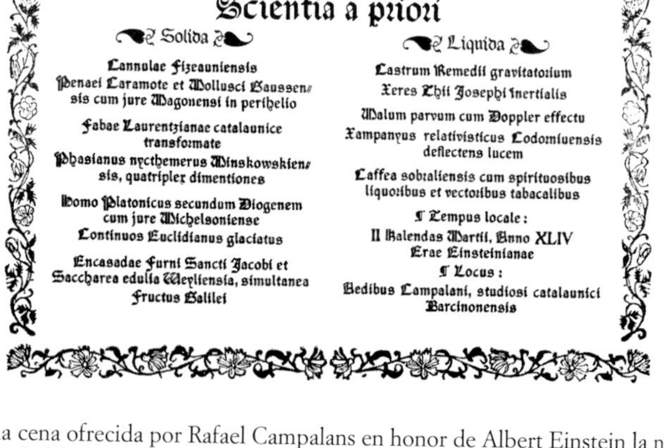

Scientia a priori

Solida

Cannolae Fizeauniensis
Penaei Caramote et Mollusci Gaussen-sis cum jure Magonensi in perihelio

Fabae Laurentzianae catalaunice transformate
Phasianus nycthemerus Minskowskien-sis, quatriplex dimentiones

Homo Platonicus secundum Diogenem cum jure Michelsoniense
Continuos Euclidianus glaciatus

Encasadae Furni Sancti Jacobi et Sacchareа edulia Weyliensia, simultanea Fructus Galilei

Liquida

Castrum Remedii gravitatorium
Xeres Chii Josephi Inertialis

Malum parvum cum Doppler effectu
Xampanyus relativisticus Codorniuensis deflectens lucem

Caffea sobraliensis cum spirituosibus liquoribus et vectoribus tabacalibus

¶ Tempus locale:
II Kalendas Martii, Anno XLIV Erae Einsteinianae
¶ Locus:
Aedibus Campalani, studiosi catalaunici Barcinonensis

Menú de la cena ofrecida por Rafael Campalans en honor de Albert Einstein la noche del 27 de febrero de 1923. *Archivo del Institut d'Estudis Catalans*, Barcelona

LÁMINA V

Albert Einstein en la estación de Barcelona, asomado a una de las ventanillas del tren que le llevaría a Madrid, 1 de marzo de 1923

Fotografía de estudio de Albert Einstein. Madrid, marzo de 1923. Fotografía Alfonso.
Ministerio de Cultura, Archivo General de la Administración,
Alcalá de Henares, Madrid

LÁMINA VII

Acto de investidura de Albert Einstein como Doctor Honoris Causa por la Universidad Central, Madrid, 8 de marzo de 1923. *Colección Artística ABC*, Madrid

LÁMINA VIII

Albert Einstein con Alfonso XIII, José R. Carracido, Blas Cabrera y otras personalidades en la Real Academia de Ciencias Exactas, Físicas y Naturales, 4 de marzo de 1923. Fotografía publicada en *Blanco y Negro*, 11 de marzo de 1923. *Colección Artística ABC*, Madrid quizá incluso más precoz. En la Universidad de Bristol, según una reciente nota de P.A.M. Dirac, los estudiantes de ingeniería recibían pocas exposiciones directas de relatividad, a excepción de un serie de conferencias por parte de un profesor más interesado en el lado filosófico de la relatividad que en el físico. El acceso directo a la teoría no se produjo hasta 1923, con la publicación del libro de Eddington *The Mathematical Theory of Relativity*, sobre cuya base, según Dirac,

> fue posible para la gente que tenía conocimiento del cálculo, gente como los estudiantes de ingeniería, enfrentarse con la obra y estudiarla con detalle. El camino fue un tanto duro. Era una clase de matemáticas más difícil que la que habíamos usado en nuestra formación como ingenieros, pero con todo era posible dominar la teoría. Así fue como conocí la relatividad de manera precisa.[23]

En España, las *Nociones fundamentales de la Mecánica relativista* de Plans desempeñaron un papel análogo al del libro de Eddington en Inglaterra.

Divulgación por y para ingenieros

En el próximo capítulo documento la muy difundida impresión de que los intentos por popularizar la relatividad habían fracasado. Pero esa conclusión fue una reflexión específica sobre la visita de Einstein, cuando se echó la red demasiado extendida, surgiendo un juicio negativo o defensivo por parte de los intelectuales que no tenían formación científica. De hecho la popularización entre ingenieros o ingenieros-matemáticos tuvo mucho éxito. Las conferencias de Manuel Velasco de Pando sobre la relatividad fueron, según todos los testimonios, electrizantes. Velasco de Pando (n. 1888) era un industrial sevillano que había recibido el título de ingeniero de la Escuela de Ingenieros Industriales de Bilbao en 1910. En los años 1920 dio conferencias de relatividad en Sevilla y en Bilbao, y el impacto de su exposición sobre

[23] P. A. M. Dirac, «The Early Years of Relativity», en Gerald Holton y Yehuda Elkana, drs., *Albert Einstein: Historical and Cultural Perspectives* (Princeton, Princeton University Press, 1982), p. 82.

un oyente, Antonio Fernández Barreto, gobernador militar de Sevilla, es una descripción explícita del proceso por el que se produce la demanda de divulgación, un testimonio elocuente de la habilidad de Velasco como divulgador, y una reflexión, también, del conocimiento en España de las actividades de Einstein antes de su viaje a este país:

> Fue cuando el sabio Einstein fue a París al Colegio de Francia a discutir con los sabios franceses sobre su teoría de la Relatividad; creo que fue Painlevé quien principalmente actuó de contradictor. Einstein quedó triunfante de todos sus opositores. Pues bien, yo, que leí esto en la gran prensa, concebí entonces el propósito de enterarme de lo que era la teoría de Einstein y leí a Normand y al abate Moreaux, pero confieso que desde entonces dudé de saber algo de Matemáticas, porque no conseguía comprender en qué consistía aquella doctrina. Por eso fue para mí una revelación el oír al señor Velasco dar, primero en la Academia de Buenas Letras, y luego, en el Ateneo de Sevilla y en el Círculo de Labradores, sendas conferencias sobre la Teoría de la Relatividad de Einstein, acudiendo a ellas tal aglomeración de público que en el Ateneo especialmente estaban llenos el salón de actos, los contiguos y había oyentes hasta en la escalera... Desde entonces yo admiré al señor Velasco de Pando, primero como matemático de altura, por haberse asimilado tan difíciles teorías; luego, como vulgarizador, por haberlas sabido exponer en forma a todos accesible[24].

Velasco inauguró la serie de conferencias de la Asociación de Ingenieros Industriales de Bilbao en 1924 con dos conferencias sobre relatividad, subsiguientemente publicadas[25]. Velasco había sido elegido miembro de la Academia de Ciencias Exactas, y sus conferencias presumiblemente debieron estar marcadas por su sofisticación matemática. (No he podido consultar el texto de su exposición).

Otros ingenieros divulgaron más o menos al nivel de los que no poseían formación científica. Un ejemplo lo constituye Salvador Cor-

[24] *Palabras pronunciadas por el excelentísimo señor Gobernador Militar de Sevilla, don Antonio Fernández Barreto* (Sevilla, Cámara de Comercio, Industria y Navegación, 1929), p. 5; citado por Antonio Lafuente García, *Introducción de la relatividad especial en España*, Memoria de Licenciatura, Universidad de Barcelona, 1978. Sobre Velasco de Pando, véase *Enciclopedia Universal Ilustrada*, 67, p. 613.

[25] Manuel Velasco de Pando, *Relatividad general y restringida* (Bilbao, 1924; 2ª ed., 1926).

bella Álvarez, con su libro *La teoría de Einstein al alcance de todos* (Barcelona, 1921). Corbella, un ingeniero civil, afirmaba que su acercamiento, basado en ejemplos sencillos que cualquier lector «de conocimientos corrientes» podía entender, podía también ser apreciado por personas con conocimientos de matemáticas superiores, pero que deseaban una rápida introducción a Einstein. Primero presenta cuatro ejemplos para ilustrar la teoría especial; se trata de los familiares problemas con trenes y señales diseñados para demostrar que la dimensión aparente de los objetos depende de la velocidad del observador relativa a la de las medidas del objeto. No expone problemas de la teoría general; sólo una corta discusión acerca de la equivalencia de los efectos de la gravitación y los de la aceleración, lo que conduce a una exposición del significado de los resultados del eclipse de 1919. El panfleto de Corbella es interesante, sobre todo porque está casi enteramente dedicado a ejemplos y también porque aventuró algunas observaciones sobre las implicaciones de la relatividad para la religión.

De un nivel similar fue una conferencia de José Ochoa y Benjumea, otro ingeniero civil, en el Fomento de Trabajo de Villanueva y Geltrú el 30 de marzo de 1924[26]. La disertación fue preparada para explicar la relatividad «sin auxilio de las matemáticas». No es sorprendente que la mayoría de sus ejemplos concretos estuvieran sacados de la traducción española del volumen popular de Paul Kirchenberger *¿Qué puede comprenderse sin matemáticas de la teoría de la relatividad?*[27]. La conferencia de Ochoa es particularmente afortunada en la distinción entre relatividad geométrica y mecánica relativista. Desde un punto de vista geométrico, argumentaba, la concepción ptolemaica del universo con la Tierra en el centro es tan válida como la copernicana. Una teoría relativista es la que no admite movimiento absoluto. Orientando de este modo su conferencia fue capaz de

[26] José Ochoa y Benjumea, *El espacio y el tiempo desde Newton a Einstein* (Barcelona, Bazar Ritz, 1924).

[27] Traducido por José de la Puente (Barcelona, Juan Ruiz Romero, 1923). Se trata de uno de los textos de baja divulgación de más amplia circulación en sus ediciones francesa y alemana. De la Puente era físico y discípulo de Blas Cabrera.

evitar la incómoda cuestión de si el tiempo y el espacio eran *reales*, al menos hasta el mismo final de su discusión donde respondía afirmativamente, pero sólo si se consideraba su relatividad. La realidad tan vivamente deseada no era, señalaba, una realidad euclidiana, como el salón en el que estaba hablando. Terminaba con una nota machiana: «Lo que puedo medir existe».

He mencionado que las síntesis de Cabrera, Plans y Terradas estaban dirigidas principalmente a ingenieros con conocimientos matemáticos sustanciales, más bien que al público en general. Los ingenieros tenían también acceso a piezas de divulgación más cortas publicadas en sus revistas profesionales (ver figura 1). Un ejemplo es un artículo del matemático Ferrán Tallada en *Técnica*, órgano oficial de la Asociación de Ingenieros Industriales de Barcelona[28]. Como muchos matemáticos –Rey Pastor es otro ejemplo–, Tallada divulgó a dos niveles: en artículos de periódico para los que no tenían formación científica (véase capítulo 8), utilizando ejemplos geométricos familiares y evitando razonamientos y lenguaje matemático, y para ingenieros que eran capaces de digerir las fórmulas matemáticas. Como indicó Tallada:

> La Revista de nuestra Asociación tenía en ellos un vacío que llenar, tanto más, cuanto por la exposición fragmentaria e incompleta de trabajos aparecidos en otras publicaciones como por su forma excesivamente vulgar en unos casos y, por lo tanto, científicamente poco demostrativa, o por remontarse en otros a abstracciones a las que los técnicos, en general, no están habituados, reina entre muchos de ellos (?) cierta desorientación en las ideas que, por otra parte, pueden perfectamente encauzarse no utilizando para ello más utillaje matemático que el que se adquiere en los cursos de nuestra escuela[29].

El núcleo del artículo de Tallada es una exposición de las fórmulas de transformación de Lorentz, seguida de las ecuaciones que rigen la contracción longitudinal y el retraso de los relojes. Verdaderamente, la exposición está totalmente dedicada a la teoría especial y concluye con la observación tranquilizadora de que la mecánica clásica

---

[28] «Fundamentos del principio de relatividad», *Técnica*, 45 (1922), pp. 237-244.

[29] *Ibid.*, p. 237.

tiene aún «su razón práctica de ser» en cuanto que las velocidades que intervienen en ella son pequeñas comparadas con la de la luz.

Los ingenieros estaban fascinados por las peculiaridades y paradojas relativistas que les daban una oportunidad de acercarse al nuevo concepto a través de problemas concretos susceptibles de análisis con las herramientas conceptuales que ya poseían. Dos polémicas de los años 1920 son típicas, primero por el nivel característico de la discusión; segundo, porque Emilio Herrera, que disfrutaba con la controversia científica, fue protagonista de ambas, y tercero, porque ambas controversias siguieron el mismo patrón: un *impasse* entre Herrera y sus antagonistas resuelto con el recurso a sir Arthur Eddington.

La primera polémica, sostenida en las páginas semanales de ingeniería de *El Sol* durante los tres primeros meses de 1920, concernía al peso de la luz[30]. El punto de partida fue un artículo de R. Izaguirre que describía con algún detalle las observaciones del eclipse de mayo de 1919 y la consecuente prueba de la teoría de la gravitación de Einstein. (Sólo por esta razón el artículo es ya importante en la popularización de la relatividad en España, aunque contenía el curioso error que Michelson y Morley habían deducido la contracción de Lorentz de su propio experimento. No obstante, la descripción de los resultados del eclipse es detallada y precisa). El artículo concluye señalando que Newton había considerado posible que la luz tuviera peso, y que Henry Cavendish había calculado dicho peso en 1795. El peso de la luz solar que cae sobre la superficie de la Tierra en un día, nos dice Izaguirre, es de 160 toneladas. Por tanto, «si quisiéramos comprar luz a peso a una compañía de luz eléctrica, su precio no bajaría de 5.000 millones de pesetas por kilogramo».

Herrera intervino entonces con un largo comentario que es también una pieza interesante de popularización porque comienza comparando las teorías de la luz de Newton y Maxwell con las de Einstein y continúa con una descripción muy breve fácilmente inteligible de la teoría general. Ignorando completamente a Izaguirre, Herrera señala entonces que Eddington había publicado un artículo en el *Illustrated*

[30] «La pesantez de la luz», *El Sol*, 9 de enero de 1920.

London News, afirmando que diariamente caían 160 toneladas de luz sobre la Tierra[31]. Sospecha que Eddington «había incurrido en el vulgar error de confundir una presión (fuerza por unidad superficial) con el peso por unidad de tiempo de la sustancia, supuesta ponderable, capaz de producir esta presión por su choque. «Herrera repite entonces los cálculos, llegando a que cada diezmilésima de segundo caen sobre la tierra 160 toneladas de luz (siendo la presión la misma para ese período de tiempo como para un período de veinticuatro horas) concluyendo que «el valor de la luz resulta de 5,80 pesetas el kilo, inferior al precio actual de la mayor parte de las subsistencias».[32]

En el siguiente asalto, Izaguirre, asociado ahora con un colega, M. Correa, afirmó que no había leído el artículo de Eddington, pero que había llegado a resultados similares basándose en datos conocidos. Los autores reprodujeron sus cálculos, llegando a 163 toneladas, más o menos la cifra de Einstein, usando la famosa fórmula de Einstein $E = m{\cdot}c^2$ [33]. Pero entonces en la misma página, Herrera replicó que «no todo ese peso es luz» y que, de hecho, había que distinguir entre luz *per se* y energía radiante en forma de calor. La réplica de sus opositores, que señalaron que estaban en «perfecto desacuerdo», fue que no había diferencia esencial entre el calor y la energía luminosa, citando a J. H. Poynting y el texto de física de 1903 de S. P. Thompson a este respecto. Este artículo también es interesante desde el punto de vista de la popularización, porque contiene una exposición claramente presentada de $E = m{\cdot}c^2$, con cita del volumen y número de la página del artículo de Einstein de 1905 sobre la relatividad especial en los *Annalen der Physik*[34].

---

[31] 20 de noviembre de 1919. La misma información aparece en Eddington, *Space, Time and Gravitation* (Cambridge, Cambridge University Press, 1920), p. 111: «Es tan legítimo hablar de una libra de luz como de una libra de cualquier otra substancia. Pero la masa de las cantidades ordinarias de luz es extremadamente pequeña y yo he calculado que una compañía de luz eléctrica tendría que vender la luz a razón de 140.000.000 de libras esterlinas por libra. Toda la luz del sol cayendo sobre la Tierra asciende a 160 toneladas por día».

[32] «¿Compraremos la luz por kilos?», *El Sol*, 16 de enero de 1920.

[33] «El peso de la luz», *El Sol*, 13 de febrero de 1920.

[34] «Todo aquel peso era luz», *El Sol*, 20 de febrero de 1920; citado también en Max von Laue, *Des Relativitätsprinzip*.

A continuación, Herrera se presentó admitiendo haber engañado a Izaguirre y a Correa al insistir en la distinción entre el calor y la energía luminosa, y pidiendo disculpas por «las bromas anteriores». Desea poner fin a la discusión que ha ilustrado «no la pesadez de la luz, sino de los discutidores». Admite –dice– haber estado confundido «en lo de la expresión de la energía cinética en una masa «que cae» (como dice el profesor Eddington)». Herrera creía que la energía emitida por una masa en vibración se componía de dos partes iguales, «una potencial y otra cinética». De esta confusión responsabilizaba a la *Encyclopedia Britannica*[35]. Es significativo que Herrera siguiera la ciencia británica a este nivel.

La capitulación de Herrera resultó ser, sin embargo, un astuto montaje, porque entre tanto le había escrito a Eddington para preguntarle al astrónomo si consideraba que las 160 toneladas estaban compuestas enteramente de luz, o de «toda la radiación calorífica solar». Si era cierto lo último, ¿cuánto peso podría asignarse sólo a la luz? El 26 de febrero, Eddington contestó que él se refería a la totalidad de la radiación solar y que estimaba el componente de la luz como aproximadamente la mitad del total.[36]

El periódico dijo en el editorial que la respuesta de Eddington había sido adversa a los argumentos de sus jóvenes defensores que había mostrado ser «más «eddingtonianos» que el propio Eddington». Asignar un valor del 50 por 100 a la parte de luz incluida en el total de la radiación solar parecía excesivo, continua el editor de la página de ingeniería, porque Thompson ha estimado que la energía del espectro solar disipada en calor es aproximadamente cinco veces más grande que la liberada en forma de luz[37]. Había habido un problema semántico subyacente a la polémica, ya que, por convención, los físicos ingleses usaban el término luz para designar la suma de la radiación solar. No obstante, la polémica llevaba consigo un consuelo:

---

[35] «Todos conformes», *El Sol*, 20 de febrero de 1920.

[36] «Estrambote luminoso. Una carta del profesor Eddington», *El Sol*, 12 de marzo de 1920. La carta de Herrera y la respuesta de Eddington aparecieron en traducción castellana. Supongo que los originales de ambas cartas se escribieron en inglés.

[37] El editor cita la traducción francesa de *Light Visible and Invisible*.

> el inmenso progreso de la cultura física en España. Hace treinta años no hubiéramos encontrado en esta tierra de garbanzos gentes capaces de disertar sobre estas difíciles cuestiones con el conocimiento de causa de que han hecho gala nuestros colaboradores, ni periódico capaz de interesar a sus lectores con estas disquisiciones.

Izaguirre y Correa replicaron irritados que Eddington apoyaba su concepción básica, que no se trataba de un error semántico, puesto que el término luz se usaba universalmente en el sentido de radiación solar total (a este respecto citan a Jean Perrin) y que el segundo punto de Eddington se refería a una cuestión totalmente diferente a la que estaba en discusión. Sugirieron recurrir al juicio de una tercera parte, con la esperanza de no tener que traducir toda la polémica al inglés[38]. Herrera replicó que la distinción entre luz y calor era realmente válida de sentido común. Nosotros no decimos que los radiadores emiten luz, ni que las bombillas calientan las casas. (Después señalaremos la insistencia de Herrera en el papel del «sentido común» en la ciencia). Ni había necesidad de recurrir a una opinión autorizada; esa función había sido cumplida «desde el momento que han sido publicados en esta página, que cuenta entre sus lectores a las personas más ilustradas de España».[39]

En una declaración final el periódico expresó su sorpresa en el editorial, al haber creído que la carta de Eddington apoyaba a Herrera y al descubrir ahora que probaba que ambas partes tenían razón. El escritor sugiere que si los polemistas clarificaran sus diferencias, habría muchos expertos en España que podrían emitir un adecuado juicio: Antonio Vela (director del Observatorio Astronómico), Carrasco, Martínez Risco, Cabrera, Plans (los dos últimos «tan competentes en las teorías relativistas») podrían «ilustrarnos a todos sobre esas cuestiones, que a pesar de su ninguna utilidad práctica, son de un gran interés científico».[40]

---

[38] «Para terminar», *El Sol*, 19 de marzo de 1920.

[39] «Et facta est lux», *El Sol*, 19 de marzo de 1920.

[40] «Punto final», *El Sol*, 19 de marzo de 1920.

El comentario de Herrera era indudablemente cierto: los que seguían los progresos en la física leían la página semanal de ingeniería de *El Sol*. La caracterización es significativa: la mayor parte de los españoles que seguían los avances en física eran ingenieros. Además, la divulgación a este nivel era una política deliberada de Ortega y Gasset, el director de *El Sol*. Él y Nicolás María de Urgoiti, el editor del periódico, habían fundado también (en 1919) la firma editora Calpe, que se convirtió en una destacada editorial de obras de divulgación científica de alto nivel. Uno de los primeros títulos de sus series generales «Biblioteca de ideas del siglo XX» fue *La teoría de la relatividad de Einstein* de Max Born, y el libro de Freudlich sobre la relatividad general, el primer volumen de su colección técnica para ingenieros, dirigida por Terradas, contenía un prólogo escrito por Einstein[41]. Finalmente, en 1923, Ortega fundó la influyente *Revista de Occidente*, que inmediatamente se convirtió en el instrumento más poderoso de divulgación científica de España y siguió siéndolo hasta 1936. Entre 1925 y 1936 la *Revista de Occidente* publicó artículos sobre la nueva física de Einstein, Cabrera, Eddington, De Sitter, James Jeans, Hermann Weyl, Bertrand Rusell, Max Born, Louis de Broglie, Ernst Schrödinger y Werner Heisenberg, entre otros. El énfasis de esos artículos, tomados en conjunto, recaía más en la mecánica cuántica y en la estructura del átomo que en la relatividad; no obstante, en las correspondientes secciones de este libro se mencionan contribuciones sobre ese último tema[42]. Ortega, como hemos visto, se encontró con Einstein en Madrid, en 1923, y una fotografía del físico, «con efusiva dedicatoria», adornaba la pared de su despacho donde se reunía su famosa *tertulia*.[43]

Herrera y Eddington fueron las figuras centrales de otra polémica, ésta desarrollada en las páginas de la destacada revista de inge-

[41] Erwin Freundlich, *Los fundamentos de la Teoría de la gravitación de Einstein*, traducción de J. M. Plans (Madrid-Barcelona, Calpe, 1920), con un prólogo de Albert Einstein.

[42] E. López Campillo, *La Revista de Occidente y la formación de minorías (1923-1936)*, (Madrid, Taurus, 1972), pp. 51-52, 240-243. Albert Einstein, «La nueva teoría del campo», *Revista de Occidente*, 23 (1929), pp. 129-144.

[43] José Ruiz-Castillo Basala, *El apasionante mundo del libro. Memorias de un editor* (Madrid, Biblioteca Nueva, 1979), p. 247.

niería *Madrid Científico*. El 23 de diciembre de 1922, el ejemplar de la revista inglesa *Nature* contenía un trabajo titulado «Una paradoja de la relatividad», enviado por un lector anónimo. La paradoja tenía que ver con la posibilidad de exceder la velocidad de la luz, un problema de particular interés para los que, aunque admitían la práctica imposibilidad física de las velocidades mayores que la de la luz, se resistían a negar su posibilidad teórica[44]. En este problema (fig. 7.1), un observador tiene dos triángulos rígidos e inmensamente largos.

> *A* señala a *B* deslizando juntos los dos triángulos en la dirección de las flechas; el punto *X,* donde los lados se cortan, se mueve hacia el observador *B*, que recibe la señal cuando observa pasar sobre él al punto de intersección. Si el ángulo en *X* es de 10" y los triángulos se mueven juntos a una velocidad de diez millas por segundo (en torno a la mitad de la velocidad de la luz) (una velocidad absurdamente pequeña para un relativista), la señal se transmitirá a *B* con una velocidad superior a la de la luz en más del doble.

Eddington replicó en *Nature* que el preguntador asumía que cuando *A* tiraba de las bases de los triángulos los ápices comenzarían a moverse instantáneamente, cuando de hecho el impulso se trasladaría desde la base hasta el ápice a la velocidad de las ondas elásticas en el material, mucho menor que la de la luz. «Después del lapso suficiente de tiempo», continuaba Eddington, «los dos triángulos se moverían uniformemente y como un todo y el mecanismo proporciona una buena ilustración de un punto reconocible que se mueve mucho más rápido que la luz». Pero los relativistas no pusieron objeciones a semejantes enunciados, porque *X* no constituye una señal. «El tiempo para que una señal vaya de *A* a *B* debe contarse a partir del momento en que *A* da impulso al mecanismo»[45].

[44] Lo que en los años 1920 era un problema filosófico y físico se convirtió después en un tema de ciencia ficción particularmente inquietante para los que gustaban de sus caracteres ficticios para visitar galaxias muy distantes; véase la excelente discusión en Carlos Sainz Cidoncha, *Historia de la ciencia ficción en España* (Madrid, Sala, 1976), pp. 97-103.

[45] *Nature*, 110 (1922), p. 844.

Tan pronto como leyó esta correspondencia, Herrera pensó que la defensa de Eddington era débil y le escribió a éste (vía *Nature*), opinando que la velocidad del punto *X* debe ser menor que la de la luz, porque el ángulo de intersección cambia durante la propagación del impulso desde la base hasta el vértice del triángulo. Eddington replicó que Herrera no había entendido lo que él quería expresar con «después del lapso suficiente de tiempo», que era que los triángulos sufrirían una deformación, pero con tiempo suficiente regresarían a su forma original. Herrera disintió y le escribió de nuevo a Eddington al tiempo que la revista española esperaba su réplica, habiendo perdido ya la esperanza de que los relativistas españoles tales como Terradas, Plans, González Quijano y Vicente Burgaleta «nos saquen de dudas»[46].

Manuel Lucini no tardó en intervenir con un corto comentario. En su opinión, era erróneo introducir las propiedades físicas y mecánicas de la materia ordinaria en discusiones geométricas puramente teóricas. Verdaderamente, no se discutía ningún fenómeno físico. Los observadores ven los triángulos, pero deformados; esto no contradice a Einstein de ningún modo, sino que está en perfecto acuerdo con la teoría especial. Por otra parte, si *X* es un punto material de masa *M* se necesitaría una fuerza infinita para mover el triángulo. No hay aquí ninguna paradoja, porque el movimiento de X a una velocidad mayor que la de la luz es cinemáticamente posible en geometría cuatridimensional[47].

El comentario más completo lo proporcionó Vicente Burgaleta, reconocidamente halagado por verse mencionado, en el número anterior, entre los relativistas, «en cuyas filas nunca pensé incluirme no por desdén hacia teorías por mí admiradas, sino por falta de preparación para abordarlas». Verdaderamente, el uso repetido del ejemplo del tren para explicar la relatividad debió de haber inducido a los editores a incluirlo en la lista –reflexionaba–, porque era, por profesión, ¡ingeniero de ferrocarriles! Según Burgaleta, la paradoja

[46] *Madrid Científico*, 30 (1933), pp. 33-35.

[47] «Sobre "una paradoja relativista"», *Madrid Científico*, 30 (1933), p. 52.

se reduce a esto: «Cuando un medio transmite algún fenómeno con velocidad infinita, puede idearse algún sistema de señales que se propague con velocidad superior a la de la luz». (Este problema estaba ya en la mente de Burgaleta porque, como hemos señalado, su pregunta a Einstein en la Sociedad Matemática también tuvo que ver con velocidades superiores a la de la luz). Para Burgaleta la conclusión era axiomática: «La dificultad estriba en que existan medios capaces de propagar con velocidad infinita algún fenómeno, por ejemplo, una impulsión». Lamentó que la definición de una señal, aparecida en la réplica de Eddington, fuera tan vaga. La señal parecería implicar la necesidad de una velocidad menor que *c*. Pero si por señal entendemos cualquier fenómeno que sirve como punto de referencia para la medida del tiempo, entonces es razonable considerar a *X* como una señal. Por ello concluyó:

> A mi juicio es indudable la existencia de velocidades superiores a la de la luz, sin que ello sea objeción seria contra la teoría de la relatividad, sino contra ciertas formas de expresión a que los relativistas son muy aficionados, sin duda por la costumbre de asombrar al mundo con sus conclusiones.[48]

Por ejemplo, en el caso de un haz de luz originado en una fuente rotatoria, el impacto de los cuantos en un cilindro en cuyo eje se encuentra la fuente constituye una señal que se propaga a una velocidad mayor *c*, si el radio del cilindro es suficientemente largo.

> Lo único, en cuestión de magnitud de velocidades, que puede y debe deducirse de la teoría de la relatividad restringida es que, para dar a un cuerpo una velocidad igual a la de la luz, se necesita una energía infinita y que, si dos sistemas tienen una velocidad superior a la de la luz, las fórmulas de transformación dan resultados imaginarios, lo que no debe interpretarse como imposibilidad física, sino como ausencia de toda comunicación luminosa, y, como consecuencia, electromagnética, entre los dos sistemas; al alejarse o acercarse dos sistemas con velocidad superior a la de la luz, ninguna señal luminosa o electromagnética emitida por uno de ellos, tendría existencia física por el otro; todas las

[48] «Una paradoja relativista», *Madrid Científico*, 30 (1933), p. 67.

demás interpretaciones que quieran darse de las ecuaciones de Lorentz me parecen más metafísicas que físicas y en el terreno de la Metafísica nunca pretendía entrar; jamás aspiré a pasar de un físico modesto.

Las transformaciones de Lorentz, concluye, definen la variable tiempo de la teoría especial; cambie la definición y cambiará la teoría. «Las experiencias no pueden contradecir lo que es convencional, sólo pueden comprobar si las variables que medimos coinciden o no con sus sinónimas de la teoría».

LOS INGENIEROS ESPAÑOLES, LA RELATIVIDAD Y LA FILOSOFÍA DE LA CIENCIA

Herrera estuvo envuelto en otra notable polémica que implicaba a la relatividad en 1923, una vez más en las páginas de *Madrid Científico*. El asunto era el papel de la intuición en la ciencia y sus declaraciones a este respecto, usando la relatividad como ejemplo, eran simplemente una repetición de su exposición en el Congreso de 1921 de la Asociación Española para el Progreso de las Ciencias de Oporto[49]. Para Herrera la ciencia era un proceso que llevaba consigo la alienación de lo observado con verdades intuitivas. Explicar un fenómeno era establecer, por medio de la lógica, las relaciones entre él y el conocimiento intuitivo. Esta relación le daba a Herrera la base para un modelo del cambio científico:

> Las grandes revoluciones científicas que se han registrado en la historia del mundo intelectual se habían desarrollado en el enlace establecido por la razón entre los hechos observados y el fondo intuitivo; a veces, la observación de un nuevo hecho resultaba incompatible con una teoría científica, cuyo ramaje lógico creíamos sólidamente establecido sobre el tronco de intuición, y este ramaje había de ser destruido y sustituido por otro que, partiendo del mismo tronco, comprendiera el nuevo hecho, pero nunca se había dado el caso de llevar la destrucción

[49] «La intuición y la ciencia», *Madrid Científico*, 30 (1933), pp. 17-19; *Algunas consideraciones sobre la teoría de la relatividad de Einstein* (Madrid, Imprenta del Memorial de Ingenieros, 1922).

> hasta la raíz misma del tronco. El precedente que se suele citar, de la resistencia que otras innovaciones científicas han sufrido hasta conseguir la abolición de creencias arraigadas, es inaplicable en este caso; la lucha siempre había sido entre varias explicaciones de los hechos observados, o sea, entre varios modos de enlace de estos hechos con el fondo intuitivo, pero nunca se había intentado explicar un hecho destruyendo a la intuición, único punto de apoyo de toda explicación.[50]

Herrera, sin duda debido a sus propias teorías del hiperespacio (véase abajo), no tenía problemas con la relatividad general; era la teoría especial la que ofendía a la intuición:

> La Teoría Relativista contiene brillantes ideas compatibles con la ciencia clásica o intuitiva, como es la equivalencia entre las aceleraciones y los campos gravitatorios; otras de sus consecuencias, como la desviación de la luz y la deformación del espacio en los campos gravitatorios, la modificación de la ley de Newton, la limitación del volumen del espacio físico, etc., de acuerdo con la experiencia, son explicables también, dentro de la ciencia intuitiva, con sólo admitir la existencia de dimensiones geométricas exteriores a nuestro espacio de tres (lo cual no es antiintuitivo, porque el número 3 de dimensiones del espacio físico que percibimos, es un dato experimental o empírico y la intuición nos acusa la probable de un Espacio Absoluto, exterior al nuestro, sin limitación de dimensiones); únicamente la ecuación de invariancia de la velocidad de la luz, tal como está planteada, es la que rechazan nuestras más íntimas convicciones intuitivas.[51]

¿Sería posible, pregunta retóricamente, concebir una nueva clase de proceso educativo para modificar nuestra intuición de modo que aceptáramos lo que ahora nos parece absurdo? Para Herrera, una intuición humana sin cadenas le parecía haber sido el arma más poderosa en el descubrimiento de los secretos de la naturaleza. Él se sentía constreñido, limitado por el número creciente de constantes universales, de las que *c* era sólo la última de una serie que incluía el

[50] *Algunas consideraciones*, p. 12.

[51] *Ibid.*, p. 19. Cf. Swenson, *Ethereal Aether*, p. 185: El eclipse de 1919 hizo posible que muchos aceptaran la relatividad general, pasando por encima de las dudas que quedaban sobre la teoría especial.

número de Avogadro, la constante de Planck y otras. Este sentimiento de confinamiento era ofensivo para su cosmología personal, sin duda inspirada en parte por sentimientos religiosos:

> Es un error insostenible suponernos en posesión de números que limitan y regulan la Creación. Estas cifras no pueden significar otra cosa que peculiares cualidades (de) nuestro espacio-tiempo físico, pequeñísimos elementos del Universo total, infinito e inconcebible en su conjunto... Llamar constantes universales a estos números, propios solamente del hiperesferoide que constituye nuestro espacio físico, es una pretensión tan ridícula como sería la de que los habitantes de Madrid, que nunca se hayan alejado de la ciudad, consideraran como *constante universal* los 40° 24' que tiene de altura el polo sobre su horizonte.[52]

Aceptando el valor explicativo de la relatividad, se preguntaba aún cuál sería el coste del abandono de la intuición.

Los orígenes del intuicionismo ingenuo de Herrera son oscuros y están vagamente vinculados a Descartes, a Kant y a la discusión francesa contemporánea sobre el papel de la intuición en la ciencia en las obras de filósofos como Henri Bergson y Edouard LeRoy, si bien a ninguno de ellos en particular. La única autoridad citada por Herrera en el trabajo de Oporto de 1920 era Henri Poincaré, en particular su noción de la «intuición directa» de la geometría euclidiana[53]. Poincaré creía verdaderamente, como Herrera parece también creer, que los espacios de más de tres dimensiones podían percibirse intuitivamente, de modo que la intuición podía también desempeñar un papel en la geometría axiomática de Hilbert que había sido diseñada deliberadamente para eliminar cualquier base intuitiva.[54]

A Herrera le contestó otro ingeniero interesado por la relatividad, Pedro Lucia. Para Lucia la cuestión era sencilla: la concepción intuitiva de la ciencia «está ya dejando de existir» y es una víctima de la teo-

[52] *Ibid.*, p. 24.

[53] *Ibid.*, p. 12.

[54] Poincaré, «Por qué el espacio tiene tres dimensiones?», en *Últimos pensamientos* (Buenos Aires, Espasa-Calpe, 1946), pp. 72-74 (artículo publicado originalmente en la *Revue de Métaphysique*, 1912).

ría moderna del conocimiento. Los axiomas científicos no son intuitivos y evidentes, como Herrera los considera (Herrera había dicho:

> Todos los conocimientos humanos, en sus diversas ordenaciones metódicas que constituyen las ciencias, tienen como fundamento un fondo intuitivo que aparece claramente al espíritu como un conjunto de verdades indemostrables que, según su grado de evidencia, reciben el nombre de axiomas o postulados,[55]

sino que más bien

> los axiomas que sirven de base a una ciencia puramente analítica, son establecidos por el sabio en cierto modo *arbitrariamente*, sin más que atender a un principio fundamental: que entre ellas no exista contradicción lógica, ni ésta aparezca tampoco en la teoría que sobre los mismos se edifique.[56]

Verdaderamente, las teorías matemáticas se construyen en una región puramente lógica, precisamente para dejar de lado la intución y su así llamada evidencia. (Aquí podemos denotar la dependencia de Lucia de la ciencia alemana, particularmente de los trabajos de David Hilbert y Moritz Schlick, ambos citados, que eran exponentes de una ciencia conscientemente antiintuitiva).

La geometría, continúa Lucia, no es hoy una ciencia del espacio, sino simplemente la comprensión de la relación que existe entre determinadas ideas (tales como el punto, el plano, etc.) determinadas por el método axiomático. En la física matemática las relaciones se dan entre los símbolos. Se forman hipótesis y teorías de esas relaciones que se contrastan experimentalmente, y en todo esto el papel desempañado por la intuición es nulo. Las declaraciones de Herrera acerca de la relación de los hechos con la intuición son, por tanto, falsas, porque la intuición no es la base de la ciencia física:

> En las ciencias Físico-Matemáticas, el sistema científico se compone también de ideas o símbolos, de una exacta correspondencia biunívoca

[55] Herrera, *Algunas consideraciones*, p. 8.

[56] Lucia, «La intuición y el conocimiento», *Madrid Científico*, 30 (1923), p. 86.

entre ellos y la realidad, y de la expresión de las relaciones entre los hechos que constituyen los fenómenos naturales, por medio de relaciones Lógico-Matemáticas entre esos símbolos; relaciones, estas últimas, que pueden proceder directamente de la experiencia, o intentar en cierta manera precederla (hipótesis).[57]

Lucia parece seguir estrechamente a Schlick cuando afirma que la intuición no desempeña ningún papel en ningún caso. De hecho, el conocimiento intuitivo no puede decirse ni siquiera que exista. La intuición ha sido, en el mejor de los casos, una ayuda *grosso modo*, pero es totalmente inadecuada para tratar con la ciencia moderna. La relatividad no es la primera ciencia antiintuitiva, y la ciencia, en suma, no debería temer perder lo que nunca tuvo. Herrera presentó a esto una bondadosa réplica afirmando que él y Lucia seguirían siendo buenos ingenieros aun a pesar de diferir en filosofía de la ciencia[58].

Algunas semanas después, Lucia explicó con gran detalle sus ideas sobre la naturaleza de las leyes científicas como lenguajes simbólicos. En su opinión, «las ciencias físicas sólo se constituyen estableciendo una rigurosa correspondencia *biunívoca* entre los distintos elementos que integran los fenómenos naturales y ciertos *símbolos* o *ideas científicas*, rigurosamente definidas». Cada elemento natural tiene un símbolo específico y, por tanto, paralelamente al mundo real hay otro compuesto de símbolos científicos. Considérese, prosigue, la relación entre una figura geométrica y su semejante en el espacio físico. Hace un siglo nadie (como, por ejemplo, Kant) dudaba sobre la equivalencia entre las dos. Al hacer notar la existencia de muchas geometrías ideales, Lucia pregunta:

¿Cuál es la geometría que mejor puede utilizarse para establecer una correspondencia biunívoca con nuestro espacio físico? Y entonces es a la experiencia a la que le corresponde únicamente responder. Esta experiencia –recuérdese la trascendental observación de los rayos estelares próximos al Sol en el eclipse de 1919– quizá venga a decir que nuestro espacio real es un espacio con propiedades métricas variables, según el

[57] *Ibid.*, p. 87.

[58] Herrera, «Intuición, ciencia y conocimiento», *Madrid Científico*, 30 (1923), pp. 102-103.

> potencial de la gravitación en el punto considerado. Tal es, en efecto, el resultado hallado por Einstein en su teoría de la relatividad, y que parece haber sido por la observación antes indicada y por otras consecuencias comprobadas de la teoría.[59]

La geometría no puede ser intuitiva, quiere decir Lucia, sino que debe relacionarse con datos experimentales específicos. Las leyes científicas *no* son leyes naturales que se derivan de la naturaleza de las cosas.

La naturaleza sólo aporta los hechos cuyos elementos son medidos y luego simbolizados por la ciencia: «Las llamadas leyes científico-físicas son el ropaje simbólico con el que vestimos los hechos de experiencia, para poder llegar a ellos, proveyéndoles, con el menor trabajo mental». Las relaciones entre tales símbolos es un artificio totalmente humano, puramente convencional; Einstein procuró la expresión matemática de la realidad en geometría no euclidiana, pero la elección está totalmente determinada por lo que «más convenga por sencillez en cada caso».

Es interesante notar el que la exposición de Herrera en Oporto (discutida abajo más detalladamente) hay pasado inadvertida en la prensa científica y que, en cambio, su versión abreviada, publicada en *Madrid Científico*, haya atraído una réplica sofisticada y bien razonada, oponiendo a los puntos de vista de Herrera de inspiración francesa las afirmaciones contemporáneas de la postura antiintuitiva derivadas de las matemáticas y la filosofía de la ciencia alemana. Como muchos ingenieros, Lucia era un intelectual con amplia cultura científica, miembro, además, de la tertulia filosófica de Ortega. En la España de los años 1920 no era extraño entre los ingenieros que tuvieran más amplitud y sofisticación filosófica en sus lecturas científicas que muchos físicos profesionales.

Joan Rosich, profesor de la Escuela Industrial de Tarrasa, partió de una postura similar a la de Lucia en un artículo (sin duda originalmente una conferencia) en el que, como Lucia, planteó el proble-

---

[59] Lucia, «Valor y significación de las leyes científicas», *Revista de Obras Públicas*, 71 (1923), p. 162.

ma de la relatividad en el contexto de la naturaleza de las teorías científicas, con un ojo puesto claramente en disipar la ambivalencia o temores de sus lectores. Las hipótesis y las teorías, comienza, surgen en oposición a las concepciones reinantes. Cuando ésas se acumulan, se idean explicaciones tendenciosas para adaptar las nuevas hipótesis a las concepciones dominantes. «En nombre del sentido común se han combatido y se han retardado la aceptación de verdades o conceptos que después se han defendido en nombre del mismo»[60]. Cuando era estudiante, recuerda, el portero del colegio creía que la Tierra era plana; lo que para algunos es de sentido común es absurdo para otros. La relatividad y la mecánica cuántica han sido combatidas porque parecían contrarias al sentido común. Rosich creía discernir algunas características comunes en la recepción de las ideas científicas revolucionarias. Entre otras cosas, las personas directamente implicadas en algún área de conocimiento en la que surgen las nuevas ideas tienden a ser las más hostiles. La gente fuera de la química aceptó a Lavoisier mejor que los químicos de su generación. La resistencia a las nuevas ideas dentro de la misma ciencia es extraordinaria: «Y esta resistencia es singularmente extraordinaria en los hombres de ciencia especializados en experimentos e investigaciones de un orden determinado». Tales personas, «al adquirir una gran intensidad de penetración, pierden en amplitud de concepto».[61]

El resultado es que los científicos, amenazados por las nuevas ideas, levantan un muro defensivo, generalmente subconscientemente. Los defensores de la nueva idea, por su parte, hacen las cosas tan difíciles como es posible por su culpa. En lugar de tratar de explicar las conexiones entre las teorías viejas y nuevas, exageran las diferencias y «rebuscan efectos paradójicos»: Así se está haciendo con la teoría de la relatividad, por prestarse tan fácilmente a la paradoja y al afectismo, y que parece hecha expresa para amenizar la sec-

[60] *De las hipótesis y teorías en las ciencias físicas. Algunos antecedentes de la teoría de la relatividad* (Tarrasa, Escuela Industrial [1922?], p. 3.

[61] *Ibid.*, p. 8.

ción de curiosidades científicas de algún semanario ilustrado[62]. Cualquier cambio científico tiende a ser «propicio a augurios alarmantes», una consideración hecha por otros comentaristas[63]. La dificultad para asimilar cualquier teoría nueva, incluida la relatividad, era para Rosich «un hecho normal»[64]. Es notable que muchos comentaristas españoles de la relatividad –Herrera, Rey Pastor, Rosich, Marañón– tenían puntos de vista claramente definidos acerca de la naturaleza del cambio cognoscitivo en la ciencia; los dos últimos autores citados entendían además este proceso como una interacción entre los fenómenos intelectuales y sociales[65]. La actual moda de la explicación kuhniana ha tendido a desviar la investigación hacia descripciones pre- o proto-kuhnianas del cambio científico. El predominio de tales exposiciones en la España de 1920 es digno de mención y sugiere un medio social que era no sólo extremadamente consciente de la atmósfera predominante de cambio en la ciencia, sino que además estaba preocupado por comprender sus mecanismos.

EMILIO HERRERA, LA CUARTA DIMENSIÓN Y LA RELATIVIDAD GENERAL

Las nuevas geometrías del siglo XIX se vieron reflejadas en la literatura popular del hiperespacio (un espacio de cuatro o más dimensiones) que mezclaba (o confundía) la geometría no-euclidiana con la

[62] *Ibid.*, p. 9. Véase la explicación de Eddington del predominio de la paradoja en la explicación relativista: «El relativista es a menudo sospechoso de una afición desordenada a la paradoja; pero esto es más bien una falta de comprensión de sus razonamientos. Las paradojas existen cuando los nuevos descubrimientos experimentales se inscriben en el esquema de la física corriente hasta hoy y el relativista está bien dispuesto para señalarlo. Pero la conclusión que él saca es que es necesario un esquema revisado de la física en el que los nuevos resultados experimentales encuentren un lugar natural sin paradoja». (*Space, Time and Gravitation*), p. 27.

[63] Cf. F. Tallada, «La contracción de los cuerpos en movimiento relativo», *La Vanguardia*, 24 de marzo de 1923: «El *escándalo*... es un fenómeno que se presenta siempre que nace una nueva teoría».

[64] Rosich, *Hipótesis y teorías en las ciencias físicas* (nº 60, arriba), p. 10.

[65] Sobre las ideas de Marañón acerca de la sociología de la relatividad, véase capítulo 9, abajo.

de *n*-dimensiones. La primera estimulaba la especulación acerca de la posible curvatura del espacio, mientras que la última se aplicaba a la cuestión del número de dimensiones del espacio. En geometría *n*-dimensional, la cuarta dimensión era perpendicular simultáneamente a las otras tres. En algunos escritores esta cuarta dimensión tenía propiedades sobrenaturales asociadas con el «plano astral» de los teósofos. En muchas de las discusiones populares por autores como Charles Howard Hinton y Esprint Pascal Jouffret la cuarta dimensión era puramente espacial, no temporal. Así, cuando la relatividad comenzó a ser popularizada fue inevitable que el espacio-tiempo cuatridimensional se confundiera con (o en algunos casos se combinara con) nociones populares ya venerables de la cuarta dimensión. El propio Einstein notó que la cuarta dimensión tenía un misterioso atractivo para los no-matemáticos, algo semejante a lo oculto[66]. En los años 1920, Emilio Herrera combinó una antigua fascinación por el hiperespacio con un renovado interés en la relatividad. Dado que él escribía sobre ambos temas en medio de comunicación populares y científicos, desempeñó el papel de enlace de la «filosofía del hiperespacio» con la relatividad, particularmente a un nivel popular.[67]

En sus *Memorias*, Herrera recuerda que había sido introducido en la geometría de *n*-dimensiones por un teniente alcohólico durante su servicio militar en Marruecos[68]. Hacia 1913 sus estudios en curso comenzaron o profundizaron dentro de una teoría cosmológica. Herrera comienza su formulación de 1916 de la «Relación de la hipergeometría con la mecánica celeste», señalando que las fuerzas gravitacionales observadas en el espacio no parecen obedecer a las leyes newtonianas. Además, las anomalías observadas de la mecánica celeste (él tenía en la mente la desviación de los rayos de luz en un campo

[66] Linda Dalrymple Henderson, *The Fourth dimension and Non-Euclidean Geometry in Modern Art* (Princeton, Princeton University Press, 1983), p. 299. Henderson (p. 25) . señala el predominio de la «filosofía del hiperespacio» que supone la creencia en la cuarta dimensión sin requerir ninguna prueba empírica de ella.

[67] Véase abajo lo dicho sobre los geómetras prácticos.

[68] Emilio Herrera, *Flying: The Memoirs of a Spanish Aeronaut* (Albuquerque, University of New Mexico, Press, 1984), p. 25.

gravitatorio) sugieren que la métrica del espacio podía muy bien ser no euclidiana o curvada en lugar de euclidiana y recta. Entonces explica la gravitación afirmando que el espacio de nuestro universo (que supone lleno de éter) debe girar engendrando fuerza centrífuga en todos los cuerpos que contiene. La cuarta dimensión, en su opinión, no era el tiempo, sino otra dirección perpendicular simultáneamente a todas las direcciones del espacio tridimensional, es decir, un «vórtice» en el que nuestro universo gira. (Una quinta dimensión implicaría la ubicación de este universo cuatridimensional dentro de uno de cinco dimensiones, y así sucesivamente).

De estas consideraciones deduce que nuestro universo es un esferoide hiperelipsoide cerrado con un volumen limitado y que la fuerza centrífuga producida por su rotación «crearía la deformación transversal del espacio, originando la aparente atracción entre todos los cuerpos, y la desviación de las líneas geodésicas del espacio y de la dirección del rayo luminoso al atravesar un campo gravitatorio», entre otros fenómenos.[69]

Aunque no identificadas como tales, estas nociones eran de inspiración cartesiana, en cuanto que Descartes explicaba la gravitación por la acción ejercida sobre el éter (o «segundo elemento») por los vórtices de los cuerpos celestiales, que acusaban fuerzas centrífugas de distribución desigual. Las masas celestiales eran empujadas hacia el centro del vórtice.

Es probable que Herrera no llegara a ser consciente de la relatividad general, que dibujaba análogamente un espacio curvado, no euclidiano, que explicaba la curvatura de los rayos de luz, hasta que se publicaron los resultados de las observaciones del eclipse de 1919. Tras un año de familiaridad con la teoría, Herrera presentó sus reacciones al Congreso en Oporto de la Asociación Española para el Progreso de las ciencias de junio de 1921. Era obvio que Herrera encontró las ideas de Einstein coincidentes con las suyas propias:

---

[69] «Relación de la hipergeometría con la mecánica celeste», *Memorial de Ingenieros del Ejército*, 71 (1916), pp. 371-383, y un resumen de las ideas de Herrera que prácticamente no cambiaron después en «El universo y la hiperdinámica», *Anales de la Sociedad Española de Física y Química*, 32 (1934), p. 121.

> El principal progreso de la Teoría Relativista y el origen de sus aciertos es, además del concepto energético de masa, la concepción tetradimensional del universo físico como un conjunto continuo, según el tiempo, de espacios deformados por la presencia de las masas contenidas en ellos.[70]

Añadió, en una breve referencia a sus artículos anteriores, que la modificación de la ley newtoniana de la gravitación y la curvatura de la luz en campos gravitatorios podía explicarse también sin recurrir a la teoría de Einstein, sino simplemente admitiendo la rotación y deformabilidad de nuestro espacio físico tridimensional con una extensión de un orden mayor. Sin embargo, en el nivel cosmológico no podía estar en desacuerdo con la teoría general.

No obstante, no podía aceptar completamente la teoría especial, al menos no algunas de sus ramificaciones filosóficas, tal como Herrera las comprendía. Herrera y otros ingenieros españoles formados en la tradición del electromagnetismo del siglo XIX eran incapaces de desligar la cinemática de la luz de su dinámica, que dependía de su interacción con el éter. Por ello este aspecto de las teorías de Einstein y sólo éste incomodó a Herrera como contrario a la intuición (véase la discusión de este aspecto, arriba). El resto de consecuencias de la relatividad, excepción hecha de la constancia de la velocidad de la luz, eran comprensibles intuitivamente, en la medida en que se admitiera la existencia de dimensiones geométricas externas a nuestro espacio y tiempo. La aceptación de un universo cartesiano, potencialmente infinito mediante la superposición continua de vórtices adicionales, era un modo de retener un universo conceptualizado tradicionalmente en la teología católica como infinito, admitiendo al mismo tiempo que Einstein había proporcionado la descripción más precisa del subconjunto tetradimensional que era, en sí mismo, cerrado y finito. Sólo de este modo podía Herrera tender un punto entre las cosmologías clásicas y modernas.

En 1920, mientras Herrera reflexionaba sobre la relatividad general, escribió una serie de artículos de divulgación sobre la cuarta

[70] *Algunas consideraciones sobre la teoría de la relatividad de Einstein* (Madrid, 1922), p. 22.

dimensión en *El Sol*. El primero de ellos, sobre el tiempo como cuarta dimensión, es una divulgación de la relatividad[71]. Pero el segundo, titulado «El Hiperespacio», es simplemente una recapitulación de la filosofía tradicional del hiperespacio, según Hinton y Jouffret, en la que la cuarta dimensión es puramente espacial[72]. No se sentía dispuesto a mezclar las dos cuestiones.

DIVERSIDAD DE ACERCAMIENTOS A LA RELATIVIDAD POR PARTE DE LOS INGENIEROS ESPAÑOLES

La amplitud de comentarios sobre la relatividad dentro de la comunidad de ingenieros españoles fue sorprendentemente vasta. A pesar de los esfuerzos de Tallada y Terradas, la Escola d'Enginyers de Barcelona pudo ser considerada también como un poco de resistencia a la relatividad. Ya en 1922, Ramon Vilamitjana i Masdevall (probablemente uno de los tres académicos que votaron contra la elección de Einstein a la Academia de Ciencias de Barcelona) había, a petición de «distinguidos alumnos de la Escuela», ofrecido el juicio de que la teoría especial era un «monstruoso absurdo» sobre la base de una crítica de las interpretaciones relativistas de las transformaciones de Lorentz y el problema de la simultaneidad. Usando el ejemplo habitual del tren concluía que el tiempo de un observador existe sólo en su imaginación y es un proceso totalmente subjetivo. Para él los relativistas cometieron el pecado de atribuir realidad objetiva a lo que eran meramente hipótesis. Vilamitjana ridiculiza los puntos de vista relativistas («... como hacer variar el tiempo a gusto del observador, alargan y acortan proporcionalmente el espacio como si fuese un acordeón»), admite su «insuficiencia de conocimientos matemáticos» y sugiere la inevitable introducción de errores de medida en las demostraciones estándar de la simultaneidad[73].

---

[71] «La cuarta dimensión: El tiempo», *El Sol*, 15 de octubre de 1920.

[72] «La cuarta dimensión: El hiperespacio», *El Sol*, 22 de octubre de 1920.

[73] Ramón Vilamitjana, «¿Teoría de la relatividad?», *Técnica* (Barcelona), 45 (1922), pp. 92-94; «La cinemática relativista», *ibid.*, pp. 124-126.

Opuesto también a la relatividad fue Josep Tous i Biaggi, que cuando se acercaba al final de una carrera de cuarenta y tres años de enseñanza en la misma escuela impartió una conferencia sobre «El principio de contradicción en la geometría no euclidiana y en el principio de relatividad», en una sesión de la Academia de Barcelona celebrada el 8 de junio de 1926[74]. El discurso comienza con un estudio de las nociones culturales, convencionales y psicológicas de las unidades de tiempo para demostrar, primero, la naturaleza relativa y subjetiva de la duración y para introducir su argumento de que el principio de contradicción (que una cosa no puede ser y no ser a la vez) no es axiomático en la geometría no-euclidiana ni en el análisis infinitesimal. El principio deviene irrelevante cuando se introducen elementos imaginarios. Entonces introduce la teoría especial por la vía de mostrar que hay algo fijo (la velocidad de la luz) en un sistema conceptual que parece negar la fijeza. En su discusión del éter, aunque señala que algunos sistemas relativistas niegan su existencia (debido a la dificultad de explicar el experimento de Michelson-Morley), afirma que el éter no puede ser apartado, aunque habría que admitir que su distribución varía a través del espacio. Admite el valor positivo de la teoría especial en la elucidación de problemas clásicos de movimiento relativo[75]. Como muchos detractores de la relatividad, Tous continuaba creyendo que el límite de la velocidad de la luz «variará con el medio de propagación».

Su discusión de la teoría es totalmente confusa; no comprende la teoría de la gravitación de Einstein y mantiene firme la creencia que alguien podría con todo descubrir que la velocidad de la gravitación es superior a la de la luz, lo que introduciría una nueva dimensión relativista. Vuelve a su tema original señalando que lo principal de la contradicción pierde todo su significado en el contexto del espacio-tiempo[76]. Finalmente, señala que otro resultado del desarrollo de las teorías relativistas ha sido «el de ampliar el simbolismo matemático» en física, pero aquí

---

[74] *Memorias de la Real Academia de Ciencias y Artes de Barcelona*, 3ª época, 20 (1926), pp. 17-42.

[75] *Ibid.*, p. 17.

[76] *Ibid.*, p. 24.

> se ha abusado dando una importancia excesiva al formulismo matemático como si en vez de ser las fórmulas una manera de representar los fenómenos naturales en cuanto tienen cantidades, fuera, al revés, que los fenómenos naturales y aun el Universo no fueran más que una realización de las fórmulas matemáticas.

El prurito de desear explicar todos los fenómenos naturales mediante simbolismo matemático ha conducido a un «exagerado subjetivismo»[77]. Eran éstas objeciones de la generación más vieja, vinculada a la física decimonónica y sin la sofisticación matemática necesaria para captar el nuevo lenguaje de la física. Tous, no obstante, era una figura importante porque se decía que había enseñado en el curso de su larga carrera a «la gran mayoría de ingenieros industriales de España» y su palabra cabe presumir que debió de tener algún peso.[78]

Hemos señalado la importancia del curso de Enric de Rafael en el ICAI. Pero la relatividad también le interesaba al fundador de esta institución, José A. Pérez del Pulgar, y, como también hemos señalado, a Vicente Burgaleta, que también enseñaba allí. Pérez del Pulgar estudió geometría no-euclidiana en Gotinga con Felix Klein y David Hilbert en los veranos de 1907 y 1908[79] y puede que tuviera noticias de la teoría especial en esa época, aunque no hay evidencia directa. Pérez del Pulgar era un ingeniero eléctrico y estaba interesado en las aplicaciones de la geometría no-euclidiana al estudio de la electricidad. Como señaló en un trabajo de 1907:

> Las geometrías no-euclidianas no sólo son completamente lógicas..., sino que son muy útiles para el cálculo, para la mecánica, y espero hacer ver que pueden serlo también para la electricidad, en el estudio de las acciones de las corrientes rectilíneas indefinidas y circulares.[80]

Hemos señalado el interés de Burgaleta por la relatividad especial, pero el interés previo de Pérez del Pulgar por la geometría no-euclidiana le llevó a inclinarse más hacia la teoría general. Ambos colabo-

---

[77] *Ibid.*, p. 25.

[78] *Enciclopedia Universal Ilustrada*, Apéndice 10, p. 575.

[79] Nicolás González Ruiz, *Genio y Figura del Padre Pulgar* (Madrid, 1960).

[80] José A. Pérez del Pulgar, «La teoría del potencial y la curvatura del espacio», *La Energía Eléctrica*, separata (Madrid, 1907), p. 10.

raron en 1923 en un estudio de la mecánica de Einstein-Minkowski, aceptando su valor general sin dejar de disentir en algunas cuestiones particulares[81]. Todas las ciencias profundas comienzan tocando una cuerda familiar, nacieron cuando el público no estaba bien preparado para comprenderlas. Los inventores de nuevas teorías proceden más por intuición que por lógica y llegan a la verdad por una especie de salto. Advirtiendo al lector que no se preocupe por la naturaleza paradójica de ciertos principios relativistas, afirman con energía:

> Para nosotros no cabe duda alguna. La mecánica de Einstein-Minkowski es la verdadera. La única mecánica analítica que, lejos de estar en desacuerdo con la mecánica clásica, la incluye como uno de tantos sistemas posibles, pero es de un alcance analítico mayor, y por eso llega lógicamente a dar la teoría completa de fenómenos que la mecánica clásica no explica.

Sin embargo, no estaban de acuerdo con todos los puntos de vista relativistas, particularmente con la teoría electromagnética de la luz adoptada contemporáneamente en el pensamiento relativista. Esta teoría ni estaba en conformidad con los hechos observados –decían– ni era básica para la mecánica relativista o para sus principales consecuencias, tales como la deformación del avance del perihelio de Mercurio, la deflexión de los rayos de luz en un campo gravitatorio o el corrimiento hacia el rojo. Las bases de su objeción era que, como muchos opositores españoles de la relatividad especial, creían que la luz puede, bajo ciertas condiciones, propagarse con una velocidad mayor que aquella «con que se propaga en el vacío un haz de rayos paralelos». No aceptaban que la velocidad de la luz fuera independiente de la fuente que la emite.

La cuestión continuó preocupando a Pérez del Pulgar. En 1925 insistió en que la relatividad se basaba en la falsa teoría de la propagación de la luz, que no había una velocidad máxima en la naturaleza y que la teoría de la gravitación de Einstein era la mejor parte de

[81] Pérez del Pulgar y Vicente Burgaleta, «Observaciones sobre la mecánica de Einstein-Minkowski», *Anales ICAI*, 2 (1923), pp. 480-494; 3 (1924), pp. 485-496.

su obra[82]. Una década completa más tarde, en un curso de filosofía de las ciencias físicas impartido en colaboración con Joaquín Orland en Bélgica, en 1934-1935, repitió las mismas objeciones a la teoría especial y añadió que la contracción de Lorentz no lleva consigo cambio físico en los cuerpos en movimiento, sólo un cambio en las medidas efectuadas por un observador estacionario (cita a Max Abraham, un antirrelativista, en apoyo de su posición. Los observadores españoles estaban típicamente inseguros acerca de si el propio Einstein creía que la contracción de Lorentz era o no real).[83]

He señalado de pasada el interés de los ingenieros militares en la relatividad y que sus uniformes hicieron notable su presencia en las conferencias de Einstein. Es interesante notar cuántos ingenieros militares destacados de la generación más antigua estaban dispuestos a abrazar las teorías de Einstein cuando sus colegas civiles se mostraban más reticentes. Carlos Bañús, general de Ingenieros, observó en un artículo escrito en 1924, cuando ya había pasado la edad de setenta años, que Einstein «en la relatividad restringida, prescinde del éter; pero en la (general) ha tenido que buscarle un sustituto: el espacio. Con ello sustituye por un concepto geométrico el del éter dotado de propiedades mecánicas». La coexistencia de dos campos complica la estructura del universo. Bañús creía que el éter debía de mantenerse, y al propio tiempo reconocía el cambio conceptual[84]. Dada su edad, Bañús fue astuto al comprender que el modelo mecánico del éter tenía que ser eliminado. Su estrategia de encontrar propiedades del éter que fueran consistentes con la relatividad fue común entre los físicos europeos de las generaciones más viejas.[85]

De la misma generación era Nicolás de Ugarte, el ingeniero y matemático que había actuado como dictaminador de la Academia de Ciencias del manuscrito de Plans de 1919. Ugarte simpatizaba totalmente

[82] Pérez del Pulgar, «Portée philosophique de la théorie de la relativité», *Archives de Philosophie*, 3 (1925), pp. 106-140.

[83] *Introducción a la filosofía de las ciencias físico-químicas* (Liège, Ediciones ICAI, 1935), pp. 245-246.

[84] Carlos Bañús, «La vieja y la nueva física», *Madrid Científico*, 31 (1924), pp. 321-322.

[85] Cf. Swenson, *Ethereal Aether*, p. 182.

con la relatividad, y lo más probable era que se dirigiera a los colegas de su propia generación cuando advertía que los partidarios de la nueva física no debían de estar sobrecogidos por el pánico y, además,

> no debemos apegarnos demasiado a lo viejo, ni negar la posibilidad de mayores progresos, no sea que caigamos en el ridículo en que cayeron poderosas inteligencias, la de Mr. Tiers, entre ellas, al negar su adhesión al adelanto de Stephenson, aun después de haber visto la línea férrea de Liverpool.

Recordemos que Ugarte se mostró crítico hacia el borrador original de Plans porque era puramente teórico y omitía la discusión de las pruebas experimentales de la teoría. No obstante, reconocía que

> la importancia real de la mecánica relativista, nacida del fracaso de las tentativas hechas para evidenciar el movimiento uniforme de un cuerpo, como la Tierra, por experiencias dentro del mismo, es, hasta ahora, más bien *cualitativa* que *cuantitativa*; es decir, no trasciende a resultados *numéricos*, sino a *conceptos*.

No es, por tanto, necesario introducir modificaciones profundas en la mecánica clásica; los nuevos conceptos irán penetrando lentamente a través de un período de lenta gestación.[86]

Enrique de Paniagua, un ingeniero militar destinado en Zamora, comentó un experimento propuesto por Einstein en su conferencia de Madrid del 5 de marzo, en el que se situarían relojes en un disco giratorio para definir las coordenadas de tiempo y espacio en un campo en rotación[87]. El íntimo amigo de Herrera Joaquín de la Llave estaba igualmente interesado en la relatividad, pero parece que no escribió sobre ella a excepción de un referencia de pasada a la anticipación de Herrera de la teoría general.[88]

---

[86] «Informe... sobre la Memoria...» (capítulo 6, arriba, nº 33), *Revista de la Real Academia de Ciencias Exactas*, 2ª serie, 19 (1920-1921), pp. 238-239. La mayoría de los mismos puntos aparecen reproducidos exactamente en el artículo de Ugarte «Las teorías relativistas», *Madrid Científico*, 31 (1924), pp. 178-179.

[87] Enrique de Paniagua, «Un comentario sobre relatividad general», *Madrid Científico*, 30 (1923), pp. 83-85.

[88] Joaquín de la Llave, «La cuarta dimensión», *Madrid Científico*, 37 (1926), pp. 74.

Si podemos dar crédito a Herrera, los ingenieros militares tenían mucho tiempo libre para las especulaciones cosmológicas durante las treguas de las batallas. Otro militar especulativo era Rafael Aparici, quien señaló que en la explicación de la gravedad de la relatividad general «se prescinde de la intuición sensible, y hay que aceptar la idea de un continuo de cuatro dimensiones que no todos estamos en condiciones de entender». Por consiguiente, meditando sobre la teoría general, Aparici llegó a una solución que difería de la de Einstein[89]. Es evidente de lo que sigue que Aparici no comprendió el concepto de Einstein de la gravitación. Su noción traída por los pelos es significativa, sólo porque fue concebida en el contexto de su aceptación de la plausibilidad total de la relatividad general. La gravedad –afirma Aparici– debe impulsarse ella misma a una alta velocidad, quizá a la de la luz. Por ello, de acuerdo con el principio Doppler-Fizeau, la atracción del Sol sobre un planeta variaría con la velocidad relativa del planeta en la dirección del Sol, porque el planeta recibiría una mayor cantidad de ondas de gravitación moviéndose hacia el Sol que en la dirección contraria. Así, la curva que un planeta describiría en la proximidad del Sol no sería una elipse, sino una curva trascendente con una ecuación complicada. De este modo, en lugar de explicar el avance del perihelio de Mercurio, podríamos explicar su retroceso. Puesto que debe de haber un límite para la velocidad de la materia, Aparici concluye que las ondas de gravitación deben avanzar de hecho en la dirección opuesta, es decir, hacia el Sol. En tal caso, la materia no produciría gravitación, pero las ondas gravitatorias producirían materia. ¿Cuál es el origen de estas ondas? Deben proceder de otro sol, «situado en las antípodas del nuestro, con relación al hiperespacio». En consecuencia, nuestro sistema solar es un sistema doble, con un sol luminoso y otro opaco.

Quizá merezca ser mencionado aquí un curioso libro escrito por un ingeniero civil, Federico Cantero Villamil, y titulado *Aviación y relatividad*, ya que fue leído y criticado por ingenieros militares. Pre-

---

[89] Rafael Aparici, «La gravitación ondulatoria, o sea, una opinión más acerca de las teorías de Einstein», *Madrid Científico*, 32 (1952), p. 22.

cisamente cuando envió el manuscrito a la imprenta fue a escuchar las conferencias de Einstein de Madrid y pensó que apoyaba sus propias ideas. En consecuencia, añadió un apéndice sobre la teoría de Einstein que, según señala ingenuamente, debería llamarse la teoría de la realidad, porque «para Einstein, según hemos creído entenderle, es la relatividad un medio auxiliar que emplea para estudiar a fondo y comprobar las esencias o verdades del mundo real, o realidad»[90]. De hecho, la tesis de Cantero de que «de la energía del viento horizontal real puede un ave o un avión fino recoger la necesaria para progresar contra la dirección del mismo viento», no tiene en absoluto nada que ver con la relatividad.

Este examen de la moda de la relatividad entre los ingenieros españoles debería bastar para demostrar que el apoyo público de las teorías de Einstein en España estaba centrado principalmente en este grupo, y ello era así porque en las escuelas de ingeniería españolas los matemáticos marcaban la pauta intelectual. Podemos comparar el general entusiasmo de los ingenieros españoles con la hostilidad hacia la relatividad de los alemanes, como los ingenieros de Gotinga, cuya reacción horrorizada a una conferencia de Einstein fue registrada por Hyman Levy:

> Recuerdo la imagen de los profesores de ingeniería que estaban presentes y que estaban, desde luego, horrorizados por esta perspectiva, porque para ellos la realidad era como las ruedas de una máquina, auténticas entidades sólidas. Y aquí estaba este hombre hablando en términos abstractos sobre el espacio-tiempo y la geometría del espacio-tiempo, no sobre la geometría de una superficie que usted puede imaginar como una superficie física, sino sobre la geometría del espacio-tiempo y sobre la curvatura del espacio-tiempo... Esto se hacía tan abstracto para ellos que se convertía en irreal. Recuerdo que vi a uno de los profesores levantarse e irse rabioso, y cuando se iba le oí decir: «Das ist absolut Blodsinn» («Esto es un completo sinsentido»).[91]

[90] Madrid, Gráficas Reunidas, 1923. Véase también Cantero Villamil, «De relatividad», *Madrid Científico*, 30 (1923), p. 150, una versión reducida del apéndice a su libro, pp. 121-140. Véase la crítica de Enrique de Paniagua, «La relatividad y la realidad», *Madrid Científico*, 30 (1923), pp. 193-195.

[91] Clark, *Einstein*, pp. 153-154.

El propio Einstein había dicho en Madrid que para comprender su teoría se necesitaba como mínimo «la cultura científica y la preparación técnica de un ingeniero»[92]. No habría encontrado mejor audiencia que la comunidad española de ingenieros. En los países donde los ingenieros eran marcadamente hostiles a la relatividad, las fuentes de la hostilidad deben buscarse no en la educación matemática, que era más o menos estándar en Europa, sino en las actitudes hacia el utilitarismo de la ciencia pura *versus* la aplicada y en los valores prácticos de la «especulación». Ciertamente, un verdadero deleite en lo abstracto, muy evidente en los escritos de divulgación de Emilio Herrera sobre la cuarta dimensión, parece haber sido un lugar común entre los ingenieros españoles.

La capacidad de la relatividad para generar prestigio entre los ingenieros es totalmente lógica en el contexto de la recepción popular. El mito Einstein, que no distinguía entre las teorías especial y general, sostenía que la relatividad era incomprensible. De hecho, la relatividad especial era fácil de comprender y en la medida en que muchos estudiantes de ingeniería aprendían sus rudimentos a través de libros de texto, debieron de ser totalmente conscientes de dominar un concepto ampliamente considerado incomprensible. La sensación de haber superado la incomprensibilidad de la relatividad dio confianza a la vez que comunicó prestigio y fue subsiguientemente acentuada cuando un amplio número de ingenieros estudiaron el cálculo diferencial absoluto y consiguieron con ello, al menos, una comprensión mínima de la más difícil teoría general.

La cruzada antirrelatividad de Horacio Bentabol

Aunque era un ingeniero, Horacio Bentabol merece un tratamiento aparte porque era un proscrito y, como consecuencia, no usaba los habituales foros de los ingenieros (el acceso a los cuales le estaba vedado) para promover su mensaje antirrelativista. Bentabol estudió en la

[92] Ataúlfo Huertas, «La relatividad de Einstein», *Revista Calasancia*, 11 (1923), p. 245.

Escuela de Minas, entrando en el cuerpo en 1877. Desde 1886 hasta 1891 fue profesor de cálculo infinitesimal en la Escuela General Preparatoria de Ingenieros y Arquitectos, y cuando esta institución expiró fue nombrado profesor de cálculo y mecánica racional de la Escuela de Minas, un nombramiento al que renunció para convertirse en ingeniero jefe del distrito de minería de Málaga. Veremos qué parte del análisis de Bentabol del «fenómeno Einstein» tiene que ver con el modo como era percibida en España la ciencia extranjera. La sociología popular de la ciencia o la sociología de la popularización era un antiguo interés de Bentabol que precedió largamente su interés por las teorías de Einstein. En los años 1890 presentó dos artículos en periódicos españoles para demostrar que los españoles creerían cualquier idea científica asociada con Alemania o cualquier innovación tecnológica emanada de los manantiales de la «ingenuidad yanqui»: el primer artículo, «Las gafas de la Antigüedad»[93], presentaba las investigaciones de *herr* Blinder, un alemán estudioso de la Antigüedad clásica con intereses en la óptica que, al descifrar antiguos papiros, encontró que los antiguos había comprendido las causas de la miopía, a saber que esta afección resultaba del exceso de concavidad o convexidad de la retina. Para curar esta afección los antiguos o bien dormián con pesadas láminas de oro sobre sus ojos para contrarrestar la convexidad o hacía que los esclavos golperan en su ojos para levantar ronchas que contrarrestarán la concavidad. El segundo artículo, «El puente más económico del mundo»[94], presentaba los hallazgos del famoso ingeniero yanqui Mr. Arnold Buckinson de Massachusetts, que había construido el puente más barato del mundo sobre un canal llamado «Muerte». El puente se reducía simplemente a un método por el cual un tren avanzaba por una rampa acercándose al canal a una velocidad suficiente para impulsarlo de una parte a otra, describiendo una curva parabólica de modo que aterrizaba en las vías del otro lado. «Un exce-

---

[93] *La Naturaleza* (Madrid), 10 de marzo de 1982; un extracto en *El Imparcial*, 25 de marzo de 1892.

[94] *El Globo* (Madrid), 24 de octubre de 1980; *El Diario de Málaga*, 28 de diciembre de 1893.

lente servicio sanitario» había sido establecido en el fondo del canal, señalaba el artículo, «en previsión de los posibles casos de accidente»[95]. Según Bentabol, la autenticidad de estos artículos nunca se cuestionó, pero si en lugar de Buckinson hubiera aparecido un reportaje sobre un ingeniero llamado Sánchez o García que había ensayado un tal experimento en la serranía de Cuenca nadie lo habría publicado ni muchos menos criticado.

Bentabol concluyó que los mismos factores se aplicaban a la recepción de la relatividad por el público español, tan dispuesto a aceptar cualquier innovación ofrecida en el nombre de la ciencia extranjera. En España, «no hay disparate que no crea y admita la gente si se sabe presentar y, sobre todo, si se da como cosa descubierta o practicada en el extranjero por eminencias reales o supuestas de apellidos exóticos y, si es posible, impronunciables»[96]. Evidentemente, como crítico de Einstein no era suficiente que Bentabol enumerara sus propias realizaciones; nadie lo tomaría en serio a menos que fuera capaz de aludir a prestigiosos antirrelativistas extranjeros:

> ...pesan tanto los prejuicios sobre la incapacidad y el atraso científico de los españoles, que no me hago demasiadas ilusiones sobre la importancia que se dará a esta conferencia si no reforzase mis opiniones con las de algunos sabios extranjeros, porque en este país, hoy por hoy, es necesario hablar en nombre de extraños y citar nombres exóticos para tener probabilidades de ser tomado en consideración.[97]

Consiguientemente, Bentabol invocó el nombre de Henri Bouasse, uno de los antirrelativistas más ampliamente citados.[98]

---

[95] Horacio de Bentabol, *Observaciones contradictorias a la Teoría de la Relatividad del profesor Alberto Einstein* (Madrid, 1925), pp. 57-61.

[96] *Ibid.*, p. 57. Biezunski observa una actitud similar en los comentarios franceses a Einstein: si un francés se hubiera anticipado en la exposición de esta teoría no habría sido creído (*La diffusion de la théorie de la relativité en France*), pp. 118-119.

[97] *Ibid.*, p. 23. Cf. La idea similar expresada por Josep Escofet, capítulo 8, abajo, de que la búsqueda del apoyo de extranjeros expertos fue particularmente característico de los antirrelativistas españoles. Había buenas razones para ello. Los «antis» carecían de la preparación matemática para criticar a Einstein a su propio nivel.

[98] H. Bouasse, «La question préalable contre la théorie d'Einstein», *Scientia*, enero de 1923.

Cuando asistió a las cuatro conferencias de Einstein en Madrid, «armado de papel y lápiz», Bentabol se sintió presionado a adaptarse a la actitud general de deferencia hacia el genio de Einstein, por miedo a perder imagen:

> ... soy el primero que aplaudo esas manifestaciones de deferencia y de admiración como aplaudí desde esos bancos y desde las aulas universitarias... había que aplaudir y aplaudimos, porque si en España no hubiésemos enaltecido al señor Einstein tanto o más que en otras naciones, ¿qué no se hubiera dicho dentro y fuera de España respecto a nuestra incultura?
>
> Los que no han oído de él más que la muletilla *alors!* repetida cada ocho o diez palabras y alguna que otra vez el adjetivo *privilégié*, refiriéndose a ciertos ejes coordenados, después de aplaudir calurosamente al maestro, como era su obligación, salieron, o mejor dicho, *salimos*, porque yo asistí a las cuatro, mohínos y cariacontecidos. Pero los creyentes; pero los que no habían entendido nada, ni siquiera que el señor Einstein no había dicho nada aprovechable, temerosos de perder crédito en el concepto público si confesaban su desilusión, contestaban invariablemente a los que les preguntaban por el resultado de las conferencias: –¡Magnífico! ¡Admirable![99]

Bentabol atacó la teoría de Einstein desde una serie de perspectivas, todas ellas, cuanto menos, ingeniosas. Atacó repetidamente a Einstein en el nivel axiomático o de las definiciones, diciendo que era imposible comprender qué era lo que exactamente se quería expresar en la literatura relativista con términos básicos, tales como «tiempo», «espacio», «absoluto», y así sucesivamente. Verdaderamente, las cuestiones que Bentabol le habría planteado personalmente a Einstein si su intento de confrontación con el visitante no se hubiera visto frustrado, se situaban todas a este nivel (por ejemplo, «¿Qué entiende usted por la palabra *Espacio?*»)[100], un ejemplo adecuado de la circularidad (y mutua incomprensibilidad) de los argumentos entre los

[99] Bentabol, *Observaciones contradictorias*, pp. 9-47.

[100] *Ibid.*, p. 85. Cf. Biezunski, *La diffusion de la théorie de la relativité en France*, p. 130, a propósito de las críticas francesas a Einstein por no usar palabras con sus significados habituales.

proponentes de paradigmas diferentes. Bentabol había leído las traducciones españolas de Freundlich y Eddington, pero su lectura de Einstein, es interesante señalarlo, estaba limitada a una conferencia poco comentada impartida en Leiden en 1920, titulada *Aether und Relativitätstheorie*, en la cual Einstein, reconsiderando su teoría del espacio resucitó la noción de éter dándole «un nuevo aliento vital»[101]. Qué cabe pensar, cuenta Bentabol, si en la conferencia de Leiden, Einstein iguala «vacío» con «éter libre», si dice que la luz «es un proceso vibratorio de un medio elástico e inerte que llena todo el espacio del universo» y después, en su disertación del 7 de marzo en Madrid, afirma que «el espacio no existe en la naturaleza»[102]. Había cuanto menos un fracaso de comunicación.

Al margen de que las críticas generales de Bentabol fueran o no justas, sus refutaciones de puntos específicos erraron bastante el tiro. Se opuso a la contracción de Lorentz, pero es evidente que no la comprendió porque creía que la contracción se suponía que sucedía «por causa del acercamiento a un foco luminoso». En ese caso el movimiento que se apartaba de una fuente de luz produciría una ampliación correspondiente. Su comprensión de la relación entre materia y energía fue también excéntrica. No podía haber relación entre *e* y *m* porque esta relación varía con el tipo de materia y su temperatura. Como muchos otros antirrelativistas rechazó la noción de la constancia de *c*, un concepto que tituló «la eterna pesadilla de Einstein». Finalmente, lo más extravagante de todo fue su refutación de las pruebas experimentales de la teoría general. El desplazamiento hacia el rojo estaba sin probar; la deformación del perihelio de Mercurio era menor de lo que Einstein había predicho y, finalmente, la deflexión de la luz en el campo gravitatorio del Sol la había explicado ya en sus observaciones del eclipse de 1905, cuando demostró la existencia de una atmósfera lunar y probó que esta atmósfera influye

---

[101] Berlín, Julius Springer, 1920. Bentabol leyó la traducción francesa (París, Gauthier-Villars, 1921). Sobre el significado de esta conferencia, véase Swenson, *Ethereal Aether*, p. 187.

[102] *Observaciones contradictorias*, pp. 29-30.

en la determinación del lugar aparente de las estrellas cercanas al Sol por los efectos de la refracción.[103]

La versión publicada de la conferencia de Bentabol reproduce las reacciones del auditorio entre paréntesis y proporciona algunas ideas interesantes acerca de la naturaleza de los oyentes. En la introducción a la versión impresa señala que «al contrario de lo que suelen decir los admiradores de las doctrinas del profesor Einstein, para su perfecta inteligencia no es necesaria ninguna profunda y especial preparación matemática»[104]. A mitad de la conferencia, al preguntar si los componentes del auditorio sin preparación matemática podían seguirle, se produjeron «grandes y estrepitosos aplausos»[105]. Después, cuando afirmó que la relatividad era un tejido de errores «que afortunadamente no tuvo en cuenta el Supremo Hacedor en aquellos remotos días de la Creación», hubo «grandes y prolongados aplausos y voces de aprobación en el público»[106]. Cabe suponer un predominio en este auditorio de personas conservadoras miembros de la clase social más elevada, quizá frustradas por su incapacidad para seguir las discusiones públicas sobre la relatividad por falta de formación científica, que habían percibido también una amenaza a los conceptos establecidos de espacio y tiempo, los cuales, les aseguró Bentabol, no corrían ningún peligro. Verdaderamente, el resumen de Bentabol del lugar de la relatividad en la cultura moderna habría concordado bien con los tradicionalistas extremados. Las teorías de Einstein fueron una consecuencia y manifestación de los errores de la desorientación científico-filosófica preparada durante más de un siglo que había de producir en el campo de la Ciencia las mal llamadas geometrías no-euclideas, la relatividad y varios libros notabilísimos, aunque nada recomendables, debidos a determinadas eminencias científicas; en la política los muchos errores que se propagan con diversos motes, el crimen de Sarajevo, la espantosa guerra europea, la revolución de

---

[103] *Ibid.*, pp. 4, 50-51, 78, 92, 117-118.

[104] *Ibid.*, p. 3.

[105] *Ibid.*, p. 37.

[106] *Ibid.*, p. 71.

Rusia y los grandes acontecimientos políticos y sociales que en formidable hervidero hemos visto antes y después de 1905; en el Arte, el cubismo, y en Religión, la desorientación más completa.[107]

Entre la habitual lista de modernos horrores recitada por los tradicionalistas, sólo el psicoanálisis y el modernismo kantiano son omitidos por Bentabol.

Bentabol era una figura risible, «un estrambótico», tal como lo recordaba medio siglo después Tomás Rodríguez Bachiller, y la reacción periodística fue del enojo al regocijo. Francisco Vera escuchó su conferencia del Ateneo «estupefacto», concluyendo que la exposición de Bentabol era un «sarampión infantil»[108]. Burlonamente, Lotario afirmó que Bentabol había merecido las más grandes elegías. En primer lugar, tenía gran cantidad de títulos académicos y su procedimiento para deshacerse de los puentes era digno de encomio. Pero su principal contribución era como polemista: «La afición torera va apagándose cada día más, y en algo hemos de saciar los madrileños nuestro espíritu de polémica. Será de ver las cosas regocijadas que relativistas y bentabolistas se dirán en las tertulias». Bentabol debería seguir a Einstein en sus viajes, donde quiera que hablase, para destruir sus teorías.[109]

Ese podría haber sido el final de Bentabol si no hubiera entrado en una extraña alianza con Josep Comas i Solà –extraña porque subraya el aislamiento de Comas respecto de la comunidad científica sobre esta cuestión, así como su total falta de desapasionamiento u objetividad en su postura sobre la relatividad, que asumió dimensiones fóbicas–. Probablemente la razón para su alianza procede de que ambos se resentían de que se les había negado la oportunidad de enfrentarse públicamente con Einstein. El 1 de marzo de 1923, Bentabol le había escrito al rector Carracido, «rogándole que invitase al señor Einstein, a mantener una discusión pública conmigo respecto a sus teorías». Carracido no respondió[110]. Entonces, Comas publicó

[107] *Ibid.*, p. 86.

[108] Francisco Vera, «Sarampión relativista», *El Liberal*, 14 de marzo de 1923.

[109] Lotario, «Relativismo y Bentabolismo», *El Heraldo de Madrid*, 15 de marzo de 1923.

[110] Bentabol, *Observaciones contradictorias*, pp. 10-11.

una defensa de Bentabol, afirmando lo que siempre había reivindicado, a saber, que Einstein podía ser derrotado en un foro público porque sus ideas «parten de errores». Bentabol señaló que él siempre había combatido las ideas erróneas del mismo modo como había defendido ideas impopulares, tales como la existencia de una atmósfera lunar de gran diámetro.[111]

QUÍMICOS, MÉDICOS... Y ARTISTAS

En la clase media científica no era la profesión, sino la educación, lo que autorizaba para hablar con credibilidad sobre temas científicos. Como ejemplos, tomaremos a dos artistas con formación científica que afrontaron la relatividad en los años 1920. El primero es el compositor catalán Jaume Pahissa i Jo (1880-1969) que había estudiado ciencias exactas y arquitectura en la Universidad de Barcelona. Pahissa escribió un libro sobre relatividad en 1921 y su valía como divulgador se manifestó durante la visita de Einstein a Barcelona[112]. El segundo ejemplo es el aristocrático artista y escritor Eusebi Güell i López, vizconde de Güell (1877-1955). Güell había estudiado ingeniería en Londres y conservó toda su vida el interés por la geometría. En 1900 publicó, al parecer con sus propios fondos, un libro titulado *Nuevas bases para los fundamentos de la geometría*[113]. En los años 1920 estaba interesado en el paralelismo y en el postulado de Euclides. Para Güell este problema podía ser tratado o bien mediante las geometrías no-euclidianas, que no contenían postulado de paralelismo, o mediante la geometría euclidiana, reemplazando el postulado de Euclides por otros. Al explicar su tratamiento intuitivo de la geometría euclidiana tuvo que ocuparse de la relatividad negando efectivamente cualquier

[111] «Relatividad: Un concurso patriótico», *Revista de la Sociedad Astronómica de España y América*, 13 (1923), pp. 29-30.

[112] Jaume Pahissa i Jó, *Idea de la teoría de la relatividad de Einstein* (Barcelona, La Publicidad, 1921). Para detalles biográficos, véase *Gran Enciclopedia Catalana*, XI, p. 69. Pahissa escribió óperas, piezas sinfónicas y música de cámara y fue también crítico musical de varios periódicos. Sobre sus actividades durante la visita de Einstein, véase capítulo 3.

[113] Manchester, Palmer House.

relación directa entre el espacio geométrico y el físico. Para Güell, «el espacio de la geometría es un espacio ideal, puramente racional y construido por la mente», y, por tanto, los problemas de geometría abstracta no afectan directamente al espacio físico[114]. Güell ofrece una historia muy resumida de la relatividad, desde el experimento de Michelson-Morley pasando por la contracción de Lorentz hasta la solución de Einstein al problema. (En la literatura de divulgación de este período era habitual suponer que la teoría especial había sido una respuesta deliberada a la contradicción planteada por Michelson-Morley). En lo que se refiere al espacio no-euclidiano de la relatividad general, los relativistas y Lobatchevsky habían llegado a la misma conclusión, «que en lo pequeño –y por pequeño entendemos el radio de nuestras observaciones terrestres– sigue siendo válida la geometría de Euclides, aunque en grandes proporciones el espacio físico no es el euclidiano». La descripción de Güell de la teoría general es más precisa y al parecer procede (sin citas) del capítulo 28 del propio manual de Einstein, traducido por Lorente de Nó:

> Según la teoría de la relatividad, es espacio físico es un espacio de curvatura positiva, el espacio de Riemann. Es decir, que al presentarse en el cosmos campos de gravitación, éstos actúan como deformadores, por decirlo así, del espacio euclidiano, siendo otros tantos sistemas de referencia, relativamente a los cuales es preciso aplicar la fórmula de contracción de Lorentz, obteniéndose así una imagen cósmica que se ha denominado, con exactísima metáfora, el espacio molusco, aludiendo a las diferentes formas o curvaturas que puede ostentar relativamente a diferentes sistemas de referencia.[115]

El libro de Güell fue criticado por el matemático e ingeniero Antoni Torroja como una construcción excesivamente intuitiva de la

---

[114] *Espacio, relación, posición* (*Ensayo sobre los fundamentos de la geometría*), 2ª ed. (Madrid, Nuevas Gráficas, 1942), p. 102; primera edición, 1924.

[115] *Ibid.*, p. 69. Cf. Einstein, *La teoría de la relatividad al alcance de todos,* 3ª ed. (Madrid, 1925), pp. 90-93. En este capítulo, Einstein identifica al espacio como gaussiano, no riemanniano. Bentabol, que había leído a Güell, pero no a Einstein, tomó del primero el concepto del «molusco» y lo ridiculizó (*Observaciones contradictorias*, p. 74). Para Bentabol, el espacio *carecía* completamente de propiedades (*ibid.*, p. 33) y, por tanto, no podía ser descrito de ese modo.

geometría euclidiana, y al mismo tiempo Torroja ofreció un comentario social interesante de los esfuerzos del vizconde:

> Si es, por desgracia, poco frecuente en nuestro país encontrar quien consagre alguna parte de su fortuna a fomentar los estudios especulativos, más extraordinario es todavía que un hombre de elevada posición social dedique en alguna medida su tiempo y actividad a tales cuestiones, aportando a ellas una contribución personal.[116]

Al sugerir que el dinero de Güell se habría gastado mejor financiando las investigaciones de otros, Torroja parece que le está dirigiendo una acusación disfrazada de elogio. Después de todo había una larga tradición de ingenieros españoles aristocráticos que participaban en actividades científicas (Santiago Fernández Giménez es un buen ejemplo, tomado de la propia generación de Güell). Más instructivo resulta el que un artista y aficionado tuviera puntos de vista sobre la relatividad y que éstos fueran tomados en serio y comentados en revistas respetables[117]. Este fue un aspecto normal de la interacción entre las diferentes «clases» científicas en la España de los años 1920.

Los químicos españoles produjeron un comentario muy idiosincrásico de la relatividad. La química en los años 1920 no estaba totalmente institucionalizada como disciplina académica; las cátedras más prestigiosas estaban en las escuelas de farmacia y la gran mayoría de químicos españoles eran también farmacéuticos. Puesto que la distancia cognoscitiva de los químicos españoles respecto de las principales disciplinas receptoras parece mayor que la de muchos ingenieros, es lógico tratar aquí su respuesta. (La estructura social y cognoscitiva de la química española de este período requiere ser estudiada. Incluso químicos con reconocimiento internacional, como José Giral, aún mantenían conexiones con la familia farmacéutica. Enric Moles, por otra parte, con sus estrechas conexiones de investigación con Cabrera, es un ejemplo de un químico académico más moderno y profesionalizado).

---

[116] *Ibérica*, 22 (1924), pp. 399-400, reseña de Güell.

[117] Sánchez Pérez, reseña de Güell, en *Revista Matemática Hispano-Americana*, 7 (1925), pp. 38-39.

Es significativo que el decano de los químicos españoles, Enrique Piñerúa Álvarez (1854-1937), cercano en esta época del final de su carrera, se expresó favorablemente hacia la relatividad. Piñerúa era un químico analítico, profesor de química general en la Universidad de Madrid desde 1899. Como muchos químicos españoles, poseía la licenciatura en farmacia y su primer puesto profesional había sido el de farmacéutico en el Hospital Provincial de Oviedo. Su ensayo sobre la relatividad procede de dos conferencias organizadas por la Asociación Nacional de Químicos impartidas en la Facultad de Ciencias de Madrid el 14 y el 19 de enero de 1923, claramente en anticipación de la visita de Einstein. Las conferencias fueron publicadas subsiguientemente en *La Farmacia Española*, una revista de la clase media científica leída tanto por farmacéuticos profesionales como por químicos, de hecho la revista farmacológica española de mayor circulación en la época[118]. La exposición de Piñerúa puede caracterizarse como conservadora, cautelosa, pero aceptando la teoría en su conjunto. Parece haber leído sólo divulgaciones y cita no sólo a Norman y Nordmann, sino también el tratado antirrelativista de orientación religiosa de Bruno Ibeas. Señala la rapidez de la difusión de las ideas relativistas y afirma, un tanto retóricamente, «que no hay ejemplo en la historia de las ciencias de teoría alguna que se haya difundido en igual tiempo, salvo la referente al *estado coloidal*»[119]. La elección de ilustraciones por Piñerúa es un tanto atípica entre las divulgaciones españolas de la relatividad y, aunque usa el ejemplo del tren, pone mucho mayor énfasis en la base experimental de la teoría identificada en el experimento de Michelson-Morley. En lugar de presentar una serie de paradojas y analogías, una serie de divulgadores que incluye a Piñerúa y Güell pensaban que resultaba mucho menos confuso presentar una secuencia lineal desde el experimento de Michelson-Morley, pasando por su explicación mediante la contracción de Lorentz hasta la solución de Einstein del problema,

[118] Enrique Piñerúa, «Nociones acerca de la Teoría de la Relatividad», *La Farmacia Española*, 55 (1923), pp. 241-243, y siguientes.

[119] *Ibid.*, p. 242 (subrayado de Piñerúa).

dejando al lector con la fuerte impresión de un vínculo directo causal entre Michelson-Morley y la teoría especial[120]. Einstein, al resolver la cuestión planteada, «concibiéndola como una disparidad *aparente* originada por conceptos mal definidos de las medidas usadas en nuestros cálculos», nos había obligado a la revisión de todas nuestras concepciones tradicionales del tiempo y del espacio. Como muchos comentaristas de la época, Piñerúa suponía que Einstein sostenía que la contracción de Lorentz era aparente y no real. (Hay una amplia evidencia de que Einstein creía de hecho que la contracción era real). Su sensibilidad de químico rechazaba, sin embargo, lo que él percibía como el monismo energético de la teoría especial, que consideraba a todos los cuerpos compuestos de energía y eliminaba a la materia. Piñerúa afirmaba que esto era pura ilusión, el equivalente del monismo energético de Ostwald. A esta discusión le sigue inmediatamente una invocación de la intuición según la cual debemos discernir en todos los cuerpos una realidad cuantitativa y una cualitativa[121].

Piñerúa parece que encontró a las observaciones del eclipse de 1919 una prueba convincente de la relatividad general, pero era ambivalente acerca del significado amplio de la teoría y rechazaba la fusión de Einstein del espacio y del tiempo como «despojándolos de los caracteres que les son propios o peculiares»[122]. Como muchos otros divulgadores notó tranquilizadoramente que la relatividad no afecta a la ciencia cotidiana y que carece de aplicación práctica. Admitiendo que la relatividad era aceptable en general como descriptiva de la naturaleza, parece (acabando con una nota filosófica) negar que sea verdaderamente explicativa o ¡que la materia de la que se

---

[120] *Ibid.*, p. 293. Sobre el predominio de este uso del experimento de Michelson-Morley, véase Swenson, *Ethereal Aether*, pp. 159-160, 188. La exposición de Piñerúa del experimento de Michelson-Morley es imprecisa. En las pp. 292-293 afirma que, aunque el fenómeno de la aberración indica que la Tierra no arrastra el éter, Michelson-Morley habían confirmado el efecto de arrastre. Sin embargo, la prueba de arrastre de Michelson y Morley de 1885 confirmó el éter estacionario de Fresnel; hay un arrastre parcial, pero es tan pequeño, concluyeron, que la materia en movimiento no perturba el éter al pasar a su través (Swenson, *Ethereal Aether*, pp. 86-87).

[121] Piñerúa, «Nociones», p. 276.

[122] *Ibid.*, p. 308.

ocupa sea siquiera susceptible de explicación! «La solución del enigma del mundo es... inaccesible a la inteligencia humana». Las ideas que nos formamos sólo sobre la base de la apariencia de las cosas son generalmente falsas, «pero falaces o falsas en su esencia, las creemos verdaderas al encontrar el entendimiento humano la armonía de lo sensible y lo racional o especulativo, establecida con sujeción a las leyes del razonamiento lógico»[123]. La relativdad, aunque antiintuitiva, describía a la naturaleza, y por ello Piñerúa, aunque ambivalentemente, la aceptaba, si bien negaba la realidad física de la materia-energía y espacio-tiempo que aparecían como meras invenciones filosóficas.

En los comentarios españoles de la relatividad el rechazo de la equivalencia entre la masa y la energía era un indicador que precedía que el autor era un químico. Así es como identifiqué a José María Goicoechea y Alzuarán, un farmacéutico que escribió un ensayo antirrelativista en la revista religiosa *Revista Calasancia* que, no obstante, contenía una descripción de las teorías de Einstein al nivel de algunas de las mejores divulgaciones de ellas. Antes de entrar en el debate sobre la relatividad, Goicoechea había recibido muchas críticas por su extraña filosofía química «cosmo-material» de «el tridinamismo universal» según la cual todos los fenómenos naturales eran explicables en términos de tres fuerzas naturales: «fuerza cósmica», materia y energía solar.[124]

El artículo de Goicoechea constaba de dos partes y constituía las versiones impresas de dos conferencias impartidas en el Ateneo de Madrid los días 8 y 9 de junio de 1923. La primera era una correcta exposición de la relatividad para los que carecían de formación matemática[125]. (El Ateneo, sede también de la conferencia de Bentabol, era, al parecer, un lugar preferido para exposiciones no matemáticas de la

[123] *Ibid.*, p. 308.

[124] Véase la crítica del libro de Goicoechea *La nueva física-química. Exposición fundamentada de la teoría cosmo-material* (Durango, 1918), en *Ibérica*, 9 (1918), p. 240. El autor de la reseña lo reprende por el empleo innecesario de sus tres términos para describir propiedades tales como la gravedad, el peso, la afinidad, etc.

[125] Goicoechea, «Las teorías de Einstein sin matemáticas», *Revista Calasancia*, 11 (1923), pp. 468-489.

relatividad). Llamando a Einstein un «matemático inconmensurable», señala que la relatividad tenía seguidores en todas las clases sociales que ahora podían pasar por intelectuales con sólo mencionarla. Indica que los dos conceptos de la mecánica clásica más modificados por la relatividad eran la adición de velocidades y la constancia de la masa. Para Goicoechea, el concepto de Einstein del universo era su más grande contribución. Si, según la mecánica newtoniana, las masas se atrajeran entre sí en relación inversa al cuadrado de las distancias que las separaba, su potencial gravitatorio sería nulo y el universo moriría rápidamente, haciendo imposible el universo eterno de la teología católica. El universo curvo de Einstein resolvía este problema.[126]

La segunda conferencia, sin embargo, fue agudamente crítica, aunque comenzó admitiendo el desafío intelectual presentado por Einstein, a quien Goicoechea, no obstante, admiraba «por su potencia demolitiva» por medio de la cual muchos conceptos físicos clásicos se habían puesto en un compromiso[127]. La relatividad en sí misma no presentaba problemas; el filósofo español Jaime Balmes, en su negación del espacio y del tiempo absoluto, era de hecho más radicalmente relativista que Einstein. Sin embargo, prefiere Balmes a Einstein porque el primero preserva el concepto de éter –«la continuidad sustancial del universo»–. A continuación sigue con una serie de afirmaciones en apoyo de la mecánica del éter: la luz es simplemente la manifestación ondulatoria del éter sin peso y ella misma carece de peso (aunque puede ejercer una presión mecánica); las ondas catódicas y beta (radio) son también manifestaciones del medio etéreo y carecen de masa material; si la luz se curva cuando pasa por el Sol se debe sólo al «choque mecánico de unas ondas con otras de igual naturaleza etérea». Es una lástima que Goicoechea no identifique sus fuentes porque fue uno de los muy escasos defensores españoles de la mecánica del éter que participaron en el debate en torno a Einstein. En un pasaje sobre el absurdo de igualar la masa con la energía, Goicoechea da ejemplos exclusivamente químicos

---

[126] *Ibid.*, pp. 488-489.

[127] «Crítica de las teorías de Einstein», *Revista Calasancia*, 11 (1923), pp. 563-585.

para refutar la famosa fórmula de Einstein. Haciendo balance, acepta el principio de relatividad y la concepción de Einstein del universo y rechazó su teoría de la gravitación. Acaba con una nota particularmente amarga, que recuerda un poco los lamentos de Horacio Bentabol (¡mencionado al principio de la misma conferencia como un genio matemático!):

> El ambiente científico nacional es asfixiante para el que pretende difundir una novedad científica; en esta misma casa, en que parece debía respirarse el aire puro de la libertad y de la igualdad, al nacional se le niega la sal y el fuego bíblicos, y no se le concede el estrado principal, y al extranjero se le invita con pomposas borlas y facilita todo lo que pida. Está descontada desde ahora la acogida que las teorías de un español tendrán dentro de su patria.[128]

La afirmación, desde luego, no es cierta; el Ateneo, como hemos visto, era centro destacado de discusión y divulgación científica. El propio Bentabol habló allí, de modo que sus puertas no estaban ciertamente cerradas a la heterodoxia científica. Si Bentabol y Goicoechea fueron verdaderamente obligados a hablar en alguna sala diferente del salón de actos principal, esto pudo deberse al cálculo de la magnitud del auditorio.

Los médicos eran también miembros de la clase media científica, pero pocos de ellos tenían la formación matemática requerida para discutir sobre la relatividad con una mínima base. Un autor que intentó integrar perspectivas relativistas en la fisiología humana fue Roberto Novoa Santos (1885-1933), un pensador médico altamente inventivo y original que se había sensibilizado hacia la relatividad a través de la fisiología de Mach, particularmente de sus nociones relativas a la sensación de tiempo: «Mach hace notar que en el dominio del tiempo y del ritmo no hay simetría alguna, pues el tiempo físico, lo mismo que el tiempo fisiológico fluye siempre en una sola dirección». En el tiempo fisiológico existe «el reloj propio, interno», que funciona automáticamente sobre la base de las fases anabólica y cata-

[128] *Ibid.*, p. 585.

bólica del proceso nutritivo. Es este reloj interno el «que debe tomarse como sistema de referencia para medir la duración de un suceso». Pero como la reacción al tiempo varía de un individuo a otro (el reloj interno no se mueve en absoluto a la misma velocidad):

> de ahí puede afirmarse una vez más el concepto de la relatividad temporal, y esto con absoluta independencia de todo sistema externo de referencia elegido para medir la duración del suceso. Tomando como base estos sistemas, es como llegó el físico Einstein a formular el concepto de la relatividad del complejo espacio-tiempo.[129]

En el caso de diferentes individuos situados a la misma distancia de una señal luminosa es evidente que cada uno percibirá la señal de manera diferente, dependiendo del tiempo de reacción individual al estímulo visual. En el sistema nervioso del individuo debe de haber alguna correspondencia espacio temporal estricta entre «puntos cronáxicos» dados más bien que una simple secuencia de engramas o de otro modo no habría sentido del tiempo. El tiempo biológico, en la interpretación de Novoa, debe, consiguientemente, comprenderse en un sentido espacio-temporal.

La fisiología de Mach fue también el punto de partida de la filosofía relativista de la ciencia expuesta por el fisiólogo August Pi-Sunyer (1879-1965) según la cual el progreso de la ciencia nos había hecho conscientes de la relativización del tiempo y del espacio. «La relativació és un cas més de lòrganització interdependent de conceptes corresponents a fenomens o sèries de fenomenms així mateix interdependents». Para Pi-Sunyer la gran realización de la relatividad fue el comprobar que el mundo intelectual se correspondía más exactamente con la realidad que el sensorial.[130]

[129] Roberto Novoa Santos, *Physis y psyquis* (Santiago de Compostela, 1922), pp. 32-36.

[130] August Pi Sunyer, «Fisolofia i ciéncia experimental (julio de 1928)», en *Conferències filosòfiques* (Barcelona, Ateneu Barcelonés, 1930), p. 240.

Los filósofos y la relatividad

En la España de los años 1920 hubo sorprendentemente pocos comentarios filosóficos sobre la teoría de la relatividad al margen de un contexto puramente religioso o teórico. De las tres principales figuras aquí discutidas, Manuel García Morente, José Ortega y Gasset y Miguel de Unamuno, sólo la filosofía de Ortega puede caracterizarse como verdaderamente secular, pero sus argumentos me chocan como dirigidos implícitamente contra interpretaciones erróneas de la relatividad hechas comúnmente por los que se acercaban a ella desde una perspectiva religiosa. Por ello hay una continuidad en la discusión entre los comentaristas explícitamente religiosos y los seculares.

El primer filósofo que mostró interés fue García Morente (1888-1942). En julio de 1921 *El Sol* publicó una entrevista extremadamente interesante con Einstein en Londres, inmediatamente después de que el físico y Erwin Freundlich, que también estaba presente, regresaran de una sesión de trabajo con Whithead a principios de junio. Einstein estaba en una disposición filosófica, aunque tenía cuidado de puntualizar que la relatividad en sí misma no constituía una filosofía. Explicaba que su teoría era preferible a la del éter porque hacía menos suposiciones, y proseguía señalando que su propia evolución filosófica había ido desde Hume hasta Mach y hasta el pragmatismo de William James. Entonces preguntó acerca del interés español hacia la relatividad, y el periodista Ricardo Baeza sacó a colación dos conferencias sobre el tema de García Morente en la Residencia de Estudiantes[131]. Estas conferencias, al parecer, no se publicaron nunca y debieron de ser un subproducto de la traducción de Morente de la divulgación de Mortiz Schlick de la relatividad que fue publicada en la primavera de 1921[132]. Este libro recibió una descalificación, en la reseña para *Ibérica*, de Enric de Rafael que opinaba que era muy inferior al de Freundlich, disponible para el público español en la traducción de Plans. Comparando ambos, el libro de Schlick:

[131] Ricardo Baeza, «Delante del profesor Einstein», *El Sol*, 3 de julio de 1921.

[132] Moritz Schlick, *Teoría de la relatividad. Espacio y tiempo en la física actual* (Madrid, Calpe, 1921).

> ... representa un retroceso... porque cierto público *ilustrado* prefiere vaguedades y explicaciones en cinco minutos (se me escapa el tren) a tener que estudiar con seriedad el cálculo tensorial y las formas cuadráticas diferenciales que entran en la exposición de la teoría de Einstein: y como dicho público *ilustrado*, pseudo-filosófico y pseudo-científico, es el que ha de agotar las ediciones, no hay más remedio que guisar la relatividad al gusto de su paladar.[133]

Lo único que valía la pena del libro, en opinión de Rafael, eran 11 apéndices añadidos por García Morente para reforzar el valor científico de la obra. Los apéndices son especialmente interesantes porque muestran que Morente tenía verdaderamente alguna formación matemática (su Apéndice 6 es una discusión de las coordenadas gaussianas y de la determinación de distancias en los continuos euclidianos y no-euclidianos). También manifiestan el gran interés de los comentaristas españoles por la evidencia experimental. Su Apéndice 1 es una discusión de Michelson-Morley (más clara que la de Piñerúa) donde Morente muestra que las únicas interpretaciones posibles del resultado nulo eran conservar el éter con la contracción de Lorentz o rechazar el éter como había hecho Einstein: «En ese caso, la contracción de Lorentz no es otra cosa, sino la obligada diferencia de metros y tiempos, que se verifica en dos sistemas cualesquiera de referencia»[134]. El apéndice 10 es un resumen de las pruebas experimentales de la teoría general.

Sobrevive otro fragmento de los comentarios de Morente sobre la relatividad, pero es evidentemente tardío y corresponde al período posterior a su ordenación como sacerdote en 1940. Es un breve comentario de un libro olvidado de Felix Eberty, *Los astros y la teoría del universo* (1846), que había sido reimpreso en 1923 con una introducción de Einstein[135]. Morente señala que, debido a la elevada velocidad de la luz, el orden del tiempo podría invertirse, dilatarse, contraerse o detenerse en un eterno presente para un individuo investido con el poder de viajar a cualquier parte del universo que deseara, a

[133] *Ibérica*, 16 (1921), p. 96.

[134] Schlick, *Teoría de la relatividad*, p. 118.

[135] Félix Eberty, *Die Gestirne und die Welgeschichite; Gedanken über Raum, Zeit und Ewigkeit* (Berlín, Gregor Rogoff, 1923).

cualquier velocidad y dotado con la capacidad para percibir detalles a través de inmensas distancias. Con tales medios, se podría observar el pasado reciente o distante, etc. Estas turbadoras paradojas sirven de base a la especulación sobre la naturaleza de la eternidad tal y como es experimentada por Dios que tendría todos los momentos del pasado siempre a su disposición.[136]

Ortega y Gasset (1883-1955) hizo dos importantes contribuciones a la discusión de la relatividad. La primera, su famoso ensayo sobre el significado histórico de la relatividad, escrito en 1922, se centraba en una respuesta cuidadosamente elaborada al típico alegato de los antirrelativistas católicos de que la relatividad era subjetivista y negaba la existencia de los absolutos. La segunda, su conferencia de presentación de Einstein en la Residencia de Estudiantes, el 9 de marzo de 1923, es significativa porque sitúa las realizaciones de Einstein en el contexto de la historia de la ciencia en términos que una audiencia profana podía comprender. Hay que señalar con relación al acercamiento de Ortega a la relatividad que no se comunicaba mucho con los matemáticos ni tenía fuertes vínculos con ellos. Por otra parte, Blas Cabrera era un miembro de su *tertulia*. Por ello, las ideas de Ortega sobre la relatividad procedían principalmente de la discusión de la teoría especial.

En su ensayo sobre el significado histórico de la relatividad, Ortega, dirigiéndose implícitamente a los antirrelativistas, criticó a una corriente destacada del pensamiento europeo a la que llamó «utopismo». Este valor, caracterizado por «el enorme afán de dominar lo real», era, por otra parte, «específico del europeo», constituyendo un producto derivado del racionalismo europeo que insistía en los absolutos, tanto en política como en física. (Ortega repitió este punto de vista en ulteriores ensayos, sin más alusiones a la relatividad. Retrospectivamente parece que Ortega elogiaba a Einstein por haber humanizado la física, porque el principal defecto del racionalismo utópico era que ponía énfasis en la facultad crítica a expensas de los límites ambientales y culturales a los que la gente debe amoldarse en última

[136] Manuel García Morente, «Einstein», *Arbor*, (1979), pp. 35-39.

instancia[137]). La necesidad de absolutos está en la raíz del reduccionismo científico (Ortega no lo identifica como tal), que él ridiculiza aludiendo al uso exagerado de tropismos por parte de Jacques Loeb para explicar el comportamiento animal y humano.[138]

Contra los fundamentos del pensamiento utópico-absolutista, Einstein fue «un fresco viento». Reiterando un tema de la conferencia de la residencia, Ortega desarrolla la distinción kantiana entre razón pura y datos de los sentidos y asocia una física que es puramente geométrica con la razón pura kantiana y, por implicación, con el absolutismo y el utopismo. Un ejemplo es el experimento de Michelson-Morley. La solución de Lorentz era utópica: la del viejo racionalismo. Pero Einstein «invierte la relación inveterada que existía entre la razón y la observación», insistiendo en que la geometría se somete a la observación.[139]

En el mismo ensayo, Ortega aborda la objeción filosófica conservadora básica a la relatividad, a saber, que era subjetivista y que negaba la existencia de absolutos. La física einsteniana es realmente absoluta –explica– porque mantiene que las leyes físicas son verdaderas, cualquiera que sea el sistema de referencia usado. Pero no es absoluta en el sentido apriorístico del viejo racionalismo. En la física clásica, nuestro conocimiento era relativo porque nunca podíamos alcanzar el conocimiento de lo absoluto. En la física de Einstein nuestro conocimiento es absoluto; la realidad es relativa.[140]

Ortega se inclinó hacia la relatividad claramente porque parecía proporcionar contenido científico a su propia noción de «perspectivismo», formulada en 1916. Una de las propiedades de la realidad –había dicho– es que las cosas tienen perspectiva: «La perspectiva es el orden y forma que la realidad toma para el que la contempla. Si

[137] Véase el breve resumen de John Butt «José Ortega y Gasset», *Makers of Modern Culture*, Justin Wintle, dir. (Nueva York, Facts on File, 1981), p. 392.

[138] Ortega, «El sentido histórico de la teoría de Einstein», en *El tema de nuestro tiempo*, 18ª ed. (Madrid, *Revista de Occidente*, 1976), pp. 149-151. Ortega no estuvo sólo de ningún modo en las críticas a Loeb; véase *Dictionary of Scientific Biography*, VIII, p. 446.

[139] *Ibid.*, pp. 152-154.

[140] *Ibid.*, pp. 142-143.

varía el lugar que el contemplador ocupa, varía también la perspectiva»[141]. El argumento perspectivista, con su análisis de la observación análogo a los conceptos relativistas, al menos en sentido amplio, no era más que un pretexto para el relativismo cultural que le condujo a Ortega a las obviedades de la equivalencia de valores de las diferentes culturas, anticipando los escritos de divulgación antropológica de un período ligeramente ulterior. El ensayo de Ortega se ha situado hace mucho tiempo dentro del canon de la filosofía relativista, pero en la época fue duramente criticado, tanto por científicos como por filósofos. Miguel Masriera, un químico físico que había estudiado con Hermann Weyl, afirmó que Ortega, de hecho, erró sobre el principal aspecto de la crítica de Einstein de la observación:

> Lo que Ortega y Gasset ha dicho de que la relatividad es esencialmente objetivista, antikantiana o vitalista, como se dice hoy, es puro «diletantismo». La relatividad se caracteriza principalmente por no asegurar cómo los objetos son, sino cómo les vemos. Claro está, que establece un valor absoluto, en el sentido de independencia de todo sistema de observación, y es el llamado «intervalo» entre los fenómenos. Pero este valor no puede tener nunca objetividad filosófica, pues no tiene existencia tangible, sino el carácter de abstracción necesaria o, más concretamente, de indeterminante matemática.[142]

Para el filósofo católico conservador José Pemartín, el ensayo de Ortega de 1923, proponiendo la argumentación perspectivista, había desfigurado «no sólo el sentido de la renovación einsteniana, sino aun el carácter de la mecánica clásica, que presenta equivocadamente como algo utópico, puro ente de razón, impuesto arbitrariamente a lo real por una obcecación racionalista». Ortega distorsiona la física clásica al afirmar que Galileo y Newton hicieron el universo eucli-

---

[141] *Ibid.*, p. 147.

[142] Miguel Masriera, «El valor del relativismo», *La Vanguardia*, 4 de febrero de 1925. Obsérvese que Masriera, al aludir a intervalos, estaba tratando de trasladar la discusión filosófica sobre la relatividad de la teoría especial, donde los antirrelativistas españoles habitualmente estaban fijados, a la general. Fue uno de los pocos españoles que comentó la discusión filosófica de la simultaneidad en la que la principal figura era Henri Bergson, a quien consideraba filosófica y científicamente irrelevante (véase abajo).

diano simplemente porque la razón así lo dictaba. Pero la verdad es –dice Pemartín– que vieron en la geometría euclidiana un estrecho acuerdo con los datos experimentales. El descubrimiento de Leverrier de Neptuno con un lápiz, confirmado después por la observación, es un tipo de anticipación euclidiana de las hazañas no-euclidianas de Einstein. También era falsa la interpretación de Ortega de las realizaciones de Einstein: que había invertido la relación entre la razón y la observación y se había servido de Kant a su modo. Pemartín cita al propio Einstein a propósito de que el tiempo y el espacio en un sistema gaussiano cuatridimensional pierden toda realidad física. (Hay aquí una impropiedad conceptual repleta de «deslizamientos» semánticos: como ni Ortega ni Pemartín captaron el núcleo de la crítica de Einstein de la observación física, quedaba fuera de lugar discutir lo que era o no era real en el sistema de Einstein). En una nota a pie de página, Ortega había aludido a la anticausalidad latente de la teoría de la relatividad. Pemartín pensaba que carecía de sentido subrayar el antirracionalismo de Einstein y, sin aludir la contraposición de Ortega entre Einstein y Descartes, señala las profundas raíces cartesianas del primero.[143]

La conferencia de la residencia comienza con una reflexión sobre el papel de la ciencia en la cultura occidental. «Esta cultura», afirmaba, «tiene una disciplina características, que es su cima, su penacho, la ciencia física»[144]. Si hubiera alguna competición por un premio entre todas las culturas del mundo, Occidente podría presentar su ciencia física, «que se aproxima, casi realiza, el ideal del conocimiento, porque es a la vez exacta y real y por esto la más pura teoría y la más eficaz técnica, el más puro contemplar y al tiempo el señorío práctico sobre las cosas». Esta síntesis de pensamiento y acción cons-

[143] Ortega, «El sentido histórico de la teoría de Einstein», p. 156, nº 1. José Pemartín, «La física y el espíritu», *Acción Española*, 4 (1933), pp. 144-146.

[144] Uso el texto de esta importante conferencia no incluida en las *Obras completas* de Ortega como aparece en el periódico de éste *El Sol*, 10 de marzo de 1923. Algunos de los temas de esta conferencia se repiten en el primer capítulo de *En torno a Galileo* (1933) (Madrid, *Revista de Occidente*, 1956). Véase una interpretación de las observaciones de Ortega por Alfonso Reyes, que estaba entre el auditorio: «Einstein, en Madrid», en *Simpatías y diferencias* (Madrid, Porrúa, 1945), pp. 92-93.

tituía, según Ortega, la principal característica indiosincrásica del hombre occidental. En la misma línea que las grandes figuras de esta tradición –Copérnico, Galileo, Kepler y Newton– estaba situado Einstein. Newton fue un sistematizador que creó la gramática de la ciencia. «Galileo fue quien realizó la más elegante anatomía del movimiento, de modo que puede decirse que Newton escribió el amplio período con las letras descubiertas por Galileo». Einstein, por su parte, había combinado en su propia obra estas dos clases de ciencia: «Einstein inventa las letras y a la vez es el sublime escritor del párrafo». Del mismo modo, como Galileo y Newton crearon los moldes en los que se ha formado la vida moderna, así la obra de Einstein representará el comienzo de una nueva cultura. Para describir esta revolución, Ortega no cree necesario disecar la misma ciencia de Einstein. (La consideraba difícil de captar, «aunque no sea de tan difícil comprensión como se dice».) Hay una ruta fácil, «que es la de fijar la significación del acto intelectual de Einstein, indagar las facultades intelectuales que en él predominan». Bajo esta luz se encuentra que la contribución de Einstein se sitúa en «un nuevo tipo de experiencia».

Para Kant, explicaba Ortega, el conocimiento era un producto de dos factores: los datos sensoriales y el pensamiento *a priori*. La historia de la física moderna puede describirse en términos de una oscilación entre los dos polos. En el sistema cartesiano la idea predomina sobre la observación y el experimento en la medida en que la imagen física del mundo podría construirse sobre una base puramente geométrica. Kant, al mismo tiempo que reconoce la importancia de ambos factores, «en realidad concede a la experiencia el papel de observar cómo se cumplen las leyes de la geometría, de modo que sigue gravitando la constancia decisiva de la razón». Einstein le ha dado la vuelta completamente a ese estado de las cosas:

> Einstein representa el punto de vista opuesto; para él, lo estrictamente racional no puede decidir sobre las cosas físicas, porque la matemática es una ciencia formal, no una ciencia de cosas. La razón fabrica un repertorio de conceptos ordinales; pero es el experimento quien hace la selección del orden aplicable. El espacio euclidiano es un orden; pero si es o no aplicable al mundo, ha de decidirlo no la teoría, sino la experiencia. Einstein, pues, significa el desplazamiento hacia el factor empírico.

Decir, como hacían muchos, que Einstein simplemente confirmó la doctrina kantiana de la subjetividad del tiempo y del espacio era, sencillamente, falso. La concepción de Ortega de la física relativista como empírica es casi única entre los comentaristas españoles, especialmente atendiendo a la difundida idea errónea (por no decir hostilidad hacia) del papel de las matemáticas en su formulación. Aunque Ortega no alude aquí a las pruebas experimentales de las teorías de Einstein, su argumentación era quizá la articulación más clara en la España de los años 1920 del difundido sentimiento de que tal confirmación experimental legitimaba un nuevo sistema de pensamiento físico, un sentimiento que, según creo, subyace en mucho del entusiasmo popular por la relatividad.

Otro filósofo que comentó la relatividad fue Ramiro Ledesma Ramos (1905-1936), posiblemente el comentarista científico «popular» más incisivo de España a finales de los años 1920. Se trata del mismo Ledesma que, pocos años después, se unió al movimiento fascista. Su apoyo sincero a Einstein es un testimonio elocuente del clima intelectual de los años 1920, tan propicio para el discurso civil en el ámbito científico.

Ledesma defendió con firmeza a Einstein contra la crítica del biólogo Hans Dreisch en una columna publicada en octubre de 1930. Según Ledesma, la teoría de Einstein era «la más fecunda impulsión que se conoce en el acontecer de los tiempos», puramente por su valor para crear agitación intelectual, dejando aparte la cuestión de si era cierta o no. Porque incluso si era falsa, demostraba la debilidad de los conceptos clásicos. La crítica de Ledesma a Dreisch se movió más en el terreno filosófico que en el físico. Parecía que Dreisch, ingenuo a los ojos de Ledesma, quería negarle a la relatividad su derecho a ser una teoría. Ledesma pone de relieve la circularidad del argumento de los que pretendían atacar la «lógica» de la teoría sobre las bases metafísica, no físicas. Decir (como lo hicieron muchos españoles detractores de la relatividad) que la Teoría Especial viola el principio de contradicción revela una extraña ingenuidad. La lógica que subyace a *c* puede ser difícil inicialmente para nosotros, pero una vez que la hemos comprendido lo reconocemos como un concepto de mayor orden que el que reemplazó.

Pero Dreisch se oponían aún más a la relatividad general porque ésta estaba construida con «espacios metageométricos». Este autor evitaba tratar con la noción física de gravitación del mismo modo como, al ocuparse de la relatividad especial había evitado habérselas con el nuevo concepto de masa. Lo que Dreisch realmente revela es una absurda predisposición contra la geometría no-euclidiana. Contra esta línea de argumentación Ledesma replica que una geometría no es más o menos válida que otra, sólo simplemente más o menos precisa o apropiada. Por ello es absurdo rechazar una geometría dada como contraintuitiva. En cualquier caso, Dreisch erró mucho el tiro porque el propio Einstein explicaba que el espacio, fuera o no euclidiano, dependía del estado de la gravitación. Verdaderamente, prosigue Ledesma, la teoría de la gravitación de Einstein en su contribución esencial a la nueva física. Concluyendo, Ledesma no detecta nada nuevo en el argumento de Dreisch excepto el viejo problema de no aceptar el método matemático en física.[145]

La crítica tajante de Dreisch, en particular sobre el concepto supuestamente «metageométrico» del espacio atribuido a Einstein, se aplica con la misma validez a Eugeni d'Ors y a otros comentaristas que interpretaron erróneamente la naturaleza de la «geometría» de Einstein. Para Ors, cuya tesis doctoral en filosofía había tratado del tema «Los argumentos de Zenón de Elea y la noción moderna del espacio-tiempo», la importancia de Einstein era la racionalización del movimiento, un problema que había inquietado a los prensadores desde los tiempos de Zenón. En cuanto que el universo de Einstein era un universo finito, el papel del infinito (como en el paradójico de Zenón) se reducía enormemente. Ors señala con acritud que su tesis ha permanecido sin publicar durante una década[146]. Pero la geometría

[145] Ramiro Ledesma Ramos, «Hans Dreisch y las teorías de Einstein», *Gaceta Literaria*, 1 de octubre de 1930; reimpreso en *La filosofía, disciplina imperial* (Madrid, Tecnos, 1983), pp. 91-96. Véase también el comentario de Ledesma de la fórmula de Einstein para el volumen del universo, «Nota de Matemática», en Tomás Borrás, *Ramiro Ledesma Ramos* (Madrid, Editora Nacional, 1972), pp. 51-52. Dreisch era uno de los que habían contribuido en el volumen *Hundert Autoren Gegen Einstein* (1924).

[146] Eugenio d'Ors, *Nuevo Glosario*, 3 vols. (Madrid, Aguilar, 1947-1949), I, p. 796.

de Einstein le preocupaba. Durante la aparición de Einstein en la Residencia de Estudiantes, Ors le señaló a Alfonso Reyes: «éstas son ya muchas dimensiones; esto es volver la geometría al estado bárbaro en que se encontraba antes de que Euclides la redujera a las tres conmensuraciones simbólicas-únicas que nos hacen falta». Ors comete el mismo error de concebir la relatividad como geometría pura que otros que habían tratado de ponerle a Einstein un rótulo kantiano.[147]

Las alusiones a Einstein presentes en los escritos de otros filósofos de los años 1920 son, en conjunto, ocasionales y sin desarrollar. En 1922 una observación del hispanista francés Marcel Bataillon le sugirió a Miguel de Unamuno «la idea de escribir algo sobre el tiempo espiritual o la teoría de Einstein aplicada a la historia, y cómo un sujeto posterior en tiempo material y cronológico puede ser precursor de otro en tiempo espiritual –mejor, en eternidad–, y hasta un nieto, padre de su abuelo»[148]. Hay otras dos fugaces alusiones a Einstein en artículos escritos por Unamuno en 1922 y 1923. En la primera señala que «cuando oigo hablar de las teorías de Einstein y de la dificultad que encuentran en muchos para ser comprendidas, pienso que ello se debe sobre todo a que los más de los ingenios humanos carecen del sentido de continuidad, es decir, de infinito y del de función»[149]. La mayoría de nosotros, explica, vivimos en el concepto «democrático cristiano» del universo, «a base de átomo de vacío y noción escolástica de causalidad». El concepto heraclitiano de flujo y continuidad es extraño para tales personas. En un artículo escrito poco después de la partida de Einstein de España, Unamuno se ocupa de la sustitución del sistema tradicional de medida por el sistema métrico y señala que en determinados regímenes agrarios españoles la unidad de superficie es una unidad de valor y no una medida abstracta. Una parcela que

[147] Reyes, «Einstein, en Madrid» (nº 144, arriba), p. 93.

[148] Unamuno, a Bataillon, 1 de agosto de 1922; citado por Manuel García Blanco, *En torno a Unamuno* (Madrid, Taurus, 1960), p. 606. Cuando Unamuno fue desterrado a las islas Canarias por su oposición a la dictadura de Primo de Rivera, Einstein le escribió una carta de simpatía, según José Rubia Barcia, «Unamuno the Man», en *Unamuno; Creator an Creation*, J. R. Barcia y M. A. Zeitlin, drs. (Berkeley, University of California Press, 1967), p. 16.

[149] Miguel de Unamuno, «Mi visita a palacio» (publicado el 12 de mayo de 1922), *Obras completas*, 9 vols. (Madrid, Escelicer, 1966-1971), VIII, p. 467.

suma dos veces el valor de la otra se cuenta como doble de esta última en extensión. La aplicación rígida del sistema métrico ha abolido todo esto. «Pero ha venido Einstein, y donde se aplicaba la extensión nos ha introducido el valor o la valencia. ¡Y adiós metro y adiós línea recta! Y adiós todo lo métrico y rectilíneo, como suele ser la sociología»[150]. En el primer artículo introduce al menos la importante cuestión de la relación entre las nociones clásicas y relativas de la causalidad. En la segunda referencia parece transmitir la impresión de que la misión de Einstein ha sido humanizar de algún modo la física; la noción de que el metro ha sido abolido, no obstante, fue una de las más comunes de entre las interpretaciones «populares» de la relatividad y un tema favorito de los caricaturistas.

Para terminar esta discusión del limitado impacto de Einstein entre los filósofos españoles de los años 1920, es interesante señalar que la crítica de Henri Bergson de los conceptos relativistas de duración y simultaneidad apenas suscitó interés, aunque era cierto que la confrontación de Bergson con Einstein en la Société Française de Philosophie en abril de 1922 fue reseñada en la prensa española[151]. La crítica de Bergson se centró en el ejemplo del tren dado por Einstein en el capítulo 9 de su libro de divulgación, *Relatividad, La teoría especial y general*, donde hay dos sistemas de referencia representados por el andén y el tren, designados *M* y *M'*. Einstein, a partir de la teoría especial, niega que dos sucesos (rayos de luz en los puntos *A* y *B*) percibidos como simultáneos en un sistema son también simultáneos en el otro. En opinión de Bergson, sin embargo, debe suponerse que las observaciones son hechas sólo por un observador («físico», le llama) que sólo puede estar en un sistema en un tiempo dado. Si está en el sistema *M* no puede estar también en *M'*, y por ello nada ha sido observado realmente en *M'*. La réplica de Einstein a Bergson fue un modelo de concisión, no se puede confundir el tiempo físico con el tiempo filosófico (que es a la vez psicológico y físico)[152].

---

[150] «Aforismos y definiciones, V» (10 de junio de 1923), *Obras Completas*, VII, p. 1527.

[151] Véase arriba, capítulo 2.

[152] Bergson, *Durée et simultanéité* (París, Félix Alcan, 1922), pp. 135-139. *Bulletin de la Société Française de Philosophie*, 17 (1922), p. 107.

Un español que escribió acerca de esta polémica fue Miquel Masriera, que escribió una serie de artículos sobre la relatividad especial en *La Vanguardia* en 1925. En el primero criticó a Bergson y a Jacques Maritain como «antirrelativistas psicológicos» y en el segundo describió la crítica de Bergson del experimento del tren y explicó cómo la relatividad responde a las contradicciones inherentes al concepto clásico de movimiento absoluto. (Un tercer artículo contenía su crítica del perspectivismo de Ortega, arriba mencionada)[153]. Masriera tradujo los tres artículos al alemán y los envió a su mentor, Weyl, quien, a su vez, se los transmitió a Einstein. El 7 de octubre de 1925, Einstein le replicó a Masriera desde Berlín, repitiendo simplemente el argumento que hemos reproducido en el capítulo 9, junto con un diagrama, concluyendo: «Desde hace años no contesto ya más publicaciones que objetan la teoría de la relatividad especial. Esto representaría un derroche de tiempo que la brevedad de la vida no permite».[154]

En su libro *Einstein y Santo Tomás*, Luis Urbano describe también la polémica Bergson-Einstein en París, reproduciendo la réplica de Einstein casi verbalmente. Pero Urbano redondea su discusión de la simultaneidad intercalando un ejemplo aportado por H. Thirring sobre la percepción en la Tierra de los sucesos que acaecen en el espacio estelar, en este caso la aparición de una nueva estrella en la constelación de Perseo en 1901. Concluye que la simultaneidad sólo tiene sentido si se admite la constancia de la velocidad de la luz y sólo si es considerada un fenómeno observacional más bien que «real»[155]. La ilustración estelar en mi opinión es en sí misma más fácil de entender para los que tenían poca formación en física que el ejemplo del tren, porque, como en la discusión de Thirring de Perseo, los sucesos pue-

[153] Miguel Masriera, «El antirrelativismo psicológico», «La verdad sobre Einstein» y «El valor del relativismo», *La Vanguardia*, 7 de enero, 15 de enero, 4 de febrero de 1925.

[154] Masriera, «De Einstein para mis lectores», *La Vanguardia*, 9 de octubre de 1925. Un facsímil de la carta de Einstein figura en Masriera, «La polémica con Bergson», *La Vanguardia*, 14 de marzo de 1979. En su carta, Einstein comenta también la transformación de Lorentz en los mismos términos que en el capítulo 11 de su popular libro.

[155] H. Thirring, *L'Idée de la Relativité* (París, 1923), cap. VI; Urbano, *Einstein y Santo Tomás: Estudio crítico de las teorías relativistas* (Madrid-Valencia, Ciencia Tomista, sin fecha), pp. 78-82.

den ser identificados como acaecidos en diferentes días (según el calendario de la Tierra) dependiendo de si fueron observados en un sistema de referencia Tierra-Perseo o en uno Perseo-Tierra.

Otro comentarista clerical, Ataulfo Huertas, siguió la distinción psicológico-filosófica de Bergson entre el movimiento absoluto y el relativo, tratándose el primero de un concepto metafísico, y el último, de uno físico. Huertas pensaba que la afirmación de Bergson en *Durée et Simultanéité* de que se podría defender el movimiento absoluto dentro del sistema de Einstein era una conclusión prematura. Es obvio que no había ninguna interpretación filosófica de las implicaciones de la relatividad, y la observación de Huertas que los filósofos de diferentes escuelas vieron en la relatividad la confirmación *a priori* de sus propias teorías podía muy bien haberse aplicado a Ortega.[156]

Relatividad y religión

La discusión teológica de la relatividad en España fue extremadamente desigual en contenido y gran parte de ella dogmática, ininformada y divulgación vulgar. Sin embargo, por razones de consistencia prefiero comentarla como un único cuerpo de literatura, conjunto coloreado por la formación científica de varios de los participantes. De los ocho escritores clericales más destacados en la discusión de la relatividad al menos cinco tenían títulos claros de pertenencia a la clase media científica. Luis Urbano (1882-1936), uno de los dos que apoyaban la relatividad de entre los ocho recibió el doctorado en Madrid en física con Cabrera[157]. El otro relativista, Benjamín Navarro, escritor científico de la *Revista Calasancia*, tenía un doctorado en química. De los antirrelativistas, Angel Rodríguez (1854-1935), direc-

[156] Ataulfo Huertas, «La relatividad de einstein», *Revista Calasancia*, 11 (1923), pp. 374-375, de la *Revue de Métaphysique et de Morale*, enero de 1913; Huertas, *ibid.*, pp. 379-380, comentarios sobre Bergson, *Durée et Simultanéité*, pág. VI; y Huertas, *ibid.*, p. 247.

[157] *Diccionario de Historia Eclesiástica de España*, 4 vols. (Madrid, Consejo Superior de Investigaciones Científicas, 1975), IV, pp. 2674-2676. En *Einstein y Santo Tomás*, p. IX, Urbano se refiere a Cabrera como «mi ilustre profesor», y a Plans, como «mi querido amigo».

tor del Observatorio Vaticano entre 1898 y 1905, también realizó el doctorado en física en Madrid. Teodoro Rodríguez (1864-1954) obtuvo en Madrid una licenciatura en física y en química y fue autor de una serie de textos científicos de segunda enseñanza[158]. Ataulfo Huertas (1872-1936) parece que estudió ciencia en Lovania y fue miembro de la Sociedad Matemática en 1926. Las tres figuras restantes fueron filósofos y teólogos. Felipe Robles Degano (1853-1939) enseñaba matemáticas y filosofía en el Seminario de Ávila. Bruno Ibeas (1879-1959) enseñó historia de la filosofía en la Universidad de Madrid durante algún tiempo, y Pedro de Medio enseñó filosofía moral en Ávila. El matemático Enric de Rafael y el astrónomo Josep Ubach, jesuitas catalanes, también figuran en este contexto por sus declaraciones teológicas.[159]

Podríamos inquirir primero cómo se presentó la relatividad a los lectores de publicaciones eclesiásticas, específicamente las revistas de las órdenes religiosas, y en segundo lugar, en periódicos cuya política editorial era explícitamente católica. La revista de orientación religiosa más influyente era *Razón y Fé*, publicada por los jesuitas. En los años 1920 se ocupó de la relatividad con considerablemente menos frecuencia que otras cuestiones polémicas, tales como el darwinismo, que combatió implacablemente. Sin embargo, este comparativo silencio se debía probablemente al hecho de que *Ibérica*, la publicación del Observatorio del Ebro, era, bajo la dirección de Enric de Rafael (hasta 1922) y por esto con su frecuente colaboración, la revista española más activa en la divulgación de la relatividad y se publicaba también bajo los auspicios de los jesuitas (aunque sin sesgo religioso específico, excepto en una ocasional reseña de libros). De hecho el único artículo de relatividad que apareció en *Razón y Fé* en este período lo escribió el propio De Rafael[160]. En ese ensayo señala que los escolásticos habían combatido los conceptos newtonianos de espacio

---

[158] *Diccionario de Historia Eclesiástica de España*, III, pp. 2103-2105.

[159] *Ibid.*, II, p. 1114 (Ibeas); II, p. 1107 (Huertas); IIII, p. 2097 (Robles); Urbano, *Einstein y Santo Tomás*, p. 7.

[160] Enrique de Rafael, «La teoría de la relatividad», *Razón y Fe*, 64 (1922), pp. 344-359.

y de tiempo (particularmente en relación a las cualidades de inmensidad, eternidad, infinidad, indestructibilidad, etc.) como incompatibles con su concepción de Dios. Los anticatólicos de inclinación escéptica se habían opuesto también al absolutismo newtoniano, pero todas ellas eran críticas metafísicas e importaban poco frente al enorme ajuste entre el sistema newtoniano y los hechos observados.[161]

Con este preámbulo, dispuesto sin duda para sugerir una analogía entre el antinewtonianismo católico y el antirrelativismo, De Rafael describe luego el experimento de Michelson-Morley, la contracción de Lorentz y la teoría especial (esta última principalmente con las propias palabras de Einstein tomadas al pie de la letra de la traducción de Lorente de Nó). Es notable que De Rafael no intente ocultar su ortodoxia einsteniana, conviniendo con Einstein que puesto que es imposible determinar mediante la psicología, la física o la metafísica si existe en la realidad algún sistema privilegiado (absoluto) de referencia, entonces, siguiendo la regla filosófica del *Non sunt multiplicanda entia sine necessitate*, no existen ni el éter ni el espacio absoluto (o al menos no son apreciables y, por ende, no tienen utilidad en la explicación física)[162]. Finalmente señala cuatro objeciones a la relatividad comúnmente expresadas en los círculos religiosos. La primera, que destruía la ciencia clásica: «Nada más exagerado», replica De Rafael. De hecho en el contexto de su propia época, Colón, Copérnico, Galileo y Newton fueron todos más revolucionarios que Einstein y tal, verdaderamente, «es la historia de la ciencia viva». La segunda objeción, que la relatividad le ha dado la vuelta a la causalidad y sostiene, por ejemplo, que un efecto precedería a una causa en el tiempo es sencillamente pensamiento confuso. El tiempo nunca puede retroceder para ningún individuo.

[161] *Ibid.*, p. 345.

[162] *Ibid.*, p. 357. La cuestión de si la teología escolástica admitía o no sistemas de referencia privilegiados era importante para los apologistas católicos de la relatividad tales como Luis Urbano, que sostenía que la postura de Santo Tomás era análoga a la de Einstein. Pero Urbano fue atacado en este punto por Paolo Rossi, según el cual la cosmología tomista tenía tanto un movimiento privilegiado (el movimiento uniforme y regular de la primera esfera) como una posición privilegiada (el centro del universo), ninguna de las cuales podía hacerse compatible con la relatividad de Einstein; *Rivista di Filosofia Neo-Scolastica*, 20 (1928), p. 131.

Sin embargo, un observador muy distante podría percibir una causa y un efecto como eventos simultáneos. La tercera objeción es que es intolerable eliminar el espacio y el tiempo absoluto. Con todo, puntualiza De Rafael, tales nociones no se aceptaron nunca hasta Newton y nunca han formado parte de la cosmología escolástica. De hecho los escolásticos «definen un espacio *imaginario*, con el fundamento real de la existencia de cuerpos extensos, que difiere mucho menos del espacio-tiempo einsteniano que del espacio y tiempo absolutos de Newton». La cuarta objeción es diametralmente opuesta a la última, a saber, que la relatividad no dice nada nuevo, sino que simplemente viste viejos conceptos con un nuevo lenguaje. Al negar la validez de esta afirmación De Rafael parece hacerse eco de la valoración de Blas Cabrera de la naturaleza de la fascinación popular con las ideas de Einstein. Las verdades de la relatividad «están en la subconciencia de todos; pero se necesita un genio para analizarlos, precisarlos y definirlos, y entonces parecen sencillos, pero no dejan de tener mérito extraordinario».[163]

La correcta exposición de Enric de Rafael, sin distingos, fue quizá el factor individual más poderoso para legitimar la relatividad entre aquellos sectores de la opinión católica que manifestaban ansiedad ante la destrucción de la física tradicional. De Rafael fue ampliamente citado en la prensa popular. Por ejemplo, en una reseña del pensamiento relativista publicada en un periódico de Zaragoza, De Rafael fue citado como afirmando que no había contradicción entre la filosofía escolástica y la relatividad. El antirrelativismo del momento, según De Rafael, confundía el espacio y el tiempo *absoluto* con el espacio y el tiempo *real*. Por otra parte, la relatividad era irrelevante para la teología, y los cánones no tenían que aceptar la teoría para llevar las almas a los cielos[164]. Al exponer lo que podríamos llamar realismo ingenuo, De Rafael identificaba los aspectos más sobresalientes del antirrelativismo español.

La *Revista Calasancia*, revista de los escolapios, publicó cuatro artículos y la reseña de un libro sobre relatividad en 1922-1923, cuya

[163] *Ibid.*, pp. 358-359.

[164] Graciano Silván, «La actualidad científica», *El Noticiero*, 14 de marzo de 1923.

postura varió de favorable a hostil. El primero en aparecer fue un resumen de la relatividad realizado por el habitual comentarista científico Benjamín Navarro[165]. Este señala primero que durante los tres últimos años la relatividad había ocupado el centro del discurso cosmológico y que los miembros más selectos de las comunidades de físicos y de matemáticos habían asistido al curso de conferencias de Blas Cabrera. En su propia exposición, Navarro dice que seguirá *Le Principe de Relativité* de Lémerary. Aquí, Navarro se muestra totalmente entusiasta acerca de la relatividad y fuertemente crítico de la mecánica clásica. Para él, la ley de la inercia clásica era absurda y manifestaba su asombro de que la ciencia galileano-newtoniana hubiese durado tanto tiempo como lo había hecho, dada la inestabilidad del edificio construido sobre tales fundamentos. El éter era innecesario, inventado por los físicos para ocultar su ignorancia del mecanismo de acción a distancia. Al discutir las pruebas experimentales de la teoría general ni siquiera se vale de la habitual objeción del corrimiento hacia el rojo, afirmando que Plans había dado seguridad de que este fenómeno estaba en vías de confirmación. Al año siguiente, como para compensar el entusiasmo de Navarro, la revista publicó la crítica y divulgación de Goicoechea, ya mencionada, pero sus lectores también accedieron a un punto de vista intermedio en un extenso comentario filosófico de Ataulfo Huertas.

En la revista agustiniana, *Ciudad de Dios*, la relatividad fue tratada por Teodoro Rodríguez. La revista reimprimió un artículo escrito durante la visita de Einstein y publicado en el diario católico de Madrid *El Universo*, y también editó por entregas su libro *Relatividad, modernismo y matematicismo*[166]. Rodríguez era algo así como un superviviente de las guerras darwinianas de los años 1870 y 1880. En su opinión, el relativismo, el positivismo y el evolucionismo eran todos similares, todos erróneos, todos negadores de la verdad absoluta y todos subsumidos bajo la rúbrica de modernismo, un movimiento que

[165] Benjamín Navarro, «De relatividad», *Revista Calasancia*, 10 (1922), pp. 38-47.

[166] Teodoro Rodríguez, «Relatividad y modernismo», *Ciudad de Dios*, 133 (1923), pp. 293-302. «Relatividad, modernismo y matematicismo», *ibid.*, 135 (1923), pp. 42-67 y siguientes; publicado como un libro con el mismo título (Barcelona, Unión Librera de Editores, [1924]).

vio su salvación en Einstein. Para él sólo había una cuestión básica: «¿Existe la verdad objetiva e inmutable o la verdad es puramente subjetiva y evolucionista?»[167]. Subyaciendo a esta pregunta hay un profundo recelo de la ciencia moderna. La observación y la experimentación no son los únicos criterios de verdad, «según afirman los positivistas conscientes e inconscientes»; en realidad son los menos ciertos. Como prueba de esta aseveración menciona a una serie de naturalistas que han producido absurdos: la obra de Huxley sobre Bathybius; la de Haeckel sobre los embriones; los estudios de Darwin sobre la transformación de las especies y una multitud de paleontólogos que trataron de probar la existencia del hombre terciario[168]. El darwinismo se había convertido, desde luego, en el modelo de cualquier idea científica revolucionaria y en el próximo capítulo discutiremos el uso de esta comparación por los relativistas. Pero Rodríguez no elabora cómo el evolucionismo contribuye o complementa a la subversión de los axiomas de la ciencia física clásica; lo toma como algo dado. Relaciona una serie de axiomas de los libros de texto de matemáticas y física (por ejemplo, la suma de los ángulos de un triángulo es igual a dos ángulos rectos) que, en su opinión, representan verdades intemporales, no susceptibles de alteración: «Esta inconmovilidad de las verdades físico-matemáticas ha sido la desesperación de evolucionistas, bergsonianos y modernistas»[169]. Los axiomas de Einstein sólo pueden parecer plausibles al que crea que lo que es verdad hoy será falso mañana. No hay verdad relativa; sólo hay la verdad (absoluta) o el error. La verdad tiene muchos criterios, no sólo la observación y la experimentación, sino también la revelación y otros no mencionados[170]. La definición de Rodríguez de la verdad según la cual ésta existe cuando hay conformidad entre la realidad y nuestro concepto de lo que la realidad debería ser parece no sólo apriorística, sino también subjetiva. El sujetivismo desacreditado por Rodríguez parecería ser simplemente cualquier alejamiento de aquellas verdades sostenidas

[167] «Relatividad y modernismo», p. 294.
[168] *Ibid.*, pp. 296-299.
[169] *Ibid.*, p. 295.
[170] *Ibid.*, p. 301.

como reales por algún cuerpo autorizado de dogmas (o dogmáticos). Rodríguez no sólo identifica a Einstein como un «positivista kantiano», sino también como un matemático o físico hebreo o israelita[171]. Esta referencia le da la dudosa (y significativa) distinción de ser el único comentarista español de Einstein de los años 1920 que le identificó como un judío más bien que como un alemán.

La concepción de Rodríguez del «Matematicismo» era consistente con lo que afirmaban otros antirrelativistas españoles; que las fórmulas matemáticas constituían una «especie de escritura cuneiforme, en la cual son pocos los mortales que saben leer».[172]

Su libro contiene más de lo mismo y es evidente que de hecho no comprendía las ideas en cuestión. (Ya había admitido no tener bastante conocimiento de «técnica matemática» para discutir las fórmulas de Einstein[173]). Todo lo que quedó fue el recurso a ataques *ad hominem* y discusiones confusas. (El padre Urbano señaló que Rodríguez rechazaba un universo infinito como fantástico y criticó también el concepto de Einstein de un universo finito, pero ilimitado, en cuanto que se oponía al principio de contradicción[174]). Rodríguez fue considerado como un extraño por otros antirrelativistas clericales (sin duda porque, como muchos antidarwinistas clericales de la centuria anterior, no se ocupaba de los temas científicos en discusión con equidad, sino sólo mediante vituperios e indirectas). Un escandalizado crítico fue Eustaquio Ugarte de Ercilla, un psicólogo jesuita que colaboraba con frecuencia con trabajos sobre temas científicos en *Razón y Fé*. Ugarte era un destacado antidarwinista clerical que también se opuso a Freud, en parte debido a su sesgo evolucionista[175]. Los apologistas católicos asumieron la vinculación entre esas tres ideas.

---

[171] *Ibid.*, p. 302. Reseña de Rodríguez por Huertas, en *Revista Calasancia*, 12 (1924), p. 874. Huertas subraya las referencias étnicas y alude a la socarronería de Rodríguez al hacer semejante identificación («su manera un poco zumbona»).

[172] *Ibid.*, p. 293.

[173] *Ibid.*, p. 294.

[174] Urbano, *Einstein y Santo Tomás*, p. 11.

[175] Véase E. Ugarte de Ercilla, «El centenario de Darwin y el cincuentenario del Darwinismo», *Razón y Fe*, 24 (1909), pp. 167-182, y «La escuela freudiana y la metapsíquica», *ibid.*, 73 (1925), pp. 204-223, especialmente p. 220.

Ugarte reseñó el libro de Rodríguez junto con la traducción castellana de un texto de divulgación de la relatividad del jesuita alemán Theodor Wulf[176]. Wulf pretendía sólo exponer la teoría y no juzgarla, pero Ugarte parecía complacerse en señalar que, según Wulf, la relatividad sólo era una hipótesis. En contraste, Ugarte señala la falta de equidad de Rodríguez al criticar una filosofía relativista en nombre de Einstein cuando el científico se ocupaba claramente sólo de principios matemáticos y físicos. El tono de condena de Rodríguez le parecía duro y exagerado a Ugarte, quien renunciaba a convenir tanto que la relatividad era determinista como que conducía a la «duda universal».[177]

La *Revista Calasancia* publicó una crítica mucho más dura de Ataulfo Huertas, quien desacreditó la intransigencia de Rodríguez. Para Huertas el subjetivismo no constituía un problema. Los relativistas sostenían que sólo el intervalo era absoluto y sobre esta base habían formulado leyes de invariancia, es decir, leyes independientes de cualquier sistema de referencia. Por ello, la relatividad es, verdaderamente, una ciencia de lo absoluto. Nuestro anterior absoluto debe ser sacrificado ahora en el altar del «nuevo Moloch», el tensor de gravitación. En un amplio comentario, Huertas encontró defectos, sucesivamente, en la física, la metafísica y la teología de Rodríguez. Rodríguez se revela a sí mismo primero como un newtoniano que cree que el mundo se mueve dentro de una realidad ilimitada, en un continuo tridimensional formado por el espacio y el tiempo absolutos. Pero Rodríguez, incapaz de armonizar conceptos físicos del espacio y del tiempo con conceptos metafísicos de materia y espíritu, concluye que el tiempo y el espacio no son ninguno de éstos, sino intermedios entre ellos. Huertas afirma que no puede seguir a Rodríguez en su peculiar manera de conceptualizar el espacio y el tiempo. Tampoco la crítica de Rodríguez del matematicismo tiene sentido para Huertas. Rodríguez está a favor de una geometría euclidiana intangible; pero, señala Huertas, el físico requiere una «geometría física de la medida» y, para

[176] *La teoría de la relatividad de Einstein*, trad. Joaquín María de Barnola, S. J. (Barcelona, Editorial Científico-Médica, 1925).

[177] E. Ugarte de Ercilla, «Exposición y refutación de la relatividad», *Razón y Fe*, 73 (1925), pp. 426-428.

este fin, las coordenadas cartesianas eran insuficientes y entonces los relativistas había recurrido a la geometría no euclidiana[178]. Cuando Rodríguez indica que la pretensión relativista de

> pasar del orden matemático al físico, como si éste estuviera supeditado a aquél, y todas las consecuencias deducidas matemáticamente considerarlas por ese sólo hecho como realidades objetivas, es un paralogismo manifiesto,

Huertas replica que los relativistas convendrían en que una tal traslación es imposible y es por ello por lo que no se puede pasar directamente de la geometría euclidiana a la geometría física[179]. Huertas señala que los relativistas tienden a exagerar la falta de comprensión de sus críticos, pero la torre de marfil en la que ellos mismos se encierran no es totalmente impermeable. Él no podría por sí mismo *calcular* el tensor de gravitación universal, pero era capaz, no obstante, de seguir otras explicaciones de las consecuencias lógicas de sus principios conductores[180]. Rodríguez, no los relativistas, parece haber sucumbido al vicio modernista del determinismo matemático cuando afirma que las verdades matemáticas son más válidas e incluso contradictorias con los resultados experimentales. Finalmente, Huertas creía que la cosmología relativista era más satisfactoria filosóficamente que aquella cuya desaparición lamentaba Rodríguez. El espacio ya no era amorfo, sino bien definido, «un universo dotado en cada punto de una estructura particular», caracterizado por un tensor de gravitación que «pesa sobre cada punto particular». El espacio einsteniano es más concreto que el euclidiano y más complejo.[181]

Las críticas de Ugarte y Huertas son significativas porque muestran que hacia mediados de los años 1920 había una considerable dis-

[178] Ataulfo Huertas, reseña de Teodoro Rodríguez, *Relatividad, modernismo y matematicismo*, 12 (1924), p. 876.

[179] *Ibid.*, p. 883. Es interesante que, aunque Huertas pensaba que la aplicación de la geometría no-euclidiana a problemas de física era totalmente lógica, creía que las propias matemáticas de Eisntein en la teoría general habían sido «depasada ya matemáticamente» por Elie Cartan y otros (*ibid.*, p. 880).

[180] *Ibid.*, p. 887.

[181] *Ibid.*, pp. 879, 881, 884, 884. En su apreciación del espacio de Einstein, Huertas dice que sigue las ideas de F. Renoirte, uno de los pocos defensores de Einstein en las revistas católicas.

tancia entre la postura de los apologistas católicos de la antigua tradición polémica que atacaban el vicio del modernismo con poco más que algunos raídos clichés retóricos y críticos más sofisticados que se sentían obligados a ventilar sus dudas dentro del contexto del discurso filosófico o científico. Huertas fue explícito en este punto: los españoles habían hecho

> innumerables y valiosas adhesiones, partidas de todas partes, hacia la persona y los méritos científicos del sabio, a quien aquí, afortunadamente, no hemos hecho objeto de *filias* ni de *fobias* políticas, si todo lo envenenan, no pocas veces han profanado las serenas investigaciones, exclusivamente científicas, a que el profesor Einstein ha consagrado los desvelos de su poderoso genio.[182]

Por otra parte, los críticos católicos inmoderados (principalmente clericales) de Einstein reservaron sus invectivas más fuertes para los clérigos favorables al físico. Así, Pedro de Medio atacó a Luis Urbano y a Theodor Wulf de subjetivistas; a la relatividad, como una teoría matemática imaginaria, como una reflexión no del mundo real de nuestra intuición, sino de otro forjado en mentes excesivamente enamoradas de las matemáticas[183]. En el diario católico *El Debate*, Bruno Ibeas criticó un informe favorable de Enrique de Benito, en el mismo periódico, como precipitado[184]. Ibeas era otro realista ingenuo que rechazaba una cuarta dimensión porque los sentidos no nos revelaban sino tres. En el periódico extremadamente clerical y tradicionalista *El Siglo Futuro* todos los columnistas, clericales o no, se opusieron a Einstein. Los dos columnistas, Clarover y Betibat, hicieron la consideración análoga de que Cristo es superior a todos los filósofos, incluido Einstein, mientras que el padre Robles Degano comentó que Einstein, que no

---

[182] Huertas, «La relatividad de Einstein», *Revista Calasancia*, 11 (1923), p. 241.

[183] Pedro N. de Medio, «Un nuevo paladín del relativismo», *España y América*, 23 (1925), pp. 97-112; «Resumen de los principales inconvenientes del relativismo», *ibid.*, 24 (1926), pp. 15-27.

[184] Bruno Ibeas, «El einstenianismo y la venida de Einstein», *El Debate*, 7 de marzo de 1923, criticando a Enrique de Benito, «Las conferencias de Einstein. Notas de un oyente profano», en el mismo periódico, 6 de marzo. Ibeas era autor de un folleto antirrelativista titulado *Las teorías de la relatividad de A. Einstein* (Madrid, N. del Amo, 1922).

sabía metafísica, había inventado «un sistema engañabobos» que no alteraría la metafísica escolástica, por muchas fórmulas matemáticas que usara[185]. Tales comentarios en la prensa católica ayudan a localizar los límites del discurso civil sobre la ciencia en la España de los años 1920. Claramente, el límite extremo se había alejado hacia la derecha, donde sólo los extremistas retrógrados rehusaban participar. Es interesante señalar que, cuando el discurso civil empezó a quebrarse en los años 1930, el estilo de invectivas del siglo XIX se hizo de nuevo respetable entre los católicos más moderados hasta renacer de modo genuino como un distintivo de la hostilidad franquista hacia la ciencia moderna en los años 1940.

Geómetras prácticos

Al nivel más bajo de la «clase media científica» podemos detectar otro tipo de asimilación científica de la relatividad. En la revista publicada por los ayudantes y auxiliares de los Cuerpos de Ingenieros Civiles del Estado hallamos un curioso tributo a Einstein firmado por Pablo Pulido, ayudante del catastro de Cuenca. Las observaciones de Pulido, que reflejan su asistencia a las conferencias de Einstein en Madrid, constituyen una mezcla peculiar de referencias: geometría no-euclidiana, ideas de Emilio Herrera sobre el hiperespacio y las nociones teosóficas de Mario Roso de Luna[186]. Claramente, al nivel de la geometría práctica, se podían adquirir nociones de hipergeometría, pero sin la capacidad para interpretarlas en el contexto de la nueva física.

---

[185] Clarover, «La visita de Einstein», *El Siglo Futuro*, 2 de marzo de 1923; Betibat, «Saludando a Einstein: Chispazos racionalistas», 13 de marzo; F. Robles Degano, «La relatividad», 21 de marzo.

[186] Pablo Pulido, «Einstein, en España: algunos apuntes relacionados con la teoría de la relatividad», *El auxiliar de la Ingeniería y Arquitectura*, 3 (1923), pp. 84-85. Para un ejemplo de un tratamiento de divulgación científica en el que la cuarta dimensión es el plano astral de los teósofos, véase Edmundo González Blanco, *El universo invisible* (Madrid, Mundo Latino, 1929), p. 733. González Blanco cita a Güell en su discusión de la cuarta dimensión.

CAPÍTULO 8

EL NEGRO AL SERMÓN: EINSTEIN Y EL PÚBLICO ESPAÑOL

CONTEXTOS DE RECEPCIÓN POPULAR

La diferencia entre la «clase media científica» y la clase instruida, en general, era frecuentemente tenue. Es evidente que algunas personas instruidas no profesionales pudieron muy bien captar las más amplias implicaciones de la relatividad de manera mucho más sofisticada y profunda que los geómetras prácticos. La razón para distinguir entre los dos es que las referencias intelectuales de cada grupo eran muy diferentes. Un geómetra práctico, al margen de lo limitado que fuera su conocimiento de Einstein, sabía, no obstante, que su mensaje guardaba alguna relación con las ideas de Emilio Herrera o incluso con Mario Roso de Luna. Lo sabían porque leían los órganos de expresión típicos de la clase media científica: revistas de ingeniería y de divulgación científica como *Madrid Científico*, la página científica de *El Sol*, etc. En este capítulo consideramos la recepción de la relatividad por el público instruido, la manera cómo se le hizo accesible la información y la naturaleza de sus comentarios al respecto.

Es difícil, si no imposible, calibrar la cantidad de conocimientos de física que un determinado comentarista podía realmente tener; también es difícil decir, a partir de los textos escritos, si un comentarista profano estaba haciendo realmente una consideración de física o si había llegado a una afirmación que sonaba razonable a través de algún tipo de coincidencia semántica inconsciente. Explorar la literatura popular mediante signos de conocimientos de física sólo puede conducir a un resultado nulo y a decirnos poco acerca de la naturaleza de la discusión. Si nos concentramos menos en las señales de física y más en el contexto de esas afirmaciones, entonces resulta posible evaluar las funciones sociales e intelectuales de tales escritos, cuya importancia trascendía la escasa cantidad de información física transmitida. Deseamos saber si se trató de articular las ideas de Einstein, dirigiéndose a una audiencia profana, en un contexto científico más amplio relacionando la relatividad, por ejemplo, con acontecimientos bien conocidos de la historia de la física o si se presentó la información sin tal articulación, en la forma de lugares comunes al uso. Estos últimos podían contener alguna información de física (por ejemplo, que la «luz tiene peso») o ninguna en absoluto (véase fig. 9.1). Tales respuestas, aunque enormemente diferentes en contenido y calidad de información, representan intentos de asimilar la teoría dentro de algún contexto definible intelectualmente. Otros comentarios, sin embargo, no procuraban en absoluto la asimilación. Dos tipos de comentarios semejantes aparecen persistentemente en la literatura española. El primero es lo que podría llamarse periodismo de «dos culturas»: insistente reproche acerca de la incomprensibilidad de la teoría, asociado con ambivalencia u hostilidad a la ciencia en general y a las matemáticas en particular, caracterizada por expresiones de inseguridad y de autodesconfianza al enfrentarse con la incapacidad para entender a Einstein. Estos temas se presentaban en otros países, desde luego, pero en España la cuestión de la incomprensibilidad estuvo inextricablemente ligada a dudas ampliamente compartidas concernientes a la capacidad de la sociedad como un todo para producir o asimilar la ciencia moderna. En segundo lugar, hubo un desarrollo más específico de los mismos temas en una respuesta simbólica o ideológica a Einstein que se agotó por sí mismo, como señaló más de un periodista, en una especie de guerra civil entre intelectuales: los científicos (y sus animadores) contra la intelectualidad no científica. Entre los primeros se hizo que Einstein representara la esperanza de la ciencia española; para los últimos era sencillamente un embarazoso recordatorio de la supuesta decadencia cultural de España. En términos generales, expresiones como recepción «popular» o ciencia «popular» se refieren al público lector, lo que, no es necesario decirlo, es una distorsión del término dada una situación de elevado analfabetismo. Este capítulo es una discusión de cómo reaccionaron los intelectuales a la personalidad de Einstein y cómo se las vieron con el tema de la incomprensibilidad. En el próximo capítulo considero algunos de los modos como se adoptó la relatividad para propósitos literarios o artísticos y algunas de la formas que tomó la discusión al filtrarse desde la intelectualidad a otros dominios más «populares».

Prensa y popularización

El principal peso de la divulgación recayó sobre la prensa diaria. Los periódicos cumplieron un servicio de apoyo al encargar artículos de divulgación (discutidos abajo), pero tuvieron que hacer frente de modo más directo al tema de la divulgación cuando se vieron obligados a ocuparse de las conferencias de Einstein. La prensa reconoció claramente su responsabilidad de informar sobre lo que Einstein dijo. Según el director de *El Diario de Barcelona*, Joan Burgada (1870-1946), Einstein había emprendido su ardua aventura viajera para explicar por sí mismo sus ideas:

> Es claro que ello impone a la prensa una misión; pero ésta se reduce a señalar la presencia del sabio y a reseñar modestamente y de un modo «oficioso» el desarrollo de sus conferencias. La misión de la prensa, pues, en situaciones como la que se trata, consiste en colocarse en las avanzadas de las masas no para desentrañar la causa, sino para recoger el efecto; no para indagar la sustancia, sino para señalar el fenómeno.

Los comentaristas científicos podían ocuparse de la sustancia de la relatividad.

> Los demás, no podemos hacer otra cosa que anotar el «movimiento externo» de esas manifestaciones de una ciencia que dista mucho de pertenecer al dominio común, ni aun al de los intelectuales no especializados. No se trata de un asunto «periodístico», de vulgarización y propaganda, salvo la aportación aislada de algún especialista, porque para ambas cosas necesario es poseer un conocimiento exacto de la materia. Preséntese, además, el problema del tecnicismo, sin el que no hay modo exacto de expresión. No es que en los periódicos no se yerre con frecuencia acerca de las cuestiones más debatidas en sus columnas (política, literatura, sociología y algunas veces filosofía); pero, aun erradamente, cabe hablar de ellos con cierta brillantez y deslumbrar a la masa... No se disputa tanto de matemáticas o de ciencias naturales, porque no hay manera de expresarse sin el conocimiento del tecnicismo propio de

estas ciencias y que, naturalmente, está reservado a sus pacientes cultivadores[1].

Los comentarios de Burgada son válidos porque constituyen la única declaración publicada realizada por un director de prensa sobre la política editorial relativa al tratamiento informativo de la visita de Einstein. Pudo muy bien haber habido alguna autojustificación en la afirmación de Burgada porque fue hecha bastante después de la estancia de Einstein en Barcelona y por ello había tenido tiempo sobrado para legitimar la línea de actuación de su periódico.

Otros periódicos tenían políticas menos claramente formuladas. *ABC*, por ejemplo, cambió la política a la mitad de su tratamiento informativo del tema. Antes de la primera conferencia, el periódico anunció una postura práctica: se contentaría con explicar parte de la teoría correctamente antes de presentar una vulgar síntesis del conjunto (en 1922 el periódico había publicado ya una serie de divulgación sobre el tema por «Wahr»)[2]. Después de la segunda conferencia, el periódico abandonó incluso esta modesta actitud:

> (La segunda conferencia) resulta absolutamente inaccesible aun para un público de cultura extensa, y creemos sinceramente que un diario no ha de sustituir las revistas científicas. Un diario de gran circulación no puede hablar de ejes de coordenadas, de formas cuadráticas, de geodésicas, de fórmulas de transformación[3].

Una explicación punto por punto, concluía *ABC*, no enseñaría nada a los expertos ni ilustraría al público.

En términos prácticos, los periódicos sólo tenían dos opciones: o bien enviar a un reportero corriente, sin especial preparación científica, simplemente para informar de detalles externos, o enviar a un científico para comentar sobre la sustancia de las conferencias. En Barcelona, *El Noticiero Universal* escogió la primera opción: «¿Qué dijo el doctor Einstein? Si difícil le ha sido al profesor resolver el

[1] J. Burgada, «Einstein, en España», *El Diario de Barcelona*, 10 de marzo de 1923.
[2] *ABC*, 4 de marzo de 1923.
[3] *ABC*, 6 de marzo de 1923.

complicado problema de la relatividad, más difícil es aún para «el chico de la prensa» trasladar a las cuartillas los conceptos que expone el ilustre conferenciante»[4]. El resultado fue un reportaje totalmente externo, que detallaba la manera de hablar de Einstein (por ejemplo, «habla tan pausadamente» que parecía menos un profesor que un estudiante sometido a un examen oral), su método de usar la pizarra o el que no bebía agua durante su exposición.

Una línea opuesta fue emprendida por *El Debate* y *El Liberal*, de Madrid. El primero prometió[5] y proporcionó los resúmenes científicos mejores posibles, los encargados a Tomás Rodríguez Bachiller. La información sobre Einstein por parte del último corrió a cargo de Francisco Vera, matemático e historiador de la ciencia, uno de los mejores divulgadores científicos de la España de la época.

Una serie de periodistas se ocuparon específicamente del tema de la divulgación en los periódicos y llegaron a la conclusión de que la prensa había fracasado en proporcionar divulgación efectiva de las teorías de Einstein. Manuel Grana señaló lo curioso que era que España, un país que había estado tan poco interesado en la especulación científica, se hubiera revuelto tanto por Einstein. Más extraño –continuaba– era el hecho de que una vez suscitada la curiosidad popular, la prensa no había estado afortunada al transmitir al público los resultados tangibles de la teoría[6]. La verdad es, sin embargo, que tal evidencia tangible como los resultados del eclipse de 1919 había, de hecho, sido presentada adecuadamente al público lector. Grana, sin embargo, tenía en la mente consecuencias menos obvias, tales como el misterio de la contracción de Lorentz y la «explicación maravillosa» de Einstein de él. No se trata de que una persona se alarga mucho por el mero hecho de avanzar en esa dirección, explicaba Grana, sino que no hay otro modo de medirla. «Einstein enseña a corregir pensando, no midiendo».

[4] *El Noticiero Universal*, 28 de febrero de 1923.

[5] *El Liberal*, 4 de marzo de 1923.

[6] *El Debate*, 14 de marzo de 1923.

Otros señalaron la insuficiencia de los esfuerzos de divulgación. Luis Araquistain observó que el propio Einstein era un mediocre expositor de sus propias teorías, posiblemente porque tenía que expresarlas en francés. No obstante, para Araquistain, los fallos de Einstein en este sentido no venían al caso. Todas las grandes ideas necesitan ser interpretadas para el público por personas preparadas para ello: ideas jurídicas, por políticos; religiosas, por apóstoles; de arte, por críticos, etc. Sin tales intérpretes, el significado humano de la relatividad podría muy bien pasar inadvertido, lo que sería una lástima:

> ¡Qué lástima que un actor, digno del papel del gran físico en el drama científico de comprender los movimientos de las materias, no supiera comunicarnos la parte emotiva o universalmente humana de la razón, superándose a sí misma, recreándose para mejor penetrar en el mundo grandioso de la mecánica! Porque en toda la ciencia hay un fondo dramático no sólo en cuanto a sus orígenes y finalidades..., sino en su propio proceso. El drama del principio de la relatividad es el drama de la razón resolviéndose, a la postre, a sostener el universo sobre sí misma, sobre puntos fijos que sólo existen en el mundo irreal del pensamiento. La relatividad es –si pueden emparejarse vocablos tan contradictorios– la máxima realización, hasta ahora, del racionalismo[7].

A una conclusión similar llegó Lucanor, columnista de *La Época*, en respuesta a las críticas del tipo de las expresadas por Araquistain. Lucanor indicó que Einstein había partido, «dejando en todos el hondo estremecimiento de la curiosidad»[8]. Pero nadie tenía una clara idea de lo que él dijo excepto los especialistas en física matemática. La «clase media de la cultura» no ha alcanzado «esa visión inteligible». Algunos han dicho que Einstein no era un buen conferenciante y que tenía problemas con el francés. Esto es cierto, pero uno espera que la especulación científica elevada sea abstrusa. Entonces Lucanor expone una analogía familiar a todos sus lectores. Hay

[7] Luis Araquistain, «Einstein o la razón estremecida», *El arca de Noé* (Valencia, Sempere, 1926), pp. 90-91.

[8] Lucanor, «Después de oír a Einstein», *La Época*, 16 de marzo de 1923. El uso de Lucanor de la palabra *estremecimiento*, junto con alusiones, sugiere que estaba glosando el artículo de Araquistain.

–dice– diferentes niveles de conocimiento, algunos más accesibles que otros. Por ejemplo,

> cuando hace años nuestros abuelos gustaron de entregarse a la polémica científica y filosófica que en todo el mundo suscitó el evolucionismo de Darwin, el índice de conocimientos que se requería para emitir dictamen, era más breve o acaso más fácil... Y que cualquier M. Homais se sentía con bagaje suficiente para demostrar la filiación entre el mono y el hombre.

La biología era una materia, pero «ante las formas geométricas, no cabe la opinión del profano». Había existido, por ello, una necesidad de «socializar esas conquistas (y eso) ya no era labor de Einstein, sino labor del divulgar». Los españoles, señala puntualmente Lucanor, tuvieron una vez un gran divulgador, José de Echegaray, y los franceses aún lo tienen en la persona de Henri Bergson. Faltando tales figuras, «el público madrileño ha oído a Einstein falta de toda tutela y de toda guía».

Es interesante observar que señor Homais, el sentencioso farmacéutico de la novela de Flaubert *Madame Bovary*, se usó como un símbolo de una cierta clase de popularidad científica: la discusión por parte de los prácticos, frecuentemente provincianos, que formaban parte de la clase media científica y que seguían los desarrollos recientes en la ciencia.

Mi examen de un importante volumen de literatura de divulgación indica que el público lector español tenía acceso a la misma clase de información y al mismo orden de dificultad de que disponían otros públicos europeos del mismo período y que la sensación de falta de intermediarios estuvo muy coloreada por factores subjetivos relacionados con los temas de comprensibilidad y el papel de la ciencia en la cultura española. Antes de explorar esos factores, permítasenos primero examinar la literatura de divulgación.

Artículos y libros de divulgación

Desde el punto de vista del divulgador científico, la relatividad presentaba un problema básico. Como Jerónimo Vecino explicó a los lectores de *El Heraldo de Aragón*, el periódico le había pedido que diera una *idea clara* de la teoría:

> Pero tropiezo con una gran dificultad: la imposibilidad de emplear en un artículo periodístico el lenguaje matemático necesario para la exposición clara y precisa de la doctrina relativista. Una fórmula matemática es un condensador de ideas que el lenguaje corriente no puede expresar[9].

Siendo él mismo un físico, Vecino percibió forzosamente la intraducibilidad del lenguaje matemático como un problema clave. Los divulgadores basados en la clase media científica no tenían ese problema y, en general, pasaron por alto completamente la cuestión matemática. Jaume Pahissa fue claro sobre el asunto. Para él la relatividad era más que justamente una ley nueva y grande, y, como la teoría newtoniana de la gravitación, representaba la perfección de un método que permite la explicación de todos los fenómenos físicos, tanto los de la física clásica como las nuevas leyes: el método matemático.

> Puesto que las leyes y los fenómenos físicos se simbolizan por fórmulas y ecuaciones matemáticas –explicó–, trabajando estos símbolos según los desarrollos que enseñan las matemáticas superiores, poder llegar a nuevas ecuaciones y fórmulas que, al ser integradas, considerándolas también como símbolos, conduzcan al hallazgo de consecuencias desconocidas que luego la experiencia puede confirmar[10].

Pahissa concluía su descripción de la teoría señalando que éste había sido el procedimiento de Einstein al explicar la deformación de las velocidades por la influencia del Sol[11], la anomalía observada en el

---

[9] Jerónimo Vecino, «La teoría de la relatividad de Einstein», *El Heraldo de Aragón*, 14 de marzo de 1923.

[10] Miguel-Emilio Durán, «Einstein, en Barcelona: La teoría de la relatividad y la música», *Las Provincias*, 6 de marzo de 1923.

[11] Es interesante señalar que Pahissa, como muchos otros, mostraron en sus escritos que, aunque aceptaban las consecuencias experimentales de la relatividad general (es decir, las tres pruebas clásicas), no obstante, no habían comprendido adecuadamente la teoría de Einstein y continuaban usando conceptos (tales como el de peso de la luz, cambio en la

perihelio de Mercurio y el peso de la luz, inconcebible si se cree que la luz es la vibración de un éter hipotético.

Sólo tal información concreta tenía sentido para los lectores habituales de periódicos diarios que, en conjunto, estaban dispuestos a creer en la veracidad de la infraestructura matemática que hacía tales explicaciones posibles. Todas las otras divulgaciones siguieron un patrón preestablecido, que yo dudo que el lector medio pudiera seguir (aunque los que fueran capaces de hacerlo no necesitaban tener ninguna formación científica). La estrategia básica fue seguir los ejemplos de Einstein y presentar problemas y ejemplos sencillos de trenes, ascensores y otros fenómenos familiares. Algunos intentaron hacer más aceptables tales ejemplos, situándolos en un contexto familiar. «Supongamos –escribía Vecino, en pro de los ciudadanos de Zaragoza– que se mide la plaza de la Constitución entre el café Gambrinus y el hotel Europa». La medida del suelo sería una cifra diferente de la obtenida por una persona desde un aeroplano, que obtendría una distancia más pequeña –tanto más pequeña cuanto más rápido fuese el vuelo–.[12]

Los lectores españoles tuvieron acceso a un gran número de artículos de divulgación entre 1920-1923, escritos por científicos españoles, como Vecino, Blas Cabrera[13] o Ferrán Tallada[14], o por divulgadores científicos, como Charles Nordman[15]. También hubo divulgación a cargo de científicos antirrelativistas, tanto españoles como extran-

velocidad de la luz, etc.) que sólo tienen significado en la teoría de la gravitación de Newton. Araquistain, «Einstein», p. 92, se refería al parecer a la misma cuestión cuando afirmaba que, de acuerdo con la teoría de Einstein, «la velocidad de la luz cambia no debido a la movilidad del éter, sino según cada campo gravitatorio».

[12] *El Heraldo de Aragón*, 14 de marzo de 1923. Un ejemplo análogo, con referencias catalanas, situaba dos relojes en Barcelona y Villanueva; José Ochoa, *El espacio y el tiempo desde Newton a Einstein* (Barcelona, 1924), p. 20.

[13] Véase la parte de la introducción a su libro *Principio de relatividad* reproducida en *El Imparcial*, 3 de marzo de 1923.

[14] Véase la serie de tres artículos de Tallada en *La Vanguardia*, 4, 13 y 24 de marzo de 1923.

[15] Nordmann, «Una revolución en la ciencia. Teorías de Einstein», *Redención* (Alcoy), 8, 15 y 22 de marzo de 1923.

jeros, como Josep Comas i Solà[16], Camille Flammarion (que no estaba totalmente opuesto, sino que tendía a seguir a sir Oliver Lodge en una actitud escéptica)[17], y otros antirrelativistas extranjeros exhibidos por Comas a través de las páginas de sus revistas, incluidos Julius von Sittert y Charles Lallemand[18]. Hubo también comentarios por parte de miembros de la case media científica, tales como el ingeniero Manuel Moreno-Caracciolo o el químico Emilio Hunolt[19]. También aparecieron series de artículos con pseudónimo de escritores de ciencia, tales como la de *ABC*, por «Wahr», presumiblemente no español, u otra por «Rigel», un español, en *El Heraldo de Madrid*[20]. El último artículo de Wahr estuvo dedicado totalmente a la evidencia experimental en apoyo de la teoría general.

Otras dos fuentes «populares» requieren un examen. La primera es la *Enciclopedia Universal Ilustrada*, la famosa enciclopedia Espasa-Calpe que empezó a aparecer antes de la Primera Guerra Mundial y que continuó editando nueve volúmenes a lo largo de los años 1920. Hay que suponer que todos los artículos que contienen referencias a la relatividad los escribió Terradas, a quien se le asignaron artículos que trataban temas de física, matemáticas e ingeniería[21]. La primera mención de la relatividad aparece en el artículo «Electricidad», escrito probablemente en 1913, en el que hay referencias de pasada a la electrodinámica de los cuerpos en movimiento según la teoría de la relatividad (XIX, p. 555) y una referencia cruzada a la «Relatividad»

[16] Comas, «Las conferencias del profesor Einstein», *La Vanguardia*, 14 de marzo de 1923.

[17] Flammarion, «La doctrina de Newton y las teorías de Einstein», *Madrid Científico*, 27 (1920), pp. 154-155.

[18] Por ejemplo, Von Sittert, «Teoría general de la relatividad y el espectro solar», traducido por José Sagrista, Pbo., *Revista de la Sociedad Astronómica de España y América*, 12 (1922), pp. 8-12; Lallemand, «La teoría de la relatividad», *ibid.*, 16 (1926), pp. 9-10.

[19] Moreno-Caracciolo, «La teoría de la relatividad», *El Sol*, 8 de octubre de 1920; Hunolt, «Sobre las teorías de Einstein», *El Sol*, 6 de julio de 1922.

[20] Wahr, «La teoría de la relatividad», *ABC*, 19 de enero , 3, 10 y 18 de febrero de 1922; Rigel, «Einstein y la relatividad», *Heraldo de Madrid*, 2 y 3 de marzo de 1923.

[21] Julio Rey Pastor, «Esteban Terradas, su vida y su obra», en Real Academia de Ciencias Exactas, *Discursos pronunciados en la sesión necrológica en honor del excelentísimo señor don Esteban Terradas e Illa* (Madrid, 1951), p. 64, indica el enorme número de artículos escritos por Terradas para la Espasa-Calpe, 17 sobre temas científicos sólo entre la Ac y la As.

después de una discusión de las ecuaciones de Lorentz del electromagnetismo (p. 625). En el artículo sobre el «Eter» (XXII, pp. 1178-1182), Terradas señala (p. 1180): «Es de gran interés, en el momento en que se escribe este artículo (1923), tratar de las modificaciones que la teoría de la relatividad ha introducido en nuestra noción del éter». Esta importante declaración parece que debió ser una interpolación añadida en una reedición de un artículo original escrito por lo menos diez años antes. En el artículo «Física» hay una sucinta historia de la relatividad (XXIII, p. 1586), donde se citan los trabajos de Einstein de 1905 y 1906. Terradas señala que la relatividad y la teoría cuántica son «de tal trascendencia, que no creemos aventurado el suponer que se considere nuestra época como el siglo de oro de la física». Otra temprana mención del nombre de Einstein se produce en el volumen XXIV, en el artículo «Fotoeléctrico», donde hay una similar referencia y también una alusión a la fórmula de Einstein sobre la absorción de los cuantos de luz (p. 668). La biografía de Minkowski, en el volumen XXV (p. 683), se refiere a «la investidura geométrica que en el cálculo vectorial de cuatro dimensiones supo dar el principio de relatividad». Ya ha aludido al resumen de Terradas de la teoría de la relatividad en cincuenta páginas (no un trabajo de divulgación, sino más bien una síntesis dirigida a la clase media científica, así como a los científicos y estudiantes de ciencias), en el volumen L, seguido de una biografía de Einstein, ambos escritos en 1923. En el tercer volumen de Apéndices (pp. 65-68) hay una lista de «descubrimientos e investigaciones más importantes de las ciencias naturales» desde 1100 a.C. hasta 1925. Esta lista incluye la *«selección natural»* (Darwin y Wallace), pero no a Einstein ni la relatividad.

La segunda fuente es *Ibérica*, una revista de divulgación científica publicada por el jesuita Observatorio del Ebro. *Ibérica* ofreció a sus lectores comentarios de actualidad de la relatividad empezando en 1916, con una reseña de una conferencia de Blas Cabrera sobre «Energía, masa y gravedad», que incluía una discusión de las ecuaciones de transformación de Lorentz-Einstein[22]. Las observaciones

[22] *Ibérica*, 5 (1916), p. 175.

del eclipse de 1919 se discutieron antes y después de que se realizaran[23]. A través de la década aparecieron artículos de Plans, Terradas y Cabrera (o reseñas de sus conferencias), ya mencionados en el capítulo 6. En 1921-1923, Enric de Rafael aportó reseñas de los libros más significativos aparecidos sobre relatividad en España: la traducción de Plans del libro de Erwin Freunclich *Los fundamentos de la teoría de la gravitación de Einstein* (Madrid-Barcelona, Calpe, 1920); *Teoría de la relatividad*, de Mortiz Sclick, traducido por García Morente (Madrid, Calpe, 1921); *Nociones fundamentales de mecánica relativista* de Plans, y la traducción de Lorente de Nó del libro de divulgación de Einstein[24]. La revista también mantuvo al día a sus lectores sobre otras observaciones astronómicas relevantes para la teoría general, incluidos cuatro artículos diferentes sobre el eclipse de sol del 21 de septiembre de 1922[25]. También de interés es un reportaje sobre la discusión de la relatividad que tuvo lugar en el Congreso Internacional de Filosofía en Nápoles el 24 de mayo con artículos de Elie Cartan, Hadamard, Nordmann y otros[26].

Además de artículos también hubo libros de divulgación. Dos de los de mayor circulación fueron *Einstein y el misterio de los mundos*, de Pelayo Vizuete (dos volúmenes, Arte y Ciencia, Madrid, 1923-1924), y *La teoría de la relatividad de Einstein al alcance de todos* (Barcelona, 1921), de Salvador Corbella Álvarez. Vizuete (n. en 1872) fue un divulgador que había escrito sobre un gran número de temas científicos. El primero de sus libros de divulgación fue una introducción al estudio de los sistemas planetarios y los principios del movimiento que de hecho no menciona a la relatividad. El segundo fue una discusión de la relatividad especial y el tercero (que nunca apareció) prometió una exposición de la cuarta dimensión.

---

[23] «La luz y la gravitación universal», *Ibérica*, 11 (1919), p. 118; «Desviación de la luz por el Sol», *ibid.*, 13 (1920), p. 323 (12 de junio).

[24] *Ibérica*, 15 (1921), p. 63 (Freundlich); 16 (1921), p. 96 (Schlick); 16 (1921), p. 351 (Plans); 16 (1921), p. 400 (Einstein). Anteriormente, De Rafael había hecho una reseña de la traducción francesa de la 10 edición alemana de la misma obra; 15 (1921), p. 288.

[25] *Ibérica*, 18 (1922), pp. 357-358; 19 (1923), p. 296; 20 (1923), p. 228; 21 (1924), p. 134.

[26] *Ibérica*, 22 (1924), pp. 101-102.

La cuestión de la comprensibilidad

Teniendo en la mente no sólo la fácil accesibilidad de exposiciones de la relatividad supuestamente al alcance del hombre instruido, por no mencionar los trabajos de carácter más técnico ya comentados y dirigidos principalmente a la clase media científica, dirigiremos ahora nuestra atención al debate sobre la comprensibilidad de las teorías de Einstein. Estoy interesado aquí en cómo percibieron el problema personas de diferente formación y no en intentar determinar la claridad, o falta de ella, con la que las ideas se expresaron.

El público lector español había sido advertido por el propio Einstein, quien le declaró a Andrés Révészc que los libros de divulgación dirigidos a «le grand publique» podían ser interesantes pero no contenían su teoría[27]. Afirmaciones similares por parte de científicos fueron, desde luego, legión –por ejemplo, la propia afirmación de Einstein de que era más fácil aprender las matemáticas necesarias para comprender la teoría que intentar comprenderla sin matemáticas–. Otro cliché, repetido *ad nauseam* en España era el que sostenía que sólo un puñado de los iniciados podían comprender la relatividad. Contestando a un amigo que le preguntó lo que había «sacado en limpio» de las conferencias de Einstein, José Escofet dijo:

> Lo que yo he sacado en limpio es que no hay en España media docena de personas capaces de seguir a Einstein con sus cálculos sublimes sin fatigarse, sin rendirse antes de haber andado la mitad del camino[28].

La mayoría de las discusiones sobre la comprensibilidad de la teoría se originaron con literatos. Una nota común que éstos plantearon fue la de la confusión, como confesaba abiertamente el escritor catalán Josep Maria Sagarra:

> Jo he assistit a les conferències d'Einstein segons, ben segur, que no entendria un borrall de les seves explicacions, amb la mitja por i tot de

[27] *ABC*, 4 de marzo de 1923.

[28] José Escofet, «Einstein y los matemáticos», *Las Provincias,* 18 de marzo de 1923. Escofet (1884-1939) era codirector, con Gaziel, de *La Vanguardia.*

> fer el paper ridicul d'adormirme. He entrat a les conferències sense dir res a ningú, com si me'n donés vergonya, vençet alló que es poguessin pensar de mi que era un pedant i que allí ningú m'hi demanava[29].

Ráfagas, un columnista de Zaragoza, fue incluso más franco: «No fuimos a oírle... por la seguridad de no comprenderle; nos sentimos tan miserables como el más bajo y ruin de los bichos domésticos». Estaba lleno de angustia de ser incapaz de comprender «verdades nacidas ayer». Así, «si algo nos consuela, es el espectáculo que han ofrecido muchas gentes, interesadas, intrigadas por las teorías del sabio. Manotean como ciegos en el vacío. Pero ese mismo manoteo, ¿no indica que apetecen luz, que la ambicionan, que la buscan?».[30]

La más evocadora imagen autodespreciativa fue la de «negro al sermón». Joan Colomitas Maseras usó de esta imagen para describir la reacción de la audiencia a las conferencias de Einstein en Barcelona:

> Hemos de confesar que muchos de los concurrentes sacaron de las explicaciones del conferenciante lo que el negro del sermón, como lo demostraba el aspecto del cansancio que sorprendimos en gran número de caras conocidas, y los suspiros de liberación que exhalaron muchos pechos al oír las palabras finales[31].

Otros comentaristas fueron igualmente francos, pero más petulantes. En opinión de Carlos Soldevila la popularidad de Einstein se explicaba por la fe ciega del público en la ciencia. ¿Qué hizo Einstein?

> La inmensa majoria dels barcelonins ho ignora en absolut. La resta es divideix entre els que han sentit a dir que Einstein era un gran savi, inventor d'una teoria enormement curiosa i trasbaladora, i el grup minúscul dels especialistes que han llegit la teoria i l'han compresa.

[29] Josep Maria Sagarra, «Einstein», *La Publicitat*, 4 de marzo de 1923.

[30] Ráfagas, «Lecciones de Humildad», *El Heraldo de Aragón*, 14 de marzo de 1923.

[31] Juan Colominas Maseras, «Einstein, en Barcelona», *El Pueblo*, 2 de marzo de 1923. La misma analogía la usó C. Sánchez Peguero, «Un aspecto minúsculo de la relatividad», *El Noticiero*, 13 de marzo de 1923.

Verdaderamente, era difícil hallar un caso similar de celebridad en toda la historia de la ciencia. La prensa y los libros de divulgación habían llevado su nombre ante el público, y de este modo, en suma, «Einstein és celebre perque uns pos centenars de matemàtics han cregut que es digne d'ésser-ho». El resto del público, de aceptarlo por un acto de fe sólo, porque

> La teoria de la relativitat, a despit de totes les temptatives de vulgarització, és una cosa que els bons burguesos que anem pel carrer llegint el diari mai podrem acabar de comprendre[32].

Así, para Soldevila había una conexión entre la popularidad de Einstein, «gairebé divina», la incomprensibilidad de su teoría (que hacía de su aceptación un acto de fe) y una especie de conspiración entre los científicos para lograr este resultado. Una interpretación similar la hizo el humorista Julio Camba, quien observó que todo el mundo admiraba a Einstein, pero pocos, incluido él mismo, sabían por qué. Él suponía que los inventores del cálculo diferencial absoluto le habían vendido su invento a Einstein precisamente para asegurarse de que sería usado (y, continuaba, para que nadie fuera capaz de comprenderle)[33].

Así, Einstein se entregaba a una clase de exhibición mágica o timo dondequiera que acudía: «Llega a un sitio... abre el paquete de las tres conferencias, y, una vez más, se pone a hablar ante sus presuntos clientes». En opinión de Tomás Gómez de Nicolás, estaba en peligro de convertirse en un actor de *music-hall* («un número de *variétés*»), y ¿quién puede probar que está equivocado? El público no tiene elección, sino estar de acuerdo con lo que dice. El subtítulo del artículo de Gómez, «Alegrémonos de no ser sabios», simboliza bien el antiintelectualismo de algunos comentarios periodísticos sobre Einstein[34].

---

[32] Carles Soldevila, «La popularitat d'Einstein», *La Publicitat*, 25 de febrero de 1923. Cf. Bentabol, *Observaciones contradictorias*, p. 27, quien reprochaba «el crédito que de antemano se concede al sabio a quien nadie entiende».

[33] Julio Camba, «Los admiradores de Einstein», *El Sol*, 6 de marzo de 1923.

[34] Tomás Gómez de Nicolás, «La relatividad de los valores. Alegrémonos de no ser sabios», *El Imparcial*, 10 de marzo de 1923.

Algunos comentarios de prensa se centraron en la incomprensibilidad de las matemáticas:

> Lástima grande que el lenguaje científico requiera cabalísticas expresiones para la casi totalidad de los mortales, y más en el caso de Einstein, que parte de la cumbre de la matemática; porque si para entenderla no se requiera iniciación, las lecciones de este revolucionario de las ideas de espacio, tiempo y movimiento y de la Física y Geometría clásicas, tendrían su adecuado lugar en el aire libre, donde la multitud, culta o indocta, se apiñara para escucharle y aprender que en nada de esta mísera vida humana se ha dicho la última palabra[35].

Jaime Mariscal de Gante fue incluso más específico. La mayoría de la gente nunca será capaz de comprender totalmente la relatividad porque, como el mismo Einstein ha dicho, se debe conocer el cálculo diferencial absoluto para ello. Los españoles no deben sentirse mal por ello, señaló entre paréntesis: Cajal, probablemente, ¡tampoco lo conocía!

> Es más: el cálculo diferencial es muy posible que hay muchos ingenieros iniciados en él que lo entiendan; pero que lo dominen serán contados. Nuestros astrónomos son los que más cálculo diferencial han estudiado, y así como para ellos está reservado las fruiciones del universo, el seguir el raudo camino de los astros, así también éstos podrán pensar y medir las doctrinas de Einstein con el reducido montón de privilegiados que se dedican al cultivo de estas ciencias.
>
> Para el resto de los mortales, Einstein es sencillamente el descubridor de una doctrina que revolucionó la ciencia del espacio del mismo modo como lo hizo Galileo. Por ello le respetamos y veneramos, aunque no podamos comprenderlo[36].

Algunos se solazaron incluso con la falta de comprensión, como Miguel de Castro que aclamó «la derrota de los pedantes». Muchos de nuestros «afamados escritores» habían asistido a las conferencias. Como Goethe o Renan,

[35] *El Heraldo de Aragón*, 8 de marzo de 1923.

[36] Jaime Mariscal de Gante «La doctrina de la relatividad», *La Voz Valenciana*, 6 de marzo de 1923 (fechado en Madrid el 5 de marzo).

> pretenden... fundir en ocasiones la ciencia con la literatura... y acudieron, como de costumbre, echándoselas de sabihondos y de profundos, montada la escopeta de la perspicacia para cazar los más raudos y fugaces neblíes que cruzan el coto de sus inteligencias. Pero, ¡cómo si no!

Los cazadores habían sido incapaces de atrapar nada. Esos «sabios de ocasión», como se manifestó, fueron derrotados, incapaces de divulgar los principios de la nueva teoría en la prensa. Los intelectuales habían fracasado como intermediarios. Por ello, si la gente «no ha sacado nada en limpio, no es suya la culpa»[37].

Otros sentían que algo se había aprendido, pero no sabían cómo explicarlo. Según un escritor, «van a escucharle; se aburren; pero siguen admirándole». Esta reacción común equivale a un caso de sugestión colectiva, por el cual todos convienen en «divinizar a un hombre sin saber el motivo»[38]. Para otro, Einstein sencillamente había creado la ilusión de accesibilidad, permitiendo a sus oyentes participar en su descubrimiento a través de la comunicación de hechos arcanos[39]. Otro, comentando la incomprensión popular resultante en Japón de la ortografía similar de las palabras para relatividad y relación sexual creyó que el castellano acrecentaría la inteligibilidad de las ideas de Einstein:

> Aquí, en España, la riqueza y flexibilidad de nuestro idioma no permitirá que en el público se produzca un desencanto, después de divulgadas las teorías de Einstein; más sí pudiera el vulgo llamarse a engaño en el caso de que a él le lleguen sus conferencias, puesto que, ni por semejas, tienen nada de común con lo que se oye hablar en tranvías y cafés[40].

[37] Miguel de Castro, «Einstein y los madrileños o la derrota de los pedantes», *Las Provincias*, 11 de marzo de 1923.

[38] C. Sánchez Peguero, «Un aspecto minúsculo de la relatividad», *El Noticiero*, 13 de marzo de 1923.

[39] Regina Lamo, «Interpretaciones sentimentales: Einstein, el precursor», *El Diluvio*, 2 de marzo de 1923.

[40] Rigel, «Einstein y la relatividad», *El Heraldo de Madrid*, 1 de marzo de 1923. La confusión en japonés entre «Sotai-sei» (relatividad) y «Aitai-se» (sexo entre amantes), ambas escritas con los mismos caracteres, la comenta Tsutumo Kaneko, «Einstein's Impact on Japanese Intellectuals»: en T. F. Glick, dir., *The Comparative Recepcion of Relativity* (en prensa).

Otra vez el «negro al sermón», con esa connotación de expresión de la simplicidad, pasividad e ignorancia de un niño y la incapacidad para comprender debida a una barrera cultural, fue una de las metáforas más habitualmente usadas por los periodistas para describir la incomprensión de Einstein por parte del público educado[41].

La casi unánime opinión de los comentaristas de prensa de que la teoría de la relatividad era ininteligible para todo el mundo a excepción de un puñado de matemáticos y físicos, fue apoyada principalmente por científicos antirrelativistas. Josep Comas, por ejemplo, aludió al tema de la incomprensibilidad en un artículo periodístico dedicado a comentar las conferencias de Einstein en Barcelona. Para Comas, la ilimitada curiosidad del público de informarse por sí mismo de la teoría de la relatividad era

> un fenómeno de psicología colectiva sumamente notable y que con seguridad no tiene igual en la historia de los hombres... Era una agitación sorda de espíritus inquietos y desorientados. Se decía, por una parte, que «todo era relativo», creyéndose por no pocos que toda la teoría de Einstein se reducía a desarrollar esa frase corriente y simplista, y a la cual nada había que objetar.

La avidez del público español, la mayoría de cuyos integrantes no habían abierto nunca un libro de matemáticas, ni mostrado el mínimo interés por la física antes de la visita de Einstein, era extraordinaria, y todo ello porque querían «enterarse de tan sensacionales revelaciones». Pero lo peor de ello, continúa Comas, es que el público está incluso más desorientado ahora que lo estaba antes, «a causa de "no haber entendido nada"». La gente se sentía defraudada porque era incapaz de hallar las revelaciones que esperaba. Para reducir sus expectativas, Comas le diría a la gente que la teoría no tenía ningún tipo de relevancia práctica en el curso diario de la vida humana. (Verdaderamente, Einstein hacía con frecuencia la misma observación). Pero el público no era totalmente culpable de su propia desorientación (a causa de su fracaso en comprender):

---

41 Juan Colominas Maseras, «Einstein, en Barcelona», *El Pueblo*, 2 de marzo de 1923: después de escuchar la conferencia de Einstein señala: «Hemos de confesar que muchos de los concurrentes sacaron de las explicaciones del conferenciante lo que el negro del sermón...» La metáfora la usó también C. Sánchez Peguero en *El Noticiero*, 13 de marzo de 1923.

> buena parte de culpa corresponde al sistema empleado de exponer tales teorías en un reducido número de conferencias, como si unas teorías matemáticas muy complicadas pudiesen compararse a la romanza que un tenor va cantando en una mundial *tournée*[42].

Comas se había opuesto al carácter cerrado de las conferencias, en parte debido a que algunas preguntas podrían haber clarificado varias interpretaciones erróneas, pero también porque se le había negado la oportunidad de refutar públicamente a Einstein.

Otros miembros del mundo científico e intelectual (una voz minoritaria en este caso) desaprobaron el argumento de la incomprensibilidad. Para Antoni Ríus, un joven químico catalán de la Universidad de Zaragoza, la incomprensibilidad de la relatividad era sencillamente una invención:

> Per fi de les festes que la vinguda a Espanya de l'Einstein ha ocasionat, els periodistes i encara que sigui vergonyos dir-ho, molts professors, han inventat l'historia (*camelo*, es diu en von castellà) de que la teoria de la relativitat és impossible de comprendre: excusa hipòcrita i excel·lent per a oblidar l'existència d'aqueix formidable avenç científic al mateix dia en que l'Einstein va traspasar els Pirineus[43].

Más complejo fue el análisis del filósofo Rafael Selfa Mora, para quien las declaraciones de los intelectuales sobre si habían o no habían comprendido a Einstein tendían a hacerse en ambos casos ampliamente en beneficio propio:

> Los que digan que han comprendido a Einstein, si no caen dentro de la excepción privilegiada de los que en España son los doctos, nos harán dudar de su comprensión. Los que dicen, por otra parte, que el número de los que pueden oírle se limita a la mitad de una docena, también nos hacen dudar de su competencia. Unos y otros, disfrazan un poco sus afirmaciones y las visten de pedantería; los primeros por inocentes y poseídos de sí mismos que creen llevarnos al conocimiento de que ellos han sabido aprisionar la complejidad de conocimientos supe-

[42] José Comas i Solà, «Las conferencias del profesor Einstein», *La Vanguardia*, 14 de marzo de 1923.

[43] Antoni Rius, «Albert Einstein», *Revista del Centre de Lectura* (Reus), 5 (1923), p. 87.

> riores que supone conocidos la teoría de la relatividad; los segundos, también son inocentes o cándidos, que una de dos: o se incluyen entre los de la media docena, excluyendo a los demás, o disfrazan su pecado de atención y de aplicación diciendo que es incomprensible en absoluto lo que sólo es difícil de abarcar totalmente, y así justifican la pasividad de su inteligencia, o la incapacidad de su comprensión.
>
> La mayoría de los intelectuales no han podido comprender totalmente la exposición científica del profesor; pero la mayoría de la intelectualidad ha podido escucharle y entenderle. Una teoría que sólo fuese accesible a ocho o diez cerebros humanos, tal como en la actualidad brilla el progreso de la ciencia, no tendría casi valor, o no valdría para nada[44].

No se puede argumentar, de acuerdo con las consideraciones de Selfa, que los partidarios de Einstein se habían apropiado de su teoría para sus propios fines del mismo modo como el alegato de incomprensibilidad servía a los fines de sus detractores. Les servía obviamente a científicos como Eddington el proclamar públicamente que sólo un puñado de iniciados podía comprender la teoría. Este tipo de postura les hacía fácil a los intelectuales proclamar, como hizo Carlos Soldevila, que fueron presionados a elogiar lo que no podían entender. Esta actitud defensiva, como observó Rius, fue una excusa perfecta para no enfrentarse en absoluto con el problema. Escondida debajo de la superficie de tales protestas se encontraba, sin embargo, la actitud defensiva de una clase intelectual que, al sentir de sus miembros, había sido desplazada como árbitro de la cultura. Biezunski señala la postura defensiva del intelectual parisiense *gens du bon*, incapaz de asumir su papel tradicional de intérprete de la alta cultura. Sus protestas acerca de la incomprensibilidad de la relatividad, concluye, constituyeron una airada respuesta a su pérdida de prestigio. Lo mismo es verdad de lo mismo, en particular el lideraz-

[44] Rafael Selfa Mora, «La sed intelectual», *El Luchador*, 14 de marzo de 1923 (fechado en Madrid). Las ideas de Selfa sobre la naturaleza de la teoría científica son interesantes, aunque no muy relevantes para la presente discusión. Lo que es incomprensible no es una teoría, ni hay fórmulas simples cuya evidencia es obvia, ni siquiera para la ciega capacidad para efectuar el cambio científico. Es decir, la eficacia de una teoría científica se predica de su capacidad para ser comunicada y al nivel al que es comunicada.

go intelectual de la burguesía catalana, de la que Soldevila era una figura representativa[45]. Cuando Lucanor, en un pasaje citado previamente, se lamentaba de que José de Echegaray no hubiera vivido para explicar la relatividad estaba haciendo una afirmación semejante: Echegaray, ganador del Premio Nobel de literatura y político conservador, así como matemático, era más que sólo un buen divulgador científico: era el quintaesencial castellano *gens du bon*. Su marcha era simbólica de la pérdida de control de su clase sobre un segmento de la alta cultura, la ciencia pura, cuyo significado ellos sólo recientemente habían empezado a apreciar.

Hay una interesante reflexión literaria de la cuestión de la incompresibilidad en *Las veleidades de la fortuna*, una novela de 1926 de Pío Baroja. En un episodio que tiene lugar en Zurich el protagonista Larrañaga está discutiendo sobre el psicoanálisis con el doctor Haller y un joven médico:

> El médico del sanatorio, que era un joven humorista, dijo que a fuerza de leer cosas sobre la relatividad había soñado una vez que el espacio euclidiano se le había convertido en no-euclidiano. Durante el sueño había quedado muy alegre pensando que ya entendía el espacio no-euclidiano, pero al despertarse vio que era una ilusión.
>
> —Lo mismo pasa leyendo a Einstein –dijo Haller.
>
> —¿No cree usted en la relatividad? –preguntó Larrañaga.
>
> —Me produce gran desconfianza.
>
> Larrañaga aseguró que él no entendía las teorías de Einstein; cierto que decían que para comprenderlas íntegramente había que saber matemáticas, pero él profesaba el pragmatismo humilde un poco estilo Homais, de la novela de Flaubert, de creer que toda la Europa culta no se equivocaría.
>
> Yo no creo que haya una teoría de la cual no se pueda hacer un resumen racional –dijo Haller–. De la teoría de Einstein, lo que se deduce para la razón no tiene nada de nuevo. Es el subjetivismo de las nociones elementales tiempo, espacio y causalidad, cosa que ya está muy bien explicada en Kant. Lo demás, lo matemático, no lo entiende uno.

[45] Sobre los *gens du monde* como intermediarios culturales, véase Biezunski, *La diffusion de la théorie de la relativité en France*, pp. 75, 83. Sobre Soldevila como la personificación de un «caballero» burgués véase José Tarin Iglesias, «Carles Soldevila, en el contexto de la burguesía barcelonesa», *El Noticiero Universal*, 2 de octubre de 1982.

—Pero puede ser, la de Einstein, una teoría exclusivamente físico-matemática.

—¿Sin posibilidad de explicación racional? Es extraño. Es lo mismo que aseguraba Steiner, el farsante de la antroposofía: según él, había que saber matemáticas especiales para entender su doctrina de los mundos superiores, que terminaba, en la práctica, en sacar dinero para su tiempo y en bailar[46].

Es totalmente coherente con mi concepción de la clase media científica que surgiera una discusión de la relatividad entre los médicos y que ésta se vinculara al psicoanálisis, tampoco es sorprendente en cuanto que las ideas científicas revolucionarias tendían a entrelazarse en las mentes de la gente tanto si había una lógica subyacente para dichos lazos como si no. En el pasaje anterior, el tema surge casi por asociación libre. *Monsieur Homais*, como ya se ha señalado, era considerado como el prototipo popular de consumidor de ciencia. Larrañaga adopta el acercamiento de «tómalo por medio de la fe», mientras que Haller parece hacerse eco de la opinión de Rafael Selfa de que hay que ser capaz de dar cuenta racionalmente de cualquier teoría si es verdaderamente racionalmente válida.

Un periodista particularmente analítico y reflexivo, Arturo Mori, teniendo en cuenta la gran riqueza de comentarios de prensa sobre Einstein se preguntaba por qué tan pocos de ellos eran realmente serios. Verdaderamente, humoristas como Julio Camba (véase capítulo 9) y Wenceslao Fernández Flórez habían dicho lo peor que posiblemente se podía haber dicho. Antonio Zozava, otro popular columnista de Madrid, le dijo, a modo de explicación: «Es que ha pasado para nosotros la época de respeto a la filosofía». Unos pocos años antes, cualquier novedad filosófica creaba o bien polémicas o bien impetuoso entusiasmo. Pero, desde que la gente ya no confiaba en los filósofos, era más fácil hablar de broma que hacer afirmaciones trascendentes. Einstein merecía algo mejor. ¿Por qué, preguntaba Mori, Bergson había sido recibido con tal «solemnidad emocionante» en su visita a España de principios del XX,

---

[46] Pío Baroja, *Las veleidades de la fortuna* (Madrid, Caro Reggio, 1926), pp. 114-115.

siendo así que era una figura muy inferior a Einstein? Porque, contestaba, Bergson representaba la continuidad y Einstein era una figura revolucionaria[47]. Para llevar el comentario de Mori a su conclusión lógica debemos volver a la noción de una sociedad tradicional oponiéndose al cambio cuando tal cambio parece poner en cuestión la concepción tradicional del mundo. Esta es muy probablemente la raíz de la causa de la actitud defensiva española con relación a Einstein y fue una reacción que trascendió las diferencias políticas o ideológicas.

El comentario de Mori termina con una nota cínica que indica la incredulidad en la capacidad de una cultura tradicional como la de España de captar el significado de Einstein, el científico/filósofo: «Einstein no es más que un filósofo; si fuese un rey...» Más adelante sostengo que la imagen de la ciencia tradicional de España había cambiado dramáticamente en los años 1920 desde la hostil caricatura del siglo XIX. Tales imágenes cambian con el tiempo y, en el caso de España, donde los distintos sectores de una elite desunida que mantienen diferentes imágenes de la ciencia moderna han alternado en el poder, la imagen puede cambiar rápida y dramáticamente. Bajo el dominio de Franco, después de dos décadas de una imagen oficial de la ciencia muy idiosincrásica autoritaria/tradicional/religiosa (con la resultante confusión al nivel popular), el péndulo empezó a oscilar hacia el otro lado. En 1972 un taxista madrileño, atascado en una parada militar, le gritó a un periodista: «¡Paradas!, y ¿para qué diablos necesita España paradas militares? Si se tratara de paradas de científicos, ¡eso sí que sería digno de ver!»[48]. La indicación de Mori de que los españoles sólo se girarían por un rey parece contradicha por los reportajes de prensa sobre Einstein atrayendo la atención cuando pasaba por las calles de Madrid y Toledo.

---

[47] Arturo Mori, «Crónicas de Madrid, La visita de Einstein», *El Progreso*, 6 de marzo de 1923 (fechado en Madrid el 1 de marzo). Sobre el viaje de Berson a España, véase Juan-Miguel Palacios, dir., «Le voyage espagnol d'Henri Bergson (avril-mai 1916)», *Les Etudes Bergsoniennes*, 9 (1976), pp. 7-122.

[48] Richard Eder, «Spanish Joke», *New York Times Magazine*, 27 de agosto de 1972.

¿Por qué fue Einstein, de algún modo, aclamado? Se han dado numerosas respuestas. La boga de la relatividad se debió al destronamiento del tiempo absoluto (Schrödinger); las dudas sobre la comprensibilidad encendieron la curiosidad popular (Rutherford); un mundo cansado de la guerra buscaba una nueva clase de héroe (Infeld)[49]. El propio Einstein notó que

> el no matemático (fue) sobrecogido por un misterioso estremecimiento cuando oyó hablar de cosas «cuatridimensionales», por una sensación no diferente a la que despierta el pensamiento en lo oculto. Y, sin embargo, no hay mayor lugar común que la afirmación de que el mundo en que vivimos es un continuo cuatridimensional[50].

Todas estas razones se adujeron en la prensa española además de algunas específicas de esta cultura. Manuel Aznar observó una falta de proporción en los elogios españoles a Einstein que atribuyó a la actitud defensiva relacionada con la supuesta incapacidad cultural para producir ciencia. Cansada de críticas, España deseaba probar a los ojos del mundo que el juicio que se hacía de ella en este sentido era erróneo[51]. En mi opinión, la desmitificación fue quizá una fuerza más potente que la mitificación y por ello estoy de acuerdo con el crítico de *Nature*, según el cual el principal atractivo de Einstein fue que en su cosmología «Los fenómenos más comunes se convirtieron en partes orgánicas de un gran plan»[52]. Que hiciese parecer menos misterioso el universo fue un poderoso atractivo. Blas Cabrera lo expresó mejor que nadie:

> El privilegio de atraer la curiosidad del vulgo, de que gozan aquellos principios, es natural consecuencia del amplio dominio a que extienden su influencia, pues afectan a las nociones más fundamentales del cono-

---

[49] Clark, *Einstein, the Life and Times*, pp. 241, 249.

[50] Erik H. Erikson, «Psychoanalytic Reflections on Einstein's Century» en G. Holton y Y. Elkana, drs., *Albert Einstein: Historical and Cultural Perspectives*, p. 164, cita de Barnett, *The Universe and Dr. Einstein*, p. 67.

[51] Manuel Aznar, «El profesor Einstein, en Madrid», *El Diario Español*, 5 de abril de 1923 (fechado el 5 de marzo).

[52] Clark, *Einstein, the Life and Times*, p. 247.

cimiento, transformando ideas elaboradas por una ciencia secular y de raigambre tan profunda en nuestro entendimiento, que parecen de la clase de aquellas otras que no son impuestas por nuestra propia organización mental. Quien tenga conciencia de la ímproba labor que supone el descuaje de estos residuos que el pensamiento clásico ha dejado en nosotros para dar fácil entrada a las flamantes ideas no puede menos que sentir admiración por la genial cabeza que supo concebirlas en una época en que nadie osaba dudar de la intangibilidad de la Mecánica de Galileo y de Newton, contrastada por las prodigiosas conquistas de la Técnica moderna, hija directa de aquélla[53].

La imagen de un genio

La apariencia personal de Einstein y su personalidad única hicieron mucho para crear una envoltura mística alrededor de sus realizaciones científicas. Esta conclusión es, desde luego, un lugar común de la literatura einsteniana. Sin embargo las imágenes somáticas varían de cultura a cultura y es interesante cómo la persona de Einstein fue percibida por los españoles:

> Es un hombre afable y sencillo, joven, unos cuarenta y cinco años, alto, recio, moreno, con melenas no muy largas y un bigote muy recortado[54]... Einstein es un hombre alto, proceroso, de noble figura, de ademanes reposados, moreno, ojos vivos de penetrante mirada, espesa cabellera, sonrisa enigmática y energética expresión[55]. ... Es alto, fuerte, moreno, con un perfil que denuncia su raza[56]. ... Sus ojos, oscuros, tienen una expresión melancólica; su mirada es lejana, como acostumbrada a lo infi-

[53] Cabrera, en Real Academia de Ciencias Exactas, *Discursos* (en honor de Einstein) (Madrid, 1923), p. 8. Emilio Mira y López hizo una consideración similar comparando la recepción de la psicología freudiana con la de la relatividad: «Nuestra curiosidad natural por todo lo nuevo aumenta cuando la novedad también lleva consigo audacia y conduce a modificaciones extremas de nuestras convicciones o acciones; esto explica la rápida difusión de la teoría de la relatividad de Einstein, a pesar de lo insignificante de sus aplicaciones prácticas. *El Psico-análisis* (Barcelona, 1926) p. 7.

[54] *El Noticiero Universal*, 24 de febrero de 1923.

[55] *El Imparcial*, 3 de marzo; *La Voz*, 2 de marzo de 1923.

[56] *La Voz*, 2 de marzo de 1923. La referencia *a raza* podría ser o bien a raza alemana o bien a judía.

> nito... La boca es sensual, muy encarnada, más bien grande; entre los labios se dibuja una sonrisa permanente, bondadosa o irónica. ¿Quién podría definirlo? Es alto (acaso tenga 1,75 metros)[57] ... Su cabeza leonina emerge majestuosa de su robusto cuello teutón y las crenchas grises dejan ver su frente amplia, un poco demasiado beethoveniana[58] ... Por el desgaire simpático de su traza y por su hermosa cabeza de revueltos cabellos grises, más que un pensador germano parece una artista latino[59].

Es notable que los españoles percibieron a Einstein más como un «teutón» que como un judío, y como un teutón alto. En España, desde luego, Einstein resultaba más alto que el promedio. En la fotografía de la Academia de Ciencias (fig. 4.2), Einstein es más alto que los científicos, pero más bajo que el rey y que algunos militares. En el laboratorio de Cabrera (fig. 4.1) sólo dos de las otras 13 personas retratadas son claramente más altas que Einstein. Que las personas famosas son percibidas a menudo más altas que como son en realidad es una peculiaridad psicológica común que comunicó aún más magia a la personalidad de Einstein. En contraste, en Buenos Aires fue visto más bajo[60].

Que Einstein era judío no fue mencionado casi nunca en la prensa española en 1923. En contraste Corpus Barga, informando desde París el año anterior sobre la aparición de Einstein en la Société de Philosophie, incluyó en su descripción algunos matices comunes en la prensa francesa:

> Einstein no es simpático, me parece a mí, a primera vista. No es tampoco el tipo de profesor alemán, tal como se cuenta. Ni gafas, ni desnudo el cráneo. Una intención de melena desmelenada. Rostro aceitunado, nariz algo de careta. El cuello de la camisa, bien puesto con la corbata; ribete blanco en el chaleco. Hombros fuertes, una pizca cargados. Muñecas sin puños postizos, gordas y blandas, revoloteando pesadamente por el encerado[61].

---

[57] Révésc, en *ABC*, 2 de marzo de 1923.

[58] Vera, en *El Liberal*, 4 de marzo de 1923.

[59] Ráfagas, en *El Heraldo de Aragón*, 14 de marzo de 1923.

[60] *La Razón*, 25 de marzo de 1925: «De estatura mediana, más bien baja...»

[61] Corpus Barga, «El "colloquium" de Einstein con los sabios franceses», *El Sol*, 14 de abril de 1922.

Muchas de las descripciones francesas fueron hostiles, mientras que ninguna de las españolas lo fue. Las referencias a su nariz y a su complexión «aceitunada» fueron estándar en las exposiciones francesas de carácter adverso[62].

La calidad de la voz de Einstein era persuasiva. Francisco Vera la describe como «suave, rectilínea, sin apenas inflexiones»[63]. En *El Debate*, Enrique de Benito afirmaba que, aunque admitía ser incompetente en materias científicas, había sido un entusiasta oyente en la Universidad de Madrid, «atosigado por la curiosidad que suscita en todo espíritu sediento el misterio de aquellas cosas cuya belleza y cuya trascendencia se presienten, si bien no se comprende del todo». Fue impresionado por la calma y la racionalidad de Einstein y probablemente también por la calidad de su voz: «Oyendo a Einstein, yo me siento inclinado a aceptar su tesis relativista»[64].

Los problemas de Einstein con el idioma francés ya se han mencionado anteriormente. Romain Rolland había señalado en 1915 que Einstein hablaba francés con dificultad, mezclándolo con palabras alemanas[65]. Hacia 1923 su francés había mejorado hasta el punto de que parecía fluido, al menos para el observador casual: «El francés de Einstein es claro y preciso, aunque con una cierta rudeza germánica en la pronunciación». (En su diario de viaje a la Argentina dos años después, Einstein se refería a sí mismo aún como un «francés tartamudo»)[66].

Ramón Gómez de la Serna, un escritor ingenioso y epigramático, hizo el comentario más astuto de todos: Con su teoría, Einstein ha «desprestigiado» a los relojes. Por ello, dijo Ramón: «Yo ya no doy

---

[62] Biezunski, «Einstein à París», p. 506, cita de *Le Gaulois*, 1 de abril de 1922: «Sa physionomie est celle d'un Méridional; son teinte *olivâtre*... tout en lui dément ses origines germaniques» (subrayado mío).

[63] Vera, «La tercera conferencia del profesor Einstein: Consecuencias relativistas», *El Liberal*, 8 de marzo de 1923.

[64] Enrique de Benito, «Las conferencias de Einstein. Notas de un oyente profano», *El Debate*, 6 de marzo de 1923.

[65] Clark, *Einstein, the Life and Times*, p. 185.

[66] *El Heraldo de Madrid*, 3 de marzo de 1923.

cuerda a los míos al ver que Einstein es un hombre que no gasta reloj»[67].

Otro aspecto significativo de la imagen pública de Einstein que le granjeó el afecto de toda la izquierda e incluso de los conservadores aliadófilos y centristas fue su estatura moral. Un diario de Barcelona señalaba que Einstein era no sólo un gran científico, sino que tenía «una grandeza moral». Había rehusado firmar el manifiesto y despreciado el pangermanismo. Si las leyes de Newton eran falsas, así lo eran las de Alemania, decía el editorial del periódico, y en la medida en que Europa tenía una unidad moral, era Einstein quien la había sostenido[68].

Sin duda alguna los sindicalistas lo habían invitado no debido a sus realizaciones científicas, sino «teniendo en cuenta sus ideas pacifistas» y por no haber firmado el manifiesto[69]. Señalando esto, Wenceslao Fernández Flórez opinaba que el hecho de que hubiera rehusado firmar el manifiesto era de importancia minúscula comparado con lo que ya había realizado que «se escapa a la comprensión de aquellos sindicalistas». Los que no podían comprender a Einstein, quería decir el humorista conservador, le elogiaban por aquellos elementos de su personalidad a los que podían referirse, a modo de compensación. Si Einstein hubiera sido más astuto *podría* haber notado que las muertes en Barcelona eran insignificantes comparadas con las de Rusia, Hungría o la Italia fascista y qué importancia tenía todo ello comparado con lo que realmente era significativo: «que la teoría euclidiana se ha derrumbado»[70].

De hecho, los comentarios sobre el episodio de los sindicalistas enlazó entre sí una serie de ideas conservadoras sobre la naturaleza de la ciencia que tenían sus raíces en ideas del siglo XIX acerca de la oposición entre la ciencia y los valores tradicionales. «Pensad ahora en los obreros de Barcelona», conjuraba Ramiro de Maeztu, «agrupados en

---

[67] Ramón Gómez de la Serna, «El birrete de Einstein», *El Sol*, 8 de marzo de 1923.

[68] «Crónica diaria. Einstein», *El Diluvio*, 24 de febrero de 1923.

[69] *El Noticiero Universal*, 28 de febrero de 1923.

[70] Wenceslao Fernández Flórez, «Einstein y los comunistas», *El Diario Español*, 7 de abril de 1923 (fechado el 6 de marzo).

torno no de un hombre, sino de la teoría einsteniana». Este sospechaba que la CNT admiraba a Einstein porque simbolizaba el cambio en el que una vez se creyó[71]. Miguel Adellac, comentando precisamente el artículo de Maeztu citado, señalaba que los sindicalistas, creyendo ciegamente lo que no comprendían, dejaron «a su criterio los problemas candentes de su actuación, como si de aquellos labios hubiera de manar la fórmula salvadora, capaz de plasmar... una moral nueva»[72]. Para los anarquistas, efectivamente, la ciencia era la salvación, un fetichismo del que ellos –y la izquierda en general– eran presa desde hacía tiempo, insinúa Adellac:

> el fetichismo popular por las ciencias experimentales ha tenido de antiguo en España propagandistas muy conocidos, que han hecho derivar hacia esa propaganda, más que el entusiasmo científico, sus ideas políticas. Son los que propugnan las excelencias de la Historia Natural y de la Química como disciplinas próceres de la enseñanza general, y para formar núcleos de profesionales en ulteriores especializaciones.

Era el caso que Adellac era crítico del, a su juicio, valor pedagógico limitado de la ciencia en la educación general. Su razonamiento era peculiar: Las ciencias clasificatorias –zoología, botánica, mineralogía y todas sus divisiones– son reducibles a los conceptos de género y especie. Así un pequeño número de ejemplos es suficiente porque la suma de los datos «no harán sino repetir los fundamentos del método, sin que haya que llegar a discernir los caracteres de los Calentarados, que son la especialidad pura, e inútil para la educación».

Esta clase de crítica de la ciencia como un fetiche (de la izquierda, se entiende), se vinculaba fácilmente a las críticas de los católicos ultras que repetían verdades decimonónicas: La Ciencia era materialismo y la prueba de esto era que los liberales veían que la ciencia podía curar todas las enfermedades sociales. «Betibat», columnista del periódico tradicionalista carlista *El Siglo Futuro*, le dio la bienvenida a Einstein señalando que «hoy no se puede pasar por sabio sin dejar bien sentada fama de incrédulo o ateo, ni acreditarse como

[71] Ramiro de Maeztu, «Fuera de la cultura», *El Sol*, 6 de marzo de 1923.

[72] Miguel Adellac, «La fe en la ciencia», *El Heraldo de Aragón*, 21 de marzo de 1923.

hombre científico sin que asomen de algún modo los ribetes de escéptico o materialista». Cita el *Diario de Lérida* del 9 de marzo de 1923, que menciona al gobernador de Barcelona afirmando que ni la ley, ni la justicia ni la religión han sido capaces de lograr la unión de todos los hombres: «Sólo la ciencia lo ha conseguido». Para Betibat esto se traduce en «sólo la ciencia es popular». De hecho, continúa, «Cristo es lazo de unión entre todos los hombres»[73].

La prensa de Madrid no hizo excesivo hincapié en las ideas políticas pasadas o presentes de Einstein. *El Liberal* le saludaba como «un heraldo que anuncia la paz universal al conjuro de la ciencia»[74]. Un escritor científico del mismo periódico, Mariano Poto, afirmaba que Einstein se consideraría un símbolo, y conjeturaba que si hubiera firmado el manifiesto su teoría podría haber sido bloqueada (entre los vencedores, cabe suponer) por una conspiración de la ciencia[75]. Por otra parte, la prensa de la capital fue sensible a las ramificaciones políticas de la visita de Einstein. En un editorial, *El Sol* señalaba que los franceses sospechaban ahora de Einstein por su visita a España, mientras que anteriormente le habían admirado como el héroe de la resistencia alemana. Cómo podía «un país de analfabetos» haber recibido a Einstein con tanto entusiasmo. *Le Petit Parisien* llegó hasta el punto de imprimir un telegrama desde Ginebra afirmando que el viaje de Einstein a España era pura propaganda, sostenida por las autoridades alemanas[76].

Einstein y la imagen de la ciencia en España

La visita de Einstein sirvió para provocar una discusión pública sobre el papel que la ciencia debería desempeñar en la sociedad española. Para algunos su presencia fue un signo esperanzador de que la

[73] Betibat, «Saludando a Einstein. Chispazos racionalistas», *El Siglo Futuro*, 13 de marzo de 1923.

[74] «Einstein, en España», *El Liberal*, 25 de febrero de 1923.

[75] Mariano Poto, «Einstein y su teoría», *El Liberal*, 1 de marzo de 1923.

[76] «Después del viaje de Einstein», *El Sol*, 28 de marzo de 1923.

ciencia española había alcanzado la madurez; para otros, fue sólo un penoso recordatorio de lo inadecuado del estado de la ciencia local. La afirmación de Cabrera sobre el carácter embrionario de la ciencia española estimuló muchos análisis defensivos. Para algunos, los católicos tenían la culpa: «por culpa de la canalla clerical, ha podido decir con razón el señor Cabrera que la ciencia española está en embrión»[77]. Pero la declaración de Cabrera suscitaba esperanzas en otros. En un editorial de portada, *El Heraldo de Madrid* declaraba que había sido sabio por parte de los que habían hecho manifestaciones públicas el haberse mostrado modestos y haberse contenido de citar listas de «grandes» científicos españoles, admitiendo que los mejores de entre los matemáticos españoles había sido sólo grandes divulgadores. Hoy, sin embargo, la ciencia española había entrado en una nueva fase de integración con la ciencia europea. En este sentido, las pensiones de la Junta para Ampliación de Estudios «para estudiar en el extranjero son los gastos más productivos del presupuesto español». Por otra parte:

> ¿Qué es la presencia del propio Einstein en España, sino clara demostración de que interesan aquí todas las novedades del pensamiento, y de que sabemos ofrecer a sus autores... la atención que solicitan todas las hipótesis rectificadoras de principios, que habían de parar en autoridad de cosa juzgada?...(Es) una loa para nosotros la afirmación práctica de que no somos indiferentes a las iniciativas de los investigadores, y de que el filisteísmo es una excepción en nuestro país.[78]

Para otros, la presencia de Einstein produjo una reacción defensiva. Un geómetra práctico que asistió a las conferencias de Einstein relató (burlonamente) que había soñado que Einstein estaba explicando su teoría

---

[77] Roberto Castrovida, «La trifulca de Santo Tomás», *El Pueblo*, 11 de marzo de 1923. Los estudiantes católicos, protestando por el no nombramiento de un profesor católico, alborotaron en la Universidad de Madrid en uno de los días que Einstein impartió conferencias allí.

[78] «Sobre la ciencia nacional. Confesiones y esperanzas», *El Heraldo de Madrid*, 5 de marzo de 1923.

> ante un auditorio constituido por nuestros sabios de mediados del siglo XIX, los que se creían en posesión de la verdad absoluta, para los que la geometría clásica y la teoría de los campos newtonianos eran verdades incontrovertibles..., y vimos salir a Alberto Einstein con camisa de fuerza, entre guardias, que le subían en un simón y que al cochero daban la orden de «a casa de Esquerdo, Carabanchel Alto» (una conocida clínica psiquiátrica de la época)[79].

Desde luego, no se trataba simplemente de profesores españoles educados en la tradición de la física newtoniana que se oponían a la relatividad.

Una de las declaraciones defensivas más peculiares la hizo Josep Escofet quien señaló que los detractores españoles de Einstein estaban tan mal educados que eran incapaces de ofrecer críticas eficaces. España había demostrado sólo «un interés accidental e inconstante» en el saber elevado. Ciertamente había habido algunas realizaciones notables en geografía y navegación relacionadas con el descubrimiento del Nuevo Mundo, «pero a eso queda reducida nuestra tradición científica, y ahora gracias si tenemos, para darnos tono en las ocasiones solemnes, algunos conocimientos rudimentarios, que son los que se han sacado a relucir para darle a Einstein una ilusión de cientifismo español». En Barcelona, así como en Madrid, Einstein se encontró con la opinión de nuestros sabios, «que han salido un momento de su oscuridad para recordarnos que existen y también que son escépticos». Estos refutadores españoles de Einstein han tenido que usar los mismos argumentos usados por sus colegas de otros países, especialmente de Francia, «apoyándose, además, sus afirmaciones en lo dicho por el profesor X, el profesor Y y el profesor Z». Su argumentación es totalmente de segunda mano, «con lo cual se demuestra que se habrían encontrado en un trance difícil de no haber existido los antecedentes de la crítica ajena». Si científicos de Francia, Italia o Inglaterra hubieran intentado saber lo que pensaban sobre las teorías de Einstein los científicos españoles, «¿no habrían sonreído irónicamente al comprobar este atraso? Esto es lo sensible».

---

[79] «El profesor Einstein, en Madrid», *El Auxiliar de la Ingeniería y Arquitectura*, 3 (1923), p. 69.

Esta misma ignorancia, según Escofet, explicaba la popularidad de Einstein en España. En otros países el interés por sus teorías se desvaneció una vez que el vulgo descubrió que sus concepciones familiares acerca del mundo no habían sido alteradas. Pero en España el vulgo incluía a la gente instruida –pobremente instruida– por lo que el interés permanecía elevado, incluso aunque no había entendimiento.

> Duele decirlo, pero en la verdad se ha discutido en España para alardear de sabiduría, demostrándose al mismo tiempo una gran ligereza y una mayor ignorancia. Cuando un matemático español ha intentado la vulgarización de la teoría einsteniana, su fracaso ha sido completo y aplastante; no le ha entendido el público, no se ha entendido él mismo.

El resultado es que Einstein había venido, aunque sin él saberlo, a demostrarnos «nuestra pobreza científica, nuestro parvulismo matemático y nuestra infantil petulancia». Los españoles deberían ser más discretos en el futuro y poner una señal en la frontera que diga: «¡Nadie entre si es geómetra!»[80]

La diatraba de Escofet es notable por su extremo carácter defensivo que le condujo a una serie de conclusiones demostrablemente falsas concernientes a la recepción de Einstein en España. La primera es que se opusieron a sus teorías más científicos de los que estuvieron a favor. La segunda es que el nivel de la cultura matemática en España era muy bajo. Probablemente estuvo influido por las condiciones peculiares de Barcelona donde había más oposición a Einstein que en Madrid, donde los líderes culturales manifestaron comúnmente desánimo y enojo sobre su incapacidad para captar las ideas y donde los matemáticos tenían la sensación de estar en desventaja comparados con el núcleo más activo de matemáticos de Madrid[81].

[80] Escofet, «Einstein y los matemáticos» (nº 28, arriba). Escofet hace un juego de palabras con la famosa frase atribuida a Platón para el frontispicio de su Academia y que también figura en la obra de Copérnico, en griego, en la portada de *De revolutionibus* (1843).

[81] Sobre el juicio de Terradas de la inferioridad de Barcelona en matemáticas, véase la discusión en el capítulo 3, arriba.

Una tercera generalización, también errónea, es la percepción de Escofet de que los científicos españoles (los opuestos a Einstein en este caso) sufrían un retraso informativo con el resto de Europa. Ya hemos señalado que los relativistas españoles no sufrían de una tal desventaja y podemos presumir también que opositores como Comas i Solà dominaban bien los materiales antirrelativistas emanados de los centros científicos europeos. La opinión de Escofet es tanto más extraña por cuanto que Comas contribuía con frecuencia a su propio periódico, *La Vanguardia*, donde explicó sus ideas originales sobre la relatividad.

Posiblemente el aspecto más válido del viaje de Einstein fue que estimuló una discusión abierta sobre el valor de la investigación científica pura en cuanto opuesto a la realizada con objetivos utilitarios o prácticos. Los escritores de ciencia se esforzaron por puntualizar que la ciencia era pura ideación y que el público no debería ocuparse demasiado de los resultados prácticos derivados de la teoría de Einstein. Desde este punto de vista, Mariano Poto realizó una comparación con el darwinismo:

> ... la evolución darwiniana, no pasó de una pura ideación; andando el tiempo, hemos visto, mejor aún, tocado la transmutación de las especies vivas; y hoy ¿acaso no buscan los sabios en los laboratorios adquirir la pauta que les enseñe la ruta por la naturaleza seguida en la evolución de los elementos? ...Darwin revolucionó el alma de las gentes; Einstein ha logrado aún más[82].

Muchos indicaron que las personas de mente utilitaria eran incapaces de percibir lo que Einstein quería decirles[83]. Para algunos, la verdadera ausencia de utilidad era digna de elogio. Comparando el interés público en la relatividad con el existente por la tumba del rey Tut, José María Salaverria declaró que la gente aspira a tal conocimiento precisamente porque no había ningún beneficio a obtener de ello. Salaverria había estado presente en el té en el palacio de los marque-

[82] Mariano Poto, «Einstein y su teoría», *El Liberal*, 1 de marzo de 1923.

[83] Véase, por ejemplo, J. M. Sagarra en *La Publicitat*, 4 de marzo de 1923.

ses de Villavieja. En su opinión lo que unía a los huéspedes era exactamente «ese culto de lo inútil». No había banqueros, industriales o políticos en esa recepción, sólo *nobles*, de sangre o de inteligencia[84].

Ya he aludido al pacto tácito que existía en los años 1920 entre sectores de la elite español anterior y potencialmente enfrentados, que permitió un discurso civil abierto sobre las ideas científicas sin la necesidad de cargar a cada uno de ellos con algún peso político o ideológico. El artículo de Salaverria es el único documento que conozco ahora que especifica partes de este contrato, a saber, la intelectualidad y la aristocracia. Su testimonio debería tomarse al pie de la letra. El testimonio de Fernández Flores respecto de Gimeno y el editorial de *El Sol* censurando al ministro de Instrucción Pública corroboran la observación de Salaverria de que los políticos *per se* fueron excluidos del pacto. Omite mencionar que la iglesia y el ejército, éste último con algunas notables excepciones, también fueron excluidos.

La referencia de Salaverria al «culto de lo inútil» fue sardónica, pero no con ánimo de desacreditar. Trataba de indicar que Einstein no era la clase de científico que tiene tratos con industriales a la manera de Nobel o Edison. De hecho, «el mundo se apresta de practicismo. Tenemos una ciencia práctica, una moral práctica, hasta una religión (el pragmatismo) práctica. La cultura si no es práctica, no es cultura». Y éste, verdaderamente, era el aspecto distintivo de la sabiduría de Einstein: no es práctica, no produce dinero y –otra de sus cualidades singulares– «que casi nadie la entiende... Pero en eso reside precisamente la gracia y la generosidad del fenómeno». La relatividad trae a la memoria los más altos momentos de la civilización occidental, cuando las más grandes verdades de la ciencia y la religión eran prohibidas a las masas.

Muchos, como «Abecé», que escribía en *En Patufet*, apuntaron que «el descobriment (de Einstein) no en toqui aventatges practiques de cap.mena, con les va tocar de les invencions d'en Pasteur i d'en Marconi»[85]. Para Francisco Vera la utilidad de la relatividad era pura-

[84] José María Salaverria, «Las originalidades einstenianas», *ABC*, 10 de marzo de 1923.

[85] Abecé, «Alberte Einstein», *En Patufet*, 1923, p. 182.

mente *científica*, «una teoría bella y es útil como es útil un rayo de sol», en cuanto que abre todo un nuevo campo de especulación filosófica y matemática[86]. La utilidad específica de la teoría era que proporcionaba respuestas a una gran cantidad de rompecabezas astronómicos previamente intratables. Ha despertado también, señalaba Vera, una *ansiedad*, «una ansia de revisión de todos los viejos conceptos»[87]. Otros también notaron la misma corriente subterránea de ansiedad pero vinculada con un contexto histórico específico. J. Menéndez Ormaza señaló que la guerra había hecho a los europeos ansiosos; habían perdido la confianza en los viejos conceptos y buscaban con ansiedad nuevas direcciones (rumbos). Por esto es por lo que se agarraron a la nueva y misteriosa teoría con tal entusiasmo[88].

Einstein, desde luego, fue visto también como el representante no sólo de una ciencia nueva y revolucionaria, sino también de la ciencia alemana. Eugenio d'Ors señaló sarcásticamente que alguien podría haber presentado a Einstein junto con una colección de revistas aliadófilas españolas de los años 1916-1918 en las que se declaraba:

> ... que la ciencia alemana no era más que un *bluff*; que nunca un alemán ha inventado nada, ni inventará nada por impedírselo la especial y lamentable constitución de su cerebro; que todos los sabios alemanes juntos, no han sabido hacer otra cosa que guisar, en las más indigestas salsas de pedantería, las adquisiciones originales de los «latinos y los ingleses»...; y, en fin, que hechas estas averiguaciones, el más imperioso y urgente deber, para cualquier amigo de la ciencia..., era el de hacer cisco a los alemanes[89].

D'Ors llega a notar la ironía del rechazo de Einstein por judío por parte de los nacionalistas alemanes justo en el momento en que estaba dándole el máximo prestigio a la ciencia alemana.

---

[86] Francisco Vera, «La tercera conferencia del profesor Einstein: Consecuencias relativistas», *El Liberal*, 8 de marzo de 1923.

[87] Vera, *Espacio, hiperespacio y tiempo* (Madrid, Páez, 1928), p. 160.

[88] J. Menéndez Ormaza, «Significación del éxito de Einstein», *El Imparcial*, 7 de marzo de 1923.

[89] Eugenio d'Ors, *Nuevo Glosario*, I, pp. 794-795.

Muy pocas de las figuras literarias o periodísticas cuyas ideas hemos ido presentando se tomaron la molestia de analizar sus puntos de vista sobre la ciencia con alguna profundidad. Uno que lo hizo y que al hacerlo reveló una profunda hostilidad a la ciencia fue Jaime Mariscal de Gante en una digresión sobre una cálida y perceptiva apreciación de la esposa de Einstein, Elsa («quizá una de las figuras más interesantes de mujer que hemos conocido»). La dedicación de Elsa a la ciencia abstracta de Einstein era poco usual:

> Tanto más sorprendente esto, cuando se trata de una mujer que sintió muy hondamente la poesía, y la poesía es antítesis de la ciencia, que no tiene ni más belleza, ni más sensibilidad, que la aridez científica, estepa, desierto interminable en que congela el frío y que-ma el sol, pero en la que falta el colorido del oasis, los perfumes de las flores, las claras aguas del remanso, las emociones sentimentales.
>
> La sensibilidad de la ciencia es la del campo yermo, la de la montaña bravía, la del huracán que brama y la tormenta que destella; es sensibilidad de espíritus fuertes y recios, y la poesía no –la poesía es también mujer[90].

Más que como hostil, la apreciación de Mariscal se caracteriza mejor quizá como ambivalente. La ciencia es masculina; la poesía, femenina; la ciencia es árida y fría, sin contenido emocional –justo lo opuesto de la poesía–. Algunos comentaristas franceses del fenómeno Einstein adoptaron la línea de conducta distinta, de igualar la ciencia con la poesía[91]. En España la ciencia fue concebida dentro de un marco completamente positivista y, por tanto, la dicotomía entre lo científico y lo poético era un sentimiento ampliamente compartido.

---

[90] Jaime Mariscal de Gante, «La mujer del sabio», *La Voz Valenciana*, 8 de marzo de 1923 (fechado en Madrid, 7 de marzo).

[91] Cf. Biezunski, *La diffusion de la théorie de la relativité en France*, p. 149.

CAPÍTULO 9

FLUJO Y TRANSFORMACIÓN DE LAS IDEAS

DESARTICULACIÓN DE LAS IDEAS CIENTÍFICAS

El tema de este capítulo es una continuación del anterior, ya que aquí nos ocupamos de los cambios populares de la teoría de Einstein, en particular de los que alcanzaron al hombre de la calle. Hay muy pocas respuestas documentadas a este nivel, pero las nociones ampliamente obtenidas al nivel popular se considera que se han reflejado en las historietas y en los escritos de los humoristas. Como tales percepciones se basaban típicamente en elementos de las ideas de Einstein desarticulados de su contexto científico, se entrelazan con conceptos similares expresados por miembros de la intelectualidad. La apropiación de ideas desarticuladas es un modo normal (quizá *el* modo normal) como el público general, los que carecen de una formación científica articulada y formal, asimilan las ideas científicas complejas. En este contexto, la popularización de la ciencia es explicable sólo parcialmente en términos de las dificultades de dominar un conjunto particular de ideas. Una idea desarticulada puede contener alguna verdad pero aparecer como un absurdo al ser presentada fuera de contexto o en contextos científicos y filosóficos mezclados, etc. Los «deslizamientos semánticos» de Biezunski pueden entenderse frecuentemente comparados con un fondo cultural o social específico.

Una serie de respuestas «populares» a Einstein se indican en la figura 9-1. Muchos autores mezclaron libremente elementos relevantes a la teoría con otros elementos apropiados de contextos no científicos para realizar una especie de cuadro impresionista que tenía poco que ver con la teoría física.

---

[1] Este es el esquema adoptado por Alvar Ellegard, *Darwin and the General Reader* (Goteborg, Goteborg Universitets Arsskrift, 1958).

Figura 9-1. Respuestas « populares» a Einstein

A. Asimilación

1. Dentro del contexto de la ciencia

   a) Articulada (nivel de «ciencia popular»; Einstein al alcance de todos; intentos de relacionar la relatividad con la historia de la física, etc.).
   b) Desarticulada (trozos y fragmentos; clichés como «la luz tiene peso»); impresionista.
   c) Comprendido incorrectamente (por ejemplo, confusión del espacio absoluto con el real) o impresionistamente (la relatividad incluye *cualquier* concepto de espacio y tiempo que es extraño o contrario al sentido común); deslizamientos semánticos.

2. Dentro de algún otro sistema conceptual (por ejemplo, relativismo filosófico).

B. No asimilación

1. Periodismo de «dos culturas» (la relatividad es importante, pero el comentarista es incapaz de comprenderla).

2. Respuesta simbólica o ideológica (la relatividad y/o Einstein se usan como palabras código para lo bueno y para lo malo).

3. Rechazo *a priori* (algunas respuestas teleológicamente inspiradas).

C. Pseudoasimilación

Confusión de la relatividad con el relativismo filosófico o con algunas otras ideas científicas corrientes –por ejemplo– «glándulas de la relatividad».

Dividir al público lector en grupos de instruidos, medianamente instruidos y poco instruidos basándose en la formación educativa[1] no resuelve necesariamente el problema de clasificar la recepción popular. La razón para esto es, desde luego, que un lector «instruido» sin una formación científica puede entender tan poco una idea dada como un lector no instruido (o no lector). Considérese, por ejemplo, el acercamiento de Marcel Proust a la relatividad.

Proust se sintió halagado cuando Jacques Emile Blanche lo comparó a Einstein, y turbado cuando Christian Romestead, presidente de la Academia Sueca, escribió: «Usted acelera y retarda la rotación de la Tierra, ¡usted es más grande que Dios!» Esta declaración, típica de los que eran popularmente considerados como teniendo algo que ver con la relatividad, debió de apoderarse de la mente de Proust y hacerla girar de modo relativista porque más tarde explicó algún evidente anacronismo de *Le còté de Guermantes* diciendo que se debían «a la forma achatada que toma mi carácter debido a la rotación en el tiempo»[2]. La lección que esta anécdota contiene para el estudio de la popularización de la relatividad es que el comentario de Proust se consideraría imbécil si no hubiera sido éste su autor. Debido al enorme prestigio de proust un lector de esta afirmación podía ser llevado a sospechar (o a suponer) que el novelista poseía al menos alguna comprensión intuitiva de las ideas de Einstein, cuando de hecho es más que probable que no tuviera ninguna. Análogamente el artículo de Ortega sonaba plausible y sus lectores estaban predispuestos a admitir sus palabras de que el relativismo tenía algo que ver con la relatividad. De este modo un *corpus* científico puede adquirir adherencias no científicas, debido al prestigio de sus autores.

¿Cómo actúa en la práctica la forma impresionista? Una respuesta explícita la da Salvador Dalí que ha sido, en muchos sentidos, el consumidor prototípico de la ciencia en la España del siglo XX. Dalí ha sido un lector voraz de ciencia en campos tan diversos como la psicología, la física, la biología evolucionista y la bioquímica y sus escritos y manifestaciones públicas proporcionan un comentario excelente de la atmósfera científica de la España de los años 1920 y 1930 refractada a través del prima de la popularización impresionista (es decir, desarticulada). Sus sueños eran darwinianos («paisajes terciarios», los llama él), los interpreta mediante la psicología freudiana, y su mundo consciente era un mundo de materia discontinua actuando según las reglas, tal y como Dalí las entendía, de la física

[2] George D. Painter, *Proust, the Later Years* (Boston, Little Brown, 1965), p. 336.

cuántica[3]. Con todo, a pesar de la enorme cantidad de verbosidad que Dalí ha producido sobre temas científicos, nunca ha acariciado la menor ilusión sobre su comprensión de ellos. Su candor es refrescante:

> Por mi parte, por esta razón, las cosas más complicadas son las que prefiero hoy; la física nuclear y las matemáticas porque no se entienden y yo mismo no comprendo nada de ellas. Es *enorme* la atracción por comprender algo de ese modo.[4]
>
> ... no hago más que leer libros y no los entiendo. Libros científicos. Me armo unos líos terribles. Pero de estos líos hago síntesis y llego a conclusiones válidas, tanto que, a veces, hablando con científicos y a «premios Nobel», me dicen «¿cómo ha llegado a saber esto?», y yo les respondo «esto lo he deducido yo leyendo cosas que no entiendo».[5]

Un ejemplo de la síntesis científica daliniana en acción bastará para mi propósito. La obra de divulgación científica más interesante y defendida de Dalí es una interpretación freudiana, escrita a principios de los años treinta, del lienzo de Canvas *El ángelus*. Es un ensayo que en la actualidad ocupa un lugar en la historia del arte moderno, porque en él Dalí desarrolla su famoso «método paranoicocrítico», una técnica por la que creaba escenas delirantes en su mente y luego las analizaba o las pintaba. La técnica y las ideas de Dalí sobre los procesos subconscientes subyacentes fueron producidos mientras Dalí estaba en contacto con Jacques Lacan, que entonces preparaba su tesis doctoral sobre la paranoia[6]. En cualquier caso, el estudio de Dalí de *El ángelus*, cuyo contenido en este aspecto es totalmente psicoanalítico, termina con la siguiente declaración:

---

[3] En las obras de Dalí se encuentran dispersas declaraciones sobre física, así como frecuentemente en entrevistas. Véase, por ejemplo, Alain Nousquet, *Conversations with Dalí* (Nueva York, E. P. Dutton, 1969), pp. 61, 110.

[4] Citado por Jacques Barzun, Science, *The Glorious Entertainment* (London, Secker and Warburg, 1964), p. 228 (subrayado de Dalí).

[5] «Dalí: El equilibrio de la contradicción», *Destino*, nº 2.193 (17-23 de octubre de 1979), p. 7. Traducido del español.

[6] Patrice Schmitt, «De la psychose paranoique dans ses rapports avec Salvador Dalí», en *Salvador Dalí, retrospective* (Catálogo) (París, Centre Georges Pompidou, 1979), pp. 262-266; Thomas F. Glick, «The Naked Science: The Reception of Pychoanalysis in Spain, 1914-1948», *Comparative Studies in Society and History*, 24 (1982), pp. 565-566.

> El fenómeno paranoico que, en el campo poético, hace tangible y reconocible objetivamente la propia dialéctica del delirio surrealista, ese fenómeno paranoico, repito, verdadera dialéctica del delirio surrealista, sólo puedo entenderla en la actualidad (situada en el campo de las ciencias naturales) como el equivalente poético de esa «conciliación» de todo lo más irreconciliable, como esa claridad diáfana, nacida del enmarañamiento y del acercamiento de los más irreductibles y distantes antagonismos, como la suma de la *«dialéctica concreta»* objetivada en esa teoría grandiosa, cuya altura especulativa no nos es accesible más que intuitivamente y que se llama la *«teoría restringida de la relatividad»*.[7]

Aquí, Dalí sintetiza una serie de temas de la recepción popular de la relatividad. Primero, la apreciación de que Einstein había resuelto importantes contradicciones en la teoría física y que el significado de su realización podía apreciarse sin aludir directamente al contenido de las ideas implicadas. Segundo, plantea el argumento de la intuición, declarando que la teoría especial sólo es accesible a través de esta vía; Emilio Herrera y otros argumentaban lo opuesto. Finalmente, hace una deducción habitual y errónea de la teoría especial de que «los fenómenos mentales de un observador humano se han introducido en las auténticas definiciones de la ciencia física»[8]. Dado el acercamiento psicoanalítico de Dalí a la pintura, el atractivo de semejante idea es obvio.

Así, en su recepción «popular», las ideas científicas adquieren significados subjetivos que son imposibles de objetivar. Tampoco es útil tratar de identificar elementos «objetivos» en tales casos porque incluso éstos están inscritos en conjuntos de ideas –frecuentemente ideológicas– que no tienen nada que ver con la ciencia *per se* y ciertamente no tienen significado físico. En el caso de Dalí, por ejemplo, invalidar la «ciencia maxwelliana» era una cuestión de honor (por eso era por lo que apoyaba la física cuántica y la relatividad). Pero la nueva física para él sólo era importante en cuanto algo análogo al

---

[7] Salvador Dalí, *El mito trágico del «Angelus» de Millet* (Barcelona, Tusquets, 1978), p. 152.

[8] Como lo caracteriza Gerlad Holton, «Einstein and the shaping of our imagination», en Holton y Elkana, *Albert Einstein: Historical and Cultural Perspectives*, p. XXIV.

derrocamiento de la perspectiva clásica y para los objetivos ideológicos del movimiento surrealista[9]. En un artículo de 1935, Dalí elaboró el significado de la relatividad especial al trazar la historia de las concepciones del espacio desde Euclides, pasando por Descartes y Newton, hasta Maxwell y Faraday.

> Pero en aquella época (segunda mitad del siglo XIX) parecía tan absurdo a los sabios el conceder al espacio las funciones de los «estados físicos», que fueron necesarias las mil ductilidades provisionales del éter para llegar a la teoría moderna de la relatividad, en la que el espacio se ha transformado en algo tan importante, en una cosa material y verdadera, que incluso ha llegado a tener cuatro dimensiones, incluido el tiempo, que es la dimensión delirante y surrealista por excelencia.[10]

Dalí es un ejemplo de un no científico cuya cosmología personal se cambió a través de la divulgación de la relatividad especial.

Hemos señalado que filósofos como Unamuno o D'Ors fueron proclives a lanzar epigramas einstenianos, basados en trozos de información desarticulados, como, por ejemplo, la paradoja del tiempo relativista. Otros intelectuales hicieron lo mismo. En su colección del ingenio y sabiduría de su profesor de filosofía apócrifo *Juan de Mairena* (muerto supuestamente en 1910), Antonio Machado observó:

> Leyendo lo que hoy se escribe sobre la moderna teoría de la relatividad hubiera dicho Mairena: «¡Qué manera tan elegante de 'suspenderle el reloj' a la propia divinidad!». La verdad es que el dios que no fuese, como el de mi maestro, la ubicuidad misma, qué pifias tan irremediables no comentaría al juzgar el orden de los acontecimientos.[11]

---

[9] Cf. André Breton, «Limits, not Frontiers for Surrealism» (febrero de 1937), en *From the NRF*, Justin O'Brien, dir. (Nueva York, Farrar, Straus and Cudany, 1958), p. 87: «Justo recientemente trataba yo de mostrar que a un *racionalismo abierto* que define la actual postura de los científicos (como una consecuencia del concepto de geometría no-euclidiana, seguido por la geometría generalizada, la física no-newtoniana, la física no-maxwelliana, etc.) le corresponde un *realismo abierto* o *Surrealismo* que echa abajo la estructura cartesiano-kantiana y derroca la sensibilidad».

[10] «Apariciones aerodinámicas de los seres-objeto», *Minotaure*, nº 6 (1935), reimpreso en *Si* (Barcelona, Ariel, 1977), p. 67.

[11] Manuel y Antonio Machado, *Obras completas* (Madrid, Plenitud, 1967), p. 1166. El párrafo se titula «Sobre el tiempo local». No hay duda de que Machado estaba bien

El concepto de Mairena de una divinidad inmanente, abstracta y racional parece muy coherente, con el espíritu al menos, con las declaraciones públicas de Einstein sobre el Dios de Espinosa que no juega a los dados. Gaziel, por citar otra referencia de pasada a Einstein del mismo tipo, contaba que Einstein «davant mi asseguraba a Esteve Terradas... que "el més incomprensible de l'Univers és que sigui comprensible"»[12]. De este modo, agudezas procedentes de la sabiduría de Einstein pasaron de persona a persona y se convirtieron en alimento para consumo más popular, en historietas o en manifestaciones del hombre de la calle.

CÍRCULO DE AFINIDAD: TERTULIAS

Los círculos de afinidad son grupos informales de amigos y conocidos que sirven de medio de difusión de (en este caso) las ideas científicas más allá de los límites estrictos de la disciplina científica. Tales grupos pueden reunir, alrededor de la misma mesa, a científicos, filósofos, escritores, poetas, toreros y otros de la formación más diversa. La famosa tertulia de Ortega fue en los años 1920 y 1930 un foco de discusión, tanto de la psicología freudiana como de la nueva física. En sus memorias, uno de los participantes, Francisco Ayala, describe las reuniones como «un seminario científico o filosófico, aunque sin la pedantesca formalidad... que suele acompañar a semejantes rituales académicos». Según Ayala, Manuel G. Morente y Xavier Zubiri, los dos filósofos que hicieron comentarios sobre la relatividad, eran miembros conspicuos.[13]

---

informado científicamente. El freudismo aparece en su obra *Las Adelfas*, escrita conjuntamente con su hermano, y en otra parte muestra su familiaridad con la teoría biocoloidal del envejecimiento de Rocasolano (véase *Obras*, p. 1105, sobre la «mineralización de nuestras células» y p. 1073 para una reflexión de la teoría de Marañón sobre el climaterio).

[12] Gaziel, *Memòries, Història d'un destí (1893-1914)*, 4ª ed. (Barcelona, Aedos, 1967), p. 13.

[13] Francisco Ayala, *Recuerdos y olvidos* (Madrid, Alienza, 1982), pp. 95-99; Glick, «The Naked Science», p. 543; véase también la referencia de Horacio Bentabol a la discusión de la relatividad en tertulias sobre los presupuestos del Ateneo de Madrid (*Observaciones contradictorias*, p. 12).

Otra influyente tertulia, la de Ramón Gómez de la Serna, que se celebraba en el café Pombo de Madrid, era más literaria y menos filosófica que la de Ortega, pero también contaba entre sus participantes a científicos de los principales círculos del discurso einsteiniano y freudiano (por ejemplo, J. M. Sacristán y G. R. Lafora, psiquiatras, y Manuel Martínez Risco, físico). Al contrario que Ortega, Gómez de la Serna dejó un detallado, aunque caótico, informe de cómo funcionaba su tertulia, incluyendo una descripción de cómo se discutía la ciencia. El episodio en cuestión fue la visita de George Nicolai, el fisiólogo alemán que se había unido a Einstein en la oposición al Manifiesto de los intelectuales alemanes y que poco después ocupó un puesto en la Universidad de Córdoba, Argentina (donde en 1925 no sólo acogió a Einstein, sino que fue un destacado divulgador de la relatividad en Argentina). Nicolai, en una visita a Madrid, en los años veinte, fue acompañado al Pombo por Juan Negrín y allí contestó a las cuestiones sobre la naturaleza de la vida, surgiendo una invitación general para asistir a su conferencia del día siguiente sobre «qué es la vida». Los comentarios de Gómez de la Serna, sobre lo poco que entendió, reflejan a la vez su experiencia de la conferencia, así como la de la situación más informal de la tertulia:

> Y después de aplaudir la ciencia, la agudeza, el «andalucismo» expresivo de este alemán ilustre, nos volvimos todos otra vez a la vida sin saber más de lo que sabíamos al ir, confusos sobre lo que sea, con la misma pregunta incontestada.[14]

Mutatis mutandis, la misma experiencia era cierta, mucho más cierta de la relatividad. Muchos de los comentarios que hemos registrado pueden haber reflejado también una escisión entre la intelectualidad y la cultura científica en general.

---

[14] Ramón Gómez de la Serna, *La Sagrada Cripto de Pombo*, vol. II (Madrid, G. Hernández, sin fecha), pp. 449-451 (lista de participantes), pp. 414-416 (visita de Nicolai).

ACCESO POPULAR A LAS IDEAS CIENTÍFICAS

Lo que distingue la recepción popular de la clase media científica es que en la primera no hay acceso organizado o formal y articulado a las ideas científicas. Tal acceso requiere, primero, un nivel específico de formación científica necesaria para situar los nuevos hechos en perspectiva, y segundo, algunas bases institucionales por medio de las cuales el ex estudiante de ciencia puede relacionarse con autoridades en la materia (por ejemplo, antiguos profesores) para confirmar o invalidar las nuevas ideas. Pienso en revistas de ingeniería, conferencias públicas, artículos periodísticos o entrevistas, etc. La forma de lectura libre de literatura de divulgación, por otra parte, está destinada a conducir, en la gran mayoría de los casos, a una asimilación de las ideas en cuestión subjetiva, impresionista, desarticulada e incompleta.

Al examinar la incidencia de la relatividad y de Einstein en artículos humorísticos, chistes e historietas nos gustaría saber hasta qué punto los humoristas o autores de historietas estaban representando temas populares –actitudes adoptadas por el «hombre de la calle»– o si tales actitudes las atribuía simplemente el escritor o artista. ¿Cuál es la evidencia sociológica de que la divulgación realmente se dio, de que los artículos se leyeron realmente y de que la relatividad realmente se discutió? Hay indicios suficientes de que las obras de divulgación se leyeron ampliamente y de que la relatividad se discutió por parte de todas las clases sociales en las grandes ciudades y por individuos de la clase media en las ciudades pequeñas. El comienzo de la fase de divulgación intensa precedió en un año al viaje de Einstein a España, estimulada probablemente por su viaje a Francia en abril de 1922. Este año, recordaba Gregorio Marañón, viajando en tren a España

> camino de París(,) comprob(é) que de las cinco personas que ocupaban el mismo departamento, tres leían los libros explicativos de la relatividad, que se vendían en los andenes junto con los periódicos diarios. De la relatividad se habla en artículos de fondo, en las piezas de los teatros, en las leyendas, en las caricaturas, y ahora, en fin, empiezan a surgir también las críticas, unas justas y otras extremadas, que oponen

> la reacción natural a la difusión exagerada de una doctrina cuya severidad es incompatible con el ambiente callejero.[15]

Marañón mencionó este fenómeno en un libro de endocrinología para apoyar su punto de vista sobre que la recepción de ideas científicas importantes se ajustaba bastante bien al mismo modelo. Primero, un período de latencia, cuando una nueva idea sólo es conocida por unos pocos; después, un período explosivo de discusión cuando las publicaciones se multiplican a gran velocidad, y a continuación un período hiperbólico,

> en el que los conceptos nuevos se esparcen y divulgan excesivamente, y al pasar de mano a mano pierden la primitiva compostura y seriedad científicas, convirtiéndose en fácil comodín que a todo se aplica y con que se trata de explicarlo todo.

Al período hiperbólico le sigue un movimiento de reacción, «también desmesurado», en el que el péndulo oscila hacia el otro lado y los críticos de la idea pueden ganar tantos criticando las hipergeneralizaciones de la fase previa[16]. Para Marañón la relatividad había entrado en su fase hiperbólica en 1922. La visita de Einstein el año siguiente añadió simplemente gasolina al fuego.

En Madrid, durante la visita de Einstein, Francisco Vera informó: «Hace una semana que se oye la palabra *relatividad* en todas partes, en el café, en la oficina, en la calle», y Eugeni d'Ors añadió: «era inevitable que... Einstein hiciese una breve aparición a la sobremesa»[17]. Fuera de la primera conferencia un escritor observaba una «aglomeración de turbamulta callejera» que recordaba la «fiebre tauromaca» de varios años antes[18]. Otro advertía que lo que Einstein diría en sus conferencias «ni por semejas, tiene nada de común con lo que se oye hablar en tranvías y en cafés»[19]. Los divulgadores pro-

---

[15] Marañón, *Problemas actuales de la doctrina de las secreciones internas*, p. 6.

[16] *Ibid.*, pp. 2-5.

[17] Francisco Vera, «La tercera conferencia del profesor Einstein», *El Liberal*, 8 de marzo de 1923; Eugenio d'Ors, *Nuevo glosario* (cap. 7 nº 146, arriba), p. 943.

[18] Miguel de Castro, «Einstein y los madrileños», *Las Provincias*, 11 de marzo de 1923.

[19] Rigel, «Einstein y la relatividad», *El Heraldo de Madrid*, 1 de marzo de 1923.

cedentes de la clase media científica trataban de alcanzar ese nivel de lector, el de los que hablaban de Einstein en los bares y tranvías. Mariano Moreno-Caracciolo presentó un artículo de divulgación suponiendo que sus lectores no conocían el cálculo diferencial absoluto. Tampoco él: «Se trata de una charla sin pretensiones, entre personas sencillas, que hablan de Einstein y sus teorías como podrían hacerlo de Rafael El Gallo o de García Prieto».[20]

En Zaragoza la atmósfera intelectual era desde luego provinciana, perceptiblemente diferente de la de Madrid. Allí, la conversación informal se identificaba como *la* principal fuente de difusión de las ideas relativistas:

> Ahora se habla del sabio y de su gigantesca labor en los cafés, en las tertulias, en los corrillos. Incluso los cultivadores del ingenio han tenido que someterse al influjo de esta onda poderosísima... y, burla, burlando, han sido los más eficaces difusores del nombre del sabio y de lo gigantesco de su obra.[21]

El sentido de la palabra *corrillo* que sugiere un grupo improvisado de conversadores en alguna plaza pública es indicativo de la circulación de Einstein. Tales reuniones, además de las más típicas en cafés y *tertulias*, son las fuentes del humor periodístico. Y por esto les tocó a los humoristas ocuparse de diseminar, más que el nombre de Einstein, su personalidad, y más que el contenido de su obra, una impresión de su enormidad, de su naturaleza hiperbólica. Otro escritor zaragozano hizo literatura sobre el mismo tema:

> Casi nadie entiende sus famosas teorías; pero todos hablan de relatividad y del físico artista. Los estrategas de café... mueven los terrones de azúcar para dar idea de lo que es un sistema «inercial»; la prensa, llena columnas y columnas disparatadas y horriblemente desprestigiadoras para las armonías relativistas; los dibujantes y escritores festivos derrochan donaire y buen humor en torno de las curvas y del espacio einstenianos; la plaza de «generalizadores» que nunca falta en ninguna latitud, tiende a hacer de la relatividad la panacea del saber universal

[20] Mariano Moreno-Caracciolo, «La teoría de la relatividad», *El Sol*, 8 de octubre de 1920. El Gallo era un torero y Manuel García Prieto un político.

[21] Ráfagas, «Lecciones de humildad», *El Heraldo de Aragón*, 14 de marzo de 1923.

> que lo mismo resuelve los problemas del mundo interatómico que plantea las más «graves cuestiones» de la tauromaquia; y ... hasta en la tertulia aldeana de la rebotica mugrienta donde el vicario, el médico y el alcalde juegan al tresillo, se habla del portento, ya considerándolo como una comprobación de algo que vislumbró el teólogo tal, ya opinando no se trata sino de unos cuantos «camelos» formados al aplicar un cálculo inútil a lo que un librito olvidado e insignificante del antiguo catedrático de Física decía en la línea tanta del capítulo cual.[22]

Para Sánchez Peguero la mayoría de las conversaciones sobre la relatividad se producían al nivel de M. Homais, tan bellamente tipificada en la *tertulia* de la farmacia del pueblo, donde el cura, el médico y el alcalde emitían sentenciosas opiniones sobre la relatividad basadas en lecturas de incierta relevancia, oscuramente recordadas. El lugar de tales discusiones es significativo, además, porque representa los límites geográficos y sociales de la difusión de la relatividad en España hacia 1923.

Cuando Einstein salió de la escena también lo hicieron las discusiones sobre la relatividad, al menos en este nivel. En 1924, Miquel Masriera observó: «Después del viaje de Einstein a España casi nadie ha vuelto a hablar de Einstein. Ha perdido actualidad. O, mejor dicho, nuestra actualidad –esta déspota de cómicos y futbolistas– ha perdido a Einstein»[23]. En el capítulo 2 señalamos que las modas intelectuales o científicas tienden a declinar muy rápidamente después de alcanzar su punto máximo. Como el viaje de Einstein fue un acontecimiento informativo que hinchó la incidencia de la discusión mucho más que si el viaje no se hubiera producido, el descenso fue más dramático impresionando así a un científico como Masriera que estaba interesado en la relatividad. No obstante, la disminución de la discusión sobre Einstein y la relatividad debe haber sido general en los países europeos en torno a esta época.

---

[22] C. Sánchez Peguero, «Un aspecto minimal de la relatividad», *El Noticiero*, 13 de marzo de 1923. Sobre la farmacia como una sede característica de las tertulias, véase José Luis Urreiztieta, *Las tertulias de rebotica en España, siglos XVIII-XX* (Madrid, Ediciones Alonso, 1985).

[23] Miguel Masriera, «El estado actual de las doctrinas de Einstein», *La Vanguardia*, 25 de octubre de 1924.

Einstein y los humoristas españoles

Los humoristas literarios como es habitual produjeron chistes que eran bromas sobre la incomprensibilidad de las matemáticas, sobre el espacio, el tiempo, la gravedad u otros elementos específicos de la teoría de la relatividad. Un ejemplo de lo primero es una parodia del razonamiento matemático que apareció en la revista catalana de humor *L'Esquella de la Torratxa*:

> El pas per Espanya del nostre col.lega, en física i en matemàtiques, l'estudiós doctor Einstein amb la seva teoria de la relativitat, ha portat tanta discussió entre els savis que ens dediquem al ram de les ciénces exactes, o quasi exactes, o un bon tros exactes, que ha remogut tots els fonaments dels que en tenim i dels que no en tenen.
>
> La confusió, més que per res, és porque no s'ha explicat clar lo que es la seva teoria, i ¡aixó és lo que volem fer nosaltres!
>
> Ja sabem lo que és A i lo que és B i ja sabem lo que és llum lo que és espaci, doncs l'espai respecte de la llum és com la llum respecte a la A i la A respecte a la B. La llum conserva la massa i la massa conserva l'energia mentre l'energia es conservi.
>
> $$X+2i=n\ 2$$
>
> Venen a ésser la trajectoria de les coses que tenen moviment, o més ben dit acceleració, i l'acceleració és més o menys ràpida segons el grau de velocitat, i d'aixó fins a la dinàmica, i tant com de i a X, que multiplicat pel coeficient ens donarà el resultat D d'una manera relativa.
>
> Si ens fem càrrec de les equacions que havia trobat En Zorenz i apartem els cossos de les formes, sien físiques sien matemàtiques, i ens assegurem de la dinàmica de Newton, no pot ésser veritat i acceptem la simultaneitat dels raigs lluminosos i dels opacs i ens acostem an els fenomens i ens allunyen de les sensacions, tindrem la relativitat de que dos son a dos, d'un modo també relatiu.
>
> La masa i les energíes no son substancia, pero si hi ha pau i tenint massa i tenint energíes, es té
>
> $$Y \cdot f(\ )$$
>
> que és tenir el toto i el tot no és res si el res no és tot.
>
> Crec que explicada la teoría d'aquest manera concisa, clara i sense retòriques, el llegidor s'haurà fet càrrec de la ciència de l'Einstein. Si no

> és així que vagi a escoltar-li unes quantes conferències que ja sabrà lo que son conferències.[24]

Ciertamente, la «clara, concisa y no retórica» exposición no era muy diferente de lo que pasaba por divulgación, incluido el propio librito de Einstein. O bien la introducción de fórmulas algebraicas no añadía nada a la explicación, desde el punto de vista del lego, fracasaba en el objetivo de divulgación por recurrir a lo que se convertía en un lenguaje tan extraño como el sánscrito. El artículo imita también con fidelidad la hiperconcisión de muchos textos de divulgación.

Había bromas sobre la relatividad del tiempo, que habitualmente indicaban que los relojes no funcionan como deberían: Corpus Barga, viajando en el tren París-Roma después de haber asistido al coloquio de Einstein en el Colegio de Francia el 22 de abril, señaló que su reloj, puesto a la hora del de la estación de París, iría más lento con respecto a él y, como consecuencia, llegaría tarde a una reunión en Roma[25]. Durante la visita de Einstein el chiste se repitió con frecuencia. El poeta satírico «Nyic», en un texto en el semanario humorístico catalán *En Patufet*, señaló que Einstein era el inventor de la relatividad.

> segons la qual no pot dir-se,
> ni menys es pot afirmar
> que l'hora que duu un rellotge
> sigui tal hora en veritat,
> ni que el metre tingui sempre
> cent centímetres cabals;
> és dir que son relatives
> les noccions de tems i espai.

Sin embargo, no hace falta ser un físico, ni haber gastado años «fent teoremes binomis algebraics», porque la simple observación conduce a los mismos resultados. Por ejemplo,

---

[24] «Relativitzant», *L'Esquella de la Torratxa*, 46 (1923), 176 (16 de marzo).

[25] Corpus Barga, «Crónica einsteniana. El 'colloquium' de Einstein con los sabios franceses», *El Sol*, 14 de abril de 1922.

Així, jo tinc un rellotge
perfecte, garantizat,
de marca reputadissima
–ço que no s'oposa pas
a que cada quinze dies
l'hagi de dur a reparar–
que quan senyala les quatre
fa tres hores que han tocat
i quan arriba a les dotze
només son les deu i quart.

Otro ejemplo es la señorita que va a comprar varios metros de tela y se encuentra con que a cada metro le faltan tres cuartos de palmo. Un ejemplo final ilustra la relatividad del espacio: los que viajan en tranvía a la hora de la comida saben que una plataforma diseñada para 10 ó 12 personas sostiene 20[26]. El tema central de este poema no lo constituye tanto que las nociones del sentido común del espacio y del tiempo han estado equivocadas como que el sentido común ya había descubierto esos absurdos. La misma consideración la hizo epigramáticamente un humorista vasco, comentando los reportajes de prensa de las conferencias de Einstein, según el cual «unos, muy pocos, lo toman en serio. La mayoría se entrega al dulce chungueo».

Los periodistas sabían realmente desde hace mucho tiempo que no había tiempo o espacio verdadero porque habitualmente usan la frase «por falta de espacio o tiempo».[27]

Otra forma de proceder fue usar las referencias einstenianas para hacer consideraciones acerca de la política del momento, estrategia preferida por el humorista de *El Sol* Julio Camba (1882-1962). Este relataba que había leído un libro sobre las teorías de Einstein y había aprendido que la luz tiene peso. Si un rayo de luz sufre una desviación de 1,75 grados cuando pasa por el sol, observaba un discurso de Juan de la Cierva, cuya velocidad es mucho menor, caería en el sol como una «masa aplastante, ni más ni menos que si cayera sobre el Congreso de Diputados». El universo literario, concluyó, era aún un

[26] «Pel.lícula de la setmana», *En Patufet*, 1923, p. 192.

[27] Fulano de Tal, «La teoría de la relatividad es muy vieja», *El Noticiero Bilbaíno*, 11 de marzo de 1923.

universo euclidiano; necesitaba la ayuda de Einstein[28]. En 1923, Camba le dio la bienvenida a Einstein con otra idea muy gastada; que los españoles eran innatamente relativistas. Los estudiosos de Londres y de París se le habían opuesto, señalaba Camba, pero eso no sucedería en España:

> España, señor Einstein, no ha sido nunca euclidiana, más que oficialmente. De hecho vivía fuera de todo espacio definido, y el sistema de medidas con que hacía sus valoraciones no tenía nada que ver con las geometrías del mundo.
>
> ¿Qué el tiempo no existe de por sí, en términos absolutos y como tal tiempo? ¡Si lo sabremos nosotros, señor Einstein! El tiempo no existe porque los españoles lo hemos matado... Nuestros políticos son eternos y nuestros académicos ostentan el título de inmortales.
>
> Si usted pretendiera un puestecito del Estado, no digo que todos nuestros sabios sembraran de rosas su camino; pero mientras se limite usted a volver del revés el universo, la España oficial le recibirá a usted encantada.[29]

La imagen de una España no-euclidiana no repitió con frecuencia. En nuestra discusión de la visita de Einstein a Zaragoza señalamos la afirmación superficial de Marcial del Coso de que la relatividad estaba más difundida allí que el azúcar de remolacha. «Lotario» urgió al antirrelativista Bentabol a seguir los pasos de Einstein, dondequiera que hablase, para destruir sus teorías, pero predijo que Bentabol no tendría éxito en Madrid porque «Madrid es un pueblo relativista. Por de pronto, lo es la clase más numerosa de sus habitantes: la de los funcionarios del Estado. ¡Qué mayor relatividad que la de las 4.000 pesetas con descuento!» (una maliciosa referencia a los honorarios de Einstein)[30]. El cinismo fue perturbador para algunos comentaristas. La opinión de Arturo Mori fue que

> desde Antón de Olmet hasta Julio Camba, pasando por Fernández Flórez, se ha dicho en los periódicos lo peor que podía decirse de un

[28] Julio Camba, «Las teorías de Einstein y el universo literato», *El Sol*, 8 de julio de 1922.
[29] Camba, «Bienvenido a Einstein», *El Sol*, 1 de marzo de 1923.
[30] Lotario, «Relativismo y Bentabolismo», *El Heraldo de Madrid*, 15 de marzo de 1923.

filósofo que accede a ser nuestro huésped: que es un guasón o así... Con su acostumbrada floridez cómica dice Camba que eso de borrar la idea del tiempo, matar el tiempo, es cosa que nos encanta a los españoles. Y el público ríe.[31]

RELATIVIDAD «POP»

Los usos humorísticos de la relatividad resultan más claros cuando se examinan las historietas de los periódicos. Siguiendo las líneas directrices de George Basalla observamos la reducción de las ideas científicas a una serie de clichés básicos con diferentes grados de fidelidad a la idea original[32]. En este sentido, la relatividad fue un tanto diferente de otras teorías significativas de la ciencia contemporánea. En los casos, por ejemplo, del darwinismo y el psicoanálisis, las definiciones «pop» y palabras clave básicas y desnudas, aunque frecuentemente mal usadas, tenían alguna relación con las teorías en cuestión (por ejemplo, la lucha por la existencia, la supervivencia del más apto, los seres humanos descienden de los monos antropoides; los sueños tienen significado inconsciente, los problemas sexuales causan neurosis, etc.). La relatividad era demasiado compleja y abstrusa para semejantes derivaciones. Por esta razón, la representación «pop» de Einstein fue un tanto más imprecisa que la de los otros dos casos. El análogo del típico chiste sobre Freud (insinuaciones sexuales de varias clases) o de los chistes sobre los monos darwinianos era la burla de la incomprensibilidad: la relatividad era el compendio de todo lo oscuro, o complejo o *mutatis mutandis* de lo que, en su simple, pero profunda sabiduría, la gente común había ya captado. Algunos chistes sobre la relatividad se relacionaban con algún aspecto de la teoría (por ejemplo, que la luz tiene peso); otros meramente se valían de términos

---

[31] Arturo Mori, «Crónicas de Madrid», *El Progreso*, 6 de marzo de 1923. Para una apreciación del humor negro de Camba, véase Francisco Umbral, «Los ajos», *El País*, 4 de abril de 1980.

[32] George Basalla, «Pop Science; The Depiction of Science in Popular Culture», en Gerald Holton y William Blampied, drs., *Science and its Public: The Changing Relationship* (Dordrecht, D. Reidel, 1976), pp. 261-278.

einstenianos. Realmente, *cualquier* cosa geométrica podía convertirse en un chiste sobre la relatividad: las curvas, por ejemplo, parecen haber sido inherentemente cómicas (porque las mujeres están provistas de ellas), aunque la curvatura del espacio era una idea demasiado esotérica para figurar en una historieta de una sola viñeta.

Abajo comentamos 15 historietas aparecidas en la prensa española durante la visita de Einstein. De las 15, cinco tratan del asunto de la incomprensibilidad, cuatro del «relativismo», dos de la jerga geométrica en general, dos de la noción que la luz tiene peso, una de la relatividad del tiempo y del espacio y una del esnobismo:

Esnobismo

1. Dos hombres acomodados están conversando:

–Se fue Einstein...

–¡Pero ha venido Basallo!

La historieta se titula «El héroe de la semana» y Basallo era un héroe de la Guerra de Marruecos que se encontraba en el circuito de banquetes españoles durante la visita de Einstein[33]. Lo que de aquí se deduce es que la visita de Einstein no tenía otro significado social que su notoriedad, que era una suficiente razón para asistir a un banquete, ya que las clases elevadas tenían que tener héroes culturales.

Incomprensibilidad

2. En una de una serie de historietas inspiradas por Einstein y dibujadas por el caricaturista de *El Sol* Lluis Bagaria (1882-1940), un niño se dirige a su padre:

–Dime, papá, ¿hay alguien más sabio que Einstein?

–Sí, hijo.

–¿Quién?

–El que le entiende.[34]

[33] *El Heraldo de Madrid*, 16 de marzo de 1923.

[34] Bagaría, « El tema de actualidad», *El Sol*, 8 de marzo de 1923.

3. Dos curas conversan:
–¿Qué opina de la teoría de la relatividad de Einstein?
–Francamente, don Zenón, no la entiendo...
–Pero, ¡hombre de Dios! Si es más clara que la luz de las «Eléctricas Reunidas», más clara que el agua del canal...
–Caray, don Zenón, pues... vaya una claridad...[35]

4. «El movimiento curvilineal absoluto y el movimiento rectilineal absoluto». Un *chulo*, leyendo el periódico, exclama:
–¡Anda la Diosa! Pero si esta teoría del señor Einstein es más clara que el agua![36]

5. Dos *chulos* están conversando cerca de un portal de la Plaza Mayor:
–A Einstein le envidio, porque de talento que «tié», nadie le entiende.
–En cambio a ti, de puro bruto, tampoco se te entiende...[37]

6. Bajo el título «El auditorio de Einstein», Bagaria presenta dos viñetas; en la primera, las mujeres están escuchando una conferencia sobre relatividad; en la segunda, los hombres escuchan a Einstein tocando el violín.[38]

La noción de claridad sin duda se originó por las declaraciones de los científicos elogiando la claridad de las exposiciones de Einstein. Si ello era así, para los caricaturistas el concepto de claridad necesitaba ser revisado. Los hombres escuchando el violín y los dos curas indican que la clase de personas con las que usualmente se contaba para comprender las nuevas teorías científicas habían fracasado en su papel de intermediarios.

Relativismo

7. Dos hombres están conversando:
–Y tú, Calínez, ¿has comprendido la teoría de la relatividad?

---

[35] *El Heraldo de Aragón*, 14 de marzo de 1923.
[36] *Heraldo de Madrid*, 7 de marzo de 1923.
[37] *Heraldo de Madrid*, 13 de marzo de 1923.
[38] *El Sol*, 9 de marzo de 1923.

–Hombre, la verdad: ¡La he comprendido... muy relativamente![39]

Se trata, desde luego, de un comentario sobre la incomprensibilidad, pero el chiste es que la relatividad arroja dudas sobre la realidad de cualquier cosa, incluido uno mismo.

8. «Einstein en España». Dos hombres están conversando en una clase con una pizarra llena de fórmulas en el fondo:

–Y tú, ¿le has visto?

–Sí. Es un hombre relativamente joven... relativamente alto... relativamente grueso...

–Ya, ya, ya me imagino... relativamente.[40]

Este chiste apunta a lo mismo y al propio tiempo parodia las descripciones tópicas de Einstein incluidas en todos los relatos periodísticos de su visita.

9. «Gentes de ciencia». En el mercado una vendedora de hortalizas le dice a su cliente:

–Nada, señor, que son catorce perras chicas. ¡Amos, a no ser que me venga usté con la teoría de la relatividaz![41]

Por tanto, la relatividad no debe constituir una excusa para alterar las cantidades normalmente aceptadas. Poniendo esto en la boca de una persona no instruida se agudiza el chiste y al propio tiempo se nos convence de que la «relatividad» se discutió en todos los niveles sociales, al menos en Madrid.

Finalmente, la conjunción de la visita de Einstein con las contiendas civiles en Barcelona produjo la siguiente historieta:

10. «La relatividad y el terrorismo». Dos profesores están conversando frente a una «Real Acade...»:

–Las autoridades aseguran que reina en Barcelona una relativa tranquilidad.

–¿Pero es Raventós o Einstein el gobernador civil de Barcelona?[42]

---

[39] *ABC*, 3 de marzo de 1923.

[40] *El Mercantil Valenciano*, 7 de marzo de 1923.

[41] *El Debate*, 3 de marzo de 1923.

[42] *ABC*, 18 de marzo de 1923.

Alusiones científicas

Las referencias a diversos aspectos de las teorías de Einstein van de lo muy general a lo específico. Cualquier referencia a la geometría podría ser forzada a sugerir una relación con Einstein, pero las curvas (debido a la curvatura del espacio) eran las más obvias:

11. En una historieta titulada «Las teorías de Einstein», Bagaria representa a unos hombres observando a una mujer y exclamando «¡Ay, qué curvas! ¡Viva Einstein!».[43]

En otro dibujo, Einstein expresa el cansancio producido por su fama usando una jerga que sugiere la teoría especial.

12. «Einstein en Madrid». Einstein se dirige a un hombre:

–Sí, señor Gedeón; no me dejan en paz. Ni una diezmillonésima de segundo. ¡Me traen y me llevan en un movimiento absoluto rectilíneo, curvilíneo, uniforme y acelerado![44]

El que los conceptos familiares del espacio y el tiempo hubieran sido alterados (el primero más severamente que el último) también conducía por sí mismo al tema de la relatividad como una excusa para ciertas acciones. Obsérvese que una distorsión habitual de las ideas de Einstein era omitir el adjetivo «absoluto» del espacio y del tiempo, desafiando con ello a la autoridad de los físicos para definir sus propios conceptos.[45]

13. «Las teorías de Einstein». Un hombre le dice a otro:

–No puedo aguantar más: ¡Hay que ver el tiempo que me debe usted esa cuenta!

–Pero, hombre, ¿no sabe que dice Einstein que no existe el tiempo?

En la segunda viñeta, el acreedor le pega al deudor con un palo exclamando:

[43] *El Sol*, 5 de marzo de 1923.

[44] *ABC*, 8 de marzo de 1923.

[45] Cf. Biezunski, «Einstein à París», p. 507, y *La diffusion de la théorie de la relativité*, p. 174.

–Sí, ¿eh?... ¡Ah, granuja! No existe el tiempo, pero, en cambio, sí existe el espacio.[46]

Finalmente, la apreciación de que la «luz tiene peso» fue el único hecho «duro» que los caricaturistas fueron capaces de extraer de la masa de información disponible y que conducía por sí mismo fácilmente a hacer chistes:[47]

14. «La luz pesa, según Einstein». Einstein habla:
–Estos españoles van a hacer fracasar mis teorías, porque veo que aquí dan la luz falta de peso.[48]

15. Dos ricos conversan:
–¡La gravitación de la luz se debe a Einstein!
–¡Permítame usted! ¡Antes de que él la descubriera, a mí me «pesaba» ya de 40 a 50 pesetas al mes![49]

Este último chiste es de particular interés porque puede remitirse a una fuente específica, a saber, la polémica entre Herrera y Eddington en las páginas de *El Sol* mencionadas en el capítulo 7. Tales chistes, en particular, como señala Biezunski, reforzaban las dudas sobre la realidad científica de las teorías de Einstein y subrayaban su inaccesibilidad[50]. La distribución de temas en las historietas confirma que la cuestión de la incomprensibilidad fue básica en la apreciación popular de Einstein, que la relatividad se confundió con el relativis-

[46] *El Sol*, 7 de marzo de 1923.

[47] No es totalmente sorprendente que la gente se refiera al peso de la luz. Desde luego, según la relatividad general lo que sucede es que los rayos de luz siguen geodésicas, o sea, las líneas más cortas de un epacio reimanniano, es decir, un espacio «curvado». Sin embargo, como apuntó Hans Reichanbach hace muchos años, es en principio posible pensar, en términos newtonianos, que los rayos de luz se mueven en un espacio plano y que, sin embargo, siguen caminos curvos porque son atraídos (gravitatoriamente, lo que quiere decir, por tanto, que tienen peso) por cuerpos de gran masa como el Sol. Este es un concepto sencillo para la gente no suficientemente sofisticada como para trascender la física newtoniana. Sin embargo, con el desplazamiento del perihelio de Mercurio y el corrimiento gravitatorio hacia el rojo no hay una imagen inmediata newtoniana semejante para sustituir a la explicación relativista. Por esta razón, sin duda, es por lo que el tema del «peso de la luz» surgió con tanta frecuencia en España.

[48] *ABC*, 6 de marzo de 1923.

[49] *ABC*, 4 de marzo de 1923.

[50] Biezunski, *La diffusion de la théorie de la relativité*, p. 133.

mo, pero que había también una conciencia popular de la materia básica objeto de la relatividad: el tiempo, el espacio y la gravitación.

La notoriedad de Einstein cuando se combinaba con la naturaleza abstracta de sus ideas dio lugar a muchos absurdos cuando el público se enfrentó a él en persona. En Madrid una vendedora de castañas al ver a la famosa figura (a la que ella reconoció por su peculiar cabello) saliendo de un coche gritó: «¡Viva el inventor del automóvil!»[51]. Dos años después un compañero de viaje en el *Cap Polonio*, el barco que llevó a Einstein a Buenos Aires, no tuvo dificultad en identificar al sabio como «el inventor de las glándulas de la relatividad»[52]. Tales episodios cabía esperarlos. Los inventores eran considerados popularmente como hombres de «ciencia» y la locura del rejuvenecimiento había vulgarizado la naturaleza relativa del tiempo fisiológico.

El mito reconsiderado

El mito Einstein puede compararse provechosamente con el peculiar mito que surgió en los Estados Unidos como respuesta a las hazañas del inventor Thomas A. Edison. En su innovador estudio del mito Edison, Wynn Wacchorst señala que Edison fue considerado como un brujo que desplegaba el control cerebral de la naturaleza común a la magia y a la ciencia, y que por ello era capaz de controlar a la naturaleza por medio de simples inventos. Debido a las cualidades dramáticas y mágicas de invenciones como la luz eléctrica y el fonógrafo, Edison fue acusado de refabricar las leyes de la naturaleza[53]. Einstein, desde luego, había hecho justamente eso: su formulación de la relatividad había destruido el mundo de Newton y rehecho de nuevo las propias leyes de la naturaleza. Consiguientemente, él

[51] Federico Bravo Morata, *De la semana trágica al golpe de Estado* (Madrid, Fenicia, 1973), pp. 338-339.

[52] *La Razón*, 25 de marzo de 1925.

[53] Wynn Wacchorst, *Thomas Alva Edison, An American Myth* (Cambridge, Mass., MITT Press, 1981), pp. 23, 25.

también fue investido con las cualidades de la brujería y la magia, porque era capaz de percibir secretos de la naturaleza que otros igualmente brillantes habían sido incapaces de ver. Parte de la ambivalencia del público hacia Einstein, como señala Wacchorst con respecto a Edison, se debe a «la inferencia del mal en el control de la naturaleza tanto mediante la ciencia y la tecnología, como mediante la magia»[54]. (Recuérdese la animadversión de Emilio Herrera hacia el control de la naturaleza implicado por una física excesivamente basada en constantes matemáticas). La asunción de poderes semejantes a los de Dios por ambos hombres fue vista con hostilidad por muchos y la aversión de algunos científicos hacia Einstein puede sin duda hacerse remontar a su percepción como presuntuoso. El paleontólogo alemán Hugo Obermaier, que desarrolló gran parte de su carrera en España, incluidos los años centrales de la década 1920-1930 cuando la relatividad era ampliamente discutida, le hizo la siguiente observación «con malicia» a Pío Baroja: «No nos podemos dar cuenta de la naturaleza, es como si un mosquito quisiera conocer la constitución geográfica de los Alpes o del Himalaya».[55]

Lo que era presunción para algunos era magia manifiesta para otros. Así es como Ortega entendió la apreciación de Einstein por la mente del público. Cuando Einstein le preguntó cómo semejantes ideas abstractas podían ser de interés para las masas, el filósofo replicó:

> Yo creo... que es muy comprensible, señor Einstein. Es más, podía haberse predicho que si, dada la situación del espíritu universal, sobrevenía algún gran invento de alta y pura ciencia, el entusiasmo de las gentes se dispararía irremisiblemente. Ha habido guerras alegres... Porque aunque la guerra sea siempre faena ruda y cruel, se ha hecho a veces con una embriaguez de ilusión. Pero la guerra última ha sido una guerra triste. Se luchaba por cosas que ya no encendían la esperanza, que más bien fatigaban ya. La economía y la organización política de Europa habían perdido su atractivo en el fondo espiritual de los mismos que combatían por ellas...

---

[54] *Ibid.*, p. 30.

[55] Baroja, *Memorias*, p. 765.

> Se halla, pues, vacante la fe de los hombres. En tal circunstancia aparece la obra de usted, donde se dictan leyes a los astros que éstos acatan. Los fenómenos astronómicos han sido siempre fenómenos religiosos para las multitudes humanas; en ellos la ciencia confina con la mitología y el genio científico que los domina adquiere un nimbo mágico. Es usted, señor Einstein, el nuevo mago, confidente de las estrellas.[56]

Einstein, al poner en cuestión las nociones comunes de espacio y de tiempo había cuestionado la metafísica del hombre común, una hazaña a la vez presuntuosa y mágica.

---

[56] Ortega, «Con Einstein, en Toledo», pp. 196-197.

CAPÍTULO 10

EL INSTITUTO EINSTEIN

LA «CÁTEDRA EXTRAORDINARIA»[1]

Desde el verano de 1931 Einstein se había dado cuenta de que, debido a la amenaza inminente del nazismo y a la marea creciente de antisemitismo, sus días en Alemania estaban contados. En julio de ese año había redactado (pero no enviado) una carta a Plank pidiéndole que su nacionalidad alemana fuera anulada[2]. (Ya hemos señalado, respecto al informe consular de Barcelona, que la identidad nacional de Einstein era de gran importancia simbólica, tanto para él mismo como para el Gobierno alemán). Anticipándose a una época, no muy alejada, cuando no podría volver a Berlín, Einstein hizo planes con una serie de instituciones para asegurar la continuidad de su investigación.

En primer lugar, inició lo que prometía ser una relación duradera con el Instituto de Tecnología de California, en Pasadena, donde estuvo como profesor visitante a principios de 1931 y en los inviernos de 1931-32, 1932-33. Allí pudo integrar los sorprendentes nuevos hallazgos sobre la naturaleza del universo procedentes del observatorio de Monte Wilson en su pensamiento cosmológico, dando como resultado revisiones de la teoría general (abandono de la «constante cosmológica» y aceptación de la noción de un universo en expansión). También aceptó entonces un puesto permanente en el Christ Church College, de Oxford, donde debería residir un período por año. De hecho sólo fue dos veces, la primera en la primavera de 1932, y por cortos períodos solamente. Finalmente, el verano de 1932 estableció un compromiso anual perma-

---

[1] Este episodio se discute con mucho mayor detalle en José Manuel Sánchez Ron y Thomas F. Glick, *La España posible de la Segunda República: La oferta a Einstein de una cátedra extraordinaria en la Universidad Central (Madrid, 1933)* (Madrid, Editorial de la Universidad Complutense, 1983).

[2] Clark, *Einstein, The Life and Times*, p. 419.

nente a tiempo parcial con el recientemente fundado Institute for Avanced Study de Princeton por el que debería pasar allí cinco meses al año, cubriendo su contrato inicial los primeros cinco años.[3]

Cuando Hitler se convirtió en canciller de Alemania el 30 de enero de 1933, Einstein comprendió que ya no podría volver a este país y el 10 de marzo, estando en Pasadena, hizo pública su decisión de emigrar (declarando que probablemente se establecería en Suiza)[4]. El 7 de abril, el Reich promulgó la infame «Ley de la Restauración del Servicio de la Carrera Civil», una de cuyas medidas estipulaba la dimisión de todos los empleados del Gobierno que fueran de origen «no ario». El resultado de este decreto fue devastador para la ciencia alemana. La física, por ejemplo, perdió de golpe el 25 por 100 de su personal con respecto al de 1932-1933[5]. En abril y mayo el profesorado judío, incluidos muchos amigos y colegas de Einstein, fue llevado a una situación de desesperación, si no de pánico, y los científicos expulsados se apresuraron a conseguir puestos en otros países. Habiéndose asegurado un puesto para sí mismo, Einstein hizo cuanto pudo para encontrar trabajo para otros.

Durante este agitado período debió ocurrírsele a más de un científico o funcionario español que el despido de los profesores alemanes judíos podía dirigirse en beneficio de la República. En efecto, Walter Cannon, el fisiólogo de Harvard que tenía numerosos contactos y corresponsales en España, le escribió a Juan Negrín a mitad de mayo para apuntarle la oportunidad a la vista. Durante una visita a España en 1930, Cannon había sido llevado al nuevo *campus* de la Universidad Central en las afueras de Madrid, la «ciudad universitaria» en cuya planificación Negrín había desempeñado un activo papel. Cannon le escribió al futuro primer ministro:

> Usted me perdonará, estoy seguro, si parezco entrometerme en una situación en la que no debiera entrometerme. No obstante, como he

[3] Sobre la génesis del nombramiento de Princeton, véase *ibid.*, pp. 444, 448-449.

[4] *Ibid.*, p. 458.

[5] Alan D. Beyerchen, *Scientistis under Hitler: Politics and the Physics community in the Third Reich* (New Haven, Yale University Press, 1977), pp. 12-14.

> oído que ha podido avanzar en su construcción a pesar de la turbulencia de la revolución, me aventuro a sugerir que la salida de estudiosos judíos fuera de Alemania ofrece una oportunidad de obtener los servicios de destacados investigadores que podrían convertir instantáneamente a Madrid en un centro de actividad científica. Es posible que usted ya haya pensado en esta contingencia –y ¡es posible también que haya encontrado objeciones!–, pero no obstante hago la sugerencia y sé que usted se dará cuenta de que mi único interés es el de hacer dos cosas a la vez: aliviar el dolor de los líderes de la actividad intelectual perseguidos y poner sin tardanza en Madrid en acción la obra investigadora con la que usted soñaba.[6]

Planes más específicos estaban ya en marcha. En algún momento, entre el 10 de marzo y el final del mes, se le ocurrió a alguien en España crear una cátedra extraordinaria (lo que significaba un nombramiento al margen de los procedimientos académicos normales) y un instituto de investigación para Einstein en la Universidad de Madrid. La documentación de este episodio es extremadamente incompleta y comienza sólo *después* de que el Consejo de Ministros aprobó el nombramiento el 4 de abril. Por esto no sabemos cómo se originó, si por obra de un científico o de Ramón Pérez de Ayala, embajador de España en Londres, que dirigió las negociaciones. El primer documento conservado en los Archivos Einstein es una carta de Ayala a A. S. Yahuda, fechada en Londres, el 5 de abril de 1933[7]. Yahuda, un judío palestino que había sido profesor de hebreo en la Universidad Central desde 1914 hasta 1922, era activo tanto en los círculos sionistas como en los asuntos de la Universidad hebrera. (Le había sido denegada una cátedra en esta institución por Judah Magnes, cuya actuación como canciller había inducido las abiertas críticas de Einstein). Yahuda, al parecer, había sido designado por el Gobierno español para llevarle personalmente la oferta a Einstein que por entonces

[6] Cannon a Negrín, 19 de mayo de 1933, Walter Cannon Papers, Countway Library of Medicine, Boston.

[7] Salvo indicación contraria, toda la correspondencia citada en este capítulo se encuentra en los Archivos Einstein, ahora en la Universidad Hebrea, un archivo duplicado de la cual lo consulté en la Universidad de Princeton y estaba escrito originalmente en alemán.

se había instalado en una villa en Coq-sur-Mer, en Bélgica. En la carta, Ayala era muy preciso sobre los planes del gobierno para la cátedra:

> Como le comuniqué ya por teléfono, el Gobierno español, en Consejo de Ministros celebrado ayer, acordó nombrar al insigne Einstein Profesor extraordinario de la Universidad Central, en Madrid. El Estado le pagará los gastos de viaje y le ofrece el sueldo máximo de Catedrático, que es de 18.000 a 20.000 pesetas. Me permito indicar a V. que esta remuneración, dado el coste de la vida en España, equivale a más de 2.000 libras en Inglaterra; y no creo exagerar. En todo caso, estoy seguro que, si, una vez en España el señor Einstein, resultase insuficiente aquella retribución, el Estado español acudiría a poner remedio. En cuanto a las obligaciones que con su aceptación contraería el señor Einstein, se le deja por entero a su libre arbitrio para que haga según le plazca aquello que coincida con su conveniencia y comodidad. Se me ha ocurrido –y el ministro de Educación parece aprobarlo– que se podría fundar una especie de Estudios Superiores de Física y Matemática, bajo la orientación magisteri(al) del señor Einstein. Como Ud. sabe, en España hay un físico y un matemático realmente notables: los señores Cabrera y Rey Pastor, respectivamente. En rigor, de lo que se trata es de que España aspira a la honra máxima de honrar públicamente a tan eximio sabio y al honor equivalente de tenerle de huésped dilecto (temporal o definitivamente, como él prefiera). No me atrevo a imaginar que nos prive de este doble honor. Confío además que V., mi ilustre amigo, tan español y tan persuasivo, incline hacia la afirmativa su voluntad, si estuviese vacilante. La oportunidad ahora es magnífica. Es la mejor época del año en España. Nuestra patria, en estos meses hasta julio, es un verdadero «gan» (jardín, en hebreo). El señor Einstein podía siquiera aprovechar estos meses, saliendo enseguida para España, a fin de permanecer hasta fin de curso, y allí, sobre el terreno, tomar una determinación para el futuro.
>
> Le agradeceré que telefonee V. Inmediatamente desde Bélgica lo que haya, pues el viernes por la mañana me hablarán de Madrid con ese mismo objeto.
>
> En cuanto a lo de Salamanca, mi opinión es que lo más grato y efectivo sería que la Universidad nombrase a Einstein Doctor «Honoris Causa».

Hacia el 8 de abril, según *El Sol*, había rumores insistentes de que Einstein iba a establecerse en España donde una importante universidad española había iniciado ya «gestiones» a tal efecto. El periódico añadía que la aceptación de Einstein convertiría automáticamente su cátedra en un centro de investigación de renombre internacional[8]. Se decía que Einstein estaba estudiando la oferta en villa Savoyard, junto con su asistente el doctor Walther Mayer[9]. El 10 de abril aceptó la oferta en un telegrama al ministro de Instrucción Pública Fernando de los Ríos[10]. La mayoría de los siguientes informes de prensa fueron muy breves e indicaban sólo que el Gobierno español no había establecido condiciones previas de modo que todos los deseos de Einstein podrían cumplirse.[11]

Un relato completo de la aceptación apareció en *El Sol* el 11 de abril. De los Ríos reconoció haber recibido un mensaje por radio urgente de Einstein aceptando la oferta de incorporarse a la Universidad de Madrid, donde:

> Continuará su labor de investigación en los diferentes seminarios e instituciones de ciencias físicas. Con él colaborará el grupo de profesores españoles de esta especialidad para dar a las ciencias españolas un mayor impulso. Los mismos profesores de hoy, repito, serán invitados a trabajar temporadas con él. Para las ciencias españolas esto tiene una gran importancia, así como para la Universidad española por tratarse de una personalidad tan destacada en las investigaciones científicas.[12]

Las noticias de la aceptación de Einstein eran obviamente confusas, habida cuenta de sus otros compromisos académicos, en especial con el Institute of Advanced Study. Para clarificar el asunto, Einstein le escribió una carta al *New York Times* publicada como un artículo corto al pie de la letra:

---

[8] *El Sol*, 8 de abril de 1933.

[9] *New York Times*, 8 de abril.

[10] Entre los escritos de Einstein se conserva un borrador autógrafo del breve telegrama de aceptación de Einstein. Muy característicamente, Einstein escribió bajo el texto algunas fórmulas matemáticas.

[11] *London Times* y *El Sol*, 11 de abril; *Nature*, 131 (1933), 581 (22 de abril).

[12] *El Sol*, 11 de abril; véase también el *New York Times* de la misma fecha.

> Coq-sur-Mer, 11 de abril:
> El hecho de que haya aceptado una cátedra en la Universidad de Madrid, no me impedirá desarrollar mis conferencias programadas en Princeton, Oxford y Bruselas. Las fechas no coincidirán.
> Mi mujer y yo estamos ahora en una pequeña villa aquí, y estoy trabajando con mi asistente, Mayer. Todo lo que pido es un poco de paz y tranquilidad.[13]

El 14 de abril, para hacer la situación más confusa, la prensa española anunció que se había creado en Francia una cátedra de física matemática para Einstein, y el 18 se anunció que Einstein aceptaría una cátedra en el Colegio de Francia[14]. Los Archivos Einstein conservan un telegrama del ministro francés de Educación Pública, fechado el 17 de abril, agradeciéndole su aceptación.

Sin embargo, Einstein había expresado con claridad su postura en una carta a Ayala fechada el 12 de abril:

> Querido señor Ayala:
> La invitación del Gobierno español, que me fue transmitida inicialmente, a petición suya, por el profesor Yahuda, y que ulteriormente usted me presentó personalmente, me proporciona un gran placer, ya que me da una magnífica ocasión para participar en la actividad científica de su país.
> Desgraciadamente, la mayor parte de mi tiempo durante este año ya está ocupada con compromisos previos. Del 1 de octubre al 1 de abril estaré en el nuevo instituto de investigación de Princeton; además, pasaré un mes (mayo o junio) en el Christ Church College de Oxford. He aceptado también dar una serie de conferencias en el seminario de la Universidad de Bruselas que durarán de abril a mayo. Por consiguiente, no podré visitar España hasta el año que viene, y entonces solamente durante cuatro a seis semanas en abril y mayo. Estrictas limitaciones de tiempo me impedirán participar en la actividad científica de su país en la medida que usted había previsto en la muy generosa oferta que me

[13] *New York Times*, 12 de abril de 1933. La referencia a Bruselas corresponde a una serie de conferencias en la Fundación Franqui (véase Einstein, a Paul Langevin, 5 de mayo de 1933, en *Einstein on Peace*, p. 221).

[14] *El Sol*, 14 y 18 de abril. El último mensaje titulado «Einstein y el hitlerismo» se basa en una entrevista con *Le Matin* y menciona las invitaciones española y americana.

hizo. Siendo así, no será necesaria la cuantiosa remuneración que propuso en su carta del 5 de abril de 1933 al profesor Yahuda; sin duda que bastará con la mitad de aquella cantidad para sufragar mi viaje y estancia en España. Con su permiso, me gustaría expresarle las siguiente peticiones:

–La designación para la Universidad en España, según nuestro acuerdo, de un destacado investigador alemán (matemático o físico) a ser nombrado por mí.

–Con respecto a mis necesidades personales, quisiera una pequeña casi situada a unos pocos kilómetros de Madrid, en donde pudiese vivir y trabajar en paz y tranquilidad.

–Además, si necesitase la asistencia de una secretaria durante mi estancia en España, quisiera tener el derecho de hacer mi propia elección.

Tal y como yo lo veo, mi actividad en España consistiría únicamente en trabajar con estudiantes y profesores que tuviesen una preparación matemática previa, esto es, que hubiesen estudiado matemáticas superiores. Una vez que esté allí, podré juzgar mejor si es recomendable organizar conferencias o seminarios.

Para concluir, permítame pedirle que transmita mis agradecimientos más calurosos a su Gobierno por el honor que me otorgan, especialmente mi gratitud al ministro, señor De los Ríos, por las amables palabras y la manera elocuente en que habló de mí:

Quisiera expresarle también mi gratitud a usted, mi querido señor Ayala, y asegurarle que constituyó un sincero placer, tanto para mi esposa como para mí, verle en nuestra cosa y conocer a una persona tan magnífica como usted.

Espero y deseo que mi trabajo, aunque restringido por el tiempo, será beneficioso para su bello país.[15]

Advertimos por esta carta que Ayala había visitado a Einstein en Coq-sur-Mer, probablemente en compañía del doctor Yahuda. Es significativo que Einstein contemplara el futuro instituto con un componente de enseñanza intensa, así como la investigación, y que tuviera una idea clara del valor pedagógico de semejante programa para la joven comunidad científica española. El 16 de abril, Fernan-

[15] Einstein, a Ayala, 12 de abril de 1933; Jewish National and University Library, Jerusalem, Yahuda Ms./Var. 38.

do de los Ríos le envió un telegrama a Einstein para expresarle la satisfacción del Gobierno sobre su aceptación.

El 20 de abril, Ayala le contestó a Einstein desde Londres en inglés:

> Acabo de recibir su amable carta que siempre conservaré como un precioso documento. Envío una copia de él al señor De los Ríos. Repetiría aquí lo que ya le dije de palabra; que sus escrúpulos en asuntos financieros me parecen excesivos, y por esta misma razón, tanto más deben ser apreciados. Espero y creo que mi Gobierno no aceptará su propuesta de reducir el salario a la mitad. Con respecto a los otros detalles de su carta, estoy seguro de que serán solucionados a su satisfacción, que será también la de todo español.
>
> En relación a la casa donde deberá vivir, tengo una idea que me aventuro a denominar diabólica. Estoy pensando en escribir a amigos míos, personas ricas, con el objeto de que la casa se le dé a usted como un regalo. Si los negocios de mis amigos no van muy mal en este momento, estoy seguro de que recibirán mi sugerencia con alegría y orgullo. Ante todo, déjeme decirle que no puedo responder del éxito de los pasos que he dado, que no considero, por otra parte, completamente desinteresados, ya que espero que si usted tiene su propia casa en España, esté tentando de establecerse aquí permanentemente...
>
> No olvide que cuando pase por Londres debe ser mi huésped. El placer que me proporcionó su compañía durante aquellos dos días en Bélgica no me permite dejar pasar la esperanza de renovarla e incrementarla durante su estancia en Londres. Le aseguro que le protegeré diplomáticamente, de manera que no se le moleste o importune. Por esos días, también será nuestro huésped en la Embajada Zuloaga, nuestro gran pintor. Le desea pintar su retrato. No le cansará: es un *fa presto*. También es un hombre extraordinariamente inteligente y, como tal, discreto e interesante. Estaremos solos los tres.
>
> P.D.: He leído, en un periódico francés, que usted estará en la Sorbona el próximo diciembre. Le entendí decir a usted que en esa fecha estaría en Princeton y que únicamente podría ir a Francia después de su viaje a España. Vale.

El día siguiente al que Ayala escribiera esta carta tuvo lugar una recepción en la Embajada española en Londres para conmemorar el segundo aniversario de la República: «Se ofrecieron felicitaciones al embajador por la aceptación por parte del profesor Einstein de una cátedra en la Universidad de Madrid»[16]. Einstein le contestó a Ayala, desde Coq-sur-Mer el 25 de abril:

> Estoy encantado de que su «diabólica idea» me proporcione la oportunidad de escribirle de nuevo. Para un gitano como yo, que puede permanecer en España solamente un tiempo relativamente corto, sería mucho mejor alojarme en un hotel. No es simplemente delicadeza o modestia lo que genera en mí este sentimiento; una casa, como observó correctamente Schopenhauer, es algo parecido a una mujer: Más que poseerla, uno es poseído por ella. Por consiguiente, le ruego que, de ninguna manera, imponga cargas en la amabilidad de personas ricas.
>
> De ninguna manera he olvidado su amable invitación de visitar Londres. Podemos discutir este asunto cuando llegue a Oxford por los alrededores del primero de junio[17]. Entonces podré convertirme en la víctima *fa presto* del señor Zuloaga.
>
> Los *French News Papers* (en inglés, en el original) han fabricado, por supuesto, el que yo estaré en Princeton en diciembre. Todavía planeo viajar desde América a España.

Es evidente, por esta carta, que Einstein consideraba el nombramiento como paralelo a sus planes en Oxford y Cal Teach y que sólo iría por un corto período de tiempo (que es, sin duda, el motivo por el que requirió un estipendio reducido). En mayo, Einstein parece que se vio abrumado por el río de ofertas y demandas que se le hicieron. El día 5 le escribió a Paul Langevin sobre su situación:

> Me encuentro ahora en una situación embarazosa, exactamente opuesta a la de mis compatriotas que han sido expulsados de Alemania. En efecto, he aceptado una posición para todo el invierno (de cinco a seis meses) en el instituto de investigaciones de Abraham Flexner en Princeton. También he sido invitado por un período de cinco años, un mes cada año, a Oxford, al Christ Church College. Además, España me ha ofrecido un puesto de enseñanza (como catedrático) en la Universidad de Madrid, y he prometido ir allí en abril próximo (1934). Me había comprometido antes de recibir la proposición francesa.

[16] *London Times*, 22 de abril de 1933.

[17] La visita al parecer tuvo lugar en julio, porque el día 11 lord Davies le dirigió una carta a Einstein c/o la Embajada española, Londres (*Einstein on Peace*, pp. 225 y ss., pp. 255-258). Según mi conocimiento, Zuloaga nunca pintó el retrato de Einstein.

> Puede usted pensar que debería haber sido mi deber no aceptar las ofertas española y francesa, ya que mis capacidades actuales en modo alguno se encuentran en proporción con lo que se espera de mí. Sin embargo, bajo las actuales circunstancias, tal rechazo podría haber sido mal interpretado, ya que ambas invitaciones eran, al menos en parte demostraciones políticas que consideré importantes y que no quise echar a perder.[18]

Es interesante que Einstein deseara apoyar a la República de manera explícita, lo que probablemente tenía que ver, en particular, con la actitud positiva del Gobierno español con respecto a los apuros de la judería europea. Einstein le escribió de nuevo a Langevin desde Inglaterra, el 4 de junio, indicándole que sentía que había tomado demasiadas obligaciones:

> Me parece ahora que la situación en España es muy inestable. Se puede pensar que de aquí al año que viene se comprobará que ya no se asigna ningún valor a mi ida a España. La oferta de España me llegó justo en la víspera que la de Francia. ¿No es una fatalidad?[19]

Cuando Einstein estaba en Inglaterra en septiembre, se entrevistó de nuevo con Ayala. El nombramiento de Madrid estaba en vigor, ya que Einstein (a bordo del *Westernland*, en su viaje de retorno a América) le escribió al embajador, el 14 de octubre, con alguna reconsideración de su idea del nombramiento, proponiendo que a Walther Mayer se le diera también un nombramiento:

> Las horas que pasé con usted son las más bellas memorias de mi estancia en Inglaterra. Veo también que sus tranquilizadoras opiniones sobre la actitud de las potencias en la conferencia de desarme eran correctas después de todo.
>
> He pensado mucho, por supuesto, acerca de la cuestión de proponer un profesor y he llegado, me alegra decirle, a un resultado positivo que estoy seguro será beneficioso para todas las partes. Propongo a mi actual colega, profesor doctor Walther Mayer de Viena. En casi cuatro

[18] Luce Langevin, «Paul Langevin et Albert Einstein d'après une correspondance et des documents inédits», *La Pensée*, 161, febrero de 1972, pp. 29-31.

[19] *Ibid.*

años de trabajo intensivo con él, he llegado a conocerle como él más talentoso y dedicado matemático entre aquellos con los que he tenido la buena fortuna de trabajar. (Antes de colaborar conmigo) escribió trabajos básicos en diversas áreas de matemática pura, especialmente geometría infinitesimal, topología y cálculo de variaciones, trabajos que han recibido un reconocimiento creciente por los expertos.

Creo que dando el puesto al señor Mayer podemos alcanzar dos metas al mismo tiempo. En primer lugar, puede trabajar conmigo en mis propias áreas de investigación y, en segundo lugar, dar clase en aquellos temas de matemática pura en que usted y sus colegas de la Universidad de Madrid crean que existe interés y necesidad.

El profesor Mayer es austriaco y tiene cuarenta y seis años. Habla francés bien, y pronto sabrá suficiente español para poder dar conferencias en ese idioma. En los últimos años se ha convertido no sólo en mi colega, sino también en un amigo y estoy seguro que encajará muy bien con sus otros colegas en la Universidad, para la satisfacción de todos los involucrados.

Pienso que sería una buena idea el que usted enviase mi propuesta, de manera que tal vez el profesor Mayer pueda comenzar su trabajo incluso antes de mi llegada a Madrid con lo que mi actividad allí comenzaría de manera efectiva.

Los elogios de Einstein para Mayer no eran exagerados. Mayer había ido a trabajar con él bajo la recomendación de Richard von Mises en 1930. Su colaboración en la teoría del campo unificado fue tan intensa que Einstein llevó a Mayer con él en su viaje a California (diciembre de 1930 – marzo de 1931) y cuando la colaboración terminó en 1934 había producido ocho artículos, más de los que Einstein firmó con cualquier otro colaborador. No obstante, al mismo tiempo que promocionaba a Mayer para el puesto de Madrid, Einstein presionaba también a Abraham Flexner para que le nombrara en Princeton. Esta última maniobra tuvo éxito y Mayer se estableció en Princeton.[20]

En la siguiente fase de las negociaciones, la postura de Einstein en el caso de la cátedra de Madrid y en el de otras cátedras del extranjero resultó clara. Las que había aceptado lo eran por cortos períodos de tiempo sólo, y en el caso de Madrid trataba de aceptar la cátedra

[20] Abraham Pais, *«Subtle is the Lord...» The Science and the Life of Albert Einstein* (Nueva York, Oxford University Press, 1982), pp. 492-494.

sólo nominalmente y designar a un profesor ordinario para impartir la docencia. Ello resulta claro por una carta del doctor Yahuda, que sirvió como intermediario en el resto de las negociaciones, a F. A. Lindemann, que había sido el responsable del nombramiento de Einstein en Oxford:

> Solamente en dos casos, los de la Universidad de Madrid y la Sorbona, (Einstein) sintió alguna obligación de ceder a sus presiones, y ha aceptado cátedras allí en la suposición de que únicamente dedicaría el tiempo mínimo de manera que no interfiriesen con sus otros puestos. Debo señalar que en ambos casos (Einstein) ha rechazado los salarios que se le ofrecían y que aceptará únicamente una parte de éstos en proporción al trabajo realizado. En el caso de España ha estipulado incluso que debería crearse una cátedra ordinaria para un científico alemán que él recomendaría.[21]

La situación política en España no podía más que disminuir el interés de Einstein en el proyecto. El Gobierno de centro-izquierda de Azaña se vio sometido a ataques durante el verano, y Alejandro Lerroux, un republicano oportunista, tomó el poder el 12 de septiembre con el apoyo de la derecha católica tradicionalista. Tal situación no podía ser contemplada por Einstein más que de modo desfavorable para la continuidad de las perspectivas de la democracia en España, como lo refleja una carta de Yahuda a Elsa Einstein fechada el 8 de noviembre:

> Debido a la situación política, el asunto español se ha desvanecido completamente por el momento; desde el principio, Ayala se encontraba extremadamente indignado por el poco fervor con el que se sigue este tema y, por consiguiente, ya no sigue con él.

Einstein le contestó el 22 de noviembre para expresarle el sentimiento de que «se me quitaría de encima un gran peso si de alguna manera Ayala me librara de la promesa que le hice». Hacia la misma fecha le envió a Yahuda un pequeño poema que expresaba más agudamente el pensamiento:

[21] Yahuda a Lindemann, 26 de agosto de 1933. Einstein Papers, Princeton. El original en inglés.

> Sólo existe una cosa que ansíe esta mente: una forma de cancelar mi viaje a España. Si no tuviese que viajar hacia aquella latitud daría un ferviente beso en gratitud.[22]

Con todo, y a pesar de la aparente falta de interés del nuevo gobierno, la cuestión madrileña no desaparecería. Yahuda le escribió a Ayala el 17 de enero de 1934 que Einstein estaba

> algo desconcertado porque no ha oído una palabra del Gobierno español con respecto a conseguir un profesor que sería contratado bajo su recomendación, tal y como había sido estipulado; y encuentra difícil de prever cómo puede llevar a cabo una actividad efectiva sin ninguna preparación previa antes de su llegada. El le habría escrito a usted directamente, pero se siente tan obligado a usted que es más que reluctante a causarle el menor embarazo. Por consiguiente, me pidió hace unas pocas semanas que contactase con usted para tratar este delicado asunto y si no he dudado en satisfacer su deseo es porque me siento reconfortado por el profundo afecto que le tiene, así como por la gran admiración y afecto que usted tiene por él.

Yahuda continúa aludiendo a la situación política y su relación con el nombramiento de Einstein:

> No creo, tal y como están las cosas ahora en España, que la visita de Einstein a España esta primavera tuviese la misma influencia que se pensó tendría la primavera pasada. No sé incluso si el gobierno actual tiene el mismo profundo interés en el asunto que el gobierno de Azaña y De los Ríos. Le ruego, por consiguiente, que haga todos los arreglos posibles para posponer el asunto por el momento de manera que Einstein no se sienta perseguido y acosado después de un agotador y muy ocupado semestre en Princeton...
>
> Entre nosotros debo decirle que no fue correcto por parte de nuestro amigo De los Ríos el que no intentase nunca ponerse en contacto con Einstein para establecer con él un acuerdo definitivo sobre la cátedra y el nombramiento de otro profesor que le ayudase. Siempre he creído que a veces Einstein no estaba muy seguro de la actitud del Gobierno, y

[22] Nur eines liegt mir in jetz in Magen. Wie kann in Spanien ab ich sagen? Wenn ich dorthin mich pilgern muss. Gibst einen heissen Dankeskuss. El poema no está fechado, pero muy posiblemente se escribió en noviembre de 1933.

> fue únicamente porque él sabía que usted estaba muy interesado y era serio con respecto a este asunto, que se contuvo de discutirlo.

Yahuda concluía urgiéndole a Ayala para que resolviera el asunto de modo que Einstein recibiera un telegrama con la respuesta del Gobierno. Sin embargo, no se produjo ninguna respuesta, como Yahuda le informó a Einstein el 6 de marzo:

> Ayala acababa de irse cuando yo regresé de París. Se hablaba de que volvería pronto, pero la palabra «pronto» se desvaneció en seguida. Como no podía conseguir nada a través de la Embajada, que estaba esperando todavía la vuelta de Ayala, decidí escribir la carta adjunta a Ayala. Esperé en vano una contestación, y la Embajada continuaba diciendo que volvería en pocos días. Finalmente, le envié un largo telegrama, suplicándole una rápida respuesta: pero esta súplica también permaneció sin contestación. Sólo de casualidad oí, de una tercera persona, que él mismo no sabía qué es lo que debería hacer, ya que la situación general era tan compleja que nadie sabía que podía suceder de un día para otro. Me dijeron que él mismo no estaba seguro de su propia situación, incluso a pesar de que me aseguraron constantemente que estaría de vuelta en pocos días. Dadas estas circunstancias debería de haber escrito directamente el Gobierno en nombre suyo, señalando que usted no podría ir; sin embargo, no creí que pudiese tomar esa decisión, ya que no sabía si mientras tanto usted había estado en contacto con Ayala. Si esto hubiese ocurrido, me hubiera puesto en ridículo. Sin duda usted sabe por los periódicos que la situación en España es muy inestable y que un gobierno pisa los talones del anterior, sin ser capaz de clarificar la situación. Creo que si todavía no ha hecho nada en este asunto, lo mejor sería que escribiese al Ministerio de Educación (Ministro de Instrucción Pública, calle Alcalá, Madrid), diciendo algo como esto: Que usted suponía que Ayala había informado al Gobierno de mi (Yahuda) carta del 17 de enero que yo había escrito de su parte y que ahora deseaba confirmar mis afirmaciones y expresar su sentimiento por se incapaz de llevar adelante su plan de visitar España. Yo no añadiría nada más. De esta manera no estaría diciendo nada en contra de Ayala, no presentaría ninguna razón. Supongo que esto bastará para terminar el asunto, especialmente si un nuevo gobierno llega al poder mientras tanto.
>
> Si Ayala volviese realmente en unos pocos días, y si supiese algo más a través de él, le telegrafiaría.
>
> P.D.: Mis comentarios a Ayala fueron intencionadamente críticos del Gobierno español, ya que él mismo me había expresado repetidamente

> de la misma manera crítica su disgusto con De los Ríos y en una ocasión me dijo que les sería de utilidad si usted decidiese no ir a España en absoluto. Por último, no necesita utilizar mi carta como base de la suya al Gobierno español; simplemente puede aludir a ella, diciendo que usted me había pedido informase a Ayala que no podría ir a Madrid.
>
> También, por (palabra omitida) tácticas le pueden acusar de haber abandonado sin ofrecer razones suficientes.

Finalmente, la atmósfera se despejó como lo reveló un telegrama de Yahuda a Einstein el 14 de abril de 1934: «El Gobierno español aprobó un presupuesto de 27.000 pesetas para su cátedra, incluyendo un profesor asistente. Puede venir usted cuando le venga bien, pero debe nombrar un ayudante. Telegrafíe cuando venga a Europa». Al telegrama le siguió una larga carta explicativa de 21 de abril en la que Yahuda clarificó la situación:

> Debo decir que me sorprende bastante no haber sabido nada de usted desde hace algunos meses. Todavía más sorprendente es el hecho de que ni siquiera haya contestado a las dos últimas cartas que le envié a usted y a su esposa. Me pregunto si, de hecho, merezco tal tratamiento. Permítame, sin embargo, no decir nada sobre este tema ahora que debo escribirle acerca de España.
>
> Como le mencioné en mi anterior carta, a pesar de mis repetidas averiguaciones y telegramas, durante meses esperé en vano alguna palabra de Ayala. Cuando finalmente Ayala regresó hace cinco semanas, no tuve la oportunidad de hablar con él acerca de mis repetidas llamadas y notas. De hecho, incluso retrasé por algunos días mi salida para el balneario de Bath con la esperanza de poder verle y saber qué es lo que había conseguido en el asunto concerniente a usted. Sin embargo, todos los intentos fracasaron. Todo esto me desconcertó enormemente y ya no sabía qué esperar de Ayala y de su actitud hacia mí. Incluso comencé a pensar que estaba furioso conmigo, creyendo acaso que era yo, y no usted, el que deseaba cancelar el acuerdo.
>
> Me sorprendió bastante cuando, al volver hace unos días, vi aparecer en mi casa poco antes de medianoche al chófer de Ayala con una carta de siete páginas[23] en la que jubilosamente Ayala me informaba de la «buena» noticia de que la creación de su cátedra ¡se había arreglado

[23] No he podido localizar esta carta.

definitivamente! Describía con vivas imágenes los *sinsabores* por los que había tenido que pasar los últimos meses, ya que se sentía avergonzado en lo relativo a hablar conmigo y que había estado esperando el momento en el que pudiese informarme del éxito de sus esfuerzos.

Me pidió de una manera urgente, aunque amable, que le visitara. Ya se puede imaginar usted mi sorpresa al saber todo esto, especialmente después de que yo le había expresado claramente a él que usted había decidido renunciar al acuerdo, o al menos le gustaría retrasarlo hasta que los asuntos relacionados con la cátedra que le fue ofrecida estuviesen completamente solucionados, ¡(y eso) aun en el caso de que (a la postre) usted decidiese no ir! Por ese motivo (Ayala) no escatimó esfuerzo alguno para sacar adelante el asunto y dijo que estaba contento de haber tenido éxito, *a pesar de tremendas dificultades*. Yo, por supuesto, le dije que el asunto había experimentado un giro completamente diferente, ya que usted no deseaba regresar a Europa. Me pidió que le enviase a usted un cable lo que hice aquella misma tarde.

En mi última carta a usted (escrita a) mediados de marzo le sugería que debería (haber) escrito a España. Si lo hubiese hecho inmediatamente después de recibir mi carta, todo el asunto podía haber sido abandonado. Sin embargo, a estas alturas no tiene ningún sentido ahondar en tales consideraciones. Teniendo en cuenta el hecho de que el asunto ya ha sido solucionado, se debería sentir usted feliz porque tendrá ahora la oportunidad de asegurar una hermosa cátedra para un investigador que se la merezca; los arreglos son tales que el dinero debe ser utilizado por usted y por un profesor que usted designe, con la concesión expresa de que no está usted atado a ningún período fijo. Dadas las actuales condiciones en España, 27.000 pesetas son equivalentes a alrededor de 10.000 dólares de los EE.UU[24]. Si usted reserva 20.000 pesetas como estipendio para su ayudante, esto constituiría un magnífico salario. Ahora debe meditar cuidadosamente su elección de ayudante; por una parte debe tener las credenciales suficientes para que los españoles le reconozcan sin reservas como una autoridad, mientras que por otra debe poseer la habilidad (requerida) para desarrollar su teoría.

---

[24] Con respecto al sueldo de 27.000 pesetas, es interesante señalar que, aunque el nombramiento no se hizo nunca, los fondos se asignaron a un Seminario de Estudios Superiores de Física y Matemáticas de la Facultad de Ciencias de la Universidad de Madrid manteniéndose en el presupuesto (en la cantidad de 24.300 pesetas) todavía en 1956, según una comunicación del director general de Enseñanza Universitaria al rector fechada el 15 de marzo de 1956, una copia de la cual me proporcionó el doctor Antonio de Castro.

Como el profesor Mayer ya tiene un contrato firme, la oportunidad puede beneficiar a un investigador judío (que venga) de Alemania.

Con relación a usted, no es la intención de este telegrama decir que la gente está esperando que usted vaya ahora a España. Teniendo en cuenta que usted ha decidido renunciar a su viaje a Europa en este momento puede ocurrir que decida ir ahí la primavera próxima. Sin embargo, debería elegir su candidato ahora de manera que él pueda comenzar con sus obligaciones a primeros de octubre, ya que el semestre de verano acaba en cinco o seis semanas. Este es ahora el asunto más importante, y si usted consiguiese asegurar (el porvenir) de un investigador judío/alemán *muy importante*, todo el asunto habría merecido la pena. Después de todo, esto representa un tremendo logro para su teoría.

Debería quedarle claro, por todo esto, que no he escatimado esfuerzo alguno para realizar su deseo; Ayala, sin embargo, no sabrá nada de ello. Tal vez en el análisis final, hayamos conseguido algo bueno, a pesar de su deseo.

A esta sazón es evidente que la resolución con éxito del nombramiento de Einstein se centraba en los términos en los que el Gobierno aceptaría un profesor ordinario en lugar de Einstein y si podría reclutarse con éxito a un judío alemán refugiado para el puesto. Este último punto fue acentuado en una carta de Elsa Einstein a Yahuda fechada el 3 de mayo de 1934:

La cátedra española, y que quede entre usted y yo, es un asunto muy desagradable. Cuando estábamos en la Casa Blanca, Albert se acercó al embajador español (que había telefoneado con anterioridad, antes de que llegásemos a la Casa Blanca). Le explicó que no debía emprender ninguna acción y Albert fue de la opinión que todo el asunto se había venido abajo, y que estaba fuera de él para siempre. ¿Qué podemos hacer ahora? Ir a España y no a Francia es absurdo. Oxford también le está esperando. El generoso gesto de Albert de dar su cátedra para un profesor exiliado fue rechazado indirectamente por Lindemann. Según Lindemann la cátedra no fue creada con esa intención, sino más bien únicamente para Albert. Y Albert no puede sencillamente escoger la persona que debería recibirla...

Albert se sienta aquí y no sabe a quién designar para España como su denominado asistente. Le gusta Laue que quiere irse de Berlín. Yo, sin embargo, encuentro que es cruel que cuando uno tiene una oportunidad de proporcionar una colocación para un profesor judío, se ofrez-

> ca el puesto a Laue que, en cualquier caso, tiene uno en Berlín. Lo encuentro una grave injusticia manifiesta.[25]

El Instituto Einstein

La discusión se dirigió ahora al tema crucial del reclutamiento de un vicario que ocuparía el puesto de profesor de física de un nuevo instituto de la Facultad de ciencias nominalmente dirigido por Einstein. Einstein le planteó la cuestión a Yahuda con toda honestidad en una carta de 5 de mayo de 1934:

> Me encuentro en una posición muy embarazosa ahora que el asunto español se ha solucionado de manera positiva. ¿Debería visitar tanto París como Madrid en el corto espacio de un verano y además ser productivo allí? Además, la designación de un profesor que permanecería permanentemente no es, por buenas razones, tan fácil como algunos podrían pensar. El profesor Max von Laue es la primera persona que se me ocurre, aunque no es judío. Laue ha hecho con sus desinteresados esfuerzos para interceder en defensa de sus colegas judíos que su posición en Berlín sea insostenible. Además, ha salido en pública defensa de la teoría de la relatividad. Tiene el Premio Nobel y disfruta con merecimiento de un gran respeto por parte del mundo científico. Su trabajo más importante ha sido, en parte, en el área de la teoría de la relatividad.
>
> Dejando aparte el hecho de que las anteriores razones le harían sin duda merecedor de todo apoyo, su designación para Madrid representaría, desde un punto de vista práctico, un éxito con respecto al gobierno nazi. Permítame también añadir que de los colegas judíos exiliados más importantes en el campo, todos han sido colocados ya. Especialmente Born en la Universidad de Cambridge; él es el único que posee una estatura científica comparable a la de Laue.
>
> El asunto con Laue sólo tiene un inconveniente: Es inadecuado para dar cursos de conferencias. Por otra parte, ha alcanzado gran éxito durante muchos años por su ejemplar dirección del coloquio de Física de Berlín, que era probablemente el más sobresaliente del mundo. Además tiene un gran éxito como estimulador de gente joven, y también

[25] Jewish National and University Library, Schwadron Collection/Einstein File.

sabe valorar la experimentación, incluso a pesar de que él sólo ha realizado trabajo teórico. Estoy convencido de que es muy apropiado para hacer avanzar el saber científico en su nueva área de empeño.

Estoy preocupado por cómo disponer este nombramiento y al mismo tiempo mantener mi propio nombre en un plano muy secundario, de otra manera todo esto haría que las cosas fueran muy difíciles para él, y sus propiedades serían confiscadas. ¿Puedo pedirle, por favor, que consulte acerca de estos asuntos con la gente apropiada? Como en este tema sólo he escuchado su parecer, no tengo, por el momento, ninguna razón para escribir a alguien más.

El principal interés de esta carta es que pone en claro que el concepto de Einstein del Instituto era que necesitaría tener un profesor eficaz, un *desideratum*, que Laue satisfaría en la medida en que sus obligaciones no incluyeran cursos de conferencias largos. Además, había escrito sobre relatividad, el foco de investigación ostensible del nuevo instituto.

Cuatro días después (el 9 de mayo) Einstein le escribió a Yahuda para informarle de que había oído rumores sobre una cátedra americana que se le había ofrecido a Laue y que estaba haciendo todo lo posible para encontrar el hombre más apropiado para Madrid, probablemente uno más joven si no se encontraba alguien del calibre de Laue o Born. Los españoles, por su parte, aún estaban interesados, como informaba Yahuda el 21 de mayo:

No debería sentirse molesto por el asunto de España. No debe considerarlo en absoluto con vistas a la primavera próxima, y para entonces el Instituto, que fue creado para usted, estará preparado para ser ocupado y usted podrá entonces decidir si desea venir a España por unas pocas semanas bien en la primavera o en el verano. Lo principal es que todo está arreglado. Mientras tanto, Fernando de los Ríos, que era ministro de Cultura cuando usted recibió su puesto el año pasado, se encuentra aquí y está completamente de acuerdo con mis opiniones. Básicamente los españoles están interesados en asegurar su nombre... Tranquilice su mente y repose en la seguridad de que todo será hecho para agradarle.

Una semana más tarde (28 de mayo), Yahuda le explicaba el asunto en una carta a la señora Einstein:

> Que el asunto español terminase como lo hizo, debe ser atribuido completamente al celo de Ayala, que usó toda su influencia para conseguir la dotación de una cátedra, ya que se dio cuenta de que el profesor quería abandonar. Ni siquiera mi consejo sugiriendo un aplazamiento habría servido de mucho.
>
> Así es con los españoles: bien se persigue un asunto con un poderoso empuje, o se le pospone a un «mañana que nunca llega» (Mañana [en castellano en el original]). Ahora que todo ha acabado, estoy contento de que se haya creado en España un lugar permanente para fomentar las enseñanzas de Einstein. Yo también comparto su opinión de que la cátedra debe darse a un judío. Laue será el único (no judío) que yo podría apoyar no sólo porque es sobresaliente, sino por su brava y digna conducta, algo que es muy significativo dada la deplorable actitud de toda la *intelligentsia* alemana.

Y Einstein contestaba con algunas nuevas ideas el 10 de junio:

> Me he estrujado los sesos acerca de la cátedra española. Aparentemente Laue no quiere ir allí. Vacila mucho e incluso duda si abandonará Alemania[26]. Se rumorea incluso que Hitler se tambalea. La situación es muy diferente con respecto a Born. Aparentemente, intenta utilizar esta oferta para establecerse en Inglaterra. Sin embargo, si no lo consigue, probablemente aceptaría la posición en España. Sería bueno que supiésemos pronto cómo están las cosas.
>
> Si no resulta lo de Born, designaría al doctor Leopold Infeld.

Born, desde luego, había aceptado ya una *lectureship* (adjuntía) en Cambridge y en 1936 se trasladaría a Edimburgo. En 1934, Infeld apenas era conocido. Einstein se había entrevistado con él brevemente en 1920, y en 1934 había escrito una introducción a su popular libro *The World in Modern Science*. Born, no obstante, lo había recomendado a Einstein, aunque no en relación con la cátedra de Madrid[27]. En efecto, Infeld había escrito el año anterior (con B. L. van der

[26] Aunque permaneció abiertamente opuesto a los nazis y rehusó cooperar con ellos, Laue decidió permanecer en Alemania, en parte porque no deseaba quitarle trabajo en el extranjero a un emigrante necesitado (Beyerchen, *Scientists under Hitler*, p. 65).

[27] Véase el contenido de Born sobre su carta a Einstein de 8 de marzo de 1934 en Albert Einstein, Hedwig and Max Born, *Briefwechsel, 1916-1955* (Munich, Nymphenburger Verlagshandlung, 1969), p. 168.

Waerden) un artículo altamente considerado sobre la relación entre la relatividad general y la teoría cuántica del electrón.

Para proceder al nombramiento el Gobierno español requería aún que Einstein tomara posesión de la cátedra en persona, aunque sólo se tratara de un acto simbólico. Ello resulta evidente en una carta de Yahuda a Einstein de 20 de agosto de 1934:

> Como usted sabe, yo apoyé el plan de Ayala de establecer una cátedra para usted, pero bajo suposiciones completamente diferentes y con otras expectativas. Con posterioridad intenté, a petición suya, librarle del compromiso que había adquirido. Pero fue precisamente este intento lo que hizo que Ayala decidiese perseguir el acuerdo en este asunto con todavía mayor vigor. El presupuesto ya está aprobado. Le dije a Ayala que debería tratar directamente con usted. El cree, sin embargo, que usted debería designar su profesor, pero que éste no debería ocupar su puesto hasta que usted haya inaugurado personalmente la cátedra. Espera que usted vaya a Madrid en marzo, incluso aunque sólo sea por unas pocas semanas, de manera que el Instituto pueda comenzar su trabajo bajo su dirección y con la asistencia continua del nuevo profesor. La cuestión es, sin embargo, si ya ha encontrado el profesor y si usted vendrá, y si lo hace cuándo, a España. No he hablado con Ayala hace varias semanas y no sé si le ha escrito a usted.

La segunda carta fue escrita el 14 de septiembre:

> El que usted no haya recibido todavía ninguna comunicación oficial con relación al establecimiento de un Instituto Einstein se debe básicamente a la actual inquietud y constantes cambios ministeriales. Ayala me ha encargado oficialmente el asunto y cree que no será necesario seguir una táctica diferente. Creo, por consiguiente, que sería preferible que usted me comisionara para llevar adelante las negociaciones en su nombre no sólo con Ayala sino también con cualquiera de los candidatos propuestos. Hace unos pocos días, recibí una carta de Born en la que me preguntaba si no debería él ver (quiénes están disponibles) por los alrededores, ya que ni Von Laue, ni Schrödinger, ni él mismo están en consideración. Le contestaré diciendo que a usted le gustaría designar al doctor Infeld y que será fácil entrar en contacto con él una vez que esté en Cambridge. Como ve, estoy aquí y me encontraré de regreso en Londres probablemente dentro de tres o cuatro semanas. Ayala también estará de vuelta posiblemente por entonces, de manera que me podré encargar del asunto. Le quiero señalar una vez más que los españoles

> esperan absolutamente que usted vaya a España durante la primavera para inaugurar el Instituto y presentar al profesor. No creo que usted pueda evitar hacer esto. Una corta estancia en España le vendrá bien y será, por supuesto, extremadamente significativo que el Instituto Einstein comience a funcionar. A la postre esto puede tener muchas consecuencias favorables para la cuestión judía en España, lo que fue de hecho, una de las principales razones de mi participación (en el asunto).

La carta de Born, mencionada por Yahuda, lleva fecha de 9 de septiembre y dice así:

> Le pido disculpas por no haberle escrito durante todo este tiempo. Estuve muy ocupado con mis investigaciones a lo largo de julio, y después fui a Suiza para unas vacaciones.
>
> Me gustaría saber si ha contactado con alguien más, con relación al puesto que me ofreció en España. Mi amigo Von Laue me escribe diciéndome que pretende permanecer en Alemania. Schrödinger (en Oxford) está negociando con la Universidad de Princeton (USA). Pero existen algunos jóvenes físicos teóricos muy brillantes disponibles para ese puesto. Me sentiría muy feliz si pudiera darle algún consejo.[28]

Poco después Born le escribió de nuevo a Yahuda quejándose de que la recomendación de Einstein de Infeld para el puesto de Madrid estaba «totalmente fuera de lugar». No está claro por qué Born se mostró, en este caso, tan negativo, pero él indica que consideraba a Infeld como un principiante y, por tanto, inadecuado para el trabajo. Seguidamente, procedía a nombrar a cinco jóvenes físicos que, en su opinión, eran válidos para el puesto de Madrid: Hans Bethe («un joven brillante del más alto nivel»), Rudolph Peierls, Fritz London, Walter Heitler y L. W. Nordheim (los dos últimos, antiguos ayudantes de Born en Gotinga). «Naturalmente –añadía Born–, no sé si uno de estos hombres quería aceptar la oferta española. Pero creo que todos tienen que hacerlo, ya que para ellos existen pocas esperanzas de obtener un puesto permanente en Inglaterra»[29]. Es improbable que se hubiese tomado

[28] Jewish National and University Library, (Yahuda Ms. Var. 38/ Max Born File). El original en inglés.

[29] Born, a Yahuda, 17 de septiembre de 1934, Archivos Einstein, original en inglés. Yahuda incluyó las recomendaciones de Born en una carta a Einstein fechada el 20 de noviembre de 1934.

contacto directamente con ninguno de los cinco: ni Bethe ni Peierls tenían ningún conocimiento del puesto[30]. El nombramiento de cualquiera de ellos habría dado como resultado un instituto de física teórica de primera clase, aunque no de la clase considerada por Einstein o por sus seguidores de Madrid. Como señaló Einstein:

> Con respecto a las sugerencias de Born, me gustaría hacer los siguientes comentarios: Estoy dispuesto a admitir de buen grado que el investigador que él ha designado ha logrado, en cierta medida, resultados más importantes en su campo que los producidos por el señor Infeld en su propia área. En su momento yo fui comisionado para nombrar un investigador que hubiese trabajado con éxito en el área de la relatividad. Ninguno de los investigadores que Born ha sugerido satisfacen esta condición, por tanto, fui incapaz de designarlos. Todos sus trabajos han sido en el área de la teoría cuántica.[31]

La existencia previa en Madrid de grupos de física experimental trabajando en áreas estrechamente relacionadas con la teoría cuántica (Blas Cabrera en magnetismo y es espectroscopia Miguel Catalán,

[30] Comunicación personal de Bethe a T. F. Glick (27 de agosto de 1982) y de Peierls a J. M. Sánchez Ron (14 de octubre de 1982). Otro de los discípulos de Born, la físico-química judía Herta Sponer también entra en la historia periféricamente. Al parecer Werner Heisenberg había oído hablar de un puesto en Madrid en octubre de 1933. En una carta a Heisenberg fechada el 25 de octubre Sponer dice que le enviará su resumen al profesor Santiago quien lo transmitirá a Madrid donde ella había sido invitada a dar una conferencia el marzo siguiente. Llega a sugerir que Heisenberg le escriba a Blas Cabrera para que organicen una conferencia adicional en el caso de que sus gastos no estuvieran totalmente cubiertos y para preguntar acerca de la naturaleza del puesto de Madrid. Le advierte a Heisenberg que le diga al físico español que ella tiene un puesto muy bueno en Gotinga (Sponer, a Heisenberg, 25 de octubre de 1933, Heisenberg Papers, Max-Planck Institute for Physics, Munich. Una copia me la proporcionó David Cassidy). La fecha temprana de esta carta, su ambigüedad con respecto al puesto y su ausencia de cualquier referencia a Einstein sugiere que el «vicariato» del Instituto Einstein aún no estaba en cuestión. Sponer era espectroscopista y pudo haber oído hablar de algún puesto relacionado con esa especialidad. Por otra parte, el acercamiento directo a Cabrera sugiere que las noticias de un nombramiento regular le habían llegado a Heisenberg. Dado el pánico de los científicos judíos, los rumores acerca de posibles puestos viajaban con rapidez. Sponer (1895-1968) emigró a los Estados Unidos donde se casó con el físico emigrado James Franck en 1966. El profesor Santiago mencionado es el físico Gil Santiago que estaba estudiando en Berlín en esta época.

[31] Einstein, a Yahuda, 29 de noviembre de 1934. Jewish National and University Library, Schwadron Collection/Einstein File).

cuyo equipo investigador tenía un plan de trabajo con el laboratorio de Sommerfeld en Munich, como se ha señalado en el capítulo 1), significa que un Instituto Einstein con un sesgo cuántico podría verdaderamente haberse convertido en un centro de investigación de primera clase.

Finalmente, se había tomado contacto con Infeld, por parte de Yahuda, siendo presentado a Ayala y mostrándose dispuesto, al parecer, a aceptar la oferta española[32]. El punto problemático seguía siendo aún la resistencia de Einstein a aparecer en Madrid para tomar posesión formal de la cátedra. Esto resulta evidente en la correspondencia entre Yahuda y Einstein de finales del invierno de 1935. Yahuda escribía:

> En el ínterin, he negociado unas pocas veces con el doctor Infeld y también lo he presentado a Ayala. Causó una impresión muy favorable en Ayala. La dificultad, sin embargo, reside en el hecho de que ellos no pueden contratar a ningún ayudante hasta que el catedrático tome posesión. Pero existe una salida, ya que en realidad usted no está obligado en absoluto a ocupar un puesto o dar clases. Por consiguiente, se puede hacer algo que favorezca al doctor Infeld. Ayala es de la opinión de que usted debería enviarle una carta, nombrando candidato al doctor Infeld y recomendando que se le dé el puesto. Él (Ayala) se pondría entonces en contacto tanto con el gobierno como con el profesor Cabrera y vería si puede seguir adelante con el asunto. El propio doctor Infeld querría ir a España. Como se ha casado recientemente con una prima muy agradable, que es al mismo tiempo ciento por ciento inglesa y ciento por ciento sionista, sería perfectamente razonable el que, de acuerdo con la lógica judía, ella se encontrase muy entusiasmada acerca de España. Es bastante evidente que él no tiene ninguna posibilidad en Polonia. Por consiguiente, creo que es interesante no sólo para todo este asunto, sino también para usted el tomar tan pronto como sea posible las medidas necesarias para que (Infeld) pueda ocupar su puesto, probablemente en octubre.
>
> Si estuviese usted de acuerdo con mi sugerencia, escriba, por favor, su carta a Ayala. Tal vez pueda usted ir un poco más allá escribiendo también a Cabrera, de forma que Ayala puede unir esta carta a la suya[33].

[32]. En su biografía, *Quest: The evolution of a Scientist* (London, Victor Gollancz, 1942), Infeld no menciona el nombramiento de Madrid.

[33] Yahuda, a Einstein, 7 de febrero de 1935.

La postura de Einstein era clara:

> Creo que sólo podría escribirle a usted en relación con el señor Infeld cuando yo reciba una petición de Ayala o de alguno de los caballeros de España. Pienso que no sería correcto por mi parte el expresar un deseo, ya que pasará algún tiempo antes de que yo mismo me encuentre en situación de trabajar allí. Sin embargo, dada la oportunidad me sentiría muy feliz apoyando al señor Infeld, del que tengo una elevada opinión. Como no hace usted ninguna mención a los comentarios críticos de Born, creo que puedo concluir que usted aprueba mi punto de vista en este asunto.[34]

El último documento en los Archivos Einstein referente a la cátedra en España en una carta de Yahuda a Einstein, fechada el 5 de mayo de 1935 (en inglés), que resume con brevedad las principales dificultades que habían infectado el proyecto desde su principio. El tono agridulce de los comentarios de Yahuda invita a pensar que debía de saber que nada más iba a ocurrir:

> En el tema del doctor Infeld no fui capaz de hacer nada porque Ayala y también la gente (que está) en España estaban demasiado absortos en sus asuntos políticos. También creo que será difícil para ellos el tomar cualquier iniciativa antes de que usted tome posesión de la cátedra; y como usted no se encuentra dispuesto a tomar ninguna medida en favor del doctor Infeld, nada, me temo, ayudará en este asunto.

Los comentarios de prensa

Dos significativos temas salieron a la superficie en los comentarios de prensa españoles sobre el nombramiento de Einstein. El primero fue el carácter de símbolo positivo que los periódicos liberales otorgaron a la naturaleza judía de Einstein. El segundo, la insistencia de los conservadores en comparar la generosidad de la oferta de la República a Einstein con el duro tratamiento dado a los científicos católicos o conservadores.

[34] Einstein, a Yahuda, 13 de marzo de 1935.

El Liberal lanzó la primera nota el 9 de abril de 1933:

> Einstein acude a España, cuando, anulado por nuestra Constitución el famoso edicto de los Reyes Católicos, que expulsó a los judíos –imperdonable equivocación del gran estadista que llevaba dentro Isabel I de Castilla–, Alemania, su patria nativa, emprende una ofensiva feroz contra los israelitas, persiguiendo con saña a todos los que llevan en sus venas sangre semita. Y Einstein la lleva.
>
> Bien venido el gran hombre al viejo suelo español, y enhorabuena al Gobierno de la República, que al incorporar el nombre de Einstein al cuadro de nuestros profesores da un nuevo paso para que nuestras universidades sean lo que fueron en el siglo XVI, y al propio tiempo, realiza un acto que es paradigma de tolerancia racial y religiosa.

El Sol se hizo eco del mismo sentir y reprodujo un artículo del novelista venezolano Rufino Blanco-Fombona titulado «La República reivindica a los judíos» (16 de abril de 1933) en el que observaba: «En el orden moral e intelectual, uno de los aciertos de la República –todavía no podemos valorarlo en todo su mérito– ha sido el de traer a España al gran sabio y gran judío –hoy perseguido en su patria alemana por la reacción de un histérico–, a Einstein». Llega a comentar que Fernando de los Ríos, Álvaro de Albornoz (como ministro de Justicia) y, en general, las fuerzas ejecutivas y legislativas de la República, aspiraban a «la reivindicación en España de la raza judía». Sobre la expulsión, explica: «Para los hombres del siglo XX, aquella medida fue una injusticia. Lo que ahora se trata es de que la República de 1933 rectifique el error monárquico de 1492».

El contraste entre las declaraciones públicas de la prensa liberal y conservadora de la capital fue rápidamente advertido en el extranjero. Un largo artículo del *London Times*, del 11 de abril, señalaba que un periódico que apoyaba al Gobierno declaraba que

> la llegada (de Einstein) a Madrid, junto con el que ahora España posee, tanto los más modernos instrumentos como el personal competente necesario para manipularlo, capaz de actuar como ayudantes del profesor, es un suceso de primera importancia cultural en la Península. El mismo periódico apunta que el profesor exiliado procede del país donde España buscaba inspiración para su vida científica moderna y donde las mentes de tantos profesores e intelectuales españoles se formaron.

Por otra parte, un periódico católico...

> comenta amargamente el hecho que mientras el gobierno abre ampliamente la frontera para recibir a un judío, meritorios españoles, tales como el que fuera ministro de Obras Públicas, conde de Guadalhorce, iniciador de la política hidráulica adoptada con tanto entusiasmo por la República, y el padre Pérez del Pulgar, que dio educación técnica gratuita a legiones de jóvenes trabajadores, están en el exilio, el primero, debido a que sucedió que fue colaborador del general Primo de Rivera, y el último, porque es un jesuita.

No he podido localizar el artículo específico a que se refiere el *Times*, pero las mismas consideraciones se hicieron en *El Debate* del 12 de abril, replicando al artículo de *El Liberal* arriba citado. Bajo el título «Todo es relativo», el editorial del periódico decía:

> Es lamentable que en los momentos en que se anuncia que un gran prestigioso científico –Einstein– va a desempeñar una cátedra en la Universidad madrileña, no se pueda prescindir de darle al asunto un marcado cariz político y sectario. Pierde así el tema las calidades que podrían hacerlo grato a la totalidad de los españoles y se incorpora a determinada tendencia como un hecho más... La Prensa que del caso se ocupa despacha en breves líneas el panegírico de Einstein, hombre de ciencia para extasiarse ante el judío. «Einstein acude a España –dice uno– cuando anulado por nuestra Constitución el famoso edicto de los Reyes Católicos que expulsó a los judíos..., Alemania, su patria nativa, emprende una ofensiva feroz contra los israelitas». Einstein –dice otro– es una víctima de la persecución fascista contra los judíos». «España –dice otro, y conviene advertir que este otro es el rector de la Central– retribuye ahora a la Alemania eterna el admirable gesto que ésta tuvo para con los judíos expulsados de la Península en otro tiempo» Qué más, si hasta la briosa juventud radical socialista se ha creído en el caso de opinar sobre el asunto: «Tal medida –dicen estos arriscados jóvenes– tiene ahora una trascendental significación humana y política».
>
> He aquí, pues, lo que empezábamos diciendo. ¿Qué pensará Einstein de esta racha de elogios por aquello que menos importa en él, por aquello que no le hubiera distinguido de la suma vulgar de sus contemporáneos? ¿Hubiera pensado nunca en las posibles derivaciones políticas de la teoría de la relatividad? Ya conocerá más a fondo nuestros medios universitarios. Y cuando empiece a trabajar en ellos, creído acaso en que a ellos advino por méritos de su ciencia, puede que pre-

> gunte por aquellos hombres cuyo saber él estimaba y que esperara ver premiados y ensalzados en país tan amante de la cultura. El, que dijo: «He descubierto un hombre extraordinario: Terradas», se enterará con asombro de que Terradas perdió su cátedra en la Universidad de Madrid porque estaba tildado de hombre de «derechas»[35]. Él, que cierta vez elogió a otros sabios de España, sabrá con dolor que alguno de ellos no puede explicar en nuestro país por ser un religioso católico (se refiere al padre Pérez del Pulgar). Acaso entonces desconfíe un poco de estas patrias de ofrecen a los de fuera y rechazan lo que les es propio, y estos afanes de cultura en los que la cultura es lo de menos.
>
> Es achaque de estos apasionados sectarismos pasar junto a los grandes valores del espíritu humano sin enterarse de ellos, en cuanto no pueden enrolarlos en la secta propia. El que Einstein deba a un movimiento de esa índole los ditirambos actuales y la nueva cátedra será una lección de los hechos que un gran sabio no puede menos que aprovechar.

Una columna aparecida en el mismo número («Notas de Block») hace una consideración similar, contrastando el exilio *voluntario* de Einstein con el exilio forzado de profesores españoles. «El ministro socialista se ha apresurado a ofrecerle protección. Judaísmo y marxismo se identifican y confunden. Al marxismo le da vida un judío, y judíos son sus directivos mal calificados en toda Europa. De ahí ese gesto que la hipocresía disfraza con visos de comprensión y expresiones de fraternidad humana». Si Einstein fuera un jesuita –concluye el columnista–, no habría sido invitado a España. El abierto antisemitismo de *El Debate* de 1933 estaba muy distante de su espléndida información de las conferencias de Einstein de 1923, un notable ejemplo del efecto negativo que la polarización de la sociedad española en los años inmediatamente anteriores a la Guerra Civil tuvo en el discurso civil sobre la ciencia.

[35] Terradas fue expulsado de la Cátedra de Ecuaciones Diferenciales de la Universidad de Madrid en 1931 por el voto de sus colegas, ostensiblemente debido a su vinculación con el régimen de Primo de Rivera.

CAPÍTULO 11

EINSTEIN Y LA DERECHA ESPAÑOLA

A pesar de la prolongada epopeya de la cátedra de Madrid, Einstein tuvo muy pocos contactos con los españoles después de su visita a España. En 1932, Rafael Campalans, recientemente elegido diputado a las Cortes Constituyentes de la República, escribió de nuevo para informar de sus actividades políticas, en particular de las relacionadas con el pacifismo. Un discurso pronunciado por Einstein para la Liga de Resistencia a la Guerra se había publicado en España y Campalans deseaba tener un grupo al que pertenecía designado como el afiliado catalán[1]. En mayo de 1934, Einstein recibió una carta de Adolfo Marx, al parecer un judío alemán residente en Barcelona, que transmitía una invitación de la Generalitat de Cataluña para ir a la capital catalana a ser nombrado ciudadano honorario. En el caso de que Einstein pudiera hacer el viaje, continuaba Marx, el presidente Lluis Companys le invitaría personalmente. Einstein contestó para expresar su gratitud por el honor, añadiendo que esperaba poder visitar Francia y España el año siguiente.[2]

A comienzos de los años 1930 la relatividad, desde luego, ya no era un asunto candente en física. En España como en todas partes, la atención se dirigía hacia la mecánica cuántica y, especialmente para los que tenían intereses filosóficos, hacia la indeterminación. Es notable que muchos de los que se habían sentido turbados por la relatividad como destructora de los conceptos clásicos y de la ciencia intuitiva, no tenían tales escrúpulos sobre el acercamiento cuántico a la causalidad o incluso hacia la indeterminación (aunque no fue infrecuente entre los conservadores el señalar las tristes implicaciones filosóficas de esto último, no importa lo válido que pueda ser un concepto físico).

---

[1] Campalans, a Einstein, 2 de septiembre de 1932, Archivos Einstein, Princeton. El texto está reproducido en T. F. Glick, «Marginalia einsteniana», *Ciència*, 4 (1984), pp. 226-227.

[2] Marx, a Einstein, 3 de mayo de 1934; Einstein, a Marx, 21 de mayo de 1934. Archivos Einstein, Princeton.

Un filósofo conservador que trató de la nueva física en esta época fue Xavier Zubiri (n. en 1898). Zubiri había estudiado física y matemáticas y frecuentaba el Laboratorio Matemático a comienzos de los años 1920. Allí, Rodríguez Bachiller le impartía matemáticas superiores a cambio de lecciones de filosofía[3]. Cabe suponer que hablaría de relatividad, entre otros temas. Rey Pastor llegó a considerar a Zubiri como un miembro de su propio círculo: «Con el (Seminario Matemático) ha tenido contacto el filósofo Zubiri, a quien considero casi alumno mío, pues allí acudió en busca de orientaciones. Posee Zubiri, desde luego, una cultura matemática muy intensa, más de la necesaria para un filósofo»[4]. Verdaderamente, la interpretación de Zubiri de la nueva física se basaba en gran parte en su comprensión del papel de las matemáticas en ella, lo que él, entre los filósofos españoles, era quizá el único cualificado para juzgar. En la física clásica las ecuaciones matemáticas son la expresión formal de lo que realmente sucede en el sistema medido, sin ninguna referencia al observador. La estructura de las ecuaciones es la estructura de la realidad. Dadas ciertas condiciones, podemos usar esas ecuaciones para predecir futuras medidas del mismo objeto o fenómeno. Sin embargo, en la nueva física, los símbolos matemáticos son meramente «operadores», símbolos de operaciones a llevar a cabo en otros símbolos, llamados «observables». Las matemáticas son ahora una teoría de operaciones y las leyes cesan de ser leyes reales para convertirse en estadísticas. Volviendo a la incertidumbre, Zubiri calma a sus lectores, originariamente los de la revista intelectual católica *Cruz y Raya*, afirmando que Heisenberg no da motivos de escándalo y que su principio no tiene nada que ver con la subjetividad u objetividad del conocimiento humano. (Se trata del mismo tipo de declaración hecha una década antes por los apologistas católicos de la relatividad). Ni es un principio de ontología general. Pertenece, más bien, a la ontología regional que define el sentido primario de la naturaleza y de lo natural.

---

[3] Comunicación personal de Tomás Rodríguez Bachiller, Madrid, 10 de abril de 1980.

[4] Ramiro Ledesma Ramos, «El matemático Rey Pastor» (véase nota 6, capítulo 1, arriba).

Zubiri había introducido su discusión del papel de las matemáticas en la nueva física con una discusión de la naturaleza de la observación basada en principios implícitamente relativistas. En la física clásica el observador era ajeno al contenido de lo que observaba mientras que en la nueva física modifica la naturaleza de lo que observa a través del mismo acto de observación. Hacia el final de este ensayo Zubiri contrapone a Weyl, que propuso la geometrización total de la física (eliminando toda referencia al movimiento real de los cuerpos reemplazando éste con la simple variación del campo en el que se hallan) con Einstein, para quien la naturaleza física aún implicaba mensurabilidad real. En este sentido la física einsteniana era la coronación de la física clásica, e intentaba proporcionar una descripción válida del universo para cualquier observador y cualquier punto de vista[5]. Las protestas de Einstein de 1923 sobre que él no era un revolucionario habían desaparecido, en general, en la derecha. Los relativistas conservadores, como Terradas, De Rafael y Urbano se ocuparon de defender la teoría teológicamente, mientras que los antirrelativistas estaban obsesionados por defender el newtonianismo. El auténtico trabajo de asimilación filosófica, al margen del ensayo de Ortega, comienza con Zubiri, que concluye el ensayo en discusión con una reconstrucción de una conversación que había tenido con Einstein en Berlín en 1930:

> Hay entre los físicos (le dijo Einstein) quienes creen que sólo es ciencia pesar y medir en un laboratorio, y estiman que todo lo demás (relatividad, unificación de campos, etc.) es labor extracientífica. Son los *Realpolitiker* de la ciencia. Pero con sólo números no hay ciencia. Le es precisa una cierta religiosidad. Sin una especie de entusiasmo religioso por los conceptos científicos, no hay ciencia... Otros se abandonan a la estadística. Un fenómeno eléctrico tiene asociado un valor de probabilidad. Bien; pero una probabilidad de que se presente algo sometido a la ley de Coulomb. ¿Y esta ley? A su vez, una probabilidad. No lo entiendo. Es concebible que Dios haya podido crear un mundo distinto. Pero pensar que en cada instante está Dios jugando a dados

[5] Xavier Zubiri, «La idea de la naturaleza: la nueva física» (1934), en *Naturaleza, historia, Dios*, 3.ª ed. (Madrid, Editora Nacional, 1955), pp. 255-259, 262-265, 271.

con todos los electrones del universo, esto, francamente, es demasiado ateísmo.[6]

La inclusión de Zubiri de esta afirmación es significativa porque él mismo parece haber tenido considerablemente menos dificultad en asimilar las consecuencias filosóficas de la mecánica cuántica que Einstein. La presentación a los intelectuales católicos de Einstein como conservador, religioso e incluso un poco anticuado ayuda a explicar por qué el prestigio de Einstein, en conjunto, permaneció elevado entre los intelectuales conservadores.

Otros conservadores, antirrelativistas éstos, pueden haber percibido en el ambiente social cada vez más polarizado de los años inmediatamente anteriores a la Guerra Civil una oportunidad para promover puntos de vista para los que previamente sólo hubiera habido una reducida audiencia. Aquí consideraremos dos casos: un físico antirrelativista (Eduard Alcobé) que permaneció silencioso durante dos décadas para devenir abiertamente antieinsteniano después de 1930, y un físico y educador (Ricardo Royo-Villanova) que había sido favorable a Einstein en 1923 pero vio conveniente más tarde cambiar su postura.

Alcobé, profesor de física en la Universidad de Barcelona, había, por lo menos desde 1917, estado ridiculizando en sus clases la contracción de Lorentz[7]. Físico de la vieja escuela que seguía firmemente vinculado a una concepción mecanicista del cosmos, Alcobé creía que el concepto de éter se había alterado para adecuarlo a «las exigencias ideológicas de ciertos cerebros privilegiados, sin duda» y ensayó una defensa de los absolutos físicos afirmando que «no es razonable subordinar la existencia o carencia de fuerza viva, a la presencia o ausencia de un arbitrario sistema coordenado, completamente desligado del cuerpo». Mientras que su oposición a la teoría especial estaba unida, por esto, a conceptos físicos específicos, se oponía a la teoría general porque era metafísica y debido a su excesiva complejidad matemática: «Pues ahí va un diluvio de ecuaciones diferenciales, y entre nuevos símbolos algébricos se barajan covarian-

[6] *Ibid*, p. 275.

[7] Miquel Masriera, comunicación personal, Barcelona, febrero de 1980.

tes y contravariantes, amén de pseudocurvaturas en capciosos hiperespacios, con todo lo cual Einstein logra el más resonante de los éxitos de su famosa teoría de la relatividad generalizada». Para Alcobé, «La física es experimental o no es física» y «el fantástico andamiaje matemático» de la teoría general estaba al parecer más allá de la capacidad del experimentalista para captarlo[8]. La postura de Alcobé de que la relatividad (la teoría general especialmente) era ajena al acercamiento experimental y era una teoría más matemática que física estaba raramente articulada por parte de los físicos españoles de la época, aunque debe de haber existido algunos que compartían sus ideas pero permanecían silenciosos. Los antirrelativistas de otros países frecuentemente criticaban la matematización de la física efectuada por Einstein y el consiguiente carácter abstruso de la teoría, pero en España la presencia de tantos matemáticos favorables a la relatividad actuó seguramente para disuadir a los científicos disidentes de tomar abiertamente esta línea[9]. Los ruidosos lamentos de charlatanes científicos como Bentabol sólo sirvieron para silenciar más a los detractores de Einstein.

Con todo, las ideas de Bentabol fueron significativas, particularmente desde 1935 hasta 1942, época en la que escribió los artículos sobre física para los volúmenes suplemento de la enciclopedia Espasa-Calpe. En el suplemento de 1934 resumió el estado de la relatividad entonces, repitiendo todas las dudas usuales: si *c* es realmente una constante, si el éter se había realmente refutado, etc. Señaló que él y Cabrera habían asistido al Congreso Internacional de Física en Como en 1927, donde la relatividad no tuvo la «preponderancia que hubiere podido presumir». La bibliografía del artículo está repleta de los principales panfletos antirrelativistas de los años 1920 y cita con aprobación la opinión de Gianfranceschi que un hiperespacio de *n* dimensiones era «puro malabarismo científico». Si bien Einstein tenía algún,

---

[8] Eduardo Alcobé, «Sobre un concepto dinámico», *Memorias de la Academia de Ciencias y Artes de Barcelona*, 22 (1931), pp. 363-371; «Física», *Enciclopedia Ilustrada Universal*, suplemento 1936-1939, p. 1003.

[9] Sobre Francia, véase Biezunski, *La difffusion de la théorie de la relativité en France*, pp. 177-182, donde discute la oposicion a la relatividad como (1) metafísica y (2) matemática.

incluso excesivo, apoyo, «la complejidad es siempre sospechosa. Hay quien ve las cosas de otro modo, y afirma que las teorías einstenianas envuelven una sencillez infantil»[10]. Este tipo de indirecta tenía la intención de desacreditar a la relatividad sin habérselas con el asunto directamente. En el suplemento aparecido inmediatamente después de la Guerra Civil, Alcobé señala simplemente que los defensores de la teoría son ahora «harto menguados»[11]. El modo característico de la *Espasa* de tratar los artículos científicos controvertidos era asignar algunos artículos a los defensores de una idea dada (evolución, relatividad, etc.), y otros a los opositores, satisfaciendo de este modo a todos. Es divertido señalar, para los que deseen más detalles, las referencias cruzadas de Alcobé, en la introducción, al artículo de Terradas en el volumen 50. A pesar de sus problemas con la relatividad, Alcobé era el traductor español del *Tratado de física* de Theodor Wulf, un texto estándar usado en las universidades católicas. Wulf presenta una discusión de la relatividad y otras teorías equilibrada y favorable (Einstein es el tercer autor más citado, después de Newton y Maxwell). Si bien Alcobé podía usar libremente las notas a pie de página para expresar sus opiniones conservadoras, se limitó a identificar el principio de incertidumbre de Heisenberg como «un principio metafísico aplicado a la física», un procedimiento con el que no estaba de acuerdo[12]. Si algunos de los preeminentes seguidores de la derecha no perdieron su admiración por Einstein, otros fueron llevados a asociar el hundimiento de la ciencia clásica con los arranques revolucionarios de la izquierda a los valores tradicionales. Un ejemplo lo constituye Ricardo Royo-Villanova que, como rector de la Universidad de Zaragoza, había ordenado preservar para la posteridad la pizarra usada por Einstein en 1923. Hacia 1935, Royo había cambiado su opinión acerca de la grandeza de Einstein, afirmando en un artículo periodístico que las observaciones astronómicas de John S. Plaskett, los expe-

[10] Alcobé, «Física», *Enciclopedia Universal Ilustrada*, suplemento 1934, pp. 361-365.

[11] Alcobé, «Física», *Enciclopedia Universal Ilustrada*, suplemento 1936-1939, p. 1003.

[12] Teodoro Wulf, S. J., *Tratado de Física*, traducido de la segunda edición alemana de 1929 (Barcelona, Tipografía Católica Casals, sin año), pp. 515-521 (relatividad), 536 (principio de incertidumbre).

rimentos de Dayton Miller y las formulaciones teóricas de Comas i Solà y De Sitter habían desacreditado la relatividad y que el propio Einstein (en sus conferencias, Willard Gibbs en Pittsburg el año anterior) había arrojado dudas sobre sus propias ideas cosmológicas[13]. El año siguiente, Royo publicó un largo ensayo incorporando (y enmendando) una serie de breves artículos sobre la crisis de la ciencia en el que articuló, en términos oscuramente apocalípticos, su falta de confianza en las nuevas teorías científicas, que tenían «un significado siniestro y llevan dentro de sí un germen destructivo que parece acercarse a un tipo de nihilismo». De este modo la crisis de la ciencia se relacionó con la crisis social, si bien la última implicaba principios de más bajo orden. Royo no sólo lamentaba la pérdida de los principios clásicos, sino también de la «fe ciega en la ciencia profesada por los sabios de ayer», reemplazada ahora por «un desolador agnosticismo» que había invadido todos los recintos del pensamiento experimental positivista galileano.[14]

En este contexto, Royo-Villanova fue más categórico sobre las consecuencias morales de la relatividad, en particular la teoría general que había reemplazado el espacio euclidiano por el de Riemann: por extensión, el mundo no es sólo insuficiente, sino relativo, «tendiendo a destruir despiadadamente nuestra confianza en nosotros mismos, nuestra capacidad de trabajo y hasta nuestra propia sustancia y estructura individual». La relatividad era «una creación intelectualista que carece de todo valor científico absoluto» y que «nos conduce de nuevo a la profunda convicción de que el tiempo y el espacio absolutos están constituidos nada más y nada menos que por la infinita presencia de Dios»[15]. Con todo, la breve divulgación de Royo muestra más que un conocimiento superficial de la teoría general y

[13] Ricardo Royo-Villanova Morales, «La teoría de Einstein», *El Norte de Castilla*, 12 de junio de 1935.

[14] Royo-Villanova, «La crisis de la ciencia», *El Siglo Médico*, 98 (1936), pp. 58-59.

[15] *Ibid,* pp. 61-62. En su artículo de 1935 citado en la nota 11, arriba, Royo había mencionado la teoría especial, que claramente no entendía, sosteniendo que se basaba en el «principio de la *variedad* de la velocidad de la luz» (subrayado mío). En la versión de 1936 no hay referencia alguna a la relatividad espacial.

que claramente siguió estrechamente los resultados experimentales. Considerando su postura de 1923 (a la que aquí no alude) parece estar diciendo que había sido engañado y había perdido de vista el lugar real de la verdad, que es una cuestión de fe y no de ciencia. A continuación discute la teoría cuántica y la indeterminación, cuyos resultados físicos parece aceptar, al tiempo que apunta la muerte de las nociones clásicas de la causalidad. Acepta la advertencia de Zubiri de que la incertidumbre ha trastocado la vieja noción de causalidad sólo en física y no supone «una renuncia a la idea absoluta de causa»[16]. Empero, tomado como un todo, el panorama de la física moderna sugiere nada menos que la anarquía porque «ante el exceso de mecánica hemos perdido el dominio de los mecanismos». Esta crisis era una necesidad, admite. (Esto explica por qué acepta la incertidumbre y la mecánica cuántica que, siguiendo a Comas, consideraba que habían probado que la relatividad era falsa). Pero nos ha dejado, debido a su escepticismo, poseídos del «terror angustioso de no saber». Nietzsche había declarado que la cultura de su época merecía su propia muerte. Lo mismo podía decirse, en opinión de Royo, de la ciencia contemporánea:

> La ciencia actual ha violado la tradición humana, los preceptos y los mandatos humanos, y debe sufrir, por tanto, los castigos de la justicia divina, las sanciones de la justicia terrena, el odio de los hombres, el desprecio de la historia. Nuestra ciencia ha perdido el alma o la tiene ya endurecida; quiere pasar por buena, y en el fondo es terriblemente mala; es hipócrita y arrastra tras de sí a la cultura, al individuo y aun a la masa, para hacerles servir sus groseras, ficticias necesidades, tanto más vergonzosas e inconfesables cuanto más perentorias aparecen. Nuestra ciencia está extraordinariamente excitada, vivificada, animada, lo cual es santo y seña de una época enervada, demasiado civilizada, demasiado madura, que empieza a pasarse, que inicia su descomposición, que no tardará en pudrirse... Falsos valores y palabras huecas: he aquí todo el panorama de la ciencia actual.[17]

[16] *Ibid*, p. 64.
[17] *Ibid*, pp. 68-69.

La solución, según Royo, era revisar el concepto excesivamente restringido dado en la actualidad al concepto de ciencia y darle un significado más general, de modo que pudieran serle aplicados el criterio de la razón humana y las percepciones de los sentidos. En la ciencia no había verdadero conocimiento, sólo «constante planteamiento de problemas». El verdadero conocimiento reposaba, desde luego, en el inescrutable poder de Dios.

Es interesante señalar que, cualquiera que sea la relación que puede haber existido entre la creciente polarización política y la asociación por parte de los científicos conservadores de la «anarquía» en física con los trastornos sociales, el prestigio de Einstein aún permanecía elevado entre figuras de la derecha política, y las ideas de los fascistas españoles sobre Einstein parecen no haber sido influenciadas en absoluto por el antisemitismo alemán. Ya hemos señalado el apoyo de Ramiro Ledesma Ramos a Einstein contra sus opositores políticos y hay otros ejemplos de testimonios procedentes de la derecha favorables a Einstein. En sus *Memorias*, originalmente dispuestas para la publicación en febrero de 1932, Emilio Mola, uno de los «cuatro generales» de la rebelión de 1936, invirtió el típico ataque del tema de la incomprensibilidad para criticar a la constitución republicana: «Para mí», escribió, «resulta más fácil digerir la *contracción* de Lorentz, las experiencias de Eötvos o el continuo *espacio-tiempo* de Minkowski, tan íntimamente ligados con la complicada física filosófica de Alberto Einstein, que la actual interpretación de la legislación española»[18]. Un testimonio más personal se atribuye a Juan March, el financiero mallorquín que proporcionó capital para la causa rebelde. «En cierta oportunidad», escribe el biógrafo de March, «tuvo ocasión de saludar a Albert Einstein, y cuando se hablaba de sabios siempre decía él que a quien consideraba tipo ideal del científico era al autor de la ley de la relatividad»[19]. En los años 1930 los intentos de

[18] Emilio Mola Vida, *Memorias* (Barcelona, Planeta, 1977), p. 316.

[19] Ramón Garriga, *Juan March y su tiempo* (Barcelona, Planeta, 1976), p. 37. March conoció personalmente a Einstein, según Arturo Dixon, *Señor Monopolio: la asombrosa vida de Juan March* (Barcelona, Planeta, 1985), p. 15.

asociar la relatividad con el marxismo se limitaron a panfletos de la extrema derecha.[20]

El ensayo de Royo se publicó el 18 de julio de 1936 –el día que comenzó el levantamiento fascista–, un ajustado introito a la concepción de la ciencia que la victoriosa cruzada de Franco instalaría en virtud de la ley de 24 de noviembre de 1939. Esa ley declaraba disuelta la Junta para Ampliación de Estudios y transfirió el control de sus bienes y de los centros antes bajo su supervisión al recientemente creado Consejo Superior de Investigaciones Científicas. El espíritu que informaba a la nueva institución era, sin embargo, totalmente distinto al de su predecesor. El preámbulo de la ley declaraba que la renovación de la gloriosa tradición científica española se basaría en:

> ... la restauración de la clásica y cristiana unidad de las ciencias, destruida en el siglo XVIII. Para ello hay que subsanar el divorcio y discordia entre las ciencias especulativas y experimentales y promover en el árbol total de la ciencia su armonioso incremento y su evolución homogénea, evitando el monstruoso desarrollo de algunas de sus ramas, con anquilosamiento de otras. Hay que crear un contrapeso frente al especialismo exagerado y solitario de nuestra época, devolviendo a las ciencias su régimen de sociabilidad, el cual supone un franco y seguro retorno a los imperativos de coordinación y jerarquía. Hay que imponer, en suma, al orden de la cultura las ideas esenciales que han inspirado nuestro Glorioso Movimiento, en las que se conjugan las lecciones más puras de la tradición universal y católica con las exigencias de la modernidad.[21]

Los resultados de los esfuerzos del régimen por retrasar el reloj en la ciencia fueron desiguales. Darwin –de nuevo– y Freud fueron prácticamente prohibidos. La biología se enseñó como si la teoría evolucionista no existiese, y la teoría psicológica se tomó de seguidores de segunda fila de Kraepelin, ya que las declaraciones de cualquier principio freudiano eran desalentadas. En física experimental, quizá de forma no consciente, el programa del Consejo se hizo fuertemente

---

[20] René Llanas de Niubo, *El judaísmo* (Barcelona, José Vilamila, 1935; Biblioteca Las Sectas, v. XIV), pp. 130-131.

[21] *Estructura y normas del Consejo Superior de Investigaciones Científicas* (Madrid, 1943), pp. 7-8.

operacional, en la medida en que la óptica –un tema del siglo XVII por excelencia– se convirtió en el principal foco de la investigación en los años 1940. El efecto en la relatividad no fue tan pronunciado, sin embargo, debido probablemente a que sobrevivieron con su *status* intacto tantos ingenieros conservadores favorables a Einstein. Terradas y Lucini publicaron, ambos, libros sobre la relatividad en los años 1940. Como contrapartida, la Falange reeditó el tratado antirrelativista de Félix Apraiz que había aparecido originalmente en 1921[22]. Las revistas eclesiásticas que se había mostrado antirrelativista antes de la Guerra Civil siguieron después en la misma línea. Así, *Razón y Fe* publicó un largo artículo de Luis Prieto en 1941 que confundía la relatividad con el relativismo, reiterando y extendiendo las críticas de Pérez del Pulgar respecto de la velocidad de la luz e insistiendo en que la relatividad era simplemente un artificio de medida, un efecto aparente totalmente divorciado de la realidad física[23]. El año siguiente, Juan García publicó una teoría geométrica del espacio que denunciaba el concepto del espacio de Einstein como una función de la materia. El que este artículo apareciera en la revista de la Academia de Ciencias Exactas era un signo adecuado de que los criterios por los que lo físico era juzgado habían, cuanto menos, cambiado.[24]

Los puntos de vista sobre Einstein en la España de Franco estaban probablemente menos condicionados por la relatividad que por la antipatía de Einstein al régimen. Aunque el físico no había estado inusualmente activo o franco en su apoyo de la República, su fama aseguró la notoriedad de sus pequeños esfuerzos y atrajo la cólera de los enemigos de la República, tanto españoles como americanos. En julio de 1937, Einstein envió un mensaje de apoyo a la República al Congreso Internacional de Escritores celebrado en España. Escri-

[22] Manuel Lucini, *Principios fundamentales de las nuevas mecánicas* (relativista, ondulatoria, cuántica) (Barcelona, Labor, 1966); Félix Apraiz, *Las seis dimensiones del espacio físico. Errores de la física actual y naturaleza de la electricidad y el éter* (Las Palmas, tip. Falange, 1945).

[23] Luis Prieto, «Relatividad y racionalidad», *Razón y Fe*, 123 (1941), pp. 272-294; 124 (1941), pp. 81-108.

[24] Juan García, «Sobre la teoría del espacio», *Revista de la Real Academia de Ciencias Exactas*, 36 (1942), pp. 263-295, especialmente p. 295.

biendo desde París en diciembre de 1937, Ortega y Gasset, atrás sus días liberales, declaraba:

> Hace unos días, Alberto Einstein se ha creído con «derecho» a opinar sobre la guerra civil española y tomar posición ante ella. Ahora bien, Alberto Einstein usufructúa una ignorancia radical sobre lo que ha pasado en España ahora, hace siglos y siempre. El espíritu que le lleva a esta insolente intervención es el mismo que desde hace mucho tiempo viene causando el desprestigio universal del hombre intelectual, el cual, a su vez, hace que hoy vaya el mundo a la deriva, falta de *pouvoir spirituel*.[25]

Cuando en 1938, Einstein firmó una petición al Gobierno de los Estados Unidos para que levantara el embargo de armas contra la República, los defensores de Franco se sintieron ultrajados. El *Brooklyn Tablet*, un semanario católico, urgió en un editorial a que Einstein fuera devuelto a Europa, ya que al apelar por el fin del embargo estaba apoyando la persecución de los cristianos españoles[26]. Los ataques a Einstein continuaron durante otra década a pesar de que él raramente se dirigía directamente a la política española. En octubre de 1945, Einstein rehusó el permiso al American Committee for Spanish Freedom (Comité Americano para la Libertad en España) que abogaba para que los Estados Unidos rompieran las relaciones diplomáticas y comerciales con el régimen de Franco para enviar una carta de petición de fondos usando su nombre. Einstein le escribió al Committee que como carecía de información pertinente no se sentía justificado para hacer de sí mismo «un portavoz público de la causa española, aunque estoy convencido de que la justicia está del lado de los españoles leales y que la supervivencia de la España fascista pone en peligro seriamente la seguridad internacional». De cualquier modo, el Committee usó el nombre de Einstein y, como consecuencia, el miembro del Congreso conservador John Rankin atacó al científico en la Cámara de los Representantes como un «agi-

---

[25] José Ortega y Gasset, «En cuanto al pacifismo», *Obras completas*, IV, 307. Sobre el Congreso de Escritores, véase Hugh Thomas, *The Spanish Civil War*, ed. rev. (Nueva York, Harper & Row, 1977), pp. 698-700.

[26] «Devuelve a Einstein», *Brooklin Tablet*, 14 de mayo de 1938.

tador extranjero» que promovía la causa comunista en el mundo[27]. Einstein también recibió muestras de odio por carta estimuladas por sus simpatías lealistas. A principios del mismo año un hombre le escribía:

> Con profundo disgusto he conocido su actividad en apoyo de las fuerzas comunistas españolas... los americanos genuinamente cristianos lamentamos su arrogancia y sus ideas reaccionarias europeas.[28]

La muerte de Einstein promovió un cierto número de comentarios hostiles en la prensa española. Agusto Assia, en *La Vanguardia*, señaló que Einstein había sido amigo de todas las organizaciones antiespañolas. Esto, infería Assia, hacía de Einstein un ingrato, porque Pérez de Ayala lo había alojado en la Embajada española en Londres en 1933. «Conocí bastante a Einstein», subrayaba Assia, que había sido corresponsal en Berlín, «y... asistí a uno de sus cursos en la Kaiser Wilhelm Gesellschaft». Llega a malinterpretar la entrevista entre Einstein y Zubiri que él había presenciado personalmente:

> Uno de sus últimos discípulos en Europa fue el profesor Xavier Zubiri, y yo recuerdo haber asistido a una discusión de Zubiri con Einstein en la Kaiser Wilhelm Gesellschaft en la que, si no entendía mal, Einstein sostenía que las matemáticas excluyen la existencia de Dios, y el filósofo español lo contrario.

La última vez que Assia se encontró con Einstein fue en Londres donde observó al físico paseando «como un gnomo»[29]. Este artículo provocó una airada queja de algunos miembros del profesorado de la Universidad de Barcelona que consideraron las observaciones de Assia groseras.

Los autores antirrelativistas encontraron que la España de los años 1950 y 1960 ofrecía una atmósfera favorable para la publicación de sus contrateorías. José Casares Roldán introdujo una teoría de

[27] Otto Natham y Hans Norden, *Einstein on Peace* (Nueva York, Schocken, 1968), p. 344.

[28] Archivos Einstein, Princeton, 31-1032 (3 de enero de 1945).

[29] Augusto Assia, «De hijo de un obrero a mago de la física», *La Vanguardia*, 19 de abril de 1955.

arrastre del éter para resucitar el tiempo absoluto[30]. Un desafío más serio, debido al gran prestigio de su autor, procedió del físico Julio Palacios (1891-1970). Palacios había sido un temprano defensor español de la nueva física, había enseñado relatividad y su discurso de recepción en la Academia de Ciencias (en 1932), sobre la indeterminación, fue una de las principales defensas de la nueva física en la España de los años treinta. En esta época, las ideas políticas conservadoras de Palacios no habían interferido con su aceptación de la nueva física (aunque es interesante señalar entre las citas al principio de cada lección del discurso una de Charles Maurras, líder de los *ultras* franceses, al efecto de que la capacidad humana para la razón estaba perdiendo progresivamente la dirección de las cosas)[31]. Entre 1955 y 1959 Palacios escribió una serie de artículos de divulgación, atacando el concepto de simultaneidad de Einstein, usando la famosa paradoja de los relojes como el punto central del argumento. Se trata de la discusión (en ocasiones conocida como «paradoja de los gemelos») que Paul Langevin popularizó al afirmar que un astronauta que volviera a la Tierra después de viajar a altas velocidades hallaría que su gemelo había envejecido más que él, ya que a altas velocidades el tiempo transcurre más lentamente. Palacios formalizó su argumento en su libro de 1960 *Relatividad, una nueva teoría*. El argumento de Palacios contra la relatividad era similar a los de Herbert Dingle y otros que rechazaban la relatividad del tiempo. Esto él lo realizó de una nueva manera, alterando la construcción de los relojes para eliminar la contracción del tiempo[32]. Palacios en esencia recapituló las objeciones de muchos de los críticos españoles de los años

[30] José Casares Roldán, *Refutación de los fundamentos de la Relatividad* (Granada, Urania [1952]).

[31] Julio Palacios, *Discurso leído en el acto de su recepción por...* (Toledo, Academia de Ciencias Exactas, 1932), p. 63.

[32] *Relatividad, una nueva teoría* (Madrid, Espasa-Calpe, 1960). Véase la discusión de la teoría de Palacios por Henri Arzeliès, *Relativistic Kinematics* (Oxford, Pergamon, 1966), pp. 190-191, quien afirma que la abolición de Palacios del postulado de relatividad fue arbitrario y «sentimental», y también Manuel A. Sellés, «La teoría de la relatividad de Julio Palacios», *Actas II Congreso de la Sociedad Española de Historia de las Ciencias*, 3 vols. (Zaragoza, 1984), II, pp. 427-452.

veinte de que la relatividad, en particular la teoría especial, «era anticientífica y contraria al sentido común». Palacios, durante este período, según Tomás Rodríguez Bachiller, afirmaba públicamente (aunque no de forma impresa) que la falta de respuesta científica a su contrateoría era un producto de la «conspiración judeo-masónica»[33]. Finalmente, en 1962, cuando Palacios supo de algunos experimentos llevados a cabo por W. Cantor que refutaban de manera ostensible la teoría de Einstein, anunció los resultados a su clase de relatividad en la Facultad de Ciencias de Madrid y dijo: «Vayan a secretaría y que les devuelvan el importe de la matrícula de esta asignatura. La relatividad ha muerto y estas clases carecen de sentido».[34]

Hemos señalado la común incapacidad de muchos científicos para superar sus reservas hacia la teoría especial y particularmente para abandonar el «sentido común» por la conceptualización de Einstein de la simultaneidad y de la relatividad del tiempo. Emilio Herrera, recordémoslo, se preguntaba si nuestras mismas nociones del sentido común tendrían que ajustarse para acomodarlas al nuevo punto de vista einsteniano. Herrera, que había sido general en la fuerza aérea republicana, siguió los ataques de Palacios a Einstein desde su exilio en París. Hacia junio de 1966, Herrera le escribió a su sobrino, Juan Aguilera, resumiendo sus objeciones a Palacios:

> He sido y sigo siendo muy amigo del profesor Palacios a quien di la cátedra de Física en la Escuela Superior de Aeronáutica que yo dirigía por creer que era la mayor autoridad en España en esta materia, exceptuando a don Blas Cabrera que, por su edad y su condición, no podía aceptar este cargo. Pero esta admiración que yo sentía por el profesor Palacios no es compatible con la actual labor de tratar de ridiculizar y de destruir la teoría relativista de Einstein que ha emprendido en la prensa española, y, sobre todo, en el *ABC*.
>
> Ha inventado un personaje llamado don Ingenuo, que, partiendo de Madrid en un tren de velocidad v, y con su reloj en punto con el de la

[33] J. Aguilar Peris, *D. Julio Palacios y el lenguaje de la Física* (Santander, Universidad de Santander, 1981), pp. 36-37. Tomás Rodríguez Bachiller, entrevista, Madrid, abril de 1980. Para una crónica del periodo antirrelativista de Palacios, véase *Homenaje a Julio Palacios: Vida y obra de un científico* (Santillana del Mar, Fundación Santillana, 1982), pp. 8-9.

[34] Aguilar Peris, *D. Julio Palacios*, p. 37.

> estación, tendría que ver su reloj atrasado con relación a los de las demás estaciones por donde pasara (según la idea que él tiene de la teoría de la relatividad), al mismo tiempo que los jefes de estación verían que eran sus relojes los que se atrasaban con relación al de don Ingenuo. Como esto es imposible, la teoría de Einstein es disparatada.
>
> Para evitar que, con sus artículos en que demuestra no haber entendido la teoría relativista, dada su categoría de académico de ciencias y de director de la Sociedad de Física y Química, siga poniendo en ridículo a la ciencia española ante el extranjero, le he escrito varias cartas para tratar de sacarle de su error, pero no he conseguido nada. Se ha dirigido con sus cálculos a todos los sabios y a todas las Academias de Ciencias del mundo, pero ninguno le ha contestado; él dice que se ha establecido un complot de silencio contra él, pero lo que pasa es que los sabios y las Academias no quieren perder el tiempo discutiendo cosas que están archidemostradas.

Seguidamente, Herrera le presentó a su sobrino una explicación clara y sencilla de la relatividad especial, comunicándole los ejemplos que le había expuesto a Palacios para sacarle de su error. Herrera, inventivo como siempre, proponía que si se usaran relojes lineales (cintas en las que se han marcado las horas) en el experimento del tren, sería imposible confirmar la negación de Palacios de la relatividad del tiempo, porque para el pasajero, don Ingenuo, la cinta se habría contraído en la misma proporción a la velocidad de su tren[35]. Para Herrera, la oposición a Einstein en esta época había adquirido consecuencias sociales e intelectuales ineluctables:

> Estos artículos del profesor Palacios están desacreditando nuestra ciencia hasta el punto de que se cita a España como completamente inculta en estas materias. En un número de la revista norteamericana *The Atomic Journal* el profesor (Hans) Bethe (autor del célebre ciclo que mantiene la energía en el Sol) publicó un artículo diciendo que la fuga a Rusia del profesor (Klaus) Fuchs, sabio atómico que había colaborado en la fabricación de la bomba de Hiroshima, era algo de gran gravedad porque

[35] Texto reproducido con permiso de Juan Aguilera Sánchez. El texto completo en T. F. Glick, «Emilio Herrera and Spanish Technology», en Herrera, *Flying: The Memoirs of a Spanish Aeronaut* (Albuquerque, University of New Mexico Press, 1984), pp. 206-208.

en Rusia hay grandes sabios, grandes laboratorios y grandes fábricas, donde las indicaciones de Fuchs podían ser muy aprovechadas, pero, en cambio, si en vez de irse a Rusia se hubiera marchado a España, la cosa no hubiera tenido ninguna importancia *porque allí no hay nadie que entienda de estas cosas.*

Es significativo que Herrera, un destacado dudoso de la relatividad especial en los años 1920 debido a su naturaleza «antiintuitiva», hiciera su defensa un año antes de su muerte en una especie de testamento científico. Algunos años antes tan sólo había publicado una declaración final de sus nociones de un universo mecánico cartesiano basado en vórtices en rotación abarcando una serie jerárquica de universos de mayores dimensiones, estando el de tres dimensiones (regido por las reglas de Einstein) incluido dentro de superiores de cuatro, cinco y más dimensiones[36]. Como evidenció la oposición a Einstein, se había convertido en un símbolo inaceptable de la resistencia retrógrada y gratuita al cambio científico.

La recepción de la relatividad en España, que es imposible desligar del impacto personal de Einstein, ilustra las condiciones en las que se desarrolló el discurso civil en este país en la primera mitad del siglo XX. En la medida en que el pacto no escrito entre la derecha y la izquierda se mantuvo en vigor, sólo fanáticos clericales irreducibles y sus epígonos seculares consideraron adecuado incluir a Einstein y a la relatividad en la lista de horrores familiares «liberales». La afirmación de Ataulfo Huertas de que la relatividad no se había politizado era una reflexión precisa de la función positiva del discurso civil en los años 1920. Cuando la fisura política se hizo más honda al principio de los 1930, tanto la relatividad como la imagen de Einstein fueron víctimas de la quiebra del discurso civil. La identidad judía de Einstein, por ejemplo, que no había sido cuestión en los años 1920 se convirtió en la década siguiente en un índice de la fisura cada vez más profun-

[36] Emilio Herrera, «L'Univers de Descartes», *Le Gènie Civil*, 140 (1963), pp. 280-282, 308-311, 327-329, 352-355, 477-478. Herrera resumió su teoría en una carta a Einstein con fecha de 23 de febrero de 1952, sin mucha esperanza de que Einstein la tomara en serio; véase el texto en Herrera, *Flying*, p. 205. Einstein intervino en ayuda de Herrera para asegurarle al general exiliado un puesto en la UNESCO.

da. Con todo, era difícil retrasar completamente el reloj dada la continuidad de la democracia política. Incluso después de la victoria de Franco y el intento deliberado de silenciar el discurso civil, los conservadores pro Einstein no podían ser disuadidos de su inclinación relativista. En la época de la muerte de Einstein en 1955, la mayoría de los primitivos conservadores relativistas habían abandonado la escena y la rehabilitación de Einstein, como las de Darwin y Freud, tenía que esperar hasta que la transición a la democracia fuera completa.

APÉNDICE I

Diario de viaje de Einstein por España, 1923[1]

22-28 de febrero. Estancia en Barcelona. Mucha fatiga, pero gente amable (Terradas, Campalans, Lana, la hija de Tirpitz), canciones populares, bailes, comida. ¡Ha sido agradable!

2 de marzo. Llegada a Madrid. Partida de Barcelona, cálida despedida. Terradas, cónsul alemán y la hija de Tirpitz, etc.

3 de marzo. Primera conferencia en la Universidad.

4 de marzo. Paseo en coche con los Kocherthaler. Escribí una respuesta al discurso de Cabrera en la Academia. Por la tarde, una reunión de la Academia con el rey como presidente. Hermoso discurso del presidente de la Academia. Después, té con una aristocrática señorita. Por la tarde, en casa, sin embargo, totalmente católico.[2]

5 de marzo. Por la tarde, reunión de la Sociedad de Matemáticas. Miembro honorario. Discusión sobre la relatividad general. Comida con Kuno (Kocherthaler), visita a Cajal, maravilloso viejo. Seriamente enfermo. Invitación para cenar por *herr* Vogel. Amable, humorístico pesimista.

6 de marzo. Viaje a Toledo camuflado por muchas mentiras. Uno de los días más hermosos de mi vida. Cielo radiante. Toledo es como un cuento de hadas. Nos guía un entusiasta viejo hombre que al parecer ha producido algunos trabajos importantes sobre El Greco. Las calles y la plaza del mercado, vista de la ciudad, el Tajo con algunos puentes de piedra, cuestas de piedra, agradables planicies, catedral, sinagoga. Puesta de sol con resplandecientes colores en nuestro regreso. Un pequeño jardín con una vista cerca de la sinagoga. Una magnífica pintura del Greco en una pequeña iglesia (entierro de un noble), entre las cosas más profundas que vi. Un día maravilloso.

7 de marzo. Doce en punto. Audiencia con el rey y la reina madre. Ella revela su conocimiento de la ciencia. Se ve que nadie le dice a ella lo que él está pensando. El rey, sencillo y digno, me produjo admiración. Por la tarde,

[1] Archivos Einstein, Princeton University Library. Las identificaciones entre paréntesis las proporcionó la secretaria de Einstein, Helen Dukas.

[2] *Ganz katholicsh*. Dukas añade: «La última expresión no debe tomarse al pie de la letra. A. E. la utiliza para caracterizar un estado de confusuón resultante de un gran esfuerzo, especialmente de naturaleza social».

la tercera conferencia en la Universidad. Auditorio atento que seguramente no comprendió casi nada debido a la dificultad de los problemas tratados. Embajador y familia, espléndido, gente íntegra. La fiesta, penosa, como de costumbre.

8 de marzo. Doctor honorífico. Auténticos discursos españoles acompañados de fuego de bengala. El embajador alemán habló sobre el tema de las relaciones hispano-alemanes, largo discurso, pero el contenido era bueno, alemán de cabo a cabo. Nada retórico. Después, una visita a estudiantes de técnica. Hablar y hablar sólo, pero bienintencionado. Por la tarde, una conferencia. Seguidamente, una velada de música en casa de Kuno. Un artista (director del conservatorio) Bordas, tocó el violín espléndidamente.

9 de marzo. Viaje a las montañas y Escorial. Un día maravilloso. Por la tarde, una recepción en la Residencia, con discursos por Ortega y por mí.

10 de marzo. Prado (contemplación principalmente de obras de Velázquez y Greco). Visitas de despedida. Comida con el embajador alemán. Pasé la tarde con Lina (Kocherthaler) y los Ullmann en una primitiva y diminuta sala de baile. Tarde alegre.[3]

11 de marzo. Prado (magníficas obras de Goya, Rafael, Fray Angélico).

12 de marzo. Viaje a Zaragoza.

[3] Dukas añade: «Lina Kocherthaler, prima y amiga íntima de la familia».

APÉNDICE II

Informes del consulado alemán del viaje a España de Einstein

1. Barcelona[4]

Barcelona, 2 de marzo de 1923

Consulado General Alemán para España

K. núm. 23

Carta recordatoria del cable fechado el 26 del mes anterior, núm. 5.

Esto confirmará mi cable anteriormente mencionado, de texto lo que sigue:

«El 24, Einstein impartió su primera conferencia que fue calurosamente recibida por la prensa. Huésped de la ciudad. Recepciones planeadas para hoy y mañana mancomunidad y administración municipal.

El profesor Einstein, en compañía de su esposa, llegó aquí en su viaje de regreso de Japón el 22 del último mes. Se había acordado previamente (referencia a mi informe de 6 de marzo del último año, J. Núm. 1.674) que visitaría España, pero su firme compromiso no se recibió hasta un día antes de su llegada a Barcelona, e incluso entonces la fecha exacta se dejó abierta. No fue posible, por ello, prepararle una inmediata recepción, especialmente en la prensa, como debiera haber sido en el mejor interés de Alemania. A invitación de la mancomunidad, Einstein impartió tres conferencias en el Institut d'Estudis Catalans y una conferencia adicional en la Real Academia de Ciencias. Las invitaciones para las conferencias, impartidas en francés y relativas a las teorías de Einstein, se limitaron a los que poseían una formación científica y a los representantes oficiales. A pesar de ello, hubo un numeroso auditorio que escuchó con atención cada palabra, le ofreció una bienvenida y le dio las gracias con aplauso entusiasta. El profesor Einstein fue objeto de numerosos honores de todas partes. Durante su visita aquí, fue huésped de la ciudad de Barcelona; el Ayuntamiento organizó una recepción oficial en su sede, a la que asistieron representantes de numerosos departamentos gubernamentales y organizaciones culturales. El alcalde diputado

[4] Zentrales Staatserchiv, Merseburg, Rep. 76 Vc Sekt. 1 Tit. 11 Teil Vc Nr. 55, B1.150-151.

dio el discurso de bienvenida en catalán, y la contestación de Einstein en alemán contenía muchos comentarios de interés que fueron traducidos inmediatamente al catalán. El presidente de la Mancomunidad junto con el Institut d'Estudis Catalans organizaron una comida íntima para Einstein y su esposa a la que asistimos mi esposa y yo, el alcalde diputado así como algunos profesores. Numerosos grupos e individuos particulares le han enviado muestras de gratitud.

La prensa publicó reportajes detallados de su visita aquí y de sus conferencias, subrayando su importancia y rindiendo homenaje a sus investigaciones científicas. La mayoría de periódicos adoptaron un tono político silencioso, quizá no sin ayuda de algunos círculos políticos locales, refiriéndose a las ideas pacifistas de Einstein sin mencionar que no había firmado el bien conocido manifiesto de los 93 intelectuales alemanes. Una salida de tono política, que probablemente hubiera sido mejor evitar, sonó en otra ocasión. El radical «Sindicato Unico», que ha ganado una mala reputación como resultado de sus erróneas tácticas, le dio la bienvenida a Einstein en el hotel como a un compañero de partido, por así decirlo, y le ofreción una invitación. A instancia del profesor socialista Campalans, que es un freviente defensor de las relaciones culturales con Alemania –como es bien conocido por mis informes– y que ha sido inapreciable en la organización de la gira de conferencias de Einstein, Einstein aceptó esta invitación. El bien conocido líder socialista Angel Pestaña le dio la bienvenida, utilizando esta oportunidad para mencionar las luchas sociales en Barcelona. Según los relatos periodísticos, el profesor Einstein contestó, entre otras cosas, que él también era un revolucionario, si bien sólo en el plano intelectual. Einstein llegó a decir que consideraba la represión de las luchas sociales por la fuerza más como un signo de ignorancia que de maldad. Subsiguientemente, el propio Einstein le dijo a un entrevistador que esa descripción era incorrecta –de hecho era cierto lo opuesto. Einstein sostenía que él no era un revolucionario en el campo de la ciencia, sino más bien un abogado de la evolución y que rechazaba el programa de los comunistas.

En conjunto, la visita de Einstein aquí, durante la cual siempre se presentó a sí mismo como un alemán y no como un suizo, puede caracterizarse como un éxito completo para él y para la reputación de la ciencia alemana, así como para las relaciones culturales hispano-alemanas, gracias en primer lugar a la personalidad del sabio que inspiró el más vivo afecto en todas partes.

(firmado)

Hasell.»

Informe de la Embajada alemana de Madrid al Ministerio de Asuntos Exteriores

2. Madrid[5]

Madrid, 19 de marzo de 1923

El profesor Einstein, después de viajar desde Barcelona en compañía de su esposa, llegó a Madrid el 1 de marzo. Los reunidos en la estación para darle la bienvenida incluían a unos parientes alemanes que residen aquí, así como varios miembros de la comunidad alemana local, yo mismo y una comisión de profesores españoles de la Universidad de Madrid. Una gran multitud de curiosos espectadores también estaba presente. No es necesario decir que también había fotógrafos y periodistas. Un representante de *ABC* que había abordado el tren unas paradas antes de llegar a Madrid ya había obtenido una entrevista antes de que el tren llegara aquí.

El profesor Einstein dio tres conferencias en la sala de conferencias para física de la Universidad de Madrid. A pesar de que las invitaciones se habían entregado principalmente a personas con un interés puramente científico y con el requisito de la formación adecuada, se congregó una extraordinaria multitud en la tres conferencias. Tuvieron lugar conferencias adicionales en el Ateneo, la Residencia de Estudiantes, la Academia de Ciencias y la Asociación de Alumnos de Ingenieros. En todas partes hubo gran entusiasmo, a pesar de que sólo muy pocos individuos eran capaces de seguir las ideas de Einstein. Se le dispensaron, al profesor Einstein, toda clase de honores y puede decirse, sin ninguna exageración, que desde tiempo inmemorial ningún huésped extranjero había sido objeto de una recepción tan calurosa y extraordinaria en la capital española.

Cada día los periódicos publican reportajes de varias columnas de longitud concernientes a sus actividades. Los periodistas científicos de los principales periódicos discuten su teoría de la relatividad en largos artículos. En sus reportajes sobre las conferencias de Einstein los periodistas tratan de

[5] Zentrales Staatsarchiv, Merseburg, Rep. 76 Vc Sekt. 1 Tit. 11 Teil Vc Nr. 55, B1.155-156; reproducido en Christa Kirsten y Hans-Jurgen Treder, drs., Albert Einstein en Berlín, 2 vols. (Berlín, Akademie-Verlag, 1979), I, págs. 232-233 (Doc. núm. 154).

explicar, en términos que puedan ser fácilmente comprendidos por la media de los no especialistas en la materia, cómo «los descubrimientos de Einstein han vertido luz» en los grandes problemas de la física. Las fotografía de los periódicos han tomado a Einstein en diferentes posturas, así como a los asistentes a las festividades en su honor. Las caricaturas trataron de reproducir su rostro con su gran poder intelectual y las consignas Einstein y la «relatividad» podían encontrarse incluso en revistas populares de humor.

La única nota discordante la dio el clerical *Debate* donde hubo una sorda y cuidadosamente formulada oposición a la «manía Einstein». Se advirtió contra la sobrestimación de las realizaciones de Einstein y se sugirió que sólo el tiempo diría realmente lo precisa que «la teoría de Einstein» es. Además de las conferencias, tuvieron lugar los siguientes sucesos:

Hubo un discurso de bienvenida por el alcalde, y el profesor Einstein mostró su gratitud haciendo una visita personal al Ayuntamiento. A continuación, el Colegio de Doctores de Madrid dio un banquete en su honor en el hotel Palace durante el cual el presidente, doctor Bauer, y el rector de la Universidad, doctor Carracido, elogiaron las realizaciones del sabio alemán. El 4 de marzo hubo una sesión especial en la Academia de Ciencias presidida por su majestad el rey y se le concedió al profesor Einstein el diploma de miembro correspondiente extranjero. En esta ocasión el ministro español de Artes y ciencias dio un discurso y concluyó ofreciendo al sabio la hospitalidad del suelo español y la ayuda financiera del gobierno en el caso de que las actuales condiciones de Alemania hicieran temporalmente imposible la continuación de las investigaciones de Einstein. Este mismo día el marqués de Torrevieja *(sic)* ofreció una recepción en honor del señor y la señora Einstein y la tarde del 7 de marzo hubo una recepción para 110 personas en la Embajada. Participaron numerosos profesores locales y otros científicos, así como miembros de la sociedad y de la colonia, de modo que el profesor Einstein tuvo una oportunidad de estimulantes discusiones con una amplia variedad de personalidades.

En una sesión especial en la Universidad el 8 de marzo se le otorgó a Einstein un doctorado honorífico con toda la tradicional pompa y ceremonia. Además del rector, un profesor y un estudiante di un discurso de acuerdo con las costumbres locales. Mi discurso fue en castellano, y el tema que escogí se refería a las relaciones históricas entre Alemania y España. En casi todos los periódicos de Madrid aparecieron extractos del discurso, que parece haber sido generalmente bien recibido.

Antes de su partida, el profesor Einstein fue recibido por el rey y la reina madre; la reina estaba pasando algún tiempo con su madre en Algeciras.

El 10 de marzo, el profesor Einstein y su esposa partieron de Madrid hacia Zaragoza, donde había acordado dar tres conferencias antes de su regreso a casa. Debido a una falta de tiempo el profesor Einstein declinó una invitación de la Universidad de Valencia.

En resumen, podemos decir que la visita de Einstein a España fue un completo e inequívoco éxito. Como resultado de su visita a España, el profesor Einstein ha rendido un inapreciable servicio al prestigio de la ciencia alemana y a sus realizaciones, un hecho también señalado en la prensa inglesa. El carácter poco pretencioso y genial del sabio contribuyeron sustancialmente a este éxito.

Me tomo la libertad de incluir algunos recortes de periódico.

(firmado)

Langwerth

3. Zaragoza[6]

21 de marzo de 1923

1638 Con referencia a mi segundo informe de este mes – K. Núm. 22

Permítame remitirle los recortes de periódico adjuntos relativos a la visita y conferencias del profesor Einstein en Zaragoza. El cónsul alemán en Zaragoza me informó que a su llegada a Zaragoza el profesor Einstein fue recibido por representantes de todas las autoridades, los cuales también asistieron a su primer conferencia. Además se me notificó que el profesor Einstein fue hecho miembro honorario de la Academia de Ciencias de Zaragoza y que durante su visita el Ateneo Escolar creó un fondo para estudiantes alemanes necesitados. Fui además informado de que Einstein expresó su agradecimiento por la cálida recepción de Zaragoza. En su regreso a Alemania, Einstein empleó un día en Barcelona, aunque su presencia allí no fue muy difundida y no tuvieron lugar sucesos especiales.

(firmado)

Pilger

Embajada de Madrid

[6] Zentrales Staatsarchiv, Merseburg, Rep. 76 Vc Sekt. 1 Tit. 11 Teil Vc Nr. 55, B1.154.

APÉNDICE III

El problema de finitud del universo desde el punto de vista espacial

(Texto del discurso de Einstein a la Asociación de Alumnos de Ingeniería)

Madrid, 8 de marzo de 1923[7].

El espacio puede ser finito e ilimitado: esto es bien conocido de los matemáticos, que lo obtienen siguiendo sus métodos de cálculo. Hay un caso importante, constituido por el universo esférico, que tiene un volumen finito, y al mismo tiempo es ilimitado; hay posibilidad de representárselo, y para darnos cuenta de ello, comenzaremos con el caso más sencillo de un universo de dos dimensiones, para luego extenderlo al de tres.

El universo esférico de dos dimensiones no es otra cosa que la superficie esférica ordinaria; para estudiar su geometría haremos uso de cuerpos esféricos rígidos en el sentido euclídeo, cuerpos que podemos imaginar como pequeños círculos; la geometría esférica no será otra cosa que el conjunto de las posibilidades de localización de estos cuerpos en la superficie esférica. Por ejemplo, la geodésica será la línea más corta trazada sobre esta esfera mediante cuerpos rígidos. Es bien conocido que la superficie de la esfera (volumen del espacio esférico de dos dimensiones) es finita, porque sobre ella no pueden localizarse una infinidad de cuerpos rígidos que no tengan porción alguna superpuesta. Además, carece de límites, pues un sólido cualquiera puede ser transportado sobre la superficie en todas direcciones, sin que ese transporte resulte limitado por barrera de ninguna especie.

El espacio esférico de tres dimensiones no es representable fácilmente , pues el análogo de la superficie esférica en tres dimensiones no puede ser representado directamente; sin embargo, la dificultad se salva mediante un pequeño rodeo. Volvamos a la esfera y tomemos un plano tangente a la misma y al diámetro que pasa por el punto de contacto: si imaginamos que el otro extremo del diámetro sea un punto luminoso todos los sólidos que habíamos colocado sobre la esfera proyectarán sombras sobre el plano, y es fácil comprender que la geometría de las sombras sobre el plano es la misma que la de los círculos sobre la esfera, puesto que la geometría (es) sólo el con-

[7] *El Debate*, 9 de marzo de 1923.

junto de leyes de localización de los cuerpos rígidos y a cada localización de sólidos en la esfera corresponde una localización bien determinada para las sombras del plano.

Podemos, si así nos place, llamar rígidas a las sombras del plano, porque para probar que algo no es rígido hay que compararlo con un objeto que lo sea: si en el plano no hay más objetos que las sombras, nada impide definirlas como cuerpos rígidos y servirnos de ellas para definir la métrica del plano; podemos entonces decir que relativamente a estas sombras, consideradas como cuerpos rígidos, la geometría del plano es la esférica, y relativamente a las sombras el plano es finito.

Si hacemos moverse un cuerpo rígido (círculo) sobre la superficie esférica, acercándose al foco luminoso, la sombra que arroja aumenta de diámetro: ¿Qué quiere decir esto? La afirmación correspondería a una realidad si en el plano tuviésemos cuerpos rígidos en sentido euclidiano, que pudiesen servirnos de elementos de comparación, pero si no existen tales cuerpos rígidos nada puede decirse sobre ese aumento de diámetro, sino sólo que cada configuración de las sombras en el plano corresponde a otra en la esfera.

Si miramos la geometría del plano, según nuestros hábitos euclidianos, la geometría de las sombras no es euclídea: de este modo hemos obtenido una representación directa del espacio esférico de dos dimensiones.

Ahora resulta fácil hacer la analogía de la geometría de las sombras en un espacio euclidiano. Lo mismo que hemos tomado un punto en el plano, tomamos ahora un punto en el espacio, y en vez de las sombras de los círculos, tomaremos esferas cuyo radio crezca con la distancia de un centro al punto fijo; tenemos así la analogía completa, no es difícil ver que el espacio, respecto a esta esfera, es finito. Puede parecer que el punto fijo de partida es privilegiado, pero en el espacio la distribución de esferas no depende de él, es fácil imaginarse esto volviendo al espacio de dos dimensiones y cambiando en él de punto de contacto.

Tenemos así una representación de la geometría de un espacio esférico en otro de tres dimensiones.

Si decimos que las esferas crecen es por la costumbre euclídea de nuestra representación, pues de no existir una esfera rígida en el sentido euclidiano, nuestra afirmación carece de sentido.

BIBLIOGRAFÍA

Periódicos

ABC. Madrid
Avui. Barcelona
El Correo Catalán. Barcelona
El Debate. Madrid
El Diario de Barcelona. Barcelona
El Diario Español. Buenos Aires
El Diluvio. Barcelona
La Época. Madrid
El Heraldo. Madrid
El Heraldo de Aragón. Zaragoza
El Imparcial. Madrid
El Liberal. Madrid
El Luchador. Alicante
El Mercantil Valenciano. Valencia
La Nación. Buenos Aires
El Norte de Castilla. Valladolid
El Noticiero Bilbaíno. Bilbao
El Noticiero. Zaragoza.
El Noticiero Universal. Barcelona
El País. Madrid
La Prensa. Buenos Aires
Las Provincias. Valencia
La Publicitat. Barcelona
El Pueblo. Valencia
La Razón. Buenos Aires
El Siglo Futuro. Madrid
El Sol. Madrid
La Vanguardia. Barcelona
La Veu de Catalunya. Barcelona
La Voz. Madrid
La Voz Valenciana. Valencia
Ya. Madrid

La relatividad y las ciencias físicas en España

ABECÉ (pseudónimo). «Albert Einstein», *En Patufet*, 1923, p. 182.

ADELLAC, Miguel. «La fe en la ciencia», *El Heraldo de Aragón*, 21 de marzo de 1923.

AGUILAR PERIS, J. D. *Julio Palacios y el lenguaje de la física*, Santander, Universidad de Santander, 1981. (Aula de Cultura Científica, 2).

ALCOBÉ, Eduardo. «Sobre un concepto dinámico», *Memorias de la Academia de Ciencias y Artes de Barcelona*, 3ª época, 22 (1931-1932), pp. 363-371.

– «Física», *Enciclopedia Universal Ilustrada*, suplemento, 1934, pp. 361-386.

– «Causalidad e indeterminación en la física contemporánea», *Memòries de l'Acadèmia de Ciències i Arts de Barcelona*, 3ª época, 25 (1935), pp. 85-108.

ABIKO, Seiya. Einstein's Kyoto Address: «How I Created the Theory of Relativity», *Historical Studies in the Physical Sciences*, 31 (2000), pp. 1-25.

ANDREU TORMO, José. *La relatividad descifrada*, Valencia, ECIR, 1978.

APARICI, Rafael. «La gravitación ondulatoria, o sea, una opinión acerca de las teorías de Einstein», *Madrid Científico*, 32 (1925), 22; también en *Estudios* (Buenos Aires), 14 (1925), pp. 483-484.

APRAIZ, Félix. *Une response aux interpretations egarées du principe de Relativité. L'Ether existe et les phenomenes electromagnetiques sont purement mecaniques*, París, Gauthiers Villars, 1921.

– *Las seis dimensiones del espacio físico, Errores de la física actual y naturaleza de la electricidad y del éter*, Las Palmas, Tip. Falange, 1945.

ARAQUISTAIN, Luis. «Einstein o la razón estremecida», en *El arca de Noé* (Valencia, Sempere, 1926), pp. 89-94 (publicado, originalmente en *El Sol*).

ARRARÁS, J(oaquín). «Una lección de Einstein», *El Debate*, 2 de marzo de 1923.

AZNAR, Manuel. «El profesor Einstein, en Madrid», *El Diario Español*, 5 de abril de 1923.

BAEZA, Ricardo. «Delante del profesor Einstein», *El Sol*, 3 de julio de 1923.

BAÑÚS, Carlos. «La vieja y la nueva física», *Madrid Científico*, 31 (1924), pp. 321-322.

BARGA, Corpus. «Crónica einsteniana. El «colloquium» de Einstein con los sabios franceses», *El Sol*, 14 de abril de 1922.

BENTABOL Y URETA, Horacio. «Relatividad. Un concurso patriótico», *Revista de la Sociedad Astronómica de España y América*, 13 (1923), pp. 29-30.

– *Observaciones contradictorias a la teoría de la relatividad del profesor Alberto Einstein*, Madrid, Imprenta Velasco, 1925.

BETIBAT (pseudónimo). «Saludando a Einstein. Chispazos racionalistas», *El Siglo Futuro*, 13 de marzo de 1923.

BIEZUNSKI, Michel. *Einstein à Paris*, Paris, Presses Universitaires de Vincennes, 1991.

BLANCO FOMBONA, R(ufino). «Einstein, en España. La República reivindica a los judíos», *El Sol*, 16 de abril de 1933.

BORRÁS, Tomás. *Ramiro Ledesma Ramos*, Madrid, Editora Nacional, 1971.

BUEN, Odón de. «Una idea. Antes de que marche Einstein», *La Voz*, 9 de marzo de 1923.

BURGADA Y JULIÁ, Juan. «Einstein, en España», *El Diario de Barcelona*, 10 de marzo de 1923.

BURGADA, Vicente. «Fundamentos de la dinámica», *Anales del Instituto Católico de Artes e Industria*, 1 (1922), pp. 392-398.

– «Una paradoja relativista», *Madrid Científico*, 30 (1923), pp. 66-68.

CABOT, José Tomás. «Ortega y el antifranquismo de Einstein», *La Vanguardia*, 20 de marzo de 1979.

CABRERA, Blas. «Principios fundamentales de análisis vectorial en el espacio de tres dimensiones y en el universo de Minkowski», *Revista de la Real Academia de Ciencias Exactas* (Madrid), 11 (1912-1913), pp. 326-344 y siguientes.

– «Conferencias de Física Matemática en Madrid», *Ibérica*, 5 (1916), pp. 46-47, 175.

– *¿Qué es la electricidad?,* Madrid, Residencia de Estudiantes, 1917.

– «Conferencias sobre la relatividad en la Universidad de Madrid», *Ibérica*, 16 (1921), pp. 306-307, 324, 356, 371-373, 387-389.

– «Las fronteras del conocimiento en la filosofía natural», *Revista de Filosofía* (Buenos Aires), 14 (1921), pp. 152-160 (impreso originalmente en *Verbum*, vol. 14, núm. 55).

– *Momento actual de la física*, Madrid, Real Academia de Ciencias Exactas, 1921.

– *La teoría de la relatividad*, San Sebastián, Sociedad de Oceanografía de Guipúzcoa, 1921.

– *Principio de relatividad*, Madrid, Residencia de Estudiantes, 1922.

– «La obra de Einstein fuera de la teoría de la relatividad», *Revista Matemática Hispano-Americana*, 5 (1923), pp. 142-152.

– «Principio de relatividad», *Ingeniería y Construcción*, 1 (1923), pp. 113 y siguientes.

CAMBA, Julio. «Las teorías de Einstein y el universo literato», *El Sol*, 8 de julio de 1922.

– «Bienvenido a Einstein», *El Sol*, 1 de marzo de 1923.

CANTERA Y VILLAMIL, Federico. *Aviación y relatividad. Problemas del vuelo sin motor*, Madrid, Gráficas Reunidas, 1923.

– «De relatividad», *Madrid Científico*, 30 (1923), p. 150.

CARRASCOSA GARRORENA, Pedro. «Teoría de la relatividad», en Ateneo de Madrid, *Estado actual, métodos y problemas de las ciencias* (Madrid, 1916), pp. 145-165.

– «Nuevo método para determinar la velocidad de la luz», *Revista de la Real Academia de Ciencias Exactas*, 17 (1918-1919), pp. 201-206, 340-357.

– «Método para determinar la velocidad de la luz», *Anales de la Sociedad Española de Física y Química*, 17 (1919), pp. 296-306, 316-330.

– «Estado presente de la teoría de la relatividad», *Anales de la Sociedad Española de Física y Química*, 18 (1920), 2ª parte, pp. 67-73, 93-100.

– «Desviación de la luz por el Sol», *Ibérica*, 7, parte 1 (1920), pp. 373-374.
– *Filosofía de la Mecánica*, Madrid, Páez (1926).
– *La cooperación científica y la Academia de Ciencias*, Madrid, Academia de Ciencias Exactas, Físicas y Naturales, 1935.

CASARES ROLDÁ, José. *Refutación de los fundamentos de la Relatividad,* Granada, Urania, 1952.

CASTELLS, Paulino. «La preparación matemática en la carrera del ingeniero», *Memorias de la Academia de Ciencias y Artes de Barcelona*, 3ª época, 22 (1931-1932), pp. 461-482.

CASTRO, Miguel de. «Einstein y los madrileños o derrota de los pedantes», *Las Provincias*, 11 de marzo de 1923.

CLAROVER (pseudónimo). «La visita de Einstein», *El Siglo Futuro*, 2 de marzo de 1923.

COLOMINAS MASERAS, Juan. «Einstein, en Barcelona», *El Pueblo*, 2 de marzo de 1923.

COLL GILABERT, A. «Einstein: El desconocido era un gran genio», *Diario de Barcelona*, 11 de marzo de 1979.

COMAS I SOLÁ, José. «Consideraciones sobre la aberración de la luz», *Boletín del Observatorio Fabra, Sección Astronómica*, 1 (1919-1927), pp. 25-38.
– «Consideraciones sobre el principio de la relatividad y la teoría emisivo-ondulatoria de la energía radiante», *Boletín del Observatorio Fabra, Sección Astronómica*, 1 (1919-1927), pp. 62-68 (sept.-oct., 1920).
– «Interpretación de algunos fenómenos ópticos en la teoría emisivo-ondulatoria de la luz», *Boletín del Observatorio Fabra, Sección Astronómica*, 1 (1919-1927), pp. 111-113. (marzo-junio 1920).
– «El fenómeno de la difracción en la teoría emisivo-ondulatoria de la luz», *Boletín del Observatorio Fabra, Sección Astronómica*, 1 (1919-1927), pp. 113-114.
– «Comentarios sobre la teoría de la relatividad», *Boletín del Observatorio Fabra, Sección Astronómica*, 1 (1919-1927), pp. 122-129.
– «Consideraciones sobre la frecuencia ondulatoria de la energía radiante», *Boletín del Observatorio Fabra, Sección Astronómica*, 1 (1919-1927), pp. 147-148. (15 de diciembre, 1921).
– «Procedimiento astronómica para revelar el movimiento absoluto de nuestro sistema solar, en el caso de existir este movimiento absoluto», *Boletín del Observatorio Fabra, Sección Astronómica*, 1 (1919-27), pp. 150-153.
– «Otro método para obtener el valor del movimiento absoluto de la Tierra, en el caso de existir este movimiento absoluto», *Boletín del Observatorio Fabra, Sección Astronómica*, 1 (1919-1927), p. 154.

– «Evolución científica», *Revista de la Sociedad Astronómica de España y América*, 11 (1921), pp. 66-67.
– «Las conferencias del profesor Einstein», *Revista de la Sociedad Astronómica de España y América*, 13 (1923), pp. 20-21. (Publicado originalmente en *La Vanguardia*, 14 de marzo de 1923).
– «Más sobre la teoría emisivo-ondulatoria de la energía radiante», *Boletín del Observatorio Fabra, Sección Astronómica*, 1 (1919-1927), pp. 177-181.
– «Consideraciones sobre la energía radiante», *Revista del Observatorio Fabra, Sección Astronómica*, 1 (1919-1927), pp. 320-323.
– «Nueva teoría emisiva de la luz y la energía radiante en general», *Scientia*, 36 (1924), pp. 375-382.
– «Una experiencia notable», *Revista de la Sociedad Astronómica de España y América*, 15 (1925), pp. 56-58.
– «Consideraciones sobre la relatividad», *Revista de la Sociedad Astronómica de España y América*, 15 (1925), pp. 87-88.
– «Teoría emisiva de la radiación», *Boletín del Observatorio Fabra, Sección Astronómica*, 1 (1919-1927), pp. 337-343. (Enero de 1926).
– «Sobre el principi de Doppler en les server relacions amb l'anomenat moviment absolut o moviment relatiu dels cossos respecte l'èter», *Ciència. Revista Catalana de Ciència i Tecnologia*, 1 (1926), p. 91.
– «Teoría corpuscular-ondulatoria de la radiación», *Boletín del Observatorio Fabra, Sección Astronómica*, 2 (1930-1932), pp. 25-37.

CORBELLA ÁLVAREZ, Salvador. *La teoría de la relatividad de Einstein al alcance de todos*, Barcelona, España en África, 1921.

COSO, Marcial del. «Varios ejemplos clarísimos: Todos los aspectos de la vida son lecciones de relatividad», *El Imparcial*, 17 de marzo de 1923.

DURÁN, Miguel-Emilio. «Einstein, en Barcelona: La teoría de la relatividad y la música», *Las Provincias*, 6 de marzo de 1923.

EDWARDS BELLO, Joaquín. «Einstein, en Barcelona», *La Vanguardia*, 29 de abril de 1955.

EINSTEIN, Albert. «Sobre la teoría de la relatividad especial y general», *Revista Matemática Hispano-Americana*, 3 (1921), pp. 194-199 y siguientes.
– *La teoría de la relatividad al alcance de todos*, trad. de Fernando Lorente de Nó, 3.ª ed. castellana, Madrid, Biblioteca Scientia, 1925.
– «Nuevos experimentos sobre la influencia del movimiento terrestre en la velocidad de la luz con relación a la Tierra», *Investigación y Progreso*, 1 (1927), pp. 4-5.

ESCOFET, José. «Crónicas catalanas: Einstein y los matemáticos», *Las Provincias*, 18 de marzo de 1923.

Fabra Rivas, A. «Una visita a Einstein», *El Sol*, 27 de marzo de 1930.

Fernández Barreto, Antonio. *Palabras pronunciadas por el excelentísimo señor gobernador militar de Sevilla don...* Sevilla, Cámara de Comercio, Industria y Navegación, 1929.

Fernández Flórez, Wenceslao. «Einstein y Gimeno», *ABC*, 14 de marzo de 1923; reimpreso en *Obras completas* (Madrid, Aguilar, 1964), IX, pp. 30-33.

– «Einstein y los comunistas», *El Diario Español*, 7 de abril de 1923.

Flammarion, Camille. «La doctrina de Newton y las teorías de Einstein», *Madrid Científico*, 27 (1920), pp. 154-155.

Fojo, Eugenio. «Alberto Einstein y la teoría de la relatividad», *El Noticiero Bilbaíno*, 4 de marzo de 1923.

Freundlich, Erwin. *Los fundamentos de la teoría de la gravitación de Einstein*, trad. de J. M. Plans y Freyre, Madrid-Barcelona, Calpe, 1920.

Gallego-Díaz, José. «Alberto Einstein, símbolo de nuestro tiempo», *ABC*, 19 de abril de 1955.

García, Juan. «Sobre la teoría del espacio», *Revista de la Real Academia de Ciencias Exactas*, 36 (1942), pp. 263-295.

García Doncel, Manuel, *et alii. Tres conferencias sobre Albert Einstein.* Barcelona, 1981, (*Memorias de la Real Academia de Ciencias y Artes de Barcelona*, 3ª época, núm. 808, vol. XLV, núm. 4)

García Moreno, Enrique. «La ciencia y la verdad», *Electricidad y Mecánica* (Barcelona), 19 (febrero de 1923), pp. 5-7.

García Morente, Manuel. «Einstein», *Arbor*, 104 (1979), pp. 35-39.

– *Véase* Schlick, M.

Glick, Thomas F. «Einstein y los españoles: Aspectos de la recepción de la relatividad», *Llull: Boletín de la Sociedad Española de Historia de las Ciencias*, vol. 2, núm. 4 (diciembre de 1979), pp. 3-22.

– «Einstein a Barcelona», *Ciència*, núm. 3 (octubre de 1980), pp. 10-18.

– «Tomás Rodríguez Bachiller (1899-1980): In Memoriam», *Dynamis*, 2 (1982), pp. 403-409.

– «Emilio Herrera and Spanish Technology», en Herrera, *Flying: The memoirs of a Spanish Aeronaut* (Albuquerque, University of New Mexico Press, 1984), pp. 173-215.

– «Marginalia einsteniana», *Ciència*, 4 (1984), pp. 224-227.

– «Einstein, Rey Pastor y la promoción de la ciencia en España», *Actas del Simposio sobre Julio Rey Pastor* (Logroño, 1985), en prensa.

– «Huellas de Einstein y Freud en México», *Tezcatlipoca: Anuario de Historia de la Ciencia y la Tecnología*, 2 (en prensa).

– (coord.). *The Comparative Reception of Relativity*. Dordrecht, D. Reidel, 1987.
– «Relativity in Spain», en *ibid..*, pp. 231-263.
– «Cultural Issues in the Reception of Relativity», en *ibid.*, pp. 381-400.
– «La acogida de la relatividad en España: Cuatro niveles de recepción», en R. Llosa y M. A. Sellés, eds., *Sobre los orígenes de la teoría de la relatividad* (Madrid, 1987), pp. 143-177.
– *Einstein in Spain: Relativity and the Recovery of Science*, Princeton, Princeton University Press, 1988.
– «José María Plans y su generación frente a la relatividad», *Sesión Necrológica en Memoria de José M. Plans Freyre* (Madrid, Real Academia de Ciencias Exactas, 1990), pp. 11-14.
– «Between Science and Zionism: Einstein in Brazil», *Episteme*, nº 9 (julio-dic. 1999), pp. 101-120.
– y HENDERSON, Mark. «Las recepciones científicas y populares de Darwin, Freud y Einstein: Hacía una histório analítica de la difusión de las ideas científicas», en *El darwinismo en España e Iberoamérica* (Madrid, Doce Calles, 1999), pp. 289-297.

GOICOECHEA Y ALZUARÁN, José María. «Las teorías de Einstein sin matemáticas», *Revista Calasancia*, 11 (1923), pp. 469-489.
– «Crítica de las teorías de Einstein», *Revista Calasancia*, 11 (1923), pp. 563-585.

GÓMEZ DE LA SERNA, Ramón. «El birrete de Einstein», *El Sol*, 8 de marzo de 1923.
– «Einstein y Ortega», *El Sol*, 10 de marzo de 1923.

GÓMEZ DE NICOLÁS, Tomás. «La relatividad de los valores: Alegrémonos de no ser sabios», *El Imparcial*, 10 de marzo de 1923.

GONZÁLEZ BLANCO, Edmundo. *El universo invisible*, Madrid, Mundo Latino, 1929.

GRAÑA, Manuel. «Aspectos de la relatividad», *El Debate*, 14 de marzo de 1923.
– «Polonia a Copérnico», *El Debate*, 17 de marzo de 1923.

GREGORIO ROCASOLANO, Antonio de. *Estudios químico-físicos sobre la materia viva*, Zaragoza, 1917 (*Anales de la Universidad de Zaragoza*, vol. I).

GÜELL Y LÓPEZ, Eusebio. *Espacio, relación y posición*. 2ª ed., Madrid, Nuevas Gráficas, 1942 (1.ª ed., 1924).

HERRERA, Emilio. «Relación de la hipergeometría con las mecánica celeste», *Memorial de Ingenieros del Ejército*, 5ª época, 33 (1916), pp. 371-388; 34 (1917), pp. 221-235.

– «Estrambote luminoso: Una carta del profesor Eddington», *El Sol*, 12 de marzo de 1920.
– «La cuarta dimensión: El tiempo», *El Sol*, 15 de octubre de 1920.
– «La cuarta dimensión: El hiperespacio», *El Sol*, 22 de octubre de 1920.
– «El experimento de Morley y Michelson», *El Sol*, 5 de noviembre de 1920.
– «Sobre la cuarta dimensión», *El Sol*, 12 de noviembre de 1920.
– «Más sobre la cuarta dimensión», *El Sol*, 3 de diciembre de 1920.
– «Divulgaciones aerodinámicas», *Madrid Científico*, 27 (1920), pp. 393-394.
– *Algunas consideraciones sobre la teoría de la relatividad de Einstein*, Madrid, Memorial de Ingenieros, 1922.
– «La intuición y la ciencia», *Madrid Científico*, 30 (1923), pp. 17-19.
– «Intuición, ciencia y conocimiento», *Madrid Científico*, 30 (1923), pp. 102-103.
– «Una ojeada al universo», *Madrid Científico*, 33 (1926), pp. 133-136.
– *Discurso leído en el acto de su recepción por don... y contestación del excelentísimo señor don José Marva y Mayer el día 19 de abril de 1933*, Madrid, Academia de Ciencias Exactas, Físicas y Naturales, 1933.
– «El universo y la hiperdinámica», *Anales de la Sociedad Española de Física y Química*, 32 (1934), pp. 109-127.
– «La vitesse de la lumiére par rapport aux corps en mouvement», *Le Génie Civil*, 140 (1963), pp. 262-264.
– «L'Univers de Descartes», *Le Gènie Civil*, 140 (1963), pp. 280-282 y siguientes.
– *Flying: The Memoirs of a Spanish Aeronaut*, trad. de Elizabeth Ladd, Albuquerque, University of New Mexico Press, 1984.
HUERTAS, Ataulfo. «La relatividad de Einstein», *Revista Calasancia,* 11 (1923), pp. 241-254, 290-309, 369-384.
– Reseña de Teodoro Rodríguez, *Relatividad, modernismo y matemáticismo, Revista Calasancia*, 12 (1924), pp. 871-886.
HUNOLT, Emilio. «Sobre las teorías de Einstein», *El Sol*, 6 de julio de 1922.
IBEAS, Bruno, *Las teorías de la relatividad de A. Einstein*, Madrid, N. del Amo, 1922.
– «El einstenianismo y la venida de Einstein», *El Debate*, 7 de marzo de 1923.
JIMÉNEZ, Enrique. «Las matemáticas y la ingeniería», *Electricidad y Mecánica* (Valencia), 10, núm. 4 (abril de 1914), pp. 4-10.
JIMÉNEZ OSUNA, José M. *Algunas aplicaciones matemáticas a las ciencias naturales*, Toledo, J. Peláez, 1921.

KIRCHENBERGER, Paul. *¿Qué puede comprenderse sin matemáticas de la teoría de la relatividad?*, traducido por J. de la Puente, Barcelona, Juan Ruiz Romero, 1923.

LAFUENTE GARCÍA, Antonio. «Apuntes sobre la relatividad en España», *Llull: Boletín de la Sociedad Española de Historia de las Ciencias*, núm. 1 (1977), 35 (9).

– *Introducción de la relatividad especial en España*, Memoria de Licenciatura, Universidad de Barcelona, 1978.

– «La hipótesis del éter en España», *Llull: Boletín de la Sociedad Española de Historia de las Ciencias*, núm. 3 (febrero 1979), pp. 15-28.

– «La relatividad y Einstein, en España», *Mundo Científico*, 2 (1982), pp. 584-591.

LA LLAVE, Joaquín de la. «La cuarta dimensión», *Madrid Científico*, 37 (1926), pp. 72-74.

LALLEMAND, Ch(arles). «La teoría de la relatividad», *Revista de la Sociedad Astronómica de España y América*, 16 (1926), pp. 9-10.

LAMMEL, Rodolfo. *Fácil acceso a la teoría de la Relatividad*, trad. por Fernando G. Vela, Madrid, Tiempo Nuevo, 1923.

LAMO, Regina. «Interpretaciones sentimentales. Einstein, el precursor», *El Diluvio*, 2 de marzo de 1923.

LEDESMA RAMOS, Ramiro. «El matemático Rey Pastor», *La Gaceta Literaria*, 15 de marzo de 1928, p. 1.

– «Hans Driesch y las teorías de Einstein», *La Gaceta Literaria*, 15 de octubre de 1928, p. 8; reimpreso en *La filosofía, disciplina imperial* (Madrid, Tecnos, 1983), pp. 91-96.

LEVENSON, Thomas. *Einstein in Berlin*, New York, Bantam, 1993.

LÓPEZ ARROYO, M. «La espectroscopia en el Observatorio Astronómico de Madrid», *Boletín Astronómico de Madrid*, 8, nº 2 (1972), pp. 3-15.

LÓPEZ CAMPILLO, E(velyne). *La Revista de Occidente y la formación de minorías (1923-1936)*, Madrid, Taurus, 1972.

LÓPEZ DE GÓMARA, Juan. «Efímeros triunfos de la relatividad. Audaces observaciones de la ignorancia», *El Diario Español*, 17 de abril de 1923.

LOTARIO (pseudónimo). «Relativismo y bentabolismo», *El Heraldo de Madrid*, 15 de marzo de 1923.

LUCANOR (pseudónimo). «Después de oír a Einstein», *La Época*, 16 de marzo de 1923.

LUCIA (ORDÓÑEZ), Pedro José. «La intuición y el conocimiento», *Madrid Científico*, 30 (1923), pp. 86-88.

– «Valor y significación de las leyes científicas», *Revista de Obras públicas*, 71 (1923), pp. 160-164.

LUCINI, Manuel. «El profesor Einstein», *Madrid Científico*, 30 (1923), pp. 65-66.
– «Sobre una paradoja relativista», *Madrid Científico*, 30 (1923), p. 52.
LUSA MONFORTE, Guillermo. «Evolución histórica de la enseñanza de las matemáticas en las Escuelas Técnicas Superiores de Ingenieros Industriales», Universidad de Santiago, Reunión de Departamentos de Matemáticas de Escuelas Técnicas Superiores de Ingenieros Industriales (Vigo, 1982), pp. 1-93.
MAEZTU, Ramiro de. «Fuera de la cultura», *El Sol*, 6 de marzo de 1923.
MAÑAS Y BONVÍ, J. *Optica aplicada*, Barcelona, 1914.
MARISCAL DE GANTE, Jaime. «La doctrina de la relatividad», *La Voz Valenciana*, 6 de marzo de 1923.
– «La mujer del sabio», *La Voz Valenciana*, 8 de marzo de 1923.
MARTÍNEZ RISCO, Manuel. *Oeuvres scientifiques*, Paris, Presses Universitaires de France, 1976.
MASRIERA RUBIO, Miquel. «El estado actual de las doctrinas de Einstein», *La Vanguardia*, 25 de octubre de 1924.
– «El antirrelativismo psicológico», *La Vanguardia*, 7 de enero de 1925.
– «La verdad sobre Einstein», *La Vanguardia*, 17 de enero de 1925.
– «El valor del relativismo», *La Vanguardia*, 4 de febrero de 1925.
– «De Einstein para mis lectores», *La Vanguardia*, 29 de octubre de 1925.
– «La otra cara de Einstein», *La Vanguardia*, 9 de marzo de 1965.
– «Spinoza y Einstein», *La Vanguardia*, 2 de febrero de 1977.
– «La polémica con Bergson», *La Vanguardia*, 14 de marzo de 1979.
MATAIX ARACIL, Carlos. *Primeras nociones de mecánica relativista*, Madrid, Koehler, 1923.
MEDIO, Pedro Nolasco de. «Un nuevo paladín del relativismo», *España y América*, 23 (1925), pp. 97-112.
– *Relatividad y energía, espacio y tiempo*, Oviedo, 1925.
– «Resumen de los principales inconvenientes del relativismo», *España y América*, 24 (1926), pp. 15-27.
MENÉNDEZ, Jaime. «Intimidades y rasgos característicos de Einstein», *El Sol*, 12 de abril de 1933.
MENÉNDEZ ORMAZA, J. «Significación del éxtio de Einstein», *El Imparcial*, 7 de marzo de 1923.
MORENO-CARACCIOLO, M(ariano). «Las matemáticas del ingeniero», *Madrid Científico*, 27 (1920), pp. 237-238.
– «La teoría de la relatividad», *El Sol*, 8 de octubre de 1920.
MORENO CASTILLO, Ricardo. «Sobre una carta del profesor Jiménez Rueda al arzobispo don Zacarias Martínes y que trata sobre la teoria de la relatividad», *Compostellanum*, 37 (1992), pp. 651 656.

MORI, Arturo. «Crónicas de Madrid. La visita de Einstein», *El Progreso*, 6 de marzo de 1923.

MUÑOZ, D. «Después de la visita de Einstein», *El Noticiero Bilbaíno*, 16 de marzo de 1923; también en *El Noticiero Universal*, 20 de marzo.

NAVARRO, Benjamín. «De relatividad», *Revista Calasancia*, 10 (1922), pp. 38-47.

NORDMANN, Charles. «Una revolución en la ciencia. Teorías de Einstein», *Redención* (Alcoy), 8, 15 y 22 de marzo de 1923.

NOVOA SANTOS, Roberto. *Physis y psyquis*, Santiago de Compostela, 1922.

OCHOA Y BENJUMEA, José. *El espacio y el tiempo desde Newton a Einstein*, Barcelona, Bazar Ritz, 1924.

ORMAZA, Fernando de. «Poesía relativista», *Madrid Científico*, 30 (1923), p. 36.

– «Carta abierta», *Madrid Científico*, 30 (1923), p. 69.

ORTEGA Y GASSET, José. «El sentido histórico de la teoría de Einstein», en *El tema de nuestro tiempo*, 18 ed. (Madrid, Revista de Occidente, 1976), pp. 149-168.

– «Mesura a Einstein», *El Sol*, 10 de marzo de 1923, reimpreso en *El tema de nuestro tiempo*, 18 ed., pp. 189-193.

– «Con Einstein en Toledo», *La Nación*, 15 de abril de 1923; reimpreso en *El tema de nuestro tiempo*, 18 ed., pp. 195-202.

PAHISSA Y JO, Jaime. *Idea de la teoría de la relatividad de Einstein*, Barcelona, La Publicidad, 1921.

PALACIOS, Julio. *El principio de indeterminación*, Discurso leído en el acto de su recepción por... Toledo, Academia de Ciencias Exactas, 1932.

– *Relatividad: Una Nueva Teoría*, Madrid, España-Calpe, 1960.

– «Terradas, físico», en *Discursos pronunciados en la sesión necrológica en honor de... Esteban Terradas*, pp. 13-21.

PANIAGUA, Enrique de. «Un comentario sobre relatividad general», *Madrid Científico*, 30 (1923), pp. 83-85.

– «La relatividad y la realidad», *Madrid Científico*, 30 (1923), pp. 193-195.

PELLICER, Francisco. «Revolución científica y revolución económica», *Redención* (Alcoy), 22 de marzo de 1923.

PEMARTÍN, José. «La física y el espíritu», *Acción Española*, 3 (1932), 595-604; 4 (1933), pp. 27-37, 131-146, 248-256, 347-356, 449-458.

PEÑA, Fernando. «Bosquejo de la teoría de la Relatividad», en William Watson, *Curso de Física* (Barcelona, Labor, 1925), pp. 867-886.

PÉREZ DEL PULGAR, José Antonio. *De momento philosophico theoriae relativitatis*, Madrid, 1924.

– «Portée philosophique de la Théorie de la Relativité», *Archives de Philosophie*, 3.1 (1925), pp. 106-142.

– «El valor filosófico del relativismo: Einstein y Santo Tomás», *Razón y Fe*, 78 (1927), pp. 503-511.
– y Vicente BURGALETA. «Observaciones sobre la mecánica de Einstein-Minkowski», *Anales ICAI*, 2 (1923), pp. 480-494; 3 (1924), pp. 485-496.
– y Joaquín ARLAND. *Introducción a la filosofía de las ciencias físico-químicas*, Liège, Ediciones ICAI, 1934-1935.
PI I SUNYER, August. «Filosofia i ciència experimental», en *Conferències filosofiques* (Barcelona, Ateneu Barcelonès, 1930), pp. 209-243.
PIÑERÚA ALVAREZ, Eugenio. «Nociones acerca de la Teoría de la Relatividad», *La Farmacia Española*, 55 (1923), pp. 241-243 y siguientes.
PIRACÉS, Agustín. *Alberto Einstein en Barcelona*, Barcelona, 1955.
PLA CARGOL, J(oaquim). *La teoría de la relatividad*, Gerona, Dalmau Carles, Pla, 1923.
PLANS Y FREYRE, José María. «Sobre el movimiento hiperbólico de Born y la cinemática relativista», *Revista de la Academia de Ciencias de Zaragoza*, 3 (1918), pp. 115 y ss.
– «Nota sobre la forma de los rayos luminosos en el campo de un centro gravitatorio según la teoría de Einstein», *Anales de la Sociedad Española de Física y Química*, 18, parte 1 (1920), pp. 367-372.
– «Algunas ideas sobre la relatividad», *Ibérica*, 13 (1920), pp. 377-380.
– «Proceso histórico del cálculo diferencial absoluto y su importancia actual», *Asociación Española para el Progreso de las Ciencias, Congreso de Oporto* (1920) (Madrid, 1921), I, pp. 23-43.
– *Nociones fundamentales de mecánica relativista*, Madrid, Real Academia de Ciencias Exactas, 1921.
– *Algunas consideraciones sobre los espacios de Weyl y Eddington y los últimos trabajos de Einstein*, Madrid, Real Academia de Ciencias Exactas, 1924.
– *Nociones de cálculo diferencial absoluto*, Madrid, Real Academia de Ciencias Exactas, 1924.
– «Bosquejo histórico y estado actual de la mecánica celeste», *Ibérica*, 23 (1925), pp. 46-48 y siguientes.
– «El experimento de Miller y la teoría de la relatividad», *Ibérica*, 27 (1927), pp. 169-171.
– «Nuevas repeticiones del experimento de Michelson», *Ibérica*, 28 (1927), pp. 94-95.
– «Sobre la teoría del campo único de Einstein», *Revista Matemática Hispano-Americana*, 2ª serie, 6 (1931), pp. 1-14.
POTO, Mariano. «Einstein y su teoría», *El Liberal*, 1 de marzo de 1923.
PRATS, Ramón. «Einstein», *Gran Enciclopedia Catalana*, VI, pp. 489-490.

PRIETO DELGADO, Luis. «Relatividad y racionalidad», *Razón y Fe*, 123 (1941), pp. 279-294 y siguientes.

PUIG, Ignacio. «Materia y energía», *Madrid Científico*, 34 (1927), pp. 193-196.

PUIG ADAM, Pedro. «Resolución de algunos problemas elementales en mecánica relativista restringida», *Revista de la Real Academia de Ciencias Exactas*, 20 (1922), pp. 161-216.

PULIDO, Pablo. «Einstein en España: Algunos apuntes relacionados con la teoría de la relatividad», *El Auxiliar de la Ingeniería y Arquitectura* (Madrid), 3 (1923), pp. 84-86.

RAFAGAS (pseudónimo). «Lecciones de humildad», *El Heraldo de Aragón*, 14 de marzo de 1923.

RAFAEL, Enrique de. Reseña de Louis Rougier, *La matérialisation de l'énergie* (París, 1919), *Ibérica*, 13 (1920), p. 192.

– Reseña de E. Freundlich, *Los fundamentos de la teoría de la gravitación de Einstein* (Madrid- Barcelona, 1920), *Ibérica*, 15 (1921), p. 63.

– Reseña de Einstein, *La theorie de la relativité restreinte et généralise* (París, 1921), *Ibérica*, 15 (1921), p. 288.

– Reseña de S. Corbella Alvarez, *La teoría de la relatividad de Einstein al alcance de todos* (Barcelona, 1921), *Ibérica*, 16 (1921), p. 96.

– Reseña de M. Schlick, *Teoría de la relatividad* (Madrid, 192-), *Ibérica*, 16 (1921), p. 96.

– Reseña de J. M. Plans, *Nociones fundamentales de mecánica relativista* (Madrid, 1921), *Ibérica*, 16 (1921), p. 351.

– «De relatividad (apuntes con ocasión de las conferencias de E. Terradas en el "Institut")», *Ibérica*, 16 (1921), p. 351.

– «Nociones de mecánica clásica y relativista (Conferencias semanales en el ICAI en el curso 1921-1922)», *Anales de la Asociación de Ingenieros del Instituto Católico de Artes e Industrias*, 1 (1922), pp. 20-26 y siguientes.

– «La teoría de la relatividad», *Razón y Fe*, 64 (1922), pp. 344-359.

– «El profesor Alberto Einstein, en Madrid», *Anales de la Asociación de Ingenieros del Instituto Católico de Artes e Industrias*, 2 (1923), pp. 160-164.

– «Juventud y formación científica de Terradas», *Discursos pronunciados en la sesión necrológica en honor de... Esteban Terradas*, pp. 3-11.

– Real Academia de Ciencias Exactas, Físicas y Naturales. *Discursos pronunciados en la sesión solemne que se dignó presidir su majestad el rey el día 4 de marzo de 1923, celebrada para hacer entrega del diploma de académico corresponsal al profesor Alberto Einstein*, Madrid, 1923.

– *Discursos pronunciados en la sesión necrológica en honor de ... Esteban Terradas e Illa*, Madrid, 1951.

Révésc, Andrés. «El profesor Einstein en Madrid», *ABC*, 2 de marzo de 1923.

Rey Pastor, Julio. «La teoría de la relatividad», *Estudios* (Buenos Aires), 23 (1922), pp. 219-224; resumido en *Madrid Científico*, 30 (1923), pp. 49-51.

– «Acerca de la relatividad del espacio», *La Nación*, 27 de enero, 24 de febrero, de 1924.

– «Sobre enseñanza técnica y espíritu de cuerpo», *Madrid Científico*, 32 (1925), pp. 337-340.

– «Esteban Terradas, su vida y su obra», *Discursos pronunciados en la sesión necrológica en honor de... Esteban Terradas*, pp. 35-63.

Reyes, Alfonso. «Einstein en Madrid», en *Simpatías y diferencias*, 2 vols. (México, Porrúa, 1945), II, pp. 92-95.

Riera i Truebols, Santiago. «Einstein, un home d'excepció», *Avui*, 8 de marzo de 1979.

– «Rafael Campalans, enginyer, i polítics», *L'Avenç*, núm. 16 (mayo de 1979), pp. 6-11.

– «Albert Einstein: la relativitat del mon físic», *L'Avenç*, núm. 22 (diciembre de 1979), pp. 6-13.

Rigel (pseudónimo). «Einstein y la relatividad», *El Heraldo de Madrid*, 1 de marzo de 1923.

– «Más sobre la teoría de la relatividad», *El Heraldo de Madrid*, 2 de marzo de 1923.

– «Algunas consecuencias de la teoría de la relatividad», *El Heraldo de Madrid*, 3 de marzo de 1923.

– «Impugnación a la relatividad», *El Heraldo de Madrid*, 14 de marzo de 1923.

Ríos, Sixto, Luis A. Santaló y Manuel Balanzat. *Julio Rey Pastor, matemático*, Madrid, Instituto de España, 1979.

Ríus, Antoni. «Albert Einstein», *Revista del Centre de Lectura* (Reus), 5 (1923), pp. 83-87.

Robles Degano, F. «La relatividad», *El Siglo Futuro*, 21 de marzo de 1923.

Roca i Rosell, Antoni. «Alguns aspectes de la història de la física a Catalunya (1900-1930), *Butlletí de la Societat Catalana de Ciències Físiques, Químiques i Matemátiques*, 2ª época, 1 (1977), pp. 37-45.

– «Einstein», en *Diccionari de les ciències de la societat als Països Catalans* (Barcelona, Edicions 62, 1979), pp. 168-169.

– «La incidència del pensament d'Einstein a Catalunya (1908-1923)», *Centenari de la naixença d'Albert Einstein* (Barcelona, Institut d'Estudis Catalan, 1981), pp. 165-184.

– «Esteve Terradas (1883-1950) en la renovació de la comunitat científica catalana», *Ciéncia*, 3 (1983), pp. 316-320.
– «El debat sobre la relativitat a Catalunya (1908-1923)», *Actas II Congreso de la Sociedad Española de Historia de las Ciencias*, 3 vols. (Zaragoza, 1984), II, pp. 325-339.
– «La llegada de la "Gran Ciencia" a España. Las aportaciones de Esteban Terradas Illa (1883-1950)», *Mundo Científico*, 4 (1984), pp. 908-915.
– y Thomas F. GLICK. «Esteve Terradas (1883-1950) i Tullio Levi-Civita (1873-1941): Una correspondència», *Dynamis*, 2 (1982), pp. 387-402.
– «La recepció del pensament d'Einstein a Catalunya», *Revista de Física* (Barcelona), 2, núm. 5 (1998), pp. 12-17.
– «La amable visita de Einstein a Barcelona en 1923», *Quark* (Barcelona), nº 31 (enero-marzo 2004), pp. 41-47.
– «Einstein, del mito a la persona», *La Aventura de la Historia*, 7, nº 78 (abril 2005), pp. 83-87.
– «Einstein en Barcelona», en *Einstein en España*, ed. dirigida por J. M, Sánchez Ron (Madrid: Residencia de Estudiantes, 2005), pp. 41-61.
– «Sopar a Barcelona en honor d'Albert Einstein», *Revista de Física, Número especial Any Mundial de la Física* (Barcelona, 2005), pp. 57-64.
RODÉS, Luis. «De los cuerpos reales al éter hipotético», *Razón y Fe*, 30 (1911), pp. 73-86 y siguientes.
– «El principio de Doppler-Fizeau en su relación con la ley de Kirchoff», *Revista de la Real Academia de Ciencias Exactas*, 17 (1918-1919), pp. 471-487.
– «Las estrellas, a favor de Einstein», *Madrid Científico*, 30 (1923), pp. 199-200.
RODRÍGUEZ, Angel. *Sobre la teoría de la relatividad propuesta por el doctor Einstein*, Madrid, 1924.
RODRÍGUEZ, Teodoro. *Relatividad, modernismo, matematicismo,* Barcelona, U. G. de E., 1924, publicado originalmente en *La Ciudad de Dios*, 135 (1923), pp. 46-67 y siguientes.
ROSICH, Juan. *De la hipótesis y teorías en las ciencias físicas. Algunos antecedentes a la teoría de la relatividad*, Tarrasa, Escuela Industrial n. d.
ROSSI, Paolo. Reseña de Luis Urbano, *Einstein y Santo Tomas, Rivista di Filosofia Neo-Scolastica*, 20 (1928), pp. 128-132.
ROYO-VILLANOVA Y MORALES, Ricardo. «La teoría de Einstein», *El Norte de Castilla*, 12 de junio de 1935.
– «La crisis de la ciencia», *El Siglo Médico*, 98 (1936), pp. 58-70.
SAGARRA, Josep Maria de. «Einstein», *La Publicitat*, 4 de marzo de 1923.

SALAVERRIA, José Maria. «Las originalidades einstenianas», *ABC*, 10 de marzo de 1923.

SALES, Joan. *Cartes a Marius Torres*, Barcelona, Club Editor, 1976.

SÁNCHEZ PEGUERO, C. «Un aspecto minúsculo de la relatividad», *El Noticiero*, 13 de marzo de 1923.

SÁNCHEZ PÉREZ, José Augusto. «Necrología del R. P. Enrique de Rafael Verhulst». *Revista de la Real Academia de Ciencias Exactas*, 49 (1955), pp. 213-222.

SÁNCHEZ RON, José Manuel. *El origen y desarrollo de la relatividad*, Madrid, Alianza, 1983.

– «The Introduction of Relativity and Quantum Mechanics in Spain: Some Facts and Open Problems» (en prensa).

– y Thomas F. GLICK. «La oferta de una cátedra extraordinaria a Albert Einstein por la Universidad Central: Madrid 1933», *Actas II Congreso de la Sociedad Española de Historia de las Ciencias*, 3 vols. (Zaragoza, 1984), II, pp. 427-436.

– *La España posible de la Segunda República: La oferta de una Cátedra Extraordinaria a Albert Einstein (Madrid, 1933)*, Madrid, Editorial de la Universidad Complutense, 1983.

– y ROMERO DE PABLOS, Ana (coords.). *Einstein en España* (Madrid, Residencia de Estudiantes, 2005).

SCHLICK, M. *Teoría de la relatividad*, trad. por Manuel García Morente, Madrid, Calpe, 1921.

SELFA MORA, Rafael. «La sed intelectual», *El Luchador*, 14 de marzo de 1923.

SELLÉS, Manuel A. «La teoría de la relatividad de Julio Palacios», *Actas II Congreso de la Sociedad Española de Historia de las Ciencias*, 3 vols. (Zaragoza, 1984), II, pp. 437-452.

SILVÁN, Graciano. «La actualidad científica», *El Noticiero*, 14 de marzo de 1923.

SITTERT, Julius de. «Teoría general de la relatividad y el espectro solar» (trad. José Sagrista, Pbo.), *Revista de la Sociedad Astronómica de España y América*, 12 (1922), pp. 8-12.

SOLDEVILLA, Carles. «La popularitat d'Einstein», *La Publicitat*, 25 de febrero de 1923.

TALLADA Y ORMELLA, Fernando. «Fundamentos del principios de relatividad», *Técnica. Órgano oficial de la Asociación de Ingenieros Industriales de Barcelona*, 45 (1922), pp. 237-244.

– «Einstein, en Barcelona», *La Vanguardia*, 4, 13 y 24 de marzo de 1923.

– «El método axiomático en las ciencias físicas», *Memorias de la Real Academia de Ciencias y Artes de Barcelona*, 3ª época, 22 (1931-1932), pp. 303-318.

TATO PUIGCERVER, J. J. «Una nota sobre la *Revista General de Marina* y la recepción de la relatividad en España», *Llull: Boletín de la Sociedad Española de Historia de las Ciencias*, vol. 3, nº 1 (octubre de 1980), pp. 137-138.

TERRADAS, Esteve. «Sobre el principi de relativitat», *Arxius de l'Institut de Ciències*, 1, nº 2 (1912), pp. 84-94; reimpreso en *Ciència*, 3 (1983), pp. 510-513.

– «Relatividad», *Enciclopedia Universal Ilustrada*, 50 (1923), pp. 455-512.

TOUS Y BIAGGI, José. «El principio de contradicción en la geometría no euclídea y en el principio de la relatividad», *Memorias de la Real Academia de Ciencias y Artes de Barcelona*, 3ª época, 20 (1926), pp. 17-42.

UBACH, José. *La teoría de la relatividad en la física moderna-Lorentz, Minkowski, Einstein*, Buenos Aires, 1920.

UGARTE, Nicolás de. «Informe de la Real Academia de Ciencias Exactas, física y Naturales sobre la memoria presentada al concurso de premios del año 1919, y cuyo lema es "La Science est essentielmente mobile, et n'est formée que d'approximations succesives"», *Revista de la Real Academia de Ciencias Exactas*, 19 (1920-1921), pp. 234-243.

– «Las teorías relativistas», *Madrid Científico*, 31 (1924), pp. 178-179.

UGARTE DE ERCILLA, E(ustaquio). «Exposición y refutación de la relatividad», *Razón y Fe*, 73 (1925), pp. 426-428.

URBANO, Luis. *Einstein y Santo Tomás: Estudio crítico de las teorías relativistas*, Madrid Valencia, Ciencia Tomista, sin fecha (1927?).

– «Einstein y Santo Tomás. Las teorías relativistas acerca del movimiento y la doctrina del Angélico Doctor», *Ciencia Tomista*, 32 (1928), pp. 321-344 y siguientes.

VECINO, Jerónimo. «La teoría de la relatividad de Einstein», *El Heraldo de Aragón*, 14 de marzo de 1923.

VELASCO DE PANDO, Manuel. *Relatividad general y restringida*, Bilbao, Asociación de Ingenieros Industriales, 1924 (2ª ed., 1926).

VERA, Francisco. «La primera conferencia de Einstein: Relatividad restringida», *El Liberal*, 4 de marzo de 1923.

– «La segunda conferencia de Einstein: Relatividad general», *El Liberal*, 6 de marzo de 1923.

– «La tercera conferencia del profesor Einstein: Consecuencias relativistas», *El Liberal*, 8 de marzo de 1923.

– «Sarampión relativista», *El Liberal*, 14 de marzo de 1923.
– «El doctorado "honoris causa" y otras grandes menudencias», *El Liberal*, 16 de marzo de 1923.
– *El hombre bicuadrado*, Madrid, Páez, 1926.
– *Espacio, hiperespacio y tiempo*, Madrid, Páez, 1928.

VILAMITJANA Y MASDEVALL, Ramón. «¿Teoría de la relatividad?», *Técnica*, 45 (1922), pp. 92-94.
– «La cinemática relativista», *Técnica*, 45 (1922), pp. 124-126.

VIZUETE, Pelayo. *Einstein y el misterio de los mundos*, 2 vols., Madrid, Arte y Ciencia, 1923-1924.

WAHR (pseudónimo). «La teoría de la relatividad», *ABC*, 19 de enero de 1922 y siguientes.

WULF, Theodor. *La teoría de la relatividad de Einstein*, traducido por Joaquín María de Barnola, Barcelona, Viñals de Sarriá, 1925.
– *Física*, traducido por Eduardo Alcobé, Barcelona, Casals (1929?).

X(IRAU) P(ALAU), J(oaquim). «Les conferències del profesor Einstein», *La Publicitat*, 4 de marzo de 1923.

ZUBIRI, Xavier. *Naturaleza, historia, Dios*, 3.ª ed., Madrid, Editora Nacional, 1955.

EINSTEIN Y LA RECEPCIÓN COMPARADA DE LA RELATIVIDAD

BERNSTEIN, Jeremy. *Einstein*, Nueva York, Viking, 1973.

BIEZUNSKI, Michel. *La diffusion de la théorie de la relativité en France*, tesis doctoral, Universidad de París, 1981.

– «Einstein à Paris», *La Recherche*, 13 (1982), pp. 502-510, traducción castellana: «Einstein, en París», *Mundo Científico*, 2 (1982), pp. 592-600.

CARTER, Paul A. *Another Part of the Twenties*, Nueva York, Columbia University Press, 1977.

CLARK, Ronald. *Einstein: The Life and Times*, Nueva York, World, 1971.

CRELINSTEN, Jeffrey. «Einstein. Relativity and the Press: The Myth of Incomprehensibility», *The Physics Teacher*, 18 (1980), pp. 115-122.

– «Physicists Receive Relativity: Revolution and Reaction», *The Physics Teacher*, 18 (1980), pp. 187-193.

– «William Wallace Campbell and the "Einstein Problem": An Observational Astronomer Confronts the Theory of Relativity», *Historical Studies in the Physical Sciences*, 14 (1983), pp. 1-91.

DIRAC, P.A.M. «The Early Years of Relativity», en Holton y Elkana (v.), *Albert Einstein: Historical and Cultural Perspectives*, pp. 79-90.

DIXON, Peter Morris. *Popular Criticisms of Relativity Around 1920,* Honors thesis, Harvard College, 1982.

EARMAN, John y Clark GLYMOUR. «Relativity and Eclipses: The British Eclipse Expeditions of 1919 and their Predecessors», *Historical Studies in the Physical Sciences*, 11 (1980), pp. 49-85.

EDDINGTON, A. S. *Space, Time and Gravitation: An Outline of the General Relativity Theory*, Cambridge, Cambridge University Press, 1920.

EINSTEIN, Albert. *Relativity: The Special and General Theory*, trad. por Robert W. Lawson, 9.ª ed., Londres, Methuen, 1929 (1ª ed., 1920).

Einstein, 1879-1979. Exposición, Jerusalén, marzo de 1979, Jerusalén, Jewish National and University Library, 1979.

FEUER, Lewis S. *Einstein and the Generations of Science*, Nueva Yok, Basic Books, 1974.

GLICK, Thomas F., dir. *The Comparative Reception of Relativity,* Dordrecht, D. Reidel, en prensa.

GOLDBERG, Stanley. «In Defense of Ether: The British Response to Einstein's Special Theory of Relativity, 1905-1911», *Historical Studies in the Physical Sciences*, 2 (1970), pp. 102-104.

– *Understanding Relativity: Origin and Impact of a Scientific Revolution*, Boston, Birkhauser, 1984.

GRAHAM, Loren R. «The Reception of Einstein's Ideas: Two Examples from Contrasting Political Cultures», en Holton y Elkana, *Albert Einstein, Historical and Culture Perspectives*, pp. 107-136.

HENDERSON, Linda Dalrymple. *The Fourth Dimension and Non-Euclidean Geometry in Modern Art*, Princeton, Princeton University Press, 1983.

HOLTON, Gerald, y YEHUDA, Elkana, drs. *Albert Einstein: Historical and Culture Perspectives*, Princeton, N. J., Princeton University Press, 1982.

KANEKO, Tsutomu. «Einstein's View of Japanese Culture», *Historia Scientiarum*, nº 27 (1984), pp. 51-76.

KIRSTEN, Christa, y Hans-Jurgen TREDER. *Albert Einstein in Berlin*, 2 vols., Berlin, Akademie Verlag, 1979.

KLEIN, Martin J. «Einstein on Scientific Revolutions», en Arthur Beer y K. A. Satrand, drs., *Copersnicus Yesterday and Today* (Oxford, Pergamon, 1975), pp. 113-120.

LANGEVIN, Jean y Michel PATY, drs. *Le sejour d'Einstein en France en 1922*, Estrasburgo, Université Louis Pasteur, 1979.

MISSNER, Marshall. «Why Einstein Became Famous in America», *Social Studies of Science* (en prensa).

MOYER, Donald Franklin. «Revolution in Science: The 1919 Eclipse Test of General Relativity», en Arnold Perlmutter y Linda F. Scott, drs., *On the Path of Albert Einstein* (Nueva York, Plenum, 1979), pp. 55-101.

NISIO, Sigeko. «The Transmission of Einstein's Work to Japan», *Japanese Studies in the History of Science*, 18 (1979), pp. 1-8.

OKAMOTO, Ippei. «Albert Einstein in Japan, 1922», trad. por Kenkichiro Koizumi, *American Journal of Physics*, 49 (1981), pp. 930-940.

PYENSON, Lewis. *The Young Einstein: The Advent of Relativity,* Bristol-Boston, Adam Hilger, 1985.

SCHWARZ, Boris. «Musical and Personal Reminiscences of Albert Einstein», en Holton y Elkana, drs., *Albert Einstein, Historical and Cultural Perspectives*, pp. 409-416.

SWENSON, Loyd S., Jr. *The Ethereal Aether: A History of the Michelson-Morley-Miller Aether-Drift Experiments, 1880-1930*, Austin, University of Texas Press, 1972.

ÍNDICE ONOMÁSTICO